鞍钢 328m² 烧结机 SDA 法脱硫

宝钢 495m² 烧结机石灰石 - 石膏法脱硫

宝钢 495m² 烧结机 LJS 法脱硫

攀钢钒 360m² 烧结机石灰石 - 石膏法脱硫（在建）

攀成钢 210m² 烧结机氨法脱硫

邯钢 400m² 烧结机 CFB 法脱硫

武钢 435m² 烧结机氨法脱硫（在建）

徐州成日钢铁 132m² 烧结机 IOCFB 法多污染物协同控制

太钢 450m² 烧结机活性炭法脱硫脱硝

中科院过程工程所 IOCFB 多污染物协同控制小试实验台（300m^3/h, 标态）

中科院过程工程所活性焦法脱硫脱硝小试实验台（100m^3/h, 标态）

国家科学技术学术著作出版基金资助出版

烧结烟气排放控制技术及工程应用

朱廷钰　李玉然　编著

北　京

冶金工业出版社

2015

内 容 提 要

本书系统介绍了烧结烟气中主要有害污染物的排放特征及控制技术,详细论述了单一污染物控制技术,包括烧结烟气粉尘脱除技术、二氧化硫控制技术、氮氧化物控制技术、二噁英控制技术、重金属汞及氟化物控制技术等,注重技术原理阐述与工程应用相结合。本书介绍了目前国内外的前沿技术以及作者研究团队的最新成果,论述了正在开展研究的多污染物协同控制技术,包括联合脱硫脱硝技术、联合脱硫脱二噁英技术、细粒子/重金属一体化捕集技术等。本书还论述了钢铁行业二氧化碳的排放特征及减排技术。

本书可供从事环境保护/钢铁生产的科研人员、工程技术人员、相关领域管理人员参考,也可作为高等院校环境保护专业的本科生、研究生的参考用书。

图书在版编目(CIP)数据

烧结烟气排放控制技术及工程应用/朱廷钰,李玉然编著. —
北京:冶金工业出版社,2015.1
ISBN 978-7-5024-6623-7

Ⅰ.①烧⋯ Ⅱ.①朱⋯ ②李⋯ Ⅲ.①烧结—烟气排放
Ⅳ.①TF046.4

中国版本图书馆 CIP 数据核字(2014)第 220222 号

出 版 人 谭学余
地 址 北京市东城区嵩祝院北巷 39 号 邮编 100009 电话 (010)64027926
网 址 www.cnmip.com.cn 电子信箱 yjcbs@cnmip.com.cn
责任编辑 谢冠伦 李维科 美术编辑 吕欣童 版式设计 孙跃红
责任校对 卿文春 责任印制 李玉山
ISBN 978-7-5024-6623-7
冶金工业出版社出版发行;各地新华书店经销;北京百善印刷厂印刷
2015 年 1 月第 1 版,2015 年 1 月第 1 次印刷
169mm×239mm;21.25 印张;2 彩页;417 千字;324 页
89.00 元
冶金工业出版社 投稿电话 (010)64027932 投稿信箱 tougao@cnmip.com.cn
冶金工业出版社营销中心 电话 (010)64044283 传真 (010)64027893
冶金书店 地址 北京市东四西大街 46 号(100010) 电话 (010)65289081(兼传真)
冶金工业出版社天猫旗舰店 yjgy.tmall.com
(本书如有印装质量问题,本社营销中心负责退换)

序　言

近年来，我国许多地区频发大范围的雾霾重污染事件。为改善区域空气质量，国家大力开展了支撑大气环境质量改善的工作。"十一五"期间，我国实现了二氧化硫排放总量减少10%，城市大气可吸入颗粒物浓度明显下降，但是大气污染态势依旧十分严峻。从发展趋势看，大气污染正经历由煤烟型污染向复合型污染转变的过程。

钢铁行业作为仅次于电力行业的污染排放大户，面临着巨大的污染减排压力，该书的出版顺应了我国科学技术发展的需求。"十二五"期间，国家针对钢铁行业出台了严格的总量控制与浓度控制的政策及标准。新颁布的排放标准在粉尘、二氧化硫的基础上，增加了氮氧化物、二噁英及氟化物。本著作介绍了烧结烟气多污染排放控制技术，它的出版对钢铁行业污染减排有很大的指导作用。

本著作内容翔实，数据丰富，从不同层次系统论述了烧结烟气净化技术，包括发展较为成熟的除尘技术，当前急需、有待发展的脱硫技术，以及氮氧化物、二噁英、重金属、多污染物协同控制等正处于研发阶段的技术。书中详细论述了20余套烧结烟气排放控制技术的工程应用，包括技术原理、技术特点、工艺参数及运行经济指标，这将为钢铁企业选择烧结烟气排放控制技术提供重要参考。

本著作是朱廷钰研究员多年的工程建设经验及近年来对烧结烟气排放控制技术调研的积累，是其多年基础应用研究及技术研发的成果。该书的出版将为我国钢铁行业烧结环保工作者及相关科研人员提供有益的帮助。

中国工程院院士

郭　　

2014 年 8 月

前　言

目前，我国钢铁企业的二氧化硫（SO_2）排放量占全国总排放量的11%，居第二位，仅次于煤炭发电，粉尘排放量占总排放量的23%，氮氧化物（NO_x）占总排放量的7%，二噁英占总排放量的33%。在钢铁企业中，有20%的粉尘、60%以上的SO_2、约50%的NO_x、90%的二噁英来自烧结烟气。进行烧结烟气排放控制对改善我国大气环境质量具有重要意义。

《国家环境保护"十二五"规划》要求，"推进钢铁行业SO_2排放总量控制，全面实施烧结机烟气脱硫，新建烧结机应配套建设脱硫脱硝设施"、"重点行业二噁英排放强度降低10%"。《节能减排"十二五"规划》要求，"十二五"期间钢铁行业SO_2排放量削减27%。在燃煤电厂烟气减排SO_2空间有限的情况下，加强钢铁行业SO_2排放总量的控制迫在眉睫。目前，国家环保部已颁布《钢铁烧结、球团工业大气污染物排放标准》（GB 28662—2012），规定新建烧结机烟气粉尘的排放限值为50mg/m^3，SO_2的排放限值为200mg/m^3，并在原标准的基础上新增NO_x、氟化物和二噁英的排放标准，排放限值分别为300mg/m^3、4.0mg/m^3和0.5ng – TEQ/m^3；其中京津冀、长三角和珠三角等特别排放限值地域，执行粉尘的排放限值为40mg/m^3，SO_2的排放限值为180mg/m^3。

随着国家环保政策的逐步落实，钢铁企业对烧结烟气排放控制技术的需求加大。成熟的烟气排放控制技术通常应用于燃煤电厂，不能简单转移到钢铁企业的烧结机上，因为二者的烟气工况和烟气成分差异较大。我国现有烧结机1240余台，截至2013年底，已建及在建脱硫装备526套，不足总套数的1/2，存在同步运行率较低和脱硫效率较低等问题。在调研了多家钢铁企业烧结烟气排放特征及控制工程的基础上，本书阐述了烧结烟气除尘、脱硫、脱硝、脱除二噁英等的技术原理、工艺系统和工程应用，以期为当前钢铁企业选择合适的烧结烟气排放控制技术或进行技术升级改造提供参考。

本书的特点是根据污染物控制技术的发展现状展开了不同层次的论述：（1）对目前比较成熟的除尘、脱硫、脱硝技术，论述了技术原理、工艺系统和工程应用；（2）对非常规污染物二噁英、重金属，论述了排放特征、测试方法和现有设备的控制效果等；（3）论述了目前国内外常用的多污染物协同控制技术的原理、工艺系统和工程应用；（4）对钢铁企业不同生产工序排放的二氧化碳（CO_2）进行了碳素流分析，论述了 CO_2 的排放特征及碳减排技术现状。

本书由中国科学院过程工程研究所朱廷钰研究员承担主要的编写工作，并负责全书的统稿和整体修改工作；李玉然副研究员负责第 3 章和第 7 章的编写。叶猛博士参与了第 1 章的编写，王雪副研究员参与了第 2 章的编写，徐文青副研究员、刘霄龙博士、刘瑞辉博士参与了第 4 章的编写，王雪副研究员、王健博士参与了第 5 章的编写，徐文青副研究员、刘瑞辉博士、郭旸旸博士参与了第 6 章的编写，叶猛博士参与了第 7 章的编写，徐文青副研究员、曹万杰硕士参与了第 8 章的编写，课题组的多位研究生参与了书稿校对工作。感谢钢铁企业对调研工作的支持与帮助，书中参考和引用了钢铁企业同行的工程应用数据，作者在此一并表示诚挚的谢意。感谢国家科学技术学术著作出版基金资助本书出版。感谢国家高技术研究发展计划（"863"计划）项目、科技支撑计划项目、环保公益性项目和中国科学院战略性先导科技专项（碳专项）的资助。感谢清华大学郝吉明院士在百忙之中为本书作序。

由于作者水平所限，书中不足之处，恳请广大读者批评指正。

朱廷钰　李玉然

2014 年 8 月

目　录

1 概　　述

1.1　烧结烟气特点

烧结是钢铁生产工艺中的一个重要环节，它是将铁矿粉、煤粉（无烟煤）和石灰、高炉炉尘、轧钢皮和钢渣按一定配比混匀后加热，利用其中的燃料燃烧，部分烧结料熔化，使散料黏结成块状，形成足够强度和粒度的烧结矿作为炼铁的熟料。烧结是冶炼前原料准备的一个极其重要的环节，它不但扩大了冶炼原料的来源，而且改善了原料的质量，利用烧结熟料炼铁对于提高高炉利用系数、降低焦比、提高高炉透气性和保证高炉运行均有重要意义[1,2]。

烧结工序包括原料准备、配料与混合、烧结和产品处理等工序。铁矿粉烧结是许多物理化学变化的综合过程，这个过程错综复杂，在几分钟甚至更短时间内，烧结料就因强烈的热交换从 70℃ 以下被加热到 1300～1500℃，与此同时，从固相中产生的液相被迅速冷却而凝固。根据烧结过程中温度的分布情况，烧结过程大概可分为以下三个阶段：

（1）低温预烧阶段。此阶段主要发生金属的回复、吸附气体和水分的挥发、压坯内成型剂的分解和排除等。

（2）中温升温烧结阶段。此阶段开始出现再结晶，在颗粒内，变形的晶粒得以恢复，改组为新晶粒，同时表面的氧化物被还原，颗粒界面形成烧结颈。

（3）高温保温完成烧结阶段。此阶段中的扩散和流动充分地进行并接近完成，形成大量闭孔，并继续缩小，使孔隙尺寸和孔隙总数有所减少，烧结体密度明显增加。

烧结厂的废气主要来自以下几个方面：烧结原料在装卸、破碎、筛分和储运的过程中产生的含尘废气，混合料系统中产生的水汽－颗粒物共生废气，烧结过程中产生的含有颗粒物、二氧化硫（SO_2）和氮氧化物（NO_x）的高温废气，烧结矿在破碎、筛分、冷却、储存和转运的过程中产生的含尘废气等，其中烧结烟气是高温烧结过程中所产生的废气，是烧结厂废气的主要排放源。

烧结烟气与其他环境含尘气体有着较大的区别，其主要特点是：

（1）烟气量大。烧结工艺是在完全开放及富氧环境下工作，过量的空气通过料层进入风箱，进入废气集气系统经除尘后排放，由于烧结料层中碳含量少、粒度细而且分散，燃料只占总料重的 3%～5%，燃料不到总料体积的 10%。为了保证燃料的燃烧，烧结料层中过量空气系数一般较高，常为 1.4~1.5，折算成吨烧结矿消耗空气量约为 2.4t，从而导致烟气排放量大，每生产 1t 烧结矿大约产生 4000~6000m³ 烟气[3,4]。

（2）烟气温度波动较大，随工艺操作状况的变化，烟气温度一般在 100~200℃之间。

（3）烟气挟带粉尘量较大，含尘量一般为 1~5g/m³。

（4）烟气含湿量大。为了提高烧结混合料的透气性，混合料在烧结前必须加适量的水制成小球，所以烧结烟气的含湿量较大，按体积比计算，水分含量一般在 10% 左右。

（5）含有腐蚀性气体。混合料烧结成型过程，均将产生一定量的 SO_x、NO_x、HF 等酸性气态污染物，会对金属部件造成腐蚀。

（6）SO_2 排放量较大。烧结过程能够脱除混合料中 80%~95% 的硫，烧结车间的 SO_2 初始排放量大约为 6~8kg/t（烧结料）。

（7）二噁英排放量较大。钢铁烧结工序是二噁英主要排放源之一，据《中华人民共和国履行〈关于持久性有机污染物的斯德哥尔摩公约〉国家实施计划》数据显示，2004 年我国铁矿石烧结二噁英排放量为 2648.8g-TEQ，其中大气二噁英排放量 1522.5g-TEQ，远高于垃圾焚烧二噁英的排放量[5]。

1.2　烧结烟气污染物排放特征

烧结是将各种粉状含铁原料、燃料和熔剂放于烧结设备上点火烧结，在燃料产生高热和一系列物理化学变化的作用下，使部分混合料颗粒表面发生软化和熔化，产生一定数量的液相，并湿润其他未熔化的矿石颗粒，冷却后液相将矿粉颗粒黏结成烧结矿。在这个过程中产生大量的废气，其中主要污染物包括粉尘、SO_2、NO_x、氟化物和二噁英类有机污染物等[6~9]。

1.2.1　粉尘

在烧结过程中，由于烧结原料和燃料在台车上的燃烧，将使抽风烟道排出大量含尘废气，一般称机头废气。在卸矿端的破碎、筛分过程中也产生大量的含尘废气，这些含尘废气是烧结厂的主要污染源。机头废气中颗粒物的粒径及分布呈现两个最大值：一个是粗尘，粒径约为 100μm；另一个是细尘，即通常所说的烟尘，粒径为 0.1~1μm。粗尘是在烧结机开始处产生、在烧结矿给料装置和底层形成的；细尘是在混合物的水分完全蒸发后在烧结区产生的。机头废气量与含尘量的大小、烧结机型式、烧结面积、料床下产生的真空度以及装料颗粒大小等因素有关。每生产 1t 烧结矿约产生粉尘 20~40kg，其废气含尘量一般为 1~5g/m³。一般认为烧结粉尘总量可占烧结产品量的 1%~2.5%。烧结粉尘粒度小，研究表明，烧结机头粉尘粒径小于 5μm 的微细颗粒占到飞灰的 30% 以上，粉尘中位径在 13～15μm。烧结烟气粉尘黏度大、比电阻较高，一般在 $3.2×10^9～1.0×10^{12}$ $\Omega\cdot cm$ 之间。粉尘成分取决于烧结原料（精矿或富矿粉）、燃料（焦炭粉或无烟煤粉）、熔剂（石灰石、蛇纹石、白云石和生石灰）及燃烧工艺等。国内各大钢铁企业使用的原料各不相同，粉尘成分也各不相同。大部分的含铁原料都来自国外，部分国外矿含有较高的 Na、K、Zn 等元素，在烟气中以 K_2O、Na_2O、ZnO 的形式存在，所以粉尘成分不仅有 Fe_2O_3、Fe_3O_4、SiO_2、Al_2O_3、CaO、MgO、S、C、FeO，而且有 K_2O、Na_2O、ZnO 等多种复杂成分。

1.2.2 SO₂

烧结原料铁矿石中的硫通常以硫化物和硫酸盐形式存在，以硫化物存在的矿物有：FeS_2、$CuFeS_2$ 等；以硫酸盐形式存在的有：$BaSO_4$、$CaSO_4$ 和 $MgSO_4$ 等。固体燃料（如煤粉）带入的硫则主要以无机硫或者有机硫的形式存在。在烧结过程中以单质和硫化物形式存在的硫通常在氧化反应中以气态硫化物的形式释放，而以硫酸盐形式存在的硫则在分解反应中以气态硫化物的形式释放。由于烧结机中空气是自上而下地通过整个烧结料层，携带 SO_2 的烟气不可避免地要通过每个区域，在这些区域内也不可避免地发生烧结原料与助剂对 SO_2 的再吸收。由于烧结过程物理化学反应的复杂性，导致了烧结过程中硫元素存在形态的多样性和含硫物质分布不均匀性。SO_2 经历了析出、被吸收和再析出的复杂过程，呈现出烧结工艺特有的 SO_2 分布特性。按照物料的烧结状态，烧结料层从上到下分为烧结矿层、燃烧熔融层、干燥预热层以及湿润层。处于湿润层、燃烧熔融层之间的干燥预热层被自上而下流动的高温烟气急速加热，通过干燥预热层后，燃料颗粒开始燃烧，并通过燃烧放出热量进一步加热物料，使其温度达到 1300℃ 左右，部分物料熔融流动。燃烧停止后床层开始冷却，熔融物再次固化，从而完成烧结过程。若按烧结烟气中 SO_2 的逸出方式区分，整个过程自上而下可以分为 SO_2 扩散析出区、SO_2 燃烧析出区和 SO_2 吸收区三个区域。SO_2 燃烧析出区是产生 SO_2 气体的主要区域，它与干燥预热层和燃烧熔融层相对应。以单质和硫化物形式存在的硫在干燥预热层发生的氧化反应中以气态硫化物的形式释放，以硫酸盐存在的硫在燃烧熔融层发生的分解反应中也以气态硫化物的形式释放。大部分 SO_2 直接扩散到烟气中去，少部分被液相或固相颗粒包纳或被碱性助剂再吸收成稳定的物质（如 CaS）。SO_2 扩散析出区对应烧结矿层，在该区域不存在生成 SO_2 的化学反应，主要是烧结块中已生成的 SO_2 向烟气中的扩散。SO_2 吸收区与湿润层相对应，在该区域由于烧结原料中碱性物质和液态水的存在，大部分 SO_2 被吸收，但随着烧结过程的推进，该区域的上端面下移，使其吸收能力和容纳能力逐步降低，在烧结末期该区域消失。烧结过程中硫的输入从 0.28～0.81kg/t（烧结矿）不等。每生产 1t 烧结矿产生 SO_2 约 0.8～3.0kg。

1.2.3　NO$_x$

烧结过程 NO$_x$ 主要有两个来源：一是烧结点火阶段；二是固体燃料燃烧和高温反应过程。已有研究结果表明，烧结过程产生的 NO$_x$ 有 80% ~ 90% 来源于燃料中的氮，为燃料型 NO$_x$，热力型和快速型 NO$_x$ 生成量很少，生成的 NO$_x$ 主要为 NO，只有微量的 NO$_2$ 存在。NO$_x$ 生成量受到燃料中氮含量、氮的存在形态、燃料粒度、过量空气系数、烧结混合料中金属氧化物等成分的影响。每生产 1t 烧结矿产生 NO$_x$ 约 0.4 ~ 0.65kg，烧结烟气中 NO$_x$ 的浓度一般在 200 ~ 400mg/m^3。

1.2.4　氟化物

烧结烟气氟化物的排放主要来源于矿石中的氟以及烧结矿进料。含磷丰富的矿石中氟化物含量高，达到 0.19% ~ 0.24%。氟化物的排放很大程度上取决于烧结矿给料的碱度。碱度的提高可使得氟化物的排放有所减少。氟化物的排放量为 1.3 ~ 3.2g(F)/t（烧结矿）或 0.6 ~ 1.5mg(F)/m^3（用 2100m^3/t 烧结矿换算）。烧结（球团）的含氟废气主要为氟化氢、四氟化碳等气体。

1.2.5　二噁英类有机污染物

二噁英类有机污染物是多氯代二苯并 - 对 - 二噁英（polychlorinated dibenzo - p - dioxins，PCDDs）和多氯代二苯并呋喃（polychlorinated dibenzofurans，PC-DFs）的统称，简称为 PCDD/Fs。对 PCDDs 和 PCDFs 而言，其氯原子数在 1 ~ 8 之间变化，有 75 个 PCDDs 和 135 个 PCDFs 同类物，其中在 2，3，7，8 位置同时被氯原子取代的化合物具有高毒性，因而 PCDDs 中有 7 种具有毒性作用，PC-DFs 有 10 种，PCDD/Fs 共计 17 种。研究最多也是最典型和毒性最强的物质为 2，3，7，8 - 四氯代二苯并二噁英类（2，3，7，8 - tetrachlorodibenzo - p - dioxin，TCDD），被世界卫生组织的国际癌症研究机构宣布为人类致癌物质中的一级致癌物。铁矿石烧结过程是二噁英类有机污染物排放的重要源头之一。对于二噁英生成机理的研究，目前主要集中在垃圾焚烧方面，而对于烧结过程中二噁英产生的机理研究较少[10]。目前认为，烧结过程二噁英的产生最有可能是"从头合成"（de novo synthesis），即烧结料中碳、氢、氧和氯等元素通过基元反应生成 PCDD/Fs。由于烧结过程具有"从头合成"产生二噁英的各种条件，如带有变形和缺位的石墨结构碳源、无机氯化物、铜和铁金属离子、氧化性气氛、温度在 250 ~ 450℃之间等。其中，碳来源于烧结料中的焦炭，氯来源于氯化物和一些无机氯化物载体。这些条件大部分在烧结料层中可以满足，所以可认为烧结过程中大部分的二噁英是通过"从头合成"反应生成的。已有的模拟试验研究证实了上述结论，并且认为物料被加热后形成的气态 HCl 是烧结过程中形成二噁英的重要源头，烧结过程中含氯前驱体化合物（如多氯联苯、氯酚、氯苯等）经有机化合反应生成二噁英的可能性较大。烧结烟气中二噁英类有机污染物以气态和固体吸附态的形式存在，与垃圾焚烧产生的二噁英类同类物分布不同，烧结过程中二噁英同类物的分布存在非常类似的分布规律：在 17 种 PCDD/Fs 中，以 PCDFs 为主，其总浓度比 PCDDs 的总浓度高 10 倍左右，而在 PCDDs 中又以高氯代 PCDDs 为主。

1.3 烧结烟气污染物排放控制技术现状及发展趋势

1.3.1 烧结烟气污染物排放控制技术

烧结烟气污染物排放控制可分源头控制、过程控制和末端治理[10,11]。

1.3.1.1 源头控制

源头控制，即从原料准备入手，优化配矿方案，控制烟气污染物产生[12]。烧结生产所用主辅原料品种多达 10 余种，包括铁原料、各种熔剂及二次含铁资源。烧结常用的燃料可分为固体燃料、气体燃料，其中以煤系的固体燃料为主[13]。目前，多采用降低原料中形成污染物元素的含量及添加抑制剂等方式实现源头控制。

A 二氧化硫

对于铁原料和熔剂，主要靠使用低硫原料和严格按照低硫配矿方案配矿的方式，降低带入烧结混合料中硫含量。对所用固体燃料，主要对煤进行脱硫处理。另外，有研究表明，向混合料中加入能在烧结过程产生氨气的添加剂，可显著地抑制 SO_2 的发生。添加剂配比为 0.2% 时，SO_2 排放量降低 85% 以上；添加剂配比为 0.4% 时，SO_2 排放量降低 93% 以上。另有研究认为，烧结混合料中加入钢渣、氧化铁皮和含碳粉尘等，能节约烧结固体燃耗，减少 SO_2 的排放，但烧结矿中残硫量升高。

B 氮氧化物

研究认为在烧结混合料中添加生物质燃料能减少 NO_x 的排放，主要由于烟气中 CO/O_2 比升高，能减少 NO_x 的排放。另外烧结混合料中添加含有金属铁或低价铁氧化物的原料，也可以减少 NO_x 的排放。对细粒级焦粉预制粒或将焦粉与含金属铁或低价铁氧化物的原料混合制粒，NO_x 排放量也可减少。

C 二噁英类有机污染物

二噁英类有机污染物源头控制主要通过控制烧结原料的组分，减少氯源及重金属的量，从而减少二噁英类有机物的生成量。烧结过程中，"从头合成"反应是生成二噁英类有机污染物的重要途径之一，其中碳源、氯源以及铜等重金属催化剂的存在是发生合成反应的重要前提，减少氯源和铜等重金属来源是抑制烧结过程中二噁英类生成的重要手段[14]。减少烧结混合料中的氯和铜，首先需要对原材料进行选择，尽量使用氯、铜等元素含量较低的原料。为了减少带入烧结的氯源，经处理后的碳钢冷轧酸性废水不宜作为浊循环的补充水回用于轧钢冲氧化铁皮，因为用作烧结混合料的氧化铁皮中通常氯含量相对较高，同时也不宜用作矿石料场洒水。国内烧结厂较普遍采用在成品烧结矿表面喷洒 $CaCl_2$ 溶液来控制烧结矿低温还原粉化率指标的方法，人为增加了烧结工艺过程的氯源，不利于二噁英类的减排控制。源头控制二噁英的另一项重要措施是向原料中添加碱性吸收剂或抑制剂。烧结原料中氯化物被加热生成的气态 HCl 是烧结过程中形成二噁英类的重要源头，向原料中添加碱性吸收剂，如 CaO、Ca(OH)$_2$ 等，能有效吸收烟气中 HCl 等，从而减少了可生成二噁英类的有效氯源。向原料中添加合适的抑制剂，如一些含 S、N 的化合物均对二噁英类的生成有一定的抑制作用。尿素、氨、单乙醇胺、三乙醇胺等都被证明对二噁英类的生成有一定的抑制作用。这类化合物都带有孤对电子，可与 Cu、Fe 及其他过渡金属反应形成稳定的化合物，从而降低其催化性能，达到抑制二噁英类生成的效果。

1.3.1.2 过程控制

过程控制技术是通过调整工艺操作参数、烟气循环等技术控制烧结烟气污染物生成量。如对烧结工艺进行优化，更好地控制烧结终点、改进料层烧结条件和透气性等使烧结机保持稳定操作，可以减少二噁英类污染物排放。Arcelor 钢铁集团比利时钢铁厂通过改变烧结料层厚度和添加石灰等措施，减少了 85% 左右的二噁英产生量。烟气循环技术是通过将烧结产生的部分废气重新进入烧结层，其中含有的二噁英类有机物在烧结过程中被高温分解[15]；废气量减少，硫氧化物和粉尘浓度增高，提高了脱硫、除尘效率；废气自身的热量和其中的 CO 等可燃成分也可以被充分利用，从而节约了固体燃料消耗[16]。

1.3.1.3 末端治理

烧结烟气污染物末端治理是指针对产生的污染物开发并实施有效的治理技术。末端治理在环境管理发展过程中是一个重要的阶段，它有利于消除污染事件，可有效减缓生产活动对环境的污染和破坏趋势。在现阶段，针对烧结烟气污染物，除尘、脱硫、多污染物协同控制等末端治理技术是最主要的污染物控制手段[17]。本章后续章节如未特别说明，所论述的治理技术均为末端治理技术。

1.3.2 控制技术现状及发展趋势

烧结（球团）生产工艺中除尘技术的应用较为成熟，为了满足渐趋严格的环保标准，除尘系统目前基本上为电除尘系统和袋式除尘系统，多管除尘器或湿式洗涤类除尘器等难以达到现行的标准要求，逐渐被淘汰。

国内约占 80% 的烧结机采用电除尘器，由于烧结机头废气粉尘属高比电阻且含超细（0.01μm）粉尘。粉尘中由于碱金属的存在，粉尘比电阻较高，一般为 $10^9 \sim 10^{12} \Omega \cdot cm$，导致电极上形成一个绝缘层，降低电除尘器的除尘效率。目

前，国内电除尘器主流的配置为三电场，电除尘器除尘系统粉尘排放浓度一般在
$50 \sim 80 \mathrm{mg/m^3}$ 的范围内。韩国浦项制铁公司烧结机头废气除尘器配置为五电场，
粉尘排放浓度为 $30 \mathrm{mg/m^3}$。增加电场数固然对提高粉尘捕集效果有一定的作用，
但也必须考虑其经济性和场地条件。随着国家对环保要求的逐步提高，排放标准
将更加严格，环保部《关于执行大气污染物特别排放限值的公告》提出钢铁行
业烧结（球团）设备机头自 2015 年 1 月 1 日起执行颗粒物 $20 \mathrm{mg/m^3}$ 特别排放限
值，现有的电除尘技术将很难满足特别排放限值的要求。国外针对烧结烟气严格
的粉尘排放标准，越来越趋于采用布袋除尘器和电袋复合除尘技术[18,19]，其中美
国 9 个有烧结的钢厂在烧结机头均为袋式除尘，粉尘排放浓度可控制在 $20 \mathrm{mg/m^3}$ 的
范围内。国内尚无采用布袋除尘器净化烧结机头烟气的先例，仅在机头半干法脱
硫中有配用布袋除尘器的应用实例，将布袋除尘器和电袋复合除尘技术应用于烧
结机头烟气除尘，关键要解决机头烟气温度高且波动大、高湿、含酸腐蚀性气体
对布袋除尘滤料的影响等问题。

我国钢铁行业烧结烟气脱硫成为继火力发电机组烟气脱硫之后 SO_2 排放控制
的重点，我国约在 2004 年开始进行烧结烟气脱硫工作。当时，中科院过程工程
所朱廷钰团队率先在济南钢铁集团公司的一台 $120 \mathrm{m^2}$ 烧结机上开展了中试工程。
据环保部统计数据显示，截至 2012 年底，全国已建钢铁烧结机脱硫设施 389 台，
烧结机总面积 6.32 万平方米（环保部：关于公布全国燃煤机组脱硫脱硝设施等
重点大气污染减排工程的公告（公告 2013 年第 24 号））。已经应用的钢铁烧结烟
气脱硫技术达十几种[20]，按脱硫过程是否加水和脱硫产物的干湿形态，可分为：
湿法、半干法、干法三类脱硫工艺，已应用的主要工艺有石灰石 - 石膏法、氨 -
硫酸铵法、循环流化床法、旋转喷雾干燥法、氧化镁法、双碱法等十多种。

发达国家钢铁烧结烟气污染治理经历了几个阶段，特别是经历了从单一治理
粉尘、SO_2 到目前的多组分污染物治理阶段，烧结烟气脱硫工艺的选择趋势呈现
"湿法"向"干法"发展[21]。在烧结机烟气污染治理方面，日本居于世界前列。
由于严格的环境保护标准，日本早在 20 世纪 70 年代就开始建设烧结烟气脱硫设
施，多数采用传统的湿法烟气脱硫技术，主要有石灰 - 石膏法、氨法、镁法等，
但是由于湿法烟气脱硫工艺无法解决烧结烟气中二噁英含量过高的问题[22]，同
时由于烧结烟气还含有 SO_3 等酸性物质和重金属污染成分，采用湿法工艺系统不
能高效脱除。因此，1989 年以后，活性炭吸附工艺渐渐占领了日本烧结烟气净
化技术领域。当日本政府于 2000 年提出执行二噁英排放浓度标准后，日本钢铁
公司新建烧结烟气处理工艺全部采用活性炭吸附工艺。欧洲钢铁企业由于原来使
用的铁矿及焦炭等原料、燃料硫含量低，烧结烟气的治理早期主要集中在烟气中
的粉尘治理，后逐渐重视对 SO_2 和二噁英等污染物的治理。德国杜伊斯堡钢厂采
用旋转喷雾干燥（SDA，spray drying adsorption）法脱硫工艺并使用至今，法国
Alstom 研发 NID（novel integrated desulfurization）干法烧结烟气脱硫工艺，欧洲

奥钢联开发的 MEROS 工艺（maximized emission reduction of sintering，大幅度削减烧结排放）去除烧结烟气 SO_2、二噁英，德国迪林根 ROGESA 钢铁公司采用 Paul Wurth 曳流吸收塔工艺同时去除烧结烟气中 SO_2、二噁英、HF 和重金属等污染物[23,24]。

氮氧化物脱除在国内电厂燃煤锅炉中已经开始采用，技术上也相对成熟，但烧结烟气与燃煤锅炉烟气有着显著不同，将电厂脱硝工艺照搬到钢铁行业烧结机上是行不通的，目前国内大陆地区烧结烟气脱硝仍属空白。我国台湾中钢公司在 20 世纪 90 年代已经有 3 座选择性催化还原（SCR，selective catalytic reduction）法脱硝装置投产使用[25]，使用中发现不仅脱硝率大于 80%，同时也脱除了 80% 的二噁英。

从国内外相关技术的发展趋势可以看出，烧结烟气多污染物协同、联合控制技术是未来的发展趋势。

1.4 烧结烟气污染物控制标准及政策

我国烧结烟气污染物排放最早执行《钢铁工业污染物排放标准》（GB 4911—85），该标准仅对烟尘提出排放要求。随着我国钢铁等典型工业炉窑行业环保管理工作要求不断提高，1997 年开始执行的《工业炉窑大气污染物排放标准》（GB 9078—1996）开始对粉尘、SO_2 等污染物提出控制要求：1997 年 1 月 1 日前安装的烧结机，烧结烟气中烟（粉）尘排放标准为 $100mg/m^3$，SO_2 排放标准为 $1430mg/m^3$。该标准对控制我国钢铁行业的污染物排放和推动国内钢铁工业的技术进步发挥了重要作用。但随着我国钢铁工业的迅猛发展和近几年的结构性调整及生产格局的变化，一系列清洁生产工艺技术和末端治理技术的飞速发展，GB 9078—1996 排放标准已远远落后于技术发展的进步，已经无法适应新形势下的钢铁工业环境保护要求。国家环保部于 2012 年 10 月颁布了《钢铁烧结、球团工业大气污染物排放标准》（GB 28662—2012），见表 1-1。

表 1-1　大气污染物排放浓度限值（GB 28662—2012）

生产工序或设施	污染物项目	限值①	限值②	特别限值③
烧结机球团焙烧设备	颗粒物/mg·m^{-3}	80	50	40
	SO_2/mg·m^{-3}	600	200	180
	NO_x（以 NO_2 计）/mg·m^{-3}	500	300	300
	氟化物（以 F 计）/mg·m^{-3}	6.0	4.0	4.0
	二噁英类/ng-TEQ·m^{-3}④	1.0	0.5	0.5
烧结机机尾带式焙烧机机尾其他生产设备	颗粒物	50	30	20

①2012 年 10 月 1 日起至 2014 年 12 月 31 日止，现有企业执行；
②2012 年 10 月 1 日起新建企业，及 2015 年 1 月 1 日起现有企业执行；
③特别排放限值区域，现有企业执行；
④TEQ，Toxic Equivalent Quantity，国际毒性当量。

新标准 GB 28662—2012 与原标准 GB 9078—1996 相比有以下变化：

（1）标准系列化，由原来的单一标准变为钢铁主要生产流程的系列标准，对各工序生产的特征污染物防治更具针对性；

（2）新增了氮氧化物、二噁英等污染物的排放限值；对烟尘、粉尘、SO_2 等污染物的排放标准要求大幅提升；

（3）对现有企业给出了 3 年至 5 年的过渡期，将京津冀、长江三角洲和珠江三角洲等地区划为"十二五"大气污染物特别排放限值的地域，并执行更加严格的标准。

当前钢铁行业整体经营处于微利甚至亏损状态，产能日趋过剩，排放标准的出台虽然对钢铁产业有了更大的限制，提高了环保成本，但从环保促进钢铁产业结构调整、优化经济发展方式上看，如果在实施过程中能保证标准执行的科学性、统一性和公平性，那么对钢铁产业发展是有利的。

针对钢铁行业污染物，国家出台相关技术政策，加强对污染物的控制。2013年 5 月，环保部发布了《钢铁工业污染防治技术政策》，提出钢铁工业应推行以清洁生产为核心，以低碳节能为重点，以高效污染防治技术为支撑的综合防治技术路线。针对大气污染防治，鼓励以干法净化技术替代湿法净化技术，优先采用高效袋式除尘器。烧结烟气应全面实施脱硫，脱硫工艺应是干法、半干法和湿法等多技术方案的比选优化，特别是在大气污染防治重点区域的钢铁企业，宜兼顾氮氧化物、二噁英等多组分污染物的脱除。《钢铁行业污染防治最佳可行技术导则——烧结及球团工艺》（征求意见稿）从防与治两个方面阐述国内外烧结烟气实用有效的各项控制技术，着重于介绍技术特点、适用范围、技术指标和经济性，确定并推荐了若干项最佳可行的控制技术。相关技术政策的出台将帮助企业选择合理的烧结烟气污染防治技术，为钢铁行业全面提升环境保护水平、实现节能减排目标提供技术支撑，为环境技术管理体系的进一步完善提供技术保障。

参 考 文 献

[1] 付文遂. 钢铁冶炼技术 [M]. 北京：机械工业出版社，1981.

[2] 唐贤容，王笃阳，张青岑. 烧结理论与工艺 [M]. 长沙：中南工业大学出版社，1992.

[3] 国家环境保护总局总量办. 二氧化硫减排计划的制定及总量审核 [R]. 北京：国家环境保护总局总量办，2007.

[4] 奚旦立，孙裕生，刘秀英. 环境监测 [M]. 北京：高等教育出版社，2004.

[5] 国家履行斯德哥尔摩公约工作协调组办公室. 中华人民共和国履行《关于持久性有机污染物的斯德哥尔摩公约》国家实施计划 [M]. 北京：中国环境科学出版社，2008.

[6] 童志权，陈焕钦. 工业废气污染控制与利用 [M]. 北京：化学工业出版社，1989.

[7] 陈凯华. 铁矿石烧结过程中二氧化硫的生成机理及控制 [J]. 烧结球团, 2007, 32 (4): 13 ~ 17.

[8] 朱廷钰. 烧结烟气净化技术 [M]. 北京: 化学工业出版社, 2008.

[9] 钢铁工业污染防治技术政策 (征求意见稿), 2009.

[10] 贾汉忠, 宋存义, 戴振中, 高宝. 烧结过程中二噁英的产生机理和控制 [J]. 烧结球团, 2008, 33 (1): 25 ~ 30.

[11] 郝吉明, 马广大. 大气污染控制工程 [M]. 2 版. 北京: 高等教育出版社, 2002.

[12] 邢磊. 港陆钢铁烧结机头烟气治理技术探讨 [J]. 科技致富导向, 2010, 26: 111 ~ 112.

[13] 张军红, 徐南平, 谢安国. 烧结过程降低固体燃耗途径的探讨 [J]. 冶金能源, 2002, 21 (1): 25 ~ 27.

[14] 舒型武. 钢铁工业二噁英污染防治 [J]. 钢铁技术, 2007, 4: 51 ~ 54.

[15] 潘建. 铁矿烧结烟气减量排放基础理论与工艺研究 [D]. 长沙: 中南大学, 2007.

[16] 金永龙, 张军红, 徐南平, 等. 烧结工艺综合节能与环保的现状与意义 [J]. 冶金能源, 2002, 21 (4): 12 ~ 16.

[17] 钢铁行业污染防治最佳可行技术导则——烧结及球团工艺 (征求意见稿), 2009.

[18] Environmental Resources Management. Hitegrated pollution prevention and control (IPPC) best available techniques reference document on the production of iron and steel. Brussels: European Commission, 2001.

[19] Environmental Protection Agency (UBA). Cornmentson the Draft – Dutch Noteson best available techniques for pollution prevention and control in the production of primary Iron and steel. Berlin: Environmental Protection Agency of Germany, 1997.

[20] 郝继锋, 汪莉, 宋存义. 钢铁厂烧结烟气脱硫技术探讨 [J]. 大连理工大学学报, 2005, 36 (4): 491 ~ 494.

[21] 彭园园, 宋健斐, 魏耀东, 朱廷钰. 钢铁厂烧结烟气脱硫技术的研究进展 [J]. 冶金能源, 2008, 27 (3): 55 ~ 58.

[22] 何晓蕾, 李成伟, 俞勇梅. 烧结烟气减排二噁英技术的研究 [J]. 宝钢技术, 2008 (3): 25 ~ 28.

[23] 廖继勇, 储太山, 刘昌齐, 等. 烧结烟气脱硫脱硝技术的发展与应用前景 [J]. 烧结球团, 2008, 33 (4): 1 ~ 5.

[24] 赵瑞壮, 叶猛, 朱廷钰. 钢铁烧结烟气多污染物协同控制技术评述 [J]. 中国环境科学学会学术年会论文集, 2012: 2200 ~ 2202.

[25] Mo C L, Teo C S, Hamilton I, et. al. Admixing hydrocarbons in raw mix to reduce NO_x emission in iron ore sintering process [J]. ISIJ International, 1997, 37 (4): 350 ~ 357.

2 烧结烟气粉尘控制技术

2.1 烧结烟气粉尘排放及控制技术概述

烧结工艺流程包括配料、混合、烧结、冷却、整粒及储运等，各工序都有粉尘产生，粉尘污染遍布整个流程，量大面广，折合 30～50kg 粉尘/吨烧结矿；由于产生扬尘的地点及工艺流程不同，造成粉尘的特性差异大，很难用一个固定的模式予以捕集治理，需要根据其特性采取有针对性的治理措施。

烧结工序是钢铁工业烟粉尘最大的排放源，因此，钢铁行业烟粉尘减排应重点考虑烧结（球团）工序。2010 年我国钢铁烧结（球团）设备生产能力和产量见表 2-1，近年来烧结机数量及规模变化情况见表 2-2[1]。

表 2-1 2010 年我国烧结（球团）设备生产能力和产量

产品名称	生产能力/万吨	产量/万吨	产量占比/%
烧结铁矿	78314	68822	87.9
球团铁矿	14328	12422	86.7

表 2-2 我国重点大中型钢铁企业烧结机数量及规模变化情况

规 模	2006 年/台	2007 年/台	2008 年/台	2009 年/台	2010 年/台	2010 年产能/万吨
总数量	414	422	444	491	457	72168
$130m^2$ 及以上	98	125	149	183	188	48936
$90～129m^2$	77	81	88	100	112	12580
$36～89m^2$	141	154	154	157	125	9241
$34m^2$ 及以下	96	62	53	51	32	1411

由表 2-2 可知，2010 年重点钢铁企业烧结机产能平均为 158 万吨/年，其中 $90m^2$ 以上烧结机产能平均为 205 万吨/年。

烧结工序的粉尘排放占钢铁行业粉尘总量的 41%。烧结工艺中烟粉尘排放分为无序排放和有序排放两种。无序排放的控制重点是防止粉尘的逸散；有序排放的控制重点是除尘技术的选择。

2.1.1 烧结过程粉尘来源

烧结过程粉尘无序排放污染源可分为点源和面源两类。点源的特点是扬尘点明确，粉状物料受外力作用产生扬尘。点源控制相对简单，一般是将扬尘点密封后通过管道将含尘气体引入除尘设备内除去。面源的特点是扬尘面积大，一般大于几百平方米，扬尘位置不固定，造成扬尘的原因主要是自然风。面源主要有精矿、返矿、焦炭、煤、成品烧结矿等原料及成品堆存料场，通常采用喷水降尘及防雨布覆盖料堆。近年来开发了料堆表面添加抑制剂的技术，抑制剂在料堆表面自然固化，形成保护膜，防止粉尘飞扬。对输送系统采用密封改造，使操作在封闭条件下进行，可大大减少粉尘的逸散[2]。

烧结工序有序排放的粉尘是烧结中必然产生并且排放地点和排放量相对固定的粉尘，如一混、二混等高湿粉尘，成品矿仓等移动点的扬尘，机头、机尾粉尘以及烧结烟气脱硫后粉尘等。一混、二混粉尘产生的原因是：烧结原料的混合在圆筒混合机内完成。由于进入一混的原料中配有 25% ~30% 的热返矿，温度高达 300 ~400℃，在混合过程中将产生大量水蒸气，并携带一部分粉料逸出。一混、二混粉尘浓度高、湿度大且具有黏性，目前主要通过冲激式除尘器脱除。冲激式除尘器是一种湿式除尘器，利用高速气流在狭窄通道内呈 S 形轨迹运动的冲击力，强化粉尘在水洗作用下的湿润、凝并和沉降功能，从而实现气体净化。该技术对可吸入颗粒物捕集效率较低[3]。

成品矿仓等移动点的扬尘控制存在一定的难度，烧结矿经移动小车进入料仓时，由于存在较大落差，烧结矿在落料过程中扬尘很大，目前一般采用软罩密闭连接的方式进行封闭操作，不涉及常规除尘技术。

烧结厂的皮带、烧结机等都有入料、出料端，通常将入料端称为机头，出料端称为机尾。烧结机机头是混合料布料和点火的位置，料层上部点火后，水蒸气随烟气被烧结下端风箱抽走，顺料层向下运动，当水蒸气遇到冷料层时，会冷凝并附着在矿表面，形成过湿，导致烟气含水量较大，烧结机头排烟温度低于 200℃。烧结机尾烟尘来自烧结机尾部卸料以及热矿冷却破碎、筛分和储运过程。机尾排烟温度低于 150℃，粉尘含铁约 50%，含钙约 10%，烧结矿经过高温煅烧后水分已蒸发，因此，烟气含水量较低[4~6]。机头和机尾粉尘特性对比见表 2-3[7]。

表 2-3　烧结机头和机尾的粉尘特性对比

特性	烧结机机头粉尘	烧结机机尾粉尘
排放量及烟尘浓度	排放量较大，含尘浓度很大程度上取决于烧结工艺流程，约 1~6g/m³	排放量约为机头的 25%~50%，含尘浓度因工艺不同而异，平均为 15~20g/m³
温度	80~200℃	80~150℃

特性	烧结机机头粉尘	烧结机机尾粉尘
含湿量	约10%（体积分数），露点温度高	正常
粉尘成分	粉尘黏度大，钙、钾、钠含量高	粉尘黏度较大，Fe_2O_3、FeO 占 50% 以上，有较高的回收利用价值
粒径	粒度小，粒径小于 $5\mu m$ 的粉尘占30%以上	颗粒较粗，粒径在 $40\mu m$ 左右
比电阻	$3.2 \times 10^9 \sim 1.0 \times 10^{12} \Omega \cdot cm$	$10^{10} \Omega \cdot cm$ 左右
烟气负压	近20kPa，易使设备漏风，易导致电晕闭塞	正常

本书中烧结烟气除尘技术特指烧结机头、机尾除尘，烧结粉尘也主要指烧结烟气经过除尘设备后被捕集下来的烧结灰，将在2.6节中进行详细介绍。

由于烧结过程采用的铁矿石和煤中含有硫元素，烧结烟气脱硫技术是控制烧结机污染物必不可少的。采用半干法脱硫技术脱硫后粉尘浓度可达 $1 \sim 10g/m^3$，粉尘粒度较细，为了减少粉尘的二次污染，必须在脱硫技术后增加除尘设备。

2.1.2 粉尘的危害

在大气颗粒物污染方面，人们已开始注意可吸入颗粒物（PM10，指空气动力学当量直径小于 $10\mu m$ 的颗粒物）和细颗粒物（PM2.5，指空气动力学当量直径小于 $2.5\mu m$ 的颗粒物）浓度对环境和人体健康的危害和影响。PM10 及 PM2.5的浓度是反映大气质量的一个重要指标，烧结烟气在经过除尘装置后，PM2.5 约占 PM10 的 70%（质量浓度）。PM10 和 PM2.5 对人体的危害表现为两个方面：一是颗粒物复杂的化学成分；二是颗粒物吸附的有毒有害物质。烧结烟气粉尘中大多含有氟化物、铅和镉等重金属、铁氧化物以及钒化合物等，这些物质沉积在肺中可形成尘肺；有些可溶解直接进入血液，造成血液中毒，如血液中铅的量积累到一定程度时，会使心肺病变，损害大脑、破坏神经，影响儿童智力正常发育。颗粒物可作为烧结烟气其他污染物（SO_2、NO_x、氯苯、多环芳烃和持久性有机污染物 POPs 等）的载体，在吸附上述多种污染物后进入人体，随着粒径的减小，颗粒物在大气中的存留时间和在呼吸系统的吸收率也随之增加，PM2.5 可直接进入肺泡，被细胞吸收，增加毒性物质的反应和溶解速度。PM2.5 进入环境大气中时，也容易富集空气中存在的有毒物质、细菌和病毒等，且能较长时间停留在空气中，对人体的呼吸系统影响尤其严重[8]。

2.1.3 粉尘控制技术

烧结烟气除尘器包括机械式除尘器、电除尘器（ESP，electrostatic precipitator）、布袋除尘器、电袋复合除尘器、新型湿式电除尘器、旋转电极除尘器、无机膜除尘器等。各除尘技术的效率与颗粒粒径的关系如图 2 - 1 所示[9]。

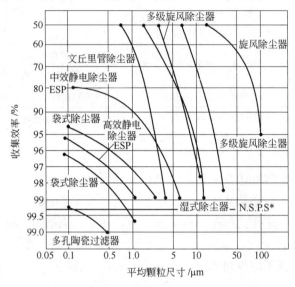

图 2 - 1　各除尘技术的效率与颗粒粒径关系图

　　机械式除尘器主要包括重力沉降式、旋风分离式和文丘里管式除尘设备等，其中旋风分离式除尘设备应用更多，其特点是结构简单，除尘效率稳定，主要应用于烧结烟气脱硫后除尘，但除尘效率低，一般在 80% 左右，难以达到最新标准 30mg/m^3，更难以满足未来 PM2.5 的排放标准。

　　电除尘技术的原理是含尘气体经过高压静电场时被电离出正离子和电子，电子奔向正极过程中遇到粉尘，使粉尘带负电，荷电粉尘在电场力作用下运动到极板上沉积下来，再经过振打清灰从极板上脱落下来，进入下方灰斗中，达到与空气分离的目的。电除尘的总体除尘效率可达 99%，自动化程度高，运行、维护费用低，整体使用寿命长。在电除尘器应用中需要考虑到粉尘比电阻、粉尘粒径、粉尘浓度、粉尘堆比重、粉尘黏结性、烟气温度、烟气湿度等因素[10]。

　　布袋除尘器采用多孔滤布制成的滤袋将粉尘从烟气流中分离出来。工作时，烟气从外向内流过滤袋，粉尘被挡在滤袋外面。布袋除尘这一术语包含了收尘（把粉尘从气流里分离出来）以及定期清灰（把已收集的粉尘从滤布上清除下来）这样两个过程。收尘的基本条件为：粉尘必须与纤维表面或与挡在纤维上的粉尘相碰撞；粉尘必须被挡在纤维表面（或与挡在纤维上的粉尘在一起）。布袋除尘器的基本工作过程是：烟气因引风机的作用被吸入和通过除尘器，并在负压的作用下均匀而缓慢地穿过滤袋。烟气在穿过滤袋时，固体粉尘被捕集在滤袋的外侧，过滤后的洁净气体经净气室汇集到排风烟道后外排。使用脉冲压缩空气将已捕集在滤袋上的粉尘从滤袋上剥落并使之落入底部的灰斗内，再通过输送设备把粉尘从灰斗内输送出去。布袋除尘器的特点是除尘效率高、自动化程度高，可在线维护，主要部件除尘布袋使用寿命约为 1.5 年，运行费用高。影响布袋除尘器使用的因素有粉尘粒径、粉尘浓度、粉尘堆密度、粉尘黏结性、烟气温度、湿度、含氧量、pH 值。在除尘器选用上应从保温、降尘、防黏结、防腐蚀、防氧化等多方面进行考虑，确保除尘器正常运行[11]。

电袋复合除尘器有机结合了静电除尘和布袋除尘的特点，是通过前级电场的预收尘、荷电作用和后级滤袋区过滤除尘的一种高效除尘器，它充分发挥了电除尘器和布袋除尘器各自的除尘优势，以及两者相结合产生的新的性能优点，弥补了电除尘器和布袋除尘器的除尘缺点。该复合型除尘器具有效率高、稳定、滤袋阻力低、寿命长、占地面积小等优点，是未来协同控制 PM2.5 以及重金属汞等多污染物的主要技术手段[12]。

湿式电除尘技术是在干式电除尘的基础上发展起来的。尽管湿式电除尘器的结构形式与干式电除尘器有较大的改进，但是除尘器内尘粒的荷电方式、收尘原理及气固分离过程等都与干式电除尘器相似。进入湿式电除尘器前的烟气，一般都要在喷雾塔或入口扩散段内增湿，并使之饱和。饱和烟气进入电场后，气流中的尘粒或雾滴很快就带上电荷，在电场力的作用下移向集尘电极，附着在极板上的雾滴连接成片，形成液膜，液膜连同尘粒在重力的作用下掉入除尘器下部的泥浆槽内，因此这种电除尘器可用于处理高比电阻粉尘。湿法清灰是湿式电除尘器区别于干式电除尘器的特点之一。由于湿式电除尘器是利用极板上的液膜水流清除灰尘的，无需振打装置，因此消除了粉尘的二次飞扬，提高了除尘效率。湿式电除尘器兼有除尘和净化有害气体的作用，国外多用于铝电解厂含氟烟气的净化，用以清除烟气中的氧化铝粉尘，净化烟气中的氟化氢、沥青烟及二氧化硫等有害气体。湿式电除尘器也可用于酸洗槽的酸雾处理或焦炉烟气净化，回收酸液或焦油等[13]。

旋转电极电除尘器是近年来国内研发的一种提高除尘器性能的新技术，它解决了常规电除尘器的二次扬尘和反电晕问题。旋转电极电除尘器的收尘机理与常规电除尘器相同，所采用的清灰方式与常规电除尘器不同，附着于阳极板上的粉尘随旋转阳极板运动到非收尘区域后，被正反旋转的一对清灰刷清除，使阳极板能保持清洁状态，有效克服了高比电阻粉尘的反电晕及振打产生的二次扬尘等问题，可大幅度提高除尘效率[14]。

除上述提到的除尘器外，陶瓷无机膜、金属网等除尘器具有耐高温、耐腐蚀、机械强度大、寿命长等优点，在烧结烟气除尘中也将得到应用。

2.2 电除尘器

2.2.1 原理及结构

电除尘器是在两个曲率半径相差较大的金属阳极和阴极上，如图 2-2 所示，通过高压直流电，维持一个足以使气体电离的静电场，气体电离后所产生的电子为阴离子和阳离子，吸附在通过电场的粉尘上，使粉尘获得电荷[15]。荷电极性不同的粉尘在电场力的作用下，分别向不同极性的电极运动，沉积在电极上，达到分离粉尘和气体的目的，如图2-3所示。在电晕区和靠近电晕区很近的一部分荷电粉尘与电晕极的极性相反，沉积在电晕极上。因电晕区的范围小，所沉积的粉尘也少。电晕区外的粉尘，绝大部分带有与电晕极极性相同的电荷，沉积在收尘极板上。粉尘的捕集与粉尘自身特性，如比电阻、介电常数和密度等，烟气特性如流速、温度和湿度等，电场特性如板线配置、电压强度和电流密度等以及收尘极表面状态等因素有关。

图2-2 电除尘器阴阳极示意图

图2-2中，+电荷表示阳极板，也称为收尘极，中间为阴极，也称为电晕极或电晕线，布置有放电尖端，称为芒刺。相对于阳极板，电晕极的形式多样。

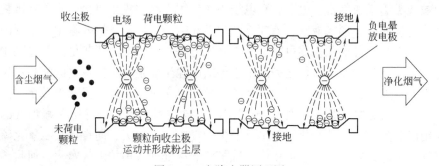

图2-3 电除尘器原理图

电除尘器按照电场布置情况可大致分为单区电除尘和双区电除尘两种。单区除尘器中，粒子的荷电和集尘过程在同一区域中进行，即电晕极和收尘极处于同一区域，如图2-4所示。双区电除尘器中，粒子的荷电和沉降收尘分别在两个区域中进行，在第一区域中装有一组电极使尘粒荷电，在第二区域中装有另一组电极使尘粒沉降集尘，如图2-5所示。

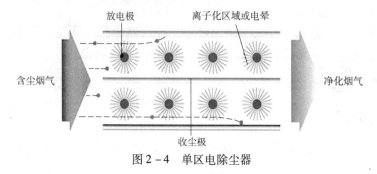

图2-4 单区电除尘器

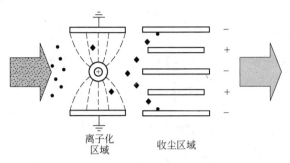

图2-5 双区电除尘器

电晕放电可分为3个过程，如图2-6和图2-7所示：

（1）金属丝放出的电子迅速向正极移动，与气体分子撞击使之离子化；

（2）气体分子离子化的过程又产生大量电子，称为雪崩过程；

（3）远离金属丝，电场强度降低，气体离子化过程结束，电子被气体分子捕获。

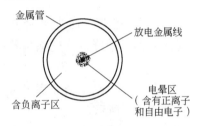

图2-6 电晕放电示意图

气体离子化的区域称为电晕区，自由电子和气体负离子是尘粒荷电的电荷来源。

当电晕区范围逐渐扩大致使极间空气全部电离时，称为电场击穿，相应的电压为击穿电压。电晕极有正、负之分，在相同电压下通常负电晕电极产生较高的电晕电流，且击穿电压也高得多，如图2-8所示。空气调节系统采用正电晕极，其好处在于其产生臭氧和氮氧化物的量低，而工业气体净化倾向于采用稳定性强、操作电压和电流高的负电晕极。因此，在钢铁、火电、水泥等工业行业应用的大型电除尘器中阴极为电晕极。

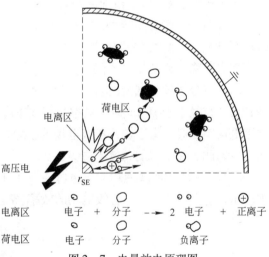

图2-7 电晕放电原理图

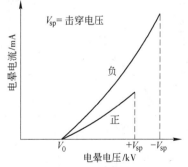

图2-8 正、负电晕极在空气中的电晕电流-电压曲线

2.2.2   影响除尘效率的主要因素

电除尘器的效率（%）按式（2-1）或式（2-2）计算[16]：

$$\eta = 100\left[1 - \exp\left(-\frac{\omega A}{Q}\right)\right] \qquad (2-1)$$

或

$$\eta = 100\left[1 - \exp\left(-\frac{\omega l}{Vb}\right)\right] \qquad (2-2)$$

式中 ω——驱进速度，m/s；

   A——收尘极板面积，m^2；

   Q——电除尘器的处理风量，m^3/s；

   A/Q——称为比收尘面积，$m^2/(m^3 \cdot s)$；

   l——电除尘的长度，m；

   V——气流速度，m/s；

   b——放电极与收尘极间的距离，m。

试验表明，当粉尘粒径大于 $10\mu m$ 时，驱进速度趋于稳定；而当粒径在 $10\mu m$ 以下时，电除尘器的驱进速度随着粉尘的粒径降低而迅速降低，电除尘器的效率随之下降，如图 2-9 所示。

电除尘器分级效率试验证明，当粉尘粒径小于 $30\mu m$ 时，电除尘器效率显著下降；而当粒径小于 $10\mu m$ 时，效率呈直线下降，如图 2-10 所示。

多电场串联时，由于进入各级电场的粉尘粒径逐级变小，它们的除尘效率是不同的。因此，除尘器的总效率应为：

$$\eta_z = 100\left[1 - (1 - \eta_1)(1 - \eta_2)(1 - \eta_3)\cdots(1 - \eta_n)\right] \qquad (2-3)$$

式中 $\eta_1, \eta_2, \cdots, \eta_n$——各级电场的效率，%。

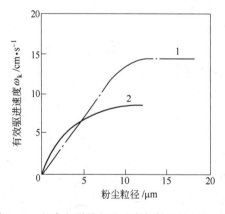

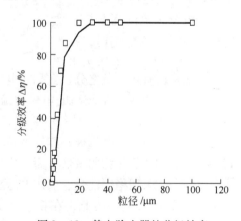

图 2-9   电除尘器的驱进速度与粉尘粒径的关系   图 2-10   静电除尘器的分级效率
1—粒径 $10\mu m$；2—粒径 $5\mu m$

影响电除尘器除尘效率的因素有很多，最主要的影响因素是烟气工况和粉尘特性：烟气温度、烟气流速、烟气湿度和粉尘比电阻、粉尘浓度等。下面两节就以上诸因素进行论述。

2.2.3 烟气工况对除尘效率的影响

2.2.3.1 烟气温度

电除尘器进口烟温不断降低，从 20 世纪 50 ~ 60 年代的 170 ~ 180℃，降至目前的 130 ~ 140℃，有时甚至可降至 130℃ 以下。烟气温度的急剧变化，对电除尘器的运行产生了较大的影响，主要表现在粉尘比电阻和烟气黏度两个方面。

工业粉尘大多是无机化合物或金属氧化物，它们的电绝缘性能比较好，比电阻一般都比较高。通常情况下，烟气温度越高，黏附在粉尘表面的水分越少，粉尘的比电阻越高，一般可达 $10^{11}\Omega \cdot cm$。但是，当温度超过一定限度时，由于粉尘本身分子热运动的加强，物质中自由离子的自由电子数目增加，物质的导电性能增强，表现为本身体积电阻的降低，粉尘的比电阻随温度的升高而降低。

当烟气温度升高时，气体分子热运动加剧，运动着的分子之间的摩擦加大，气体的黏度增加。电场中的带电粉尘在电场库仑力的作用下，向收尘极板运动的驱进速度也与含尘烟气的黏度有关。烟气温度愈高，气体的黏度愈大，粉尘的驱进速度愈低，收尘效率也随之降低。

2.2.3.2 烟气流速

在电除尘器的通流截面确定之后，通过电场的烟气流速愈大，则收尘效率愈低。反之，烟气流速愈小，则愈容易收尘。随着烟气流速的增大，含尘烟气通过电场的时间缩短，有些粉尘还来不及充分荷电，则被收尘极捕集的概率减小，易被气流带出电除尘器。有效电场以外的空间，如下部的灰斗、上部的间隔和两边极板与外壳的空隙中，若烟气流速过大，被气流带走的漏灰将增加。已收到电极上的粉尘在振打时，落入下部灰斗中，若烟气流速过大，在下落过程中，很容易被气流带走。如果烟气流速过大，即使不振打时，气流仍然会冲刷带走已收到收尘极上的粉尘。所以，烟气流速过大会加大粉尘的二次飞扬。综上所述，烟气流速增大，会降低电除尘的效率。

2.2.3.3 烟气湿度

进入电除尘器中含尘烟气的湿度，不仅影响到电场运行电压，而且还将影响到粉尘比电阻及收尘效率。一般来说，除尘效率随湿度增大而提高。这是因为空气的击穿电压随湿度的加大而提高，粉尘比电阻随湿度的加大而减小。

水分子（H_2O）是极性分子，极性分子的正极端会吸引负电荷，负极端会吸引正电荷。因此，极性分子的荷电能力比中性分子大得多。

在电场中，水分子能大量地吸附电子，使分子带负电并转变为行动缓慢的负离子，因而使空间中的自由电子数目大大减少，电离强度减弱，电晕电流减少，使得空气间隙的耐压强度增加，击穿电压升高，火花放电较难出现。这就是通常所说的水蒸气对于空气的"支游离"作用。

如图 2 - 11 所示为烟气湿度与伏安特性的关系曲线。它表明随着气体湿度的增加，电场中的电离强度将减弱，电晕电流也随之减小，电场的击穿电压升高。

水本身并不是一种良好的导电体，只是在它溶解有其他物质时，导电性才得到增强。在电除尘器中，当粉尘的比电阻值过大时，湿度增加，水分子黏附在导电性很差的粉尘上，能降低粉尘的

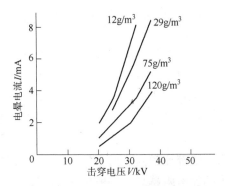

图 2 - 11　烟气湿度与伏安特性的关系曲线

比电阻，使反电晕不易产生。同时，烟气中的水分对粉尘比电阻的影响往往因其他化学物质的存在而加剧，如 SO_3 等。SO_3 的作用是把粉尘比电阻降低。SO_3 借助于水分侵蚀粉尘表面，使之释放出更多的电荷载体。水和 SO_3 加强粉尘导电作用的机理是使氢离子和硫酸根离子作为电荷载体直接参与导电过程。

因此，研究烟气湿度的目的为：（1）设法控制电除尘器的进口温度，使之能够避开高比电阻温度区；（2）避免降至露点温度区，以免因烟气结露，造成电除尘器极板、极线以及吸风机黏灰扣等金属构件腐蚀，影响设备的运行效率和安全。

2.2.3.4　烟气含尘浓度

在电收尘器中，如果粉尘浓度太大，将使收尘电场的空间电荷过多，出现电晕封闭的现象，使收尘效率降低。当电除尘器的收尘电场产生电晕放电后，大量的气体负离子和带负电的粉尘充满在电晕区以外的广大空间，空间中的这些电荷统称为空间电荷。实践中当电除尘器不通烟气送电时，高压电流都相当大，有时在进行空载升压试验时，需使用两台整流变压器并联送电才能升高到额定值。而一旦进入烟气后，由于荷电粉尘的运动速度低，使得电场空间电荷加大，虽然电压不变，电流却在几分钟之内就降低下来。在一般情况下，这种情况是正常的。但是，当烟气中的粉尘浓度过大时，由于低速运动的粉尘颗粒过多，它们荷电后使空间电荷达到饱和，电晕区电压受到很大的抑制，电晕大大削弱，高压电流几乎降到零，出现电晕封闭现象，收尘效率大大下降。电晕封闭的出现，说明电除尘器可能存在以下几种情况：

（1）烟尘浓度过大，或者烟尘的分散度过高，增加了粉尘的颗粒数量；

（2）烟气流速过高，增加了进入电除尘器中的粉尘含水量；

（3）电场电压太低，荷电粉尘向极板的运动速度太慢。

第一电场的粉尘浓度最大，通常最容易出现电晕封闭现象。在设计上，第一电场宜采用芒刺型电晕极使放电集中，放电尖端的电风加大，加快粉尘运动，以打破空间电荷造成的电晕封闭现象。

2.2.4 粉尘特性对除尘效率的影响

2.2.4.1 粉尘比电阻

任何物质都有一定的电阻，它是可以测量的。粉尘虽然是一种松散的物体，也可以采用一定的方法来测量电阻值。常用的方法有：圆盘电极法、针状圆盘电极法、圆筒电极法。对于粉尘来说，并不是单位体积的电阻，它除了粉尘颗粒内部电阻之外，还包括粉尘颗粒本身以及颗粒之间的表面传导电阻。在很多高电阻粉尘中，在低温情况下测量时，得出的结果主要是表面电阻。在高温情况下，由于体积电阻降低，故在测出的结果中，体积电阻占有主导地位。此外，粉尘电阻率的大小随着测试的工艺操作条件不同而有差别，如粉尘的松散度、温度、湿度和细度等。因此，这种测量结果只是一种表观的、可以比较的粉尘电阻，称为表观比电阻，简称比电阻。

A　低比电阻对电收尘的影响

比电阻值在 $10^4\Omega \cdot cm$ 以下的粉尘，称为低比电阻粉尘。电除尘器难以捕集这类粉尘，易形成二次飞扬。这是因为低比电阻粉尘导电性比较好，当带负电的粉尘到达收尘极板后，即刻就把负电核释放出来，而随之又由收尘极板传给粉尘以正电荷，这时，粉尘由于同性电荷相斥的作用，而被收尘极板所排斥，再次推回气流中。随后，粉尘又重新被空间负电荷所黏附，在电场库仑力的作用下，重新跑向收尘极板，再次放出电荷，再次被推回气流中。因而，有许多低比电阻粉尘实际上在极板的表面一直没有被吸附住，而是沿着极板表面"弹跳"着前进，最后被气流带出收尘器。

B　高比电阻对电收尘的影响

比电阻值在 $10^{11}\Omega \cdot cm$ 以上的粉尘称为高比电阻粉尘。由于高比电阻粉尘导电性较差，电荷黏附在粉尘颗粒上，不易逸出，当粉尘到达收尘极板后，电荷不能顺利地释放而残留在这些粉尘上。随着粉尘愈积愈厚，粉尘中的负电荷就愈积愈多，这就使得在粉尘层与极板之间形成一个愈积愈强的电场，最终导致电极表面的粉尘层被局部击穿，形成反电晕。因此粉尘比电阻实质上是衡量荷电粉尘到达收尘极后释放电子能力的一个参数。

2.2.4.2 反电晕

在收尘极上产生与电晕极性相反的电晕放电称为反电晕，这是由于电极表面的粉尘层被局部击穿所致。反电晕的出现说明收尘极板表面上粉尘层里面的间隙中产生了气体电离，收尘极板也成了放电极，正负两个电极互相对着放电，这时两极之间的击穿电压就会大大下降。反电晕是一种特别有害的现象，它一旦出现，就会反过来由收尘极板（阳极板）向电场空间放出正电荷，这些反方向倒流的正电荷很快又要与迎面跑来的负电荷相遇而中和，它耗用高压电流，却使除尘电场的收尘效率下降。

比电阻值在 $10^{11}\Omega \cdot cm$ 以上的高比电阻粉尘，在电除尘器中容易出现反电晕。反电晕出现后的主要表现形式是火花闪络频繁，运行电压降低，运行电流减小，二次电流表的指针不断地摆动，其主要表现特征是 $V - I$ 特性曲线出现拐点。

2.2.5 除尘效率的数值模拟

目前，对电除尘器的除尘性能进行设计或评价，一般采用颗粒物粒径分级除尘效率计算方式，是由 Deustch[17]、Cooperman[18]、Leonard[19]、赵志斌[20] 等基于不同的湍流场假设发展出的计算公式。目前已有采用颗粒群平衡模拟（population balance modelling）的方法，描述电除尘器内烟尘的动力学和颗粒尺度谱的演变过程[21]。

图 2 - 12 中 d_p 为颗粒几何尺度，S_{SCA} 为比集尘表面积，它与电除尘器的纵向深度成正比。由图 2 - 12 可知，随着烟气深入电除尘器，颗粒尺度谱曲线越来越低矮平坦，表明各种尺度的颗粒均不同程度地被捕集，颗粒尺度谱曲线越来越往左偏移，表明大颗粒较易被电除尘器所捕集，而小颗粒相对难以脱除。颗粒总数目、颗粒几何平均尺度和几何标准偏差均沿电除尘器纵向长度显著降低。图 2 - 13 清晰地表示出，尺度较小的颗粒（如 PM2.5），除尘效率较低，而尺度较大的颗粒（如 PM10 以上的颗粒），除尘效率很高，可达到 98.5%。

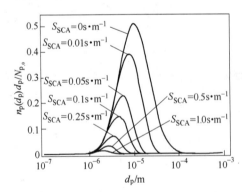

图 2 - 12　颗粒尺度谱的演变过程

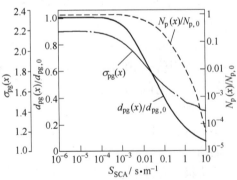

图 2 - 13　颗粒总数、几何平均尺度及几何偏差变化图

图 2 - 14 为电场强度分别为 2.5kV/cm、5kV/cm、10kV/cm 时颗粒尺度谱的

演变过程。电场强度的增加使得颗粒荷电量和荷电颗粒的驱进速度增加，从而加速了荷电颗粒往集尘板的运动，即有利于电除尘器对任何尺度颗粒的捕集。图2-15为气速分别为0.5m/s、1m/s和2m/s时颗粒尺度谱的演变过程。显然，气流平均速度的增加将不利于烟尘的捕集，这主要是由于颗粒横向湍流扩散变大，此时必须增加比集尘表面积 S_{SCA} 以达到较为理想的除尘效率。

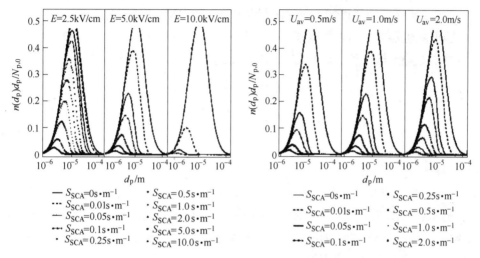

图2-14　不同电场强度时颗粒尺度谱
　　　　的演变过程

图2-15　不同气速时颗粒尺度谱的演变过程

2.2.6　粉尘运动的数值模拟

静电除尘器内部存在流场、电场和颗粒动力场三种场量。含尘气体流过静电除尘器时，颗粒悬浮在气体中并随之运动。气体可采用质量守恒方程和动量守恒方程来描述[22]：

$$\frac{\partial \rho_g}{\partial t} + \frac{\partial}{\partial x}(\rho_g u) + \frac{\partial}{\partial y}(\rho_g v) = 0 \qquad (2-4)$$

其中，广义外力源项可由曳力和电体积力表示，流场动量方程如下：

$$\rho_g \frac{\partial u}{\partial t} + \rho_g u \frac{\partial u}{\partial x} + \rho_g v \frac{\partial u}{\partial y} = -\frac{\partial p}{\partial x} + \mu_{eff}\left(\frac{\partial^2 u}{\partial x^2} + \frac{\partial^2 u}{\partial y^2}\right) + F_{Dx} + \rho E_x \qquad (2-5)$$

$$\rho_g \frac{\partial v}{\partial t} + \rho_g u \frac{\partial v}{\partial x} + \rho_g v \frac{\partial v}{\partial y} = -\frac{\partial p}{\partial y} + \mu_{eff}\left(\frac{\partial^2 v}{\partial x^2} + \frac{\partial^2 v}{\partial y^2}\right) + F_{Dy} + \rho E_y \qquad (2-6)$$

式中　ρ_g——空气的密度，kg/m^3；

u，v——分别为气体 x，y 方向的速度，m/s；

p——气体压强，Pa；

μ_{eff}——有效扩散系数，$\mu_{eff} = \mu + \mu_t$；

μ——气体动力黏性系数，kg/(m·s)；

μ_t——湍流动力黏性系数，kg/(m·s)；

F_{Dx}，F_{Dy}——分别为 x、y 方向的空气动力学曳力；

ρ——空间电荷密度，C/m^3；

E——电场强度，V/m。

湍流封闭方程可选常用的 $k-\varepsilon$ 方程或修正的 RNG$k-\varepsilon$ 方程等。

静电除尘器电场由外加电场和空间电荷形成的电场两部分组成。描述电场分布特性的电势泊松（Poisson）方程和电流连续方程为：

$$\nabla^2 V = -\frac{\rho}{\varepsilon_0} \qquad (2-7)$$

$$\nabla V \nabla \rho = \frac{\rho^2}{\varepsilon_0} \qquad (2-8)$$

式中　V——空间电势，kV；

ε_0——真空介电常数，$\varepsilon_0 = 8.854 \times 10^{-12}$F/m。

电晕放电使气体分子电离成电子和正离子，由于烟气的多种成分皆是电负性气体，容易俘获电晕产生的电子而形成负离子。正、负离子通过电场荷电和扩散荷电这两种方式荷电，方程为：

$$Q_p = 3\pi\left(\frac{\varepsilon_r}{\varepsilon_r+2}\right)\varepsilon_0 d_p^2 E \qquad (2-9)$$

式中　Q_p——尘粒表面的饱和电荷量，C；

ε_r——粒子相对介电常数。

为了分析粉尘颗粒的运动轨迹，需要建立颗粒的运动方程。考虑电场力、曳力以及重力三种主要的颗粒受力。笛卡儿坐标系下颗粒的动量方程为：

$$m_p \frac{\mathrm{d}u_j}{\mathrm{d}t} = Q_p E_j + F_{Dj} + \frac{1}{6}\pi d_p^3 \rho_p g \qquad (2-10)$$

式中　m_p——粉尘粒子质量，kg；

u_j——颗粒物在 j 方向的速度（j 代表 x，y 方向），m/s；

F_{Dj}——曳力，kg/m。

电除尘器具有对称特性，采用四边形单元将计算区域离散为结构网格，可加快运算速度，避免假扩散。电晕线半径为 0.5mm，收尘电极半径为 200.5mm，电极线长为 1200mm，简化结构如图 2-16(a) 所示；选取纵剖面的右半面为计算区域，如图 2-16(b) 所示。

利用 Fluent 计算静电除尘器内流场，采用 Simple 算法对控制容积进行数值求解。采用有限容积法离散化耦合求解电势泊松方程和电流连续性方程，可得到粒子荷电密度和电场分布。认为空气是连续相，采用 Euler 方法对流场进行数值计算；认为粉尘颗粒是离散相，采用 Lagrange 颗粒轨迹法对颗粒运动进行追踪。

工作电压是影响荷电粉尘运动轨迹的重要因素之一。图 2-17 给出了不同工作电压下，电除尘器荷电粉尘的运动轨迹，入口气流流速设定为 $v = 0.7\text{m/s}$。由图 2-17 可知，随工作电压的增加，粉尘向收尘板偏移运动的趋势逐渐增强，这主要是因为电压升高使得离子浓度急剧升高，导致电场强度和荷电粉尘所

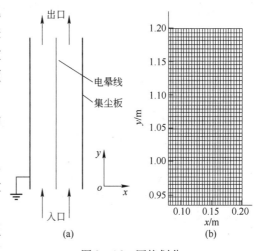

图 2-16　网格划分

（a）电除尘器简化结构；（b）右半面的网格划分

受电场力增大。对于同一荷电条件下的运动颗粒，不同粒径颗粒的流动分散性随工作电压的增高而逐渐增强。图 2-18 显示了电除尘器入射与捕集的颗粒物统计图，其中入射颗粒指进入电除尘器的总颗粒。电压越高，捕集效率越高。

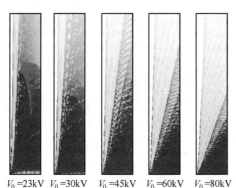

图 2-17　不同工作电压下的粉尘运动轨迹

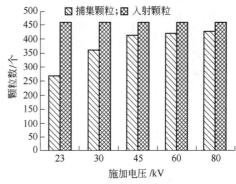

图 2-18　入射颗粒与捕集颗粒的统计图

由图 2-19 可知，逃逸粉尘平均粒径随施加电压的增加而减小，与电压呈非线性递减关系，这说明电压增加对细微颗粒的捕集有明显作用。图 2-20 ~图 2-22 显示了不同气速对粉尘运动轨迹及捕集效率的影响。如图 2-21 所示，电除尘器中的流速 $v = 0.5\text{m/s}$ 时，除尘效率最高，接近 80%；当流速增大到 1.0m/s 时，除尘效率降低到 61.52%；当流速增大到 1.8m/s 时，除尘效率只有 33.48%。由此可见，随着含尘气体流速的增大，除尘效率大幅度下降。此外，出口处逃逸粉尘的平均粒径随入口流速变化的曲线如图 2-22 所示，逃逸粉尘的平均粒径随

入口流速的增大而增大，并基本呈线性递增的关系。

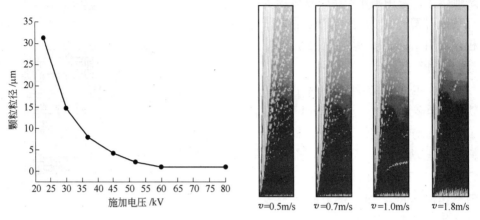

图 2 - 19　逃逸粉尘的平均粒径　　　　图 2 - 20　不同入口速度下颗粒运动轨迹对比
随电压变化的曲线

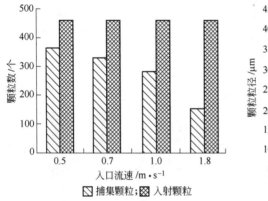

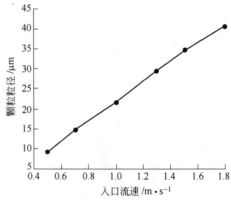

图 2 - 21　入射颗粒与捕集颗粒数的统计直方图　　图 2 - 22　逃逸粉尘的平均粒径随入口
流速变化的曲线

2.2.7　在鞍钢 214m² 烧结机和安钢 400m² 烧结机的应用

　　烧结工序由于烟气量大，温度湿度高，国内约有 80% 的烧结机采用电除尘器，烟尘排放浓度多在 50 ~ 80mg/m³ 之间，远高于发达国家 20mg/m³ 的烟尘排放浓度。由于地区差异、技术优劣、经济强弱等因素，大型企业与中小企业在环保治理水平上还存在着一定的差距[23]。

　　鞍钢的 214m² 烧结机机尾除尘采用电除尘，运行一段时间后发现粉尘排放量较高，于 1997 年大修期间进行技术改造，改造前后的参数对比见表 2 - 4[7]。改造主要基于以下三点：

（1）优化板线配置方式。一是将板间距从原来的 300mm 适当增至 395mm，二是将原来扁钢芒刺线换成放电特性较好的 RS（70）线。

（2）调整气流分布装置。通过优化进口气流分布板的位置和开孔率，保证气流分布的均匀性。

（3）凹陷振打定位。将顶部脱钩振打，改造为侧部回转振打。

表 2-4　鞍钢 214m² 烧结机机尾电除尘器改造前后参数对比

主要项目	改造前	改造后
处理烟气量/m³·h⁻¹	90×10^4	90×10^4
烟气温度/℃	120~140	120~140
入口含尘浓度(标态)/g·m⁻³	5~15	5~15
出口含尘浓度(标态)/mg·m⁻³	<100	<100
有效截面积/m²	214	214
板间距/mm	300	395
阳极板形式	CSV	CSV
阴极线形式	一电场扁钢芒刺 二电场角钢长芒刺 三电场角钢短芒刺	一、二、三电场 RS（70）线
电场长度/m	3.84×3	3.87×3
高压电源	1.8/60	1.5/80
设计除尘效率/%	99.33	99.47
实测排放浓度(标态)/mg·m⁻³	193	45
阳极振打形式	侧部双面振打	侧部双面振打
阴极振打形式	顶部脱钩振打	侧部回转振打
出口槽型板	无	有

安阳钢铁股份有限公司（简称安钢）烧结厂一台 400m² 烧结机于 2007 年 6 月建成投产。该烧结机根据工艺及流程特点设置了机尾除尘系统、整粒除尘系统、配料除尘系统、燃料破碎除尘系统和机头除尘系统。烧结机机头除尘系统选用了 2 台 300m² 双室四电场电除尘器，其单台处理风量为 120×10^4 m³/h，净化后的废气由高度 180m、出口直径为 5.0m 的烟囱排放，其粉尘排放浓度不超过 50mg/m³。300m² 电除尘器的主要参数及性能指标列于表 2-5 中[24]。

表 2 - 5　安钢 400m² 烧结机机头电除尘器的主要参数及性能指标

序　号	项　目	参　数	备　注
1	电除尘器型号	XKD300 × 4/2	
2	电场有效截面积	300m²	
3	处理烟气量	20000m³/min	
4	电场风速	1.11m/s	
5	室数 × 电场数量	2 × 4	单台
6	有效收尘面积	21350m²	
7	电场有效长度	16m	
8	电场有效宽度	2 × 10.8m	
9	电场有效高度	13.9m	
10	阳极板形式	480C 型板	
11	阴极线形式	RS 芒刺线，第四电场星形线	
12	阳极排数	2 × 25	
13	阴极排数	2 × 24	
14	阴阳极振打形式	挠臂锤侧部振打	
15	烟气温度	80 ~ 120℃	瞬间 200℃
16	入口含尘浓度	≤5g/m³	
17	出口含尘浓度	≤50mg/m³	
18	灰斗数量	16	单台
19	单个灰斗储灰容量	52.2m³	
20	高压电源型号 × 数量	GGAJO2 - 1.2A/8kV × 8	单台
21	低压控制型号 × 数量	施耐德 Premium × 2	单台
22	双层卸灰阀 × 数量	1.1kW × 2 × 32	单台
23	埋刮板输运机 × 数量	22kW × 5	

2.3　新型高效电除尘技术

2.3.1　湿式电除尘技术

　　湿式电除尘器（WESP，wet electrostatic precipitator）是用喷水或溢流水等方式使集尘极表面形成一层水膜，将沉积在极板上的粉尘冲走的电除尘器。湿式清灰可以避免已捕集粉尘的再飞扬，可以达到很高的除尘效率。因无振打装置，运行也较可靠，但存在着腐蚀、污泥和污水的处理问题，仅在气体含尘浓度较低、要求含尘效率较高时才采用。

湿式电除尘器收尘原理与干式电除尘器的收尘原理相同，都是靠高压电晕放电使得粉尘荷电，荷电后的粉尘在电场力的作用下到达集尘板。但集尘板上捕集到粉尘的清除方式与干式电除尘器有较大区别，干式电除尘器一般采用机械振打或声波清灰等方式清除电极上的积灰，而湿式电除尘器则采用冲刷液冲洗电极，在极板上形成连续的液膜，使粉尘随着冲刷液的流动而清除。

湿式电除尘器具有除尘效率高、压力损失小、操作简单、能耗小、无运动部件、无二次扬尘、维护费用低、生产停工期短、可工作于烟气露点温度以下、由于结构紧凑可与其他烟气治理设备相互结合、设计形式多样化等优点。

近年来，随着我国对钢铁行业结构的调整，钢铁行业新工艺应用的加快，钢铁大气污染源头及烟气特征也随之发生变化。高湿烟尘的高效处理越来越成为钢铁行业防治大气污染的重要任务之一。钢铁行业多个工序中都有高压水的参与，加之高温致使烟气含湿量很大甚至饱和，烟气量大且阵发性特征明显，烟尘粒径很细，干燥后粒径90%小于$1\mu m$，尘粒亲水性好，很难满足愈加严格的排放标准，此时湿式电除尘器不失为一个好的选择。

高湿烟气治理系统由系统工艺控制、除尘风机控制、湿式电除尘器控制、系统阀门控制、污水控制系统等组成。

钢铁行业高湿烟气具有烟气量大且阵发性的特征，烟气处理系统尤其是除尘器在连续运行过程难免进入不饱和或者未完全湿润的烟尘，而这类烟尘会对湿式电除尘收尘环境尤其是阳极板水膜造成破坏，因此需要在除尘器前或除尘器进风口内布置烟气增湿装置——水、气两介质喷嘴，喷出的水呈雾状，弥散度高，与含尘烟气充分接触，液滴与尘粒惯性碰撞、凝聚的效率提高，使尘粒得到充分的湿润。其次，喷出的水雾在电场中荷电并在电场力作用下被吸附到阳极板上，在极板上形成均匀的水膜，加强了极板清灰效果，在收尘负荷较大的第一电场中效果尤为明显[25]。

极板极线的配置是电除尘器的核心技术之一，湿式电除尘器除了要考虑传统干式电除尘伏安特性和电晕电流密度等技术参数外，还要考虑是否有利于水膜的形成，水膜形成是否均匀，是否能消除一般极板的"沟流"现象。宽平板和抗污染鱼骨芒刺线是一种较好的极配组合形式，宽平板为极板强度、水膜和"沟流"等问题提供了解决方案，而鱼骨芒刺极线采用尖端放电代替沿极线全长放电，放电强度高，起晕电压低，电晕电流大，产生强烈的离子流，增大了电风，提高了抗粉尘污染的性能。

湿式电除尘器已成功应用于宝钢、迁钢等国内钢铁企业连铸板坯、方坯或钢锭火焰清理机、热轧、钢渣热闷等高湿烟尘处理，处理后烟气可满足相关环保排放要求，未来将逐渐应用于烧结烟气除尘。

2.3.2   电凝并技术

由上述章节可知，电除尘技术对 PM2.5 的荷电效率不高，导致其捕集效率较为逊色，近年来发展起来的电凝并技术，通过静电手段使 PM2.5 凝并长大，易于去除，是一种具有良好发展前景的细颗粒物脱除技术[26,27]。

电凝并是通过增加微细颗粒的荷电能力，提高微细颗粒以电泳方式到达飞灰颗粒表面的数量，从而增加颗粒间的凝并效应。在外电场中，微粒内的正负电荷受到电场力的排斥、吸引而作相对位移。尽管位移是分子尺寸的，但相邻分子的积累效应就在微粒两侧表面分别聚集有等量的正负束缚电荷，并在微粒内部产生沿电场方向的电偶极矩。电场对微粒的这种作用称为电极化作用。微粒荷电后成为一种电介质，这种电介质进入电晕电场后，在场强的作用下，其原子或分子发生位移极化或取向极化，产生附加电场，这种附加电场反过来又进一步改善其极化程序。

微粒在电场中被极化而产生极化电荷，在非均匀电场（如电除尘器的电晕板附近）或均匀电场（如电除尘器的近收尘极区域）中，粒子的偶极效应将使粒子沿着电力线移动，在很短的时间内就会使许多粒子沿电场方向凝结在一起，形成灰珠串型（也称链式结构）的粒子集合体。粒子在电场中形成"灰珠串"的现象与粒子是否带电无关，因为极化产生的电荷起源于原子或分子的极化，所以其总是牢固地黏附在介质上。它与导体上的自由电荷不同，既不可能从介质的一处转移到另一处，也不可能从一个物体传递给另一个物体。即使物质同时具有导电性，情形也是如此。若使介质与导体相接触，极化电荷也不会与导体上的自由电荷相中和。因此，只要有电场的存在，粒子就会极化，发生凝并现象，而且这种粒子的偶极效应不仅发生在电场空间，形成空间凝并，即使在电除尘器的收尘极板上，已释放电荷的粒子间仍会由于极化作用的存在而凝并在一起[28]。

电凝并理论与实验研究的核心是确定电凝并速率（电凝并系数）的大小，其研究目的是尽可能地提高微细尘粒的电凝并速度，使微细尘粒在较短的时间内尽可能地凝并而增大粒径，从而有利于被捕集。

20 世纪 90 年代中期，日本京都大学[29,30]首先将电凝并技术与常规电除尘技术相结合，提出了一种新型的电除尘器，专门用于高效收集烟气中的亚微米颗粒。其基本结构如图 2-23 所示。

该除尘装置分三个区：前区为荷电区，将亚微米粉尘进行预荷电，并收集较大粒径的颗粒；中区为凝并区，采用厚而长的高压电极，并施加交流电压以促

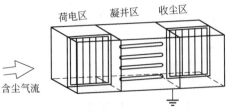

图 2-23   电凝并型除尘器结构示意图

进亚微米颗粒的电凝并过程；后区为收尘区，收集凝并后变大的颗粒。前区和后区与常规板式电除尘器相同。

测试结果表明，采用电凝并时，粒径小于 $1\mu m$ 粉尘质量减少了 20%，平均粒径增加 4 倍。在凝并区交流电压 15kV，收尘区直流电压 30kV，温度 60℃，粒径范围 $0.06 \sim 12\mu m$，入口浓度 $7g/m^3$ 的情况下，有无电凝并的除尘效率分别为 98.1% 和 95.1%。应该指出的是，测试采用的是单极性预荷电法，如果采用偶极荷电，该除尘器的收尘效果可能会进一步提高。

按照粒子荷电极性，可将电凝并分为同极性荷电粒子的凝并和异极性荷电粒子的凝并。将烟气分成两部分，在荷电器中，每部分分别被荷上相反的电荷，这种荷电方式被称为异极性荷电。目前的研究主要概括为三方面：异极性荷电粉尘的库仑凝并，同极性荷电粉尘在交变电场中的凝并，异极性荷电粉尘在交变电场中的凝并，如图 2-24（a~d）所示。

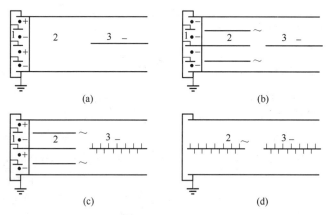

图 2-24　电凝并收尘装置的结构形式
1—预荷电区；2—凝并区；3—收尘区

异极性荷电粉尘的库仑凝并原理如图 2-24（a）所示。微尘在预荷电区中荷以异极性的电荷后，在凝并区内靠库仑引力而结成较大颗粒，然后在收尘区中被捕集。如图 2-24（a）所示的静电凝并除尘装置收集烟草烟雾（粒径小于 $0.5\mu m$）的效率达到 80%[31]。

同极性荷电粉尘在交变电场中的凝并除尘装置如图 2-24（b）所示。粉尘在预荷电区荷以同极性电荷后，引入到加有交流电压的凝并器中。同极性荷电粉尘应相互排斥不利于凝并，但由于亚微米粉尘的布朗运动，加之荷电尘粒在交变电场力作用下的往复振动，增加了粒子间相互碰撞的机会，从而产生凝并作用。实验结果表明，用图 2-24（b）的凝并除尘装置处理 $0.06 \sim 12\mu m$ 的飞灰，比常规电除尘器的效率提高 3%。另有研究采用类似的凝并装置除油烟，也得到了较好的实验结果[32]。

异极性荷电粉尘在交变电场中的凝并除尘装置如图 2 - 24(c) 所示。采用异极性预荷电方式加快了异极性荷电粉尘在交变电场中的相对运动，有利于荷电粉尘的相互吸引、碰撞和凝聚，从而提高了凝并速率。对比研究发现，异极性荷电粉尘在交变电场中的凝并作用远大于同极性荷电粉尘在交变电场中的凝并[33]。图 2 - 25 为异极性荷电粉尘凝并原理图，在预荷电区，粒子分别通过正负直流高压电场进行偶极荷电。凝并区施加交变电场，由于速率和振幅不同，荷电的大颗粒和微细颗粒间将发生碰撞。如果在碰撞后没有分开，烟气中微细颗粒的浓度将会减少，用常规除尘器就可以很容易地将这些较大的颗粒收集下来。在研究中所使用的电凝并装置大多为线板式[34]。

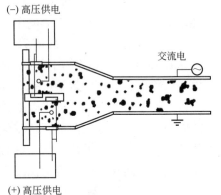

图 2 - 25　交变电场中异极性荷电
粉尘凝并原理图

高压脉冲荷电同样是一种有效提高电凝并速率的荷电方式。在静电除尘技术中，粉尘粒子的荷电量是直接影响电除尘器性能的一个重要物理量。在直流电晕放电时，微粒主要通过离子的电场荷电和扩散荷电两种方式荷电，但由于离子获得的能量较低，微粒的荷电也就较低。脉冲供电电除尘器的性能测试结果表明：对粒径小于 $2\mu m$ 粉尘粒子除尘效率提高很多。这是因为在纳秒级窄脉冲放电时，电子荷电在微粒荷电中起到了重要的作用，因此可以显著地提高微细颗粒的荷电量[35]。另外在恒电场中，微粒表面很快形成势垒能，使微粒荷电达到饱和，抑制微粒的进一步荷电。但在脉冲放电期间，高能电子足以克服微粒表面的势垒能而轰击荷电微粒表面，从而可使微粒的荷电量大大超过场饱和荷电的极限。因此，脉冲荷电可显著提高微粒的荷电量，从而提高细颗粒物的凝并速率。

2.3.3　旋转电极技术

电除尘器存在两个固有问题：振打扬尘和反电晕，它们制约着电除尘效率的进一步提高，转动极板电除尘器的工作原理与传统电除尘器相似，仍然是高压直流电源的高电压施加到电晕线上，电晕线产生电晕放电，流经电场的烟气中的粉尘荷电后，在电场力作用下被收集到极板上。当极板旋转到电场下端的灰斗时，清灰刷在远离气流的位置把板面的粉尘刷除[36~38]。

转动极板电场具有特殊结构，可以将极线和极板在上部高于前级电场，在下部深入灰斗。这种结构把前级电场泄漏的烟气全部通入电场进行处理，在转动极板电场消除了烟气泄漏对除尘效率的损害。电除尘器的板电流密度的大小与极线的间距相关。实验证明，在线距等于异极距时，除尘器的极板电流密度达到最大。线距过大或过小，都会减小极板电流密度。传统电除尘器采用的 C 形极板，表面具有防风沟，极线布置时，为了保持合理放电距离，需要绕开防风沟而限制线距。转动极板采用平板结构，线距的设置不受限制，可以创造更均匀和更高的电流密度分布，有利于电除尘器效率的提高。

转动极板电除尘器，采用旋转刷清灰，与传统电除尘器相比，具有减少振打扬尘和清灰效果彻底的特点。传统电除尘器通常采用振打清灰，有相当一部分灰尘会再次被气流带走，造成振打扬尘。研究表明对于除尘效率在98%左右的电除尘器，振打扬尘可以占总排放粉尘量的30%，对于近年来除尘效率高于99.5%的电除尘器，振打扬尘约占总排放粉尘量的50%。转动极板电除尘器的极板清灰是凭借设置在非烟气流场中的旋转刷，可以有效地避免振打扬尘，显著减少电除尘器出口的粉尘排放浓度。依靠振打清灰的电除尘器极板表面往往有一层紧贴极板金属表面的灰，是常温下烟气中的水分和酸露与粉尘结合所形成。转动极板电除尘器采用的旋转刷，可以彻底刷掉粉尘层，露出极板的金属表面，消除了极板粉尘层产生的电压降，提高电除尘器的有效电晕功率，该技术还可以避免反电晕的产生，特别适合于高比电阻粉尘的收集。

2.3.4 新型电源技术

2.3.4.1 高频电源

电除尘器电源是电除尘装置中的核心部分，它为电除尘器提供所需的高压电场，其性能直接影响除尘的效果和效率，电除尘器电源的改进是提升电除尘器性能、提高除尘效率的关键，也是节能降耗的主要环节。传统的电除尘器普遍采用工频可控硅电源供电，其电路结构是两相工频电源经过可控硅移相控制幅度后，送整流变压器升压整流，形成100Hz的脉冲电流送除尘器。高频电源则是把三相工频电源通过整流形成直流电，通过逆变电路形成高频交流电，再经过整流变压器升压整流后，形成高频脉动电流送除尘器，其工作频率可达到20~50kHz。工频电源及高频电源工作原理如图 2 - 26 所示[39]。

20 世纪中期，对电除尘捕集粉尘所需的能量进行深入研究后发现，在除尘器收尘过程中，由高压电场电离产生的带电离子，只有极少部分能够被烟气粉尘吸附用于粉尘收集，其余绝大部分电能在电场内部做了无效的空气电离[40]。例如，一台300MW火电机组所配的电除尘器，按电场数目和运行工况的不同，实际电场供电功率通常为400~1300kW，要求的除尘效率越高，所需的供电功率也就越大，按理论计算收尘量为110t/h，耗电功率仅需15kW，仅占实际电场供电功率的1%~3%。试验证明采用脉冲电源（电流脉冲宽度为秒级）可以大幅度增强烟尘的荷电量，减少电场内无效的空气电离所消耗的能量，既能提高电除尘器除尘效率，又能减少能耗。高频电源正是在此基础上建立起来的新一代电除尘

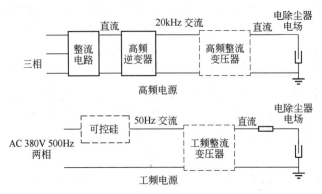

图 2-26   工频电源及高频电源工作原理

器供电电源，它采用现代高频开关电力电子技术，通过工频交流 - 直流 - 高频交流 - 高频脉动直流的能量转变形式，供给电场一系列幅度、宽度及频率均可调整的电流脉冲，脉冲宽度在 5~20s，能够根据电除尘器的工况提供最合适的电压波形，在保证烟尘带有足够电荷及去除率的前提下，大幅度减少电除尘器电场供电能量损耗。

20 世纪 90 年代初，美国、德国、瑞典等国的研究机构及电除尘器制造商开始对高频开关电源的研究，美国学者早在 1993 年就打破常规高压直流电源的设计思路，开发出的高频开关保护电源，为电除尘器提供高电压、大功率的开关电源，并设想了能够进行故障跟踪的保护设计[41]。在电除尘器电源由传统的工频高压电源向高频逆变脉冲电源的转变过程中，电力电子技术的飞速发展起到了至关重要的作用，大功率高频功率器件（如 IGBT）、高频升压变压器以及高频调制技术的开发与应用为高频电源的小型化、数字化及节能提效奠定了基础。20 世纪 90 年代末，瑞典 ALSTOM 公司、丹麦 SMIDTH 公司、美国 NWL 公司等的高频开关电源产品先后投入市场，应用于电力和水泥等行业，其中以 ALSTOM 公司的 SIR 系列高频开关电源和 SMIDTH 公司的产品最为典型。目前，在全世界约有 2000 多套 SIR 系列高频开关电源正在使用，最大规格已达到 120kV/1.2A。

21 世纪初，我国也开始引进高频电源，但因其价格昂贵，应用较少。从 2002 年起，国内一些企业及研究机构，如国电环境保护研究院（南京国电环保设备公司）、福建龙净环保公司、武汉国测数字技术公司等先后开始研制高频电源产品，并取得重大突破，各自开发出具有自主知识产权的高频电源产品，实现了高频电源的国产化[42]。

2.3.4.2   三相电源

现有电除尘器采用的单相电源存在一系列问题：

（1）电能转换效率比较低。理论计算效率只有 70%，实际更低。

（2）不平衡供电。在四电场或五电场实际应用中，其中一个电场的高压电源，单相380V AC/50Hz 输入，一相工作，其他两相空载。电除尘器选用的电源规格越大，不平衡问题就越严重，无法保证电网的功率因数指标。对于一台1000mA/72kV 的设备就有271A 的电流无法平衡。

（3）平均电压低。负载的二次电压与峰值电压之间存在25%～35%的脉动，系统阻抗不匹配，容易产生火花击穿，容易出现大电流/低电压，或者低电流/大电压运行状态，影响整体的除尘效率。单相电源的控制原理及二次电流波形如图2 - 27 和图2 - 28 所示，其中 t 为时间，I_2 为电流。

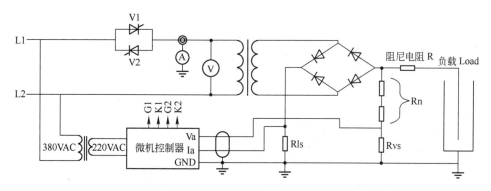

图2 - 27　单相高压单元控制原理图

电除尘高压电源由单相电源改为三相电源，具有三相平衡供电、输出波形平稳、输出平均电压高、设备功率因数高，能有效改善和提高除尘效率，并且大幅度节能。三相电源二次电流的叠加

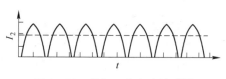

图2 - 28　单相二次电流波形图

波形和叠加后的实际波形如图2 - 29 所示。如图2 - 30 所示，主回路是由六只可控硅构成的三相移相调压电路，高压硅整流变压器也是三相输入，三相输出，三相整流成一路直流高压加到电除尘器[43]。

三相高压电源的主要特点如下：

（1）电能转换效率高。采用完全的三相调压、三相升压和三相整流，功率因数不小于95%，电网损耗最小；有效地克服当前单相电除尘高压电源功率因数低（≤70%）、缺相损耗、不平衡供电的弊端；比高频开关的效率高，高频逆变时仍为单相；高频的最大功率因数可以接近90%。

（2）输出电压高。单相的峰值电压比平均电压高25%～35%，三相电源的峰值电压与平均电压比较接近（≤5%）。如图2 - 29 所示，上方波形为二次电流，下方波形为二次电压波形，几乎接近直流信号，从而有效地提高粉尘的荷电能力，提高除尘效率。

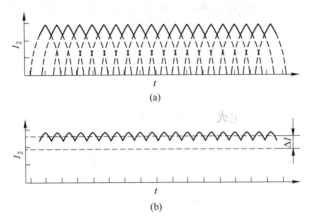

图 2-29 三相电源二次叠加电流和实际电流

（a）三相二次叠加电流；（b）三相二次实际电流

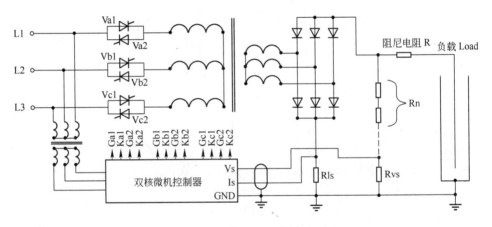

图 2-30 三相高压电源控制原理图

（3）三相供电完全平衡。单相电源在使用中，始终用一相，空两相，在大型电除尘器中不平衡电流可达 500A 以上。三相电源各相电压、电流、磁通的大小相等，相位上依次相差 120°。任何时候电网都是平衡的，三相供电是最科学合理的用电模式。

（4）大功率输出。规格为 2000MA/72kV 的单相电源，一次输入额定电流为 541A；2000MA/72kV 的三相电源，一次电流仅为 230A；两者供电输入一次电流相差 311A。近两年发现，如果单相电源超过 1600MA/72kV 以上，设备会出现一些问题。

（5）节能效果好。三相电源转换效率比单相电源提高了 25%，三相完全平衡输入，单台额定输入电流可减小几百安培，输出二次平均电压比单相电源提高 15%，有效地提高除尘效率，达到节能的目的。

2.3.5 新型结构技术

　　传统静电除尘技术已经非常成熟并产业化。随着中国环保要求越来越严格，未来钢铁烧结烟气粉尘排放限值可能低于$20mg/m^3$，研制效率更高、投资更小的静电除尘器成为新的研究方向，例如研制静电除尘器各部件的新型结构[44]。电除尘器典型电晕线和集尘极如图 2-31 所示。

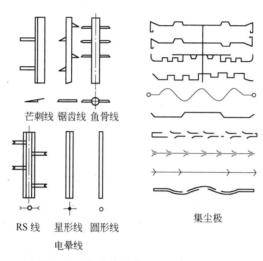

芒刺线　锯齿线　鱼骨线

RS 线　星形线　圆形线

电晕线

集尘极

图 2-31　电除尘器典型电晕线和集尘极

　　日本开发的一种新型静电除尘器——原式静电除尘器，可用于净化具有低或高比电阻的粉尘，处理粉尘入口浓度可以高达$120g/m^3$，气体温度可至520℃，而且此装置与普通静电除尘器相比，投资减少1/3，耗电量节省一半。其电极材料都采用钢管制作，与普通单区静电除尘器的不同之处在于放电极后增设了1排由3~5根钢管组成的辅助电极，辅助电极不但可以收集负电晕放电所引起的带正电的粉尘，而且可以与收尘板形成均匀电场，有利于除尘。原式静电除尘器结构如图 2-32 所示。

　　图 2-32 为长芒刺静电除尘器的电晕极结构，该除尘器能在较低运行电压下产生较高的除尘效率。实验证明长芒刺具有较好的除尘性能，因为其具有较高的除尘场强、较好的伏安特性和较强的离子风效应[45]。长芒刺主要应用在宽间距的电除尘器中组成宽间距长芒刺静电除尘器[46]，因其高效、

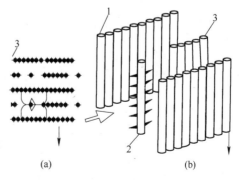

(a)　　　　　　　　　　　(b)

图 2-32　原式静电除尘器结构

(a) 俯视图；(b) 侧视图

1—收尘极；2—鱼骨形放电极；3—辅助电极

低阻等优越性得到普遍的认可。

2.4　袋式除尘器

2.4.1　结构及原理

2.4.1.1　袋式除尘器结构

1881 年，德国 Beth 工厂的机械振动清灰袋式除尘器获得德国专利并开始袋式除尘器的商业化生产。随着人类对环境质量与生存的认识不断加深及技术进步，袋式除尘器的清灰技术以及袋滤技术得以迅速发展与提高[47]。

钢铁烧结工序中，烧结机尾烟气温度高，含尘量大，为保证出口粉尘满足最新国家标准，部分钢厂采用袋式除尘器捕集烧结粉尘。袋式除尘器的优势体现在除尘效率高，这与袋式除尘器的除尘机理是分不开的，目前袋式除尘器对烧结粉尘的控制，在技术上已日益成熟，除尘效率在 99% 以上，且不受粉尘比电阻的影响，在采取其他技术措施的条件下，可同时净化工业废气中的固、液、气三类污染物。袋式除尘器的发展历程见表 2-6[48]。

表 2-6　袋式除尘器的发展历程

时间	清灰技术	滤料	备注
1881 年	机械振动	天然纤维如棉布、毛呢等	德国 Beth 工厂的机械振动清灰袋式除尘器首次获得德国专利，并进行商业化生产，反吹风与机械振打结合
1921 年	反吹风		
1954 年	逆喷型吹气	合成纤维，如208 绒布、729 织布、玻璃纤维、针刺毡以及 20 世纪 90 年代后出现的覆膜	Herse 发明，袋式除尘器实现连续操作，提高处理量，滤袋压力稳定
1957 年	脉冲喷吹		Reinauer 发明
1962 年	回转反吹		日本首先开发成功，美国也推出一系列产品，适用于中小风量
1970 年及以后	大型反吹风大型脉冲		20 世纪 70 年代后，美、日、澳、欧等相继开发大型袋式除尘器，应用于燃煤电站、干法水泥窑除尘

自 20 世纪 60 年代以来，脉冲喷吹清灰袋式除尘器发展起来并得到广泛应用，目前占据主导地位。脉冲喷吹清灰是采用高压脉冲喷吹逆向气流产生的压力波，使粉尘从滤袋表面上脱落的方法。它是袋式除尘器的一种高效清灰方式，能有效地保证较低的阻力。

袋式除尘器采用多孔滤布制成的滤袋将尘粒从烟气流中分离出来。滤袋多数都有一个管状或袋状的外形，并由上部支撑垂直吊挂。滤袋有两种基本的过滤形式，即可由滤袋的内表面或其外表面集尘。积累在滤袋表面的粉尘层，有振动式、反向喷吹和脉冲喷射式三种清除方法。

钢铁行业应用的袋式除尘器，主要采用脉冲喷射式清灰方法。脉冲喷射式袋式除尘器是用滤袋的外表面捕集颗粒物的。袋式除尘器的规模和尺寸与空气流量或气体流速直接相关。应用于烧结烟气除尘的袋式除尘器具有多个袋室,每个袋室中布置有几十到几百个滤袋,如图 2-33 所示[49]。

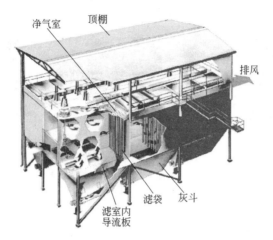

净气室　顶棚

排风

滤室内
导流板

滤袋　灰斗

图 2-33　袋式除尘器结构示意图

烧结烟气进入袋式除尘器,由滤袋外侧进入袋内,滤袋由其内侧的支撑架保持敞开着,并吊挂在袋室顶部的孔板上,颗粒物被滤袋外表面的过滤纤维捕集,其后粉尘累积形成粉尘层。粉尘净化气通过孔板,进入净气室,并排入大气中。除尘器的每个袋室内设 1 个净气室、1 个出口出门。每个净气室上方都设有检修门,检修时可方便地打开检修门进入净气室检查滤袋及喷吹管。

每个袋室设置 1 只气包,并布置脉冲阀与喷吹管,一根喷吹管可对一排滤袋进行清灰。随着粉尘层厚度增加,烟气通过滤袋的过滤阻力增大,当阻力达到设定值时,清灰过程开始。

脉冲喷射式清灰通常采用在线方式,进入的空气流一般不停留,由于滤袋为柔性过滤介质,由喷吹管引入的压缩空气与含尘烟气流向相反,压缩空气会瞬时中断正向烟气流动、反向吹胀滤袋。压缩空气的突然冲击也从周围吸引更多的空气进入滤袋,吸引空气的数量约为压缩空气量的 8 倍,压缩空气及吸引空气两者相结合,强烈迅速地吹胀并打开滤袋,从而达到粉尘层剥离的效果,实现清灰。

2.4.1.2　袋式除尘器的原理

袋式除尘包含了过滤收尘和清灰两个过程。过滤收尘是把尘粒从气流里分离出来,清灰是把已收集的尘粒从滤袋上清除下来。

含尘气体通过新滤料时,粉尘阻留在滤料上,形成粉尘层(滤饼)。在此之前,纺织滤料本身的除尘效率不高,通常只有50% ~80%;多孔的粉尘层具有更高的除尘效率,对尘粒的捕集起着更为重要的作用[50]。

针刺毡滤料的出现,使袋式除尘器的工作原理出现了变化,被称为"三维滤料"的针刺毡具有更细小、分布均匀而且有一定纵深的孔隙结构，能使尘粒深入滤料内部，有着深层过滤的作用，如图 2-34 所示。因而在不依赖粉尘层的条件下，同样能获好的捕集效果[51]。

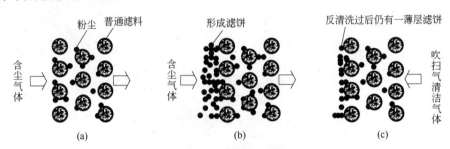

图 2-34 针刺毡滤料的过滤原理
(a) 过滤开始；(b) 过滤中（形成滤饼）；(c) 反清洗

表面过滤是在滤料表面造成具有微细孔隙的薄层，其孔径小到可使大部分尘粒都被阻留在滤料表面，即直接靠滤料的作用来捕集粉尘，如图 2-35 所示。表层过滤既不像纺织滤料那样依赖粉尘层的过滤作用，也不像针刺毡滤料那样让尘粒进入滤料深层，要实现表面过滤，关键是要有一种质密而又有许多微孔、易于清灰的薄膜材料[51]。

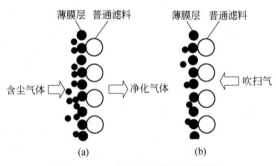

图 2-35 滤料的表层过滤原理
(a) 过滤中；(b) 反清洗

滤袋表面的粉尘不断增加，导致压力降不断增加，当达到一定上限值时，此时需要进行滤袋清灰。自动控制系统发出信号，促使喷吹系统开始工作。压缩空气从稳压气包按顺序经脉冲阀和喷吹管上的喷嘴向滤袋内喷射，滤袋因此而急剧膨胀，在产生的加速度和反向气流的作用下，附于袋外的粉尘脱离，落入灰斗，粉尘由卸灰阀排出，如图 2-36 所示。当过滤阻力降低到下限值时，停止清灰。清灰时自动控制系统发出信号，对滤袋逐排、逐条进行清灰。

清灰控制具有几种不同的方式：定时控制、定压差控制、智能控制、手动控制，各用于不同的情况下。在正常运行时，宜优先采用定压差方式，它是预先设定压差上限值，当除尘器的阻力达到该设定值时，控制系统发出信号，清灰装置便投入工作，然后停止；当压差再次达到设定值时，清灰又开始进行。定时控制是较为传统的方式，它是按照事先设定的时间间隔进行清灰，而不与除尘器的运行工况挂钩。显然，前者比后者优越，因为它能够根据工况的变化而自动调节清灰周期，并保持设备阻力相对稳定。

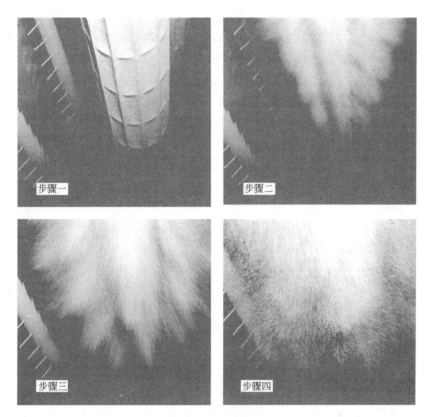

图 2 - 36　滤袋清灰过程
步骤一：过滤状态滤袋紧绷在袋笼上；步骤二：粉尘被剥离滤袋表面；
步骤三：剥离粉尘向外扩散；步骤四：剥离粉尘继续向外扩散

2.4.2　滤料种类

滤料为袋式除尘器最关键的组成部分，其造价约占设备成本的 10% ~ 15%，是袋式除尘器发展和推广应用的核心。袋式除尘器除尘效率的高低与滤料是分不开的。滤料有一定的使用寿命，更换损坏的滤料会增加设备的运行费用。滤料的特性除了与纤维本身的性质（如耐温、耐腐蚀和机械强度等）有关外，还与表面结构（织纹、带毛）形式和程度有关[48]。

在 20 世纪 60 年代，袋式除尘器多采用棉、毛等天然纤维织成的滤料。棉织物虽然价格便宜，但不耐高温，天然纤维的使用温度上限仅仅能够达到 90℃，且耐酸性差。20 世纪 70 年代，随着石化行业的发展，滤料出现了以合成纤维和无机纤维来替代天然纤维的趋势。合成纤维所能保证正常工作的温度范围拓展到 230 ~ 260℃。无机纤维中的玻璃纤维滤料成本低、耐温性能好，用于高温过滤已有多年历史。

20 世纪 70 年代美国戈尔公司推出的 PTFE 覆膜滤料，使传统的深层过滤技术变成了表面过滤，目前所用纤维多为高分子聚合物，尤其是耐高温滤料纤维。国内的滤料技术发展也较早，早在 20 世纪 60 年代初，国内科技人员便研发出了208 涤纶绒布滤料，为脉冲袋式除尘器、机械同转反吹等方式的除尘器的推广应用提供了第一批滤料，接着又成功开发了 729 聚酯机织滤料等；70 年代后期，研制成功合成纤维无纺布滤料；随后出现了防静电、耐高温、防油、防水、防腐蚀和针刺等过滤材料；90 年代中期，又开发了 PTFE 微孔薄膜复合滤料等[49]。

目前，我国的袋式除尘滤料品种日趋完善，应用范围及使用效果等方面与国外发达国家已比较接近，有的已达到国际先进水平。特别是耐高温滤料发展较快，各类适合国情的复合纤维滤料技术发展更为迅速。目前常用于高温烟气处理的滤料纤维主要有：美塔斯（Metamax）、P84（聚酰亚胺）、PPS（聚苯硫醚）、PTFE（聚四氟乙烯）及玻璃纤维等[50]。

（1）美塔斯（Metamax）纤维是一种间位芳香聚酰胺。在干燥条件下，该纤维可经受 200℃以上的温度，是一种类似聚酯的缩聚型聚合物；会水解，承受温度比聚酯高，多用在聚酯会发脆及火败的高温用途中。纤维的抗挠曲、耐磨性能极佳。纤维具有非热塑性，难于上光，通常采用特殊技术（如烧毛）或其他后处理工艺改善性能。

（2）P84 纤维是一种抗高温的合成纤维，能连续暴露在 240℃温度中，P84纤维用缩聚型聚合物制成，容易水解。P84 纤维截面呈三叶瓣形，有效增加了单纤维的表面积，疏松多孔，透气性极好，阻力小。但 P84 不耐酸、碱腐蚀，湿度较大时纤维也较脆弱，限制了其使用，主要用作复合纤维滤料降低过滤阻力。

（3）PPS 纤维是一种耐高温的合成纤维，碳氢和碳硫原子形成稳定的共价键，纤维具有稳定的化学性质、较高的熔点（285℃）和优异的耐热性，能连续暴露在 190℃的温度中。此外，其阻燃性，对无机酸、有机酸、碱、有机溶剂和氧化剂腐蚀的抵抗能力，稳定性也极其出众，具备了作为高温纤维的各种特点。PPS 滤料耐水解，吸湿率只有 0.6%，但烟气中氧含量过高会加速 PPS 纤维的腐蚀，这是因为过高的温度会使纤维产生热氧化反应，其分子链所含的硫原子容易同氧原子结合，从而破坏其分子结构，因此应用 PPS 滤料需要综合考虑烟气的成分和温度。在氧含量为 8%时，连续工作温度为 150℃为佳；若氧含量增至 10%，则连续工作温度最好不超过 140℃。运行中还要特别注意烟气的瞬间高温，瞬间高温同氧化性气体的同时作用将显著影响滤袋寿命。

（4）PTFE 滤料熔点为 327℃，瞬间耐温可达 300℃，PTFE 纤维具有低摩擦性、阻燃性及良好的绝缘和隔热性，可承受各种强氧化物的氧化腐蚀，同时 PT-FE 纤维不容易发生水解反应，捕集效率高、不容易积尘，即使在温度较高、含尘浓度较大的情况下，表面也只黏附少量的灰尘，清灰性能较好，同等工况条件下，滤料的使用寿命将比其他材质的滤料高 1～3 倍以上。但 PTFE 价格昂贵，国外纯净 PTFE 毡多用在垃圾焚烧等恶劣工况除尘系统中，国内应用较少。目前，通常在其他滤料不能单独解决问题时，加入部分 PTFE 制成复合滤料。

（5）玻璃纤维的高温性能突出，可在 260℃ 下的连续暴露使用，可以抵抗除 HF 外的大部分酸的腐蚀，但不耐碱腐蚀。玻纤的抗曲挠性极差，如用在脉冲清灰或剧烈清灰场合，纤维容易折断。但随着滤料后处理技术的不断发展，为玻纤等无机纤维在脉冲清灰系统中的应用提供了条件。可通过在玻璃纤维布或毡的表面涂覆不同的高分子聚合物，增强玻璃纤维的化学稳定性，改善玻璃纤维的曲挠性，使其满足袋式除尘器反吹风清灰和脉冲清灰工作的要求，提高滤料表面的憎水性，使其具备抗结露能力等。目前，该方法已在袋式除尘器上取得较多应用。

收尘过程中尘粒与滤袋表面或滤袋表面的尘粒相碰撞而被捕集。对布袋除尘器的除尘机理常见的一种误解是：过滤器就像精微的筛子，只有比筛孔小的尘粒才能通过。然而，要捕集 PM10 以下的细颗粒物，纤维织物的孔径应为尘粒平均粒径的 10 倍，如捕集 0.1μm 的尘粒，纤维织物孔径应不超过 1μm，大一个数量级[51]。

针对 PM10 的捕集，纤维滤料的选择应遵循以下原则：纤维应选择较细、较短卷曲型、不规则端面型；结构以针刺毡为优，如用织物，应用斜纹织或表面进行拉毛处理。针对细颗粒物 PM2.5 的捕集，粗细混合棉絮层，具有密度梯度的针刺毡及表面喷涂、浸渍或覆膜等技术是纤维滤料新的发展方向。

2.4.3 过滤理论

目前，把袋式过滤收尘过程分为两个阶段：第一阶段为稳态过滤过程，即滤料在大气环境背景浓度条件下的过滤过程或低浓度粉尘过滤的初始过滤过程；第二阶段为非稳态过滤过程，即滤料在相对高浓度粉尘条件下的过滤过程。

袋式过滤理论由单纤维过滤理论（1937 年）发展到孤立纤维理论（1952 年），以及目前的现象过滤理论和统计学过滤理论[52]。

早期的传统过滤理论主要针对稳态过滤，以"单纤维模型"为基础，形成单纤维过滤理论。该理论认为过滤效率由三种机制决定：惯性效应、截留效应、扩散效应。整体颗粒的捕集依靠多种捕集机理的联合作用。

现代过滤理论证明了惯性沉淀的正确性和最大穿透力粒子的存在，认为过滤效率是截留效应、布朗扩散效应、重力效应、沉淀效应与压力效应的集合。过滤可能存在的机理包括：拦截、惯性碰撞、扩散、静电效应、库仑吸引－排斥、映像力、电泳力和沉淀（重力）。

19 世纪初期，当时 Robert Brown 观察到微细颗粒悬浮在液体中的布朗运动。1922 年，Freundlich 发展了对气溶胶过滤规律的认识，提出在 0.1 ~ 0.2μm 半径范围内，气溶胶颗粒存在最大渗透率。1931 年，Albrecht 率先对气流通过单一圆柱纤维的运动进行了研究，建立了 Albrecht 理论，随后 Sell 对其进行了必要的改进。

1936 年，Kaufmann 首先把布朗运动和惯性沉淀的概念一同应用到纤维过滤理论中，推导出过滤作用的数学公式。1942 年，Langmuir 继续对过滤理论进行研究，认为过滤是截留和扩散的集合，惯性颗粒在过滤纤维上的沉淀是可以忽略的。

1952 年，C. N. Davies 把扩散、截留和惯性三种机制结合起来并用公式表示出来，从而建立了新的过滤理论——孤立纤维理论。Friedlander（1958 年）及 Yoshioka 等（1967 年）发展了孤立纤维理论，他们对较大雷诺数情况下，颗粒的惯性、扩散沉积、重力效应和过滤器阻塞现象进行了研究和总结。1967 年，Pickaar 和 Clarenburg 试图提出一个纤维过滤器微孔结构的数学理论，Pich（1987 年）和 Brown（1993 年）在其专著中描述了过滤理论的发展。

上述纤维过滤理论主要集中在稳态阶段的过滤效率和压力损失等方面。对于在过滤过程中占时间较长、起作用较大、对滤料的运行费用及使用寿命起关键作用的非稳态过滤阶段，研究主要包括微粒与捕集表面的碰撞效率、微粒的黏附性、微粒在捕集表面的黏附过程、粉尘层过滤过程捕集效率和压力损失的变化等。

现代过滤理论大多基于迁移现象理论，采用轨迹计算法进行理论研究，主要有现象过滤理论和统计学过滤理论两种。现象过滤理论由 Radushkevich 提出，它的研究方法不是研究过滤过程的细节，而是努力描述从"宏观的观点"观察到的过程，这种方法的主要目的是导出进入袋式除尘器的微粒分布、除尘器的选择性和在除尘器中微粒的尺寸分布之间的各种关系式。统计学过滤理论由 Gutoski 提出，这种理论是建立在概率理论基础上，它将过滤器的整个体积分为 ν 个基本单位，$\nu = \varepsilon L/d_f$，并且假设在一个基本单位有微粒的沉积概率 χ。参数 χ 和 ν 与过滤效率 η 的关系式为：

$$\eta = 1 - (1 - \chi)^{\nu} \tag{2-11}$$

对于大的 ν 值，函数 $(1-\chi)^{\nu}$ 可近似为 $e^{-\chi\nu}$，因此式（2-11）可改写为：

$$\eta = 1 - \exp(-\varepsilon\chi L/d_f) \tag{2-12}$$

该方程得出：沉积概率与组成袋式除尘器的纤维的捕集效率成正比，这个方法仍存在一定缺陷。

实际上在过滤粉尘颗粒时，颗粒在纤维表面的分布是不均匀的，形成所谓"树枝型"沉淀，这种"树枝"又逐渐构成新结构。各树枝之间的纤维部分清晰可辨，即进入过滤介质的颗粒物总是首先沉积在颗粒物上，而不是在纤维上，粉尘颗粒的沉积主要受到颗粒与纤维、颗粒与颗粒之间的黏附力和沉积颗粒上的气动力影响。当黏附力不足以克服气动力时，会造成沉积的固体颗粒从纤维中逃逸的二次飞扬现象，黏附力大小取决于颗粒的粒径、形状、化学成分、电荷量和纤维表面状态、湿度、接触时间等，非常复杂，有待于对"尘滤尘"机理进行深入的研究。

目前的过滤理论假设固体颗粒为单一粒径的微球，未考虑粒径分布及形状变化对捕集效率和过滤压降的影响；过滤介质被简化为由均匀分布及均匀等直径的纤维构成，将单纤维捕集粉尘颗粒的性能和它的阻力性能推广到整块过滤材料，但实际上大多数过滤介质是由杂乱交织的纤维构成，纤维排布的不均匀使气流的通道也不均匀，必然影响过滤材料的宏观性能。

2.4.4 滤料过滤效率的影响因素

由2.4.2可知滤料的阻力特性对过滤和清灰影响较大，滤袋的孔隙率越大，透气性能越好，过滤的阻力损失越小，这时的清灰效率并不高，滤袋的捕集效率与滤料纤维的细度、粉尘性质、气流形式、过滤速度（除电器单位时间处理风量）等因素有关，滤料的粉尘层厚度对袋式除尘器的阻力特性有重要作用，滤料表面粉尘层越厚越有利于提高清灰效率和过滤效率，粉尘层的作用可以表征为阻力特性。尽管滤料过滤阻力和捕集效率没有严格的对应关系，但是一般可认为滤料的阻力越高，过滤效率越高。另外，过滤速度决定过滤阻力，为了实现较高的过滤效率和较均匀的清灰效果，降低过滤速度和提高袋式除尘器袋室内的流场均匀性有重要意义。

实际应用证明，袋式除尘器内的气流不均容易造成滤袋的局部区域过滤风速（单位时间处理含尘气体的体积与滤料面积之比，又称气布比）过大，影响滤料的使用寿命。研究表明，袋室内的流场分布主要与进气方式和袋式除尘器的几何布置有关。经测定，袋式除尘器的进口速度可达10m/s以上，有效的均匀布气和降低滤袋内的气流速度是优化袋式除尘器结构设计的重要手段。

实验室研究表明，当袋式除尘器的袋室内的流场均匀时，沿滤袋外表面的速度分布相差较小，偏差基本维持在30%以内，在实际的应用中可能略大。从滤料的角度来说，滤料均一性（厚度、阻力特性、孔隙率等）对构造合理的均匀气流场有利，在实际的滤料生产中，改进工艺也需从这个方面着手。

从袋式除尘器设备方面考虑，袋式除尘器内部气流场的改进主要是对含尘气流的进气、出气方式进行优化。优化原则：促使烟气流动顺畅、平缓；烟气流动流程短，局部阻力小；引导气流自上而下地进入滤袋空间，促进粉尘沉降；避免含尘气流对滤袋的直接冲刷；设置导流板和流动通道，组织气流向滤袋仓室均匀输送和分配；控制关键部位的气流速度，包括滤袋迎风速度、袋底水平流速、过滤空间上升流速、烟气通道内的流速。尽量保持各灰斗存灰量均匀，避免灰斗空间产生涡流，消除粉尘二次飞扬等。

从布袋的布置结构上考虑，传统的布袋的布置为顺排的方式。布袋间的间距尤为重要，目前的布袋长度多为5~8m，且为外滤式，一般在花板上固定，袋口处的安装误差可能使滤袋倾斜，滤袋底部很容易相互摩擦导致损坏。因此，布袋需保证一定的间距。此外，目前应用较多的反吹清灰、脉冲清灰等清灰方式，较小的布袋直径便可在袋内产生较大的清灰压力。如将滤袋直径从 150mm（滤袋间距为 200mm×200mm）变为 115mm（滤袋间距为 200mm×175mm）时，前者滤袋排列方式外开放面积为 55.84%，后者达到 70.3%。在相同的气体流量下，开放空间上升气流速度降低，从而减少"二次扬尘"，减少积存在滤袋上的粉尘，降低除尘器的系统阻力。但是，将滤袋缩小会增大袋式除尘器的设备容量。常用的布袋直径一般为 120~150mm 左右，建议在场地较大或者条件允许的范围内，可以优先考虑直径较小的布袋。

测试表明，一般的滤料压力损失只要在 200~300Pa 以上，基本上就可以满足过滤效率。除尘器的设备阻力、烟尘特性（粉尘的黏性和温度等）阻力对过滤阻力影响较大。在目前的设备设计中，改进进气方式和除尘器的结构参数是最常用的两种优化方式，能有效地减少除尘器的运行阻力。

2.4.5 滤袋清灰机理

国内外学者认为袋式除尘器的清灰主要依赖反吹气流作用，目前的分歧主要在于清灰气流将粉尘吹落作用和惯性力作用（即柔性滤袋振落）两个方面，对清灰机理，前者认为是气流吹落作用，后者则认为是惯性力作用[53]。

气流吹落作用就是认为在脉冲气流反吹过程中，脉冲气流从滤袋面穿过，粉尘在气流作用下被吹落。对于惯性力作用机理，不少学者认为在柔性滤袋中，脉冲喷吹清灰过程可以描述为：在脉冲喷吹时，清灰气流使滤袋内的压力急速上升，滤袋迅速向外膨胀，当袋壁膨胀到极限位置时，张力使其受到强烈的冲击振动，并获得最大反向加速度，从而开始向内收缩。但附着在滤袋表面的粉尘层不受张力作用，由于惯性力的作用而从滤袋上脱落。

针对此问题，国内外大量学者进行了滤袋清灰过程模拟实验并取得了相应的结论。惯性力作用通过实验装置测得加速度与清灰效率的关系如图 2-37 所示。从图中可以看出，清灰效率也与黏附的粉尘密度有关。对于较厚的粉尘层，较小的加速度就可以获得较好的清灰效果。粉尘的惯性力与速度和质量成正比。从图 2-37 中也可以看出，弹性滤料要想获得较好的清灰效果，加速度为 30g 即可清灰，但清灰效率达到一定数值以后，再提高加速度，清灰效率基本保持不变。

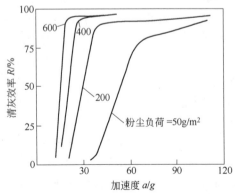

图 2-38 显示了滤袋两侧压差与清

图 2-37 加速度对清灰效率的影响

灰效率的关系。如图2-38所示，当粉尘负荷超过400g/m²时，利用气流反吹，袋内外较低的静压就可收到较好的清灰效果。图2-39显示了反吹气流量与清灰效率的关系。如图2-39所示，黏附在滤料表面的粉尘在一定程度上可通过反吹气流收到较好的效果。实验表明，对于弹性滤料，反吹气流量约需500m³/(m²·h)即可实现清灰。有研究发现，清灰时反吹气流的速度约为0.19m/s，而滤袋下部可达到0.56m/s。这说明，在滤袋下部气流聚集较大，通过反吹气流作用实现清灰是完全有可能的。研究表明，如要依靠气流作用把粉尘从滤袋上剥离下来，沿滤袋径向的气流速度至少需10~20m/s。实验表明测得平均径向气流速度只有0.03~0.05m/s，因此，认为脉冲喷吹气流对粉尘剥落所起的作用很大，清灰主要是由于滤袋振动产生的反向加速度，使尘粒获得较大剥离力，从而具有很高的清灰效率。另有研究表明，在远离喷射气流入口的滤袋底部，滤袋所获得的加速度远小于滤袋中部，只通过惯性作用实现除尘是不可能的，这部分区域必然有另一种机理在起作用。

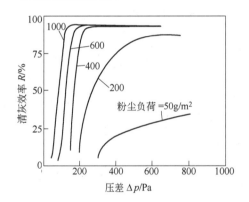

图2-38 压差对清灰效率的影响　图2-39 反吹气流量对清灰效率的影响

实际的滤袋为柔性介质，在清灰过程中，滤袋自身发生振动和扰动，反向惯性力作用更具说服力。但是，测试表明某些区域通过滤袋的气流速度对清灰过程同样具有重要作用。综上所述，弹性滤袋的清灰过程是多种机理共同作用的结果。依赖反吹气流将粉尘吹落所需反向气流量（强度）应远大于依赖惯性力作用的气流量，这也解释了在同等条件下，弹性滤料比非弹性滤料具有更好的清灰性能的原因，如陶瓷滤管必须以高压清灰，但是柔性滤袋在低压条件下也可以实现清灰。

脉冲清灰过程是粉尘层在力的作用下实现清灰。粉尘层的受力可以分为保留力和清灰作用力。设滤袋表面粉尘层的保留力为F_q，保留力包括粉尘与滤料之间的黏附力及粉尘之间的黏附力（称内聚力），均是范德华力。如图2-40所示，黏附力的作用有两面性：一方面，当粉尘填塞滤料的缝隙或与滤料伸出的纤维相附着时，强大的黏附力使得这些粉尘聚集到一起；而在清灰时，这些粉尘以集合体的形式被清除，保证了较高的清灰效率。实验表明，粉尘层在清灰过程中呈粉饼状下落，粉尘层作用力加强有利于清灰。另一方面，如果空气比较潮湿，或者在粉尘与滤布之间、粉尘与粉尘之间发生了表面化学反应，黏附力的作用将使残留粉尘形成"尘瘤"，很难清除，这就是通常所说的"糊袋"。

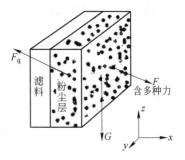

图 2 - 40　滤料表面粉尘层受力分析

　　在清除粉尘过程中，假若滤袋为刚性的介质，粉尘层的受力可以只考虑气流作用在滤袋上的压力，滤袋（含粉尘层）的阻力系数较大，反吹气流流速相对较小，滤袋（含粉尘层）的内外压力差值产生的作用力设为 F，可用滤袋内外的压力差来衡量清灰强度。

　　实际滤袋上粉尘层的受力并非如此。布袋为柔性介质，在脉冲气流作用下，滤袋发生膨胀，滤袋膨胀到最大距离之前，粉尘和滤袋同速向外运动。在滤袋膨胀到最大距离时，粉尘层在惯性力的作用下继续向外运动，目前多数学者认为惯性力可用来衡量清灰强弱。设粉尘层的惯性力为 ma，脉冲清灰时，压缩空气喷吹使滤袋内压力急剧上升，滤袋连同表面的粉尘层一同受到强力冲击而获得很大的加速度，沿滤袋的径向向外运动。当运动到极限位置（也就是最大位移处）时，滤袋在张力作用下，速度降为零并开始沿径向向内收缩，而滤袋表面附着的粉尘层在惯性作用下仍旧以原来的速度向外运动，粉尘层就会受到惯性力。当惯性力足够大时，粉尘层就可以克服自身与滤料之间的黏附力而与滤料分离，脱离滤袋表面，并在重力的作用下降落至灰斗。

　　设垂直于滤料表面的气流动压力为 F_g。由于 Michael J. Ellenbecke 和 David Leith 在实验中测得平均径向气流速度只有 $0.03 \sim 0.05 \text{m/s}$，可以认为脉冲气流的动压力对清灰的作用不大。实质上，滤袋的阻力系数较大，粉尘层的动压力很小，但是在清灰过程中，滤袋（含粉尘层）两侧的压力差很大，一般可以达到几十到几千帕不等，实验表明粉尘层在几百帕的条件下就可以发生清灰。

　　粉尘层还受重力 G 作用，滤袋表面分离的粉尘依靠重力沉入灰斗。此外，还有几种作用力有利于粉尘层的分离，具体包括：（1）撕裂作用。滤袋的机械变形脉冲清灰时，滤袋的外表面及粉尘层受到拉伸，使得粉尘层内及粉尘与滤袋之间产生了裂隙，粉尘层被撕裂，削弱了黏附力，容易清灰。通过高频录像表明，粉尘层呈粉饼状下落。（2）冲刷作用。上面下落的尘块在沉降过程中与下面的粉尘层或滤袋相碰撞而使尘块脱落。（3）碰撞作用。滤料向外运动到极限位置后，粉尘层的一部分在惯性力的作用下与滤料分离，未分离的粉尘随滤袋一起向相反的方向即径向向内运动，当与笼骨发生碰撞、速度迅速降低为零时，又有一部分粉尘与滤袋分离脱落。

目前，对脉冲清灰气流作用过程仍没有形成完整的理论体系，主要原因在于清灰过程的复杂性、多因素性。清灰的定性参数大多用经验参数描述。从图 2-37~图 2-40 可以看出，随着清灰前黏附粉尘密度的增加，清灰效率升高。这是因为，对于薄的粉尘层，气流量较小时，大部分反吹气流从粉尘之间的裂缝或空隙穿过，要想获得较高的清灰效率就需要较大的气流量，而厚粉尘受力大，清灰效率高。实践中也常常看到，较厚粉尘清灰时，多以片状形态的从滤袋表面剥落。Berbner 利用 X 射线方法测定了滤管沿轴向不同位置的粉尘层堆积密度来分析清灰效率。一般说来，粉尘的堆积密度越大，清灰越好，清灰前的过滤阻力越高。这一点与 F. Loeffler 的实验结果吻合。在实际应用中，可以绘制阻力上升值与清灰效率之间的关系图来选取合适的清灰阻力值（即合适的粉尘厚度）。

Koc 采用光散射方法测定圆形滤盘上的粉尘层厚度来分析不均匀清灰现象，认为清灰过程中，在过滤元件上的清灰是不均匀的，过滤气流不均性导致清灰的不均匀。反之，清灰不均加剧了过滤状态的不均匀性，清灰后不同位置的过滤速度不同，滤袋的使用寿命取决于最不利区域。

目前有学者认为，脉冲喷吹清灰同爆破过程相似，对袋式除尘器清灰的衡量，多采用滤袋内的压力峰值、压力上升速度和滤袋反向加速度等指标。

针对均匀流场中滤料性质对过滤状态及脉冲清灰的影响进行了模拟，分别讨论了滤料的阻力系数、孔隙率和过滤速率对滤袋内外的速度分布的影响，模拟的单条滤袋如图 2-41 所示[53]。

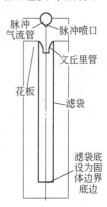

图 2-41　单条滤袋清灰结构图

滤袋过滤前后的压力值越高，沿滤袋长度方向的压力和速度越不均匀，说明滤袋上的粉尘层分布越不平均，会导致滤袋的局部负荷不均，局部"清沽"滤袋的负荷加重，使该区域的阻力上升。长此以往，局部负荷或磨损较大的滤袋会最先损坏，影响滤袋的使用寿命，这也是实际工程应用时滤袋在固定位置破碎的原因。通常在保证过滤风速（1m/min 左右）的情况下，改变袋式除尘器袋室内的压力分布主要还需从进气方式、滤袋布置、滤袋间隙等方面考虑。

滤料的阻力系数越大，压力损失越大。对于阻力系数较大的滤料可以设置较大的清灰阻力上限，阻力系数较小的滤料宜选用较小的清灰阻力上限。

2.4.6　清灰效率的影响因素

脉冲清灰过程中，控制器输入电信号，脉冲阀开启，喷嘴喷出高压高速射流，在线清灰系统中脉冲气流与过滤气流方向相反，开始阶段脉冲阀没有完全打开时，脉冲气量较小，高压气流在喷口受过滤气流冲击迅速膨胀绕流并改变射流规律，部分气流流向净气室；过滤速度越大越加剧脉冲气流被诱导，返流现象越严重，射流口处容易形成涡团。脉冲气流的诱导作用会导致滤袋清灰过程中出现瞬间高速过滤，造成滤袋在清灰前出现一个压力跳跃。随时间变化，部分脉冲射流沿轴线方向袋底射流，滤袋中气流在袋底聚集，滤袋底部的压力最先上升。

脉冲阀全开气流较稳定时，随脉冲气流量的增加，脉冲气流作用增强，净气室的气流被再次卷吸，导流向滤袋内部，形成"二次卷吸"，高速气流在袋内聚集，射流明显。滤袋内的压力持续增强，滤袋内的气流向外反流，粉尘层在反吹气流的作用下清灰，在此阶段，外壁压差沿着滤袋的轴向方向呈下降趋势，靠近袋底部分由于气流的反流作用微有提升，脉冲气流的流量上升越快，流速越大，滤袋内反向压力值越高。

脉冲电信号关闭时，脉冲阀节流面积减小，气流量下降，脉冲气流衰减，滤袋内外压差滞后，袋内气体由于袋内压力和惯性作用，继续向外渗漏，滤袋内缺少射流气体的补给会出现瞬时负压状况，脉冲压力越高，负压值越高。在脉冲气流结束时出现返流，即滤袋外的气流流向袋内，瞬时过滤速度数倍于正常过滤速度，造成"二次吸附"，被清掉的粉尘可能重新被卷吸上滤袋，影响清灰效率。回流程度与滤料种类、粉尘层厚度、脉冲气流等参数相关，脉冲阀完全关闭，清灰结束，恢复正常过滤状态。实际应用中的袋式除尘器的滤袋更长，采用高压脉冲清灰，此时负压段引起的"二次卷吸"可能更严重。

脉冲清灰的影响因素众多，通常有脉冲气源的压力、脉冲宽度（时间）、滤料特性和脉冲喷嘴的几何布置等。

（1）脉冲气源脉冲压力对清灰的影响分析。由可压缩的流体力学流动规律研究表明，脉冲压力越高，针对相同的背压时脉冲气量越大，脉冲压力的衡量应相对于背压而定，脉冲气流诱导气流发生清灰。脉冲压力值和背压值相差越大，滤料内外壁面的压力差值也较大，清灰的强度大，利于清灰。脉冲压力与脉冲气体质量流量相关，脉冲气流质量流量决定脉冲压力和清灰强度。但脉冲压力越高，脉冲气流衰弱越快，滤袋内的负压越大，粉尘的"二次卷吸"越严重，影响清灰效率，因此实际中应以满足清灰为准、综合选择，不过分追求高压。研究也发现，高压脉冲的绝大部分能量都消耗在文丘里管、管线上，因此认为只要滤袋内外有固定的压差就可以实现清灰，目前的低压脉冲技术和反吹风技术就是以此为依据开发的。

（2）脉冲气源脉冲宽度对清灰的影响分析。脉冲宽度越宽，脉冲气体量越多，在滤袋内聚集也越多，在满足清灰的条件下，增加脉冲宽度对增加脉冲清灰效率的作用不明显。脉冲气流的脉冲宽度越小，越有利于节省脉冲气体流量。

（3）脉冲阀门特性对清灰的影响分析。脉冲阀是袋式除尘器清灰过程中的主要部件，目前的袋式除尘器脉冲阀的生产厂家众多，一般用脉冲阀的流量系数（阻力系数）值来衡量脉冲阀的性能。实际上，脉冲阀的响应时间对脉冲气流变化影响较大，脉冲阀响应时间越快，越有利于增加脉冲气流的上升速度和反向压力峰值，脉冲阀的阻力特性对脉冲气流的压力影响较大，除此之外，脉冲阀关闭时间也是脉冲阀的重要参数，脉冲阀响应时间过长对袋内的脉冲压力值上升速度不利。脉冲阀的阻力特性对降低脉冲气流压力有重要影响，脉冲阀的阻力损失过高会造成脉冲压力急剧下降，影响清灰效率。就目前的脉冲阀种类来说，直通阀往往比直角阀等其他阀门具有更小的阻力和更大通量，应用较多。

（4）滤料特性对清灰影响对比分析。滤料的阻力系数越大，透气性越差。透气性较好的滤料在脉冲气流到来时迅速清灰，滤袋内外压力很快上升。阻力系数较高时，脉冲气流在袋内的作用有一定的延迟性，即脉冲气流在袋内有一个聚集过程，当滤袋内的脉冲气流聚集到一定的量时才发生清灰。滤料的阻力系数越大，气流越容易在袋内积聚，延迟作用越明显，越有利于滤袋内反向气流的压力峰值上升，滤袋内外的压差也增加，即脉冲消灰强度上升，利于清灰。滤料的阻力系数与粉尘层厚度、纤维的细度、纤维的编织（针刺）特性有关。在过滤阶段还与粉尘的性质、烟气温度和湿度相关。

（5）脉冲喷嘴的几何布置对比分析。脉冲气流的诱导量对脉冲气流起着重要作用，可以通过脉冲喷嘴的几何布置，即喷嘴与滤袋的距离变化来体现。脉冲气流的射流规律说明，脉冲喷口为圆形射流，射流量诱导量会随轴向距离上升，但是脉冲射流为带压射流，在气流速度场扩散的情况下，伴随着压力的扩展。

若脉冲喷嘴前的临界压力小于背压，则出射气流压力为背压，当脉冲距离在50cm时的脉冲清灰诱导量才达到最大，但脉冲气流的速度衰减大，较难实现清灰。因此，带脉冲喷口（直径较小）的脉冲清灰只适用于高压脉冲，若使用低压脉冲清灰或者反吹风清灰方式，则需设置较大的喷管（风管），且脉冲喷口与袋口的距离应尽量缩短。

脉冲喷嘴的布置主要影响诱导空气量，脉冲喷嘴与滤袋口的距离过小，脉冲气流没有完全引射，脉冲气流量较小，对清灰不利；距离过大则影响脉冲气流的流速和压力，造成滤袋内的压力上升速度和反向气流压力峰值降低，同样不利于清灰。因此，脉冲喷嘴与滤袋口的距离有一最佳值。工程经验认为，喷嘴的管径与距离比为10～20时，一般能取得较好的清灰效果。实际应用中的喷管管径可以设计为15～30cm，具体的脉冲距离设计与袋径、脉冲喷口直径、脉冲气流参数有关系，可通过实验和经验参数选取，但必须保证总脉冲气流量（含脉冲气流量和诱导气量）大于滤袋的容积[54]。

2.4.7　气流分布的数值模拟

袋式除尘器内气流分布对滤袋表面压力分布的影响很大，气流分布越均匀，滤袋表面压力分布也越均匀，有利于延长滤袋的使用寿命。但目前的测试方法仅能对除尘器内的单点或多点进行气速测量，对袋式除尘器内部的具体气流分布情况了解并不详细。因此，国内众多科研机构及高校都开展了除尘器内部的气流分布研究，搭建了小试气流分布平台，并采用 FLUENT 软件进行数值模拟，试验的几何模型及模拟结果如图 2 - 42 和图 2 - 43 所示。图 2 - 42 中烟气从袋式除尘器左侧中部的水平烟道中扩张喇叭口经过三层气流分布板后直接进入袋室。

 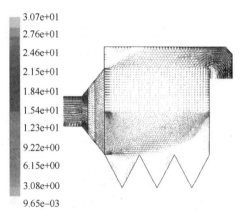

图 2 - 42　实验室气流模化试验几何模型　　图 2 - 43　气流分布计算机模拟试验

由于滤袋的过滤阻力大于底部的气流通道，滤袋部分气速很小，如图 2 - 43 所示，且气流直接冲刷滤袋，迎风面滤袋的受力大于其他滤袋，此处滤袋容易破损。因此，需要对布袋除尘器结构加以优化，使烟气从底部水平进气，避免对滤袋的直接冲刷。

2.4.8　在湘钢 180m² 烧结机的应用

湘钢 180m² 烧结机于 2004 年建成投产，烧结机尾采用 178m² 三电场电除尘器，设计排放浓度 100mg/m³。运行几年后，电除尘器振打效果变差，阴极线积灰严重，除尘效率下降，颗粒物排放浓度高达 150mg/m³，已不能满足现行的排放标准。因此，自 2012 年 12 月开始对烧结机尾电除尘器进行技术改造，将原有三电场除尘器改为阻火器与布袋除尘器串联，于 2013 年 1 月底完成改造。布袋除尘器主要参数为：处理风量为 58 × 10⁴m³/h，过滤面积为 11000m²，运行温度为 80 ~ 100℃，箱体及灰斗数量为 16 个，除尘器阻力为 1400Pa，出口浓度小于 20mg/m³。

根据运行经验，一般不在除尘器进风口部位设置缓冲沉降区，因为这样容易造成含尘气流直接冲刷滤袋底部，导致滤袋底部易磨损漏灰，增加滤袋更换成本。为了预防上述问题，在布袋除尘器上增加中箱体高度，滤袋底口与灰斗上口垂直间距保持 2m，形成 2m 高的缓冲沉降区，如图 2-44 所示。含尘气流进入缓冲沉降区，避免了与滤袋底部直接冲刷，同时因流速大大降低，有利于较粗粒径粉尘直接沉降到灰斗，进一步减轻滤袋粉尘负荷。改造后，在 2013 年两次监测粉尘排放浓度，分别为 19.5mg/

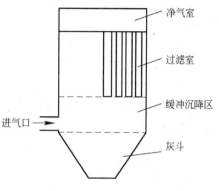

图 2-44 袋式除尘器结构示意图

m³ 和 18.6mg/m³，均低于 20mg/m³。年回收粉尘量 487t，年节省粉尘排污费 7.3 万元，风机叶轮寿命由 1 年提高到 4 年[55]。

2.5 电袋复合除尘器

2.5.1 电袋复合除尘器特点

早在 1961 年，Frederick 就在其论文中指出，织物、烟尘上的静电对织物过滤的除尘效率、阻力以及清灰难易有影响。20 世纪 70 年代以来，美国的发电厂为了达到政府对控制烟尘排放越来越严格的要求，采取了多种措施来提高电除尘器和袋式除尘器的性能，其中一项措施就是采用电袋复合除尘器。

广义的电袋复合除尘器是指所有集电除尘技术和袋式除尘器技术于一身的混合式除尘设备。这种技术的优点是，粉尘层过滤阻力降低，清灰次数减少，滤料寿命延长，过滤效率，特别是对细颗粒物的过滤效率高。美国、日本、英国、澳大利亚等国家都有相关研究成果报道。国内西安建筑科技大学、冶金部安全环保研究院、东北大学、中科院过程工程研究所等也进行了不同形式电袋复合除尘装置的性能试验研究工作。

2.5.2 电袋复合除尘技术形式

电场与滤袋具有多种复合形式，包括笼骨加电、织入电极、嵌入式电袋复合除尘和串联式电袋复合除尘等。

2.5.2.1 笼骨加电技术

这种利用静电改善滤袋过滤性能的方法是在滤袋表面设置静电场，使过滤作用和电场力作用对粉尘同时起效，即所谓的笼骨加电技术。笼骨加电后，形成与气流方向垂直的电场，使得进入电场的粒子受到电场的作用力而改变原来的迁移方向，从而达到提高捕集效率和减少压力损失的目的。实验研究表明，在滤袋表面施加平行的静电场，可以使除尘器的阻力显著减小，清灰效果改善，捕集效率略有提高。

　　研究表明在滤料附近施加外电场，其所用细金属丝电极很脆弱，容易损坏，还可能引起电晕放电，反而使耗电增加。另有研究者设计出一种在远低于电晕始发电压下工作的直径较粗的电极，实际上就是标准笼骨的 3mm 垂直钢筋。这种电笼骨用绝缘的 Teflon 套管或陶瓷隔片将极性相反的笼骨竖筋隔离。在运行电压不会导致显著的电晕电流的情况下，电场使压力损失明显降低。

2.5.2.2　织入电极技术

　　"织入电极"是在织造滤料时就把不锈钢线（直径 2μm 的长丝）织进去（每隔 2cm 一根经线）供反吹袋式除尘器使用的电极结构。此外，还有人研究过其他在滤料的适当位置添加金属线的方式，例如在滤袋内侧缝上金属线、在滤袋内侧或外侧加上金属螺旋线等。目前看来，织入电极效果更好，因为织进滤料的金属线具有纺织品的机械性质，更适应通常袋式除尘器的工作。此外，在滤料表面印制电极也是一种方法，经济实用，但印制的电极在滤袋工作过程中容易断开。

2.5.2.3　嵌入式电袋复合除尘技术

　　AHPC 是 Advanced Hybrid Particulate Collector（先进混合型除尘器）的缩写。这一技术是在 20 世纪 90 年代中期由美国北达科他大学能源与环境研究中心开发的，于 1999 年 8 月取得美国专利。在除尘器内由一行电除尘器部件和一行滤袋相间排列。进入除尘器的气流和粉尘首先被导向电除尘区域，将大部分粉尘除去，然后还含有一部分粉尘的气体通过多孔极板上的小孔流向滤袋，经滤袋过滤，将剩余的粉尘除去。在滤袋脉冲清灰时，脱离滤袋的尘块经多孔极板回流，在电除尘区域被捕集，这样就大大减少了粉尘重返滤袋的机会。同样的，收尘极板振打清灰时未落入灰斗的粉尘也会被滤袋捕集。滤袋以戈尔塔克斯覆膜滤料制成。多孔极板除了捕集荷电的粉尘外，还能保护滤袋免受放电的破坏。这一技术的中试设备于 1999 年 7 月开始运行，处理 Otter Tail 电力公司大石燃煤发电厂排放的 1500m³/h 烟气，烟气中含有电除尘器难以捕集的高比电阻飞灰，滤袋区域气布比为 3.35～3.66m/min。该设备长期运行性能稳定，除尘率能达到 99.99% 以上，阻力保持在 1600～2000Pa 之间。

　　美国南方电力研究所通过在滤袋之间设置高压电极改善滤袋过滤性能，将滤袋和电极设置在同一个室内来研究其对微细粒子的捕集效率。通过对比实验发现，在施加直流负高压 35kV 的条件下，除尘系统对 PM2.5 的捕集效率为99.91%，对 PM1.0 的捕集效率高达 99.9%；而在不加电的情况下，对 PM2.5 的捕集效率为 99.78%，对 PM1.0 的捕集效率为 99.7%，加电时布袋的压降为不加电时的 1/3。但由于这种电袋复合方式是将高压电场施加于布袋之间，研究表明其对滤袋的破坏较为严重，应用情况不尽理想。

2.5.2.4 串联式电袋复合除尘技术

这种技术是在粉尘进入布袋除尘器之前先通过电场荷电，在布袋除尘器之前增设单电场电除尘，使含尘气体在过滤之前经过一个电晕荷电过程，去除部分粉尘并给剩余粉尘荷电。预荷电后的粉尘可以提高袋式除尘器的捕集效率，并且使得滤袋表面的粉尘层结构更为疏松，有着良好的透气性，从而降低了过滤阻力，也为提高过滤风速提供了条件。

1970 年，美国精密工业公司试验生产了一种名为 Apitron 的除尘器。其原始设计是在金属丝网做成的圆筒形管子中心放一根电晕线，管子外面套一个滤袋。轴向进入管子的粉尘因电晕作用而荷电，一部分被接地的金属丝网管电极捕集，在转变为径向流动后，其余荷电粉尘最终被最外层的滤袋捕集。但是，这种早期的设计后来被废弃了，因为高压电晕放电有时会损坏滤袋。第二种 Apitron 的构造形式是将金属极线和钢板圆管组成的荷电器与滤袋分开，移往滤袋的下端，与滤袋相接。含尘气体从下端进入荷电器内，尘粒荷电后一部分被管状电极捕集，然后含尘气体向上流动，穿过滤袋流出去，此时滤袋又将剩下的粉尘捕集。实际上它就相当于普通的管式电除尘器和袋式除尘器二级串联。Apitron 也是用脉冲喷吹清灰。清灰时压缩空气从荷电器上端喷出，诱导二次空气从滤袋外面向内流动，使滤袋内壁附着的粉尘脱落，一次和二次清灰空气的混合气流又把电晕线和金属管壁上的粉尘吹掉。这种脉冲清灰滤袋和通常脉冲喷吹袋式除尘器的滤袋有所不同，其差异在于：脉冲空气是在滤袋的底部喷入而不是在滤袋顶部；滤袋是内侧过滤而不是外侧过滤。为了解决荷电部分的反电晕问题，其收尘圆管的管壁是中空的，可用水冷却。

COHPAC 是 Compact Hybrid Particulate Collector（紧缩混合型除尘器）的缩写。这一系统是美国加利福尼亚州 Palo Alto 的电力研究所（EPR）在 20 世纪 80 年代后期开发的，其基本构思比较简单，就是在原有电除尘器的下游加一台袋式除尘器，捕集电除尘器未能捕集的微细烟尘，使排放浓度能满足法规的要求。因为大部分烟尘已被电除尘器捕集，到达其下游脉冲袋式除尘器的烟尘量较少，所以袋式除尘器的气布比可以提高，一般是将单用脉冲袋式除尘器时的气布比 1.2m/min 提高至 2.4~3m/min，这样袋式除尘器的体积和投资便可大大缩小。

2.5.3 串联式电袋复合除尘器原理

电袋复合除尘器种类众多，目前国内工程应用最多的是串联式电袋复合除尘器，其结构示意图及气流分布情况如图 2-45 所示[56]。

利用电除尘器将烟气中 $10\mu m$ 以上粉尘颗粒除去 70%~80% 以上，降低烧结烟气的含尘浓度后再利用滤袋对剩余粉尘进行捕集，总体除尘效率很高，可满足更加严格的国家排放标准。

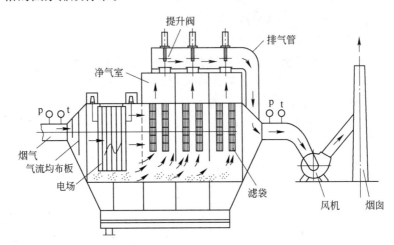

图 2-45 电袋复合除尘系统结构示意图及气流分布情况

2.5.4 板线配置对除尘效率的影响

电袋复合除尘器中通常只有一级电场,可去除 80% 以上的粉尘,该电场的板线配置极大地影响电单元除尘效率和电袋复合除尘器整体的除尘效率。板线配置的评价主要通过极距和电晕线种类对板电流密度的影响来体现,在本节介绍的研究中,采用的阳极为 C480 型。极距是相邻两块极板的间距,通常在 350 ~ 450mm 之间。当阴极放电的电晕线种类不同时,通过对板电流密度的影响来筛选极距[57]。

2.5.4.1 星形线

图 2-46 是星形线在不同极间距下板电流密度分布,x 轴、y 轴分别表示极板宽度和高度,$x = 0$ 对应极板中心线,色谱表示极板表面电流密度(下同)。

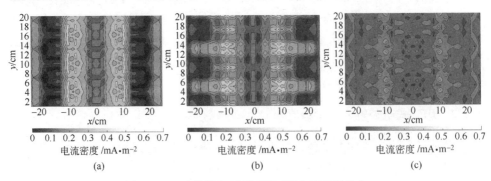

图 2-46 星形线在不同极距下板电流密度分布
(a) 极距 350mm;(b) 极距 400mm;(c) 极距 450mm

星形线没有集中的放电点，放电电流密度波动剧烈；平均电流密度（约 0.35 ~ 0.52/mA·m⁻²）小；极板正对放电极处电流密度大。同极距增加时，电流密度减小并分散，分布趋于均匀。极距为 450mm 时，电流密度剧降，分布更均匀。

平均电流密度值对同极距变化反应敏感，同极距每增加 50mm，电流密度平均值减小 10%。极距为 450mm 时，电流密度小、分布均匀有利于提高供电电压，适于在电除尘器的末电场捕集浓度低的细颗粒物或比电阻高的粉尘。

2.5.4.2　麻花线

图 2 - 47 为麻花线在不同极距下板电流密度分布。麻花线对应极板表面电流密度随时间变化，电流密度极大值分布没有明显规律。随同极距的增加，平均电流密度减小，分布均匀性减低，这一点与其他类型电晕线不同。

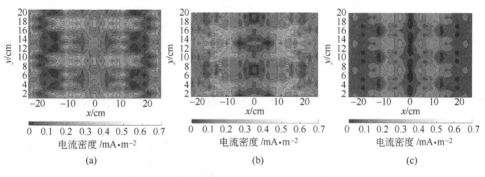

图 2 - 47　麻花线在不同极距下板电流密度分布
（a）极距 350mm；（b）极距 400mm；（c）极距 450mm

处理高比电阻、细颗粒物时，要求极板附近的场强高，电流密度小。麻花线的起晕电压高，增加了电场中静电场的部分，电流密度分布均匀有利于提高操作电压，对提高粉尘的捕集效率有利。

2.5.4.3　锯齿线

由图 2 - 48 可见，随着极距的增加，锯齿线对应的平均电流密度减小，分布的均匀性提高。同极距每增加 50mm，平均电流密度的降低约为 5%。极距为 450mm 时，电流密度均匀性又降低。锯齿线与 C480 型极板配置时较适宜的极距范围应在 350 ~ 400mm 之间。

2.5.4.4　V15 线

V15 线在芒刺垂直于板面和芒刺平行于板面布置时，板电流密度分布如图 2 - 49 和图 2 - 50 所示。垂直与平行于极板两种布置的平均电流密度 j̄ 接近，平行布置时的分布均匀性比垂直布置时明显提高。所以，V15 线与 C480 板配置时，芒刺平行于极板布置较好。

极距为 400mm 时，芒刺平行极板电流密度分布均匀较好。极距为 450mm、芒刺平行于板面时，其均匀性变差。芒刺平行布置、极距为 400mm 时均匀性

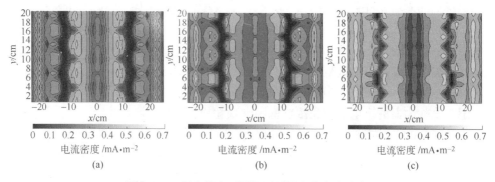

图 2 - 48　锯齿线在不同极距下板电流密度分布

(a) 极距 350mm；(b) 极距 400mm；(c) 极距 450mm

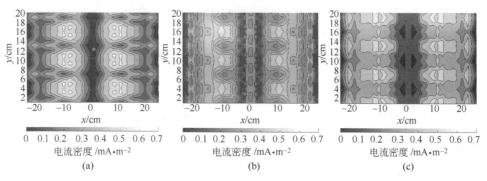

图 2 - 49　V15 线在不同极距下板电流密度分布（芒刺垂直于板面）

(a) 极距 350mm；(b) 极距 400mm；(c) 极距 450mm

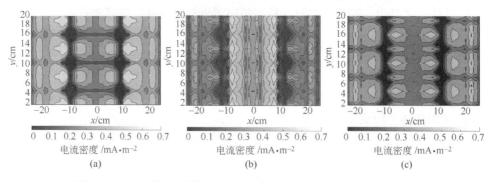

图 2 - 50　V15 线在不同极距下板电流密度分布（芒刺平行于板面）

(a) 极距 350mm；(b) 极距 400mm；(c) 极距 450mm

最佳。

2.5.4.5　RS 线

RS 线与 C480 极板配置时的电流密度分布如图 2 - 51 所示。RS 线的放电点集中在芒刺尖端，放电稳定，随同极距增加，平均电流密度减小的幅度小，极板表面电流密度分布与芒刺点对应。

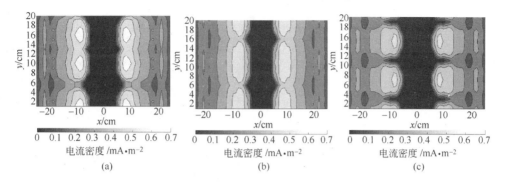

图 2-51 RS 线在不同极距下板电流密度分布
(a) 极距 350mm; (b) 极距 400mm; (c) 极距 450mm

极距为 350mm 和 400mm 时，平均电流密度 $\bar{j}$ 分别为 0.72 和 0.70，σ 分别为 0.68 和 0.59。极距为 400mm 时，分布均匀性最好。极距为 450mm 时，放电强度减弱，分布均匀性差。合适的极距应为 350~400mm。

2.5.4.6 改良型 RS 线

改良型 RS 线是针对 RS 线芒刺圆管正对极板处的大范围电流密度死区而设计的新型放电极，电流密度分布如图 2-52 所示。

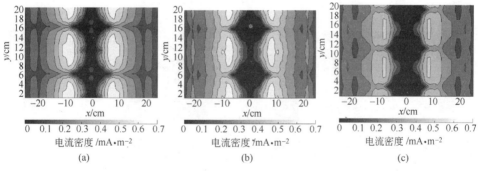

图 2-52 改良型 RS 线在不同极距下板电流密度分布
(a) 极距 350mm; (b) 极距 400mm; (c) 极距 450mm

与 RS 线相比，其平均电流密度增加约 10%，分布规律与 RS 线类似。在 RS 线芒刺根部增加小芒刺，减小了支撑芒刺的管部对应板面上零电流密度区的面积。极距增加到 450mm 时，增加的小芒刺放电作用减弱，改善效果降低，分布均匀性差。合适的极距应为 350~400mm，极距为 400mm 最佳。

2.5.4.7 十刺芒刺线

十刺芒刺线与 RS、改良型 RS 线有相同特点，如图 2-53 所示，与 C480 型极板配置时，极板正对放电极管处出现大范围的零电流密度区，在放电极的管部加上小芒刺，但对该区域电流密度改善幅度微弱，几乎可以忽略。

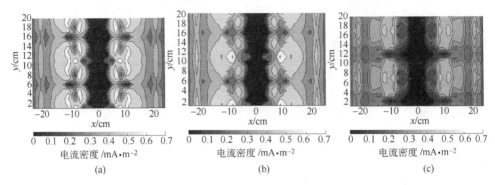

图 2 - 53　十刺芒刺线在不同极距下板电流密度分布
(a) 极距 350mm；(b) 极距 400mm；(c) 极距 450mm

极距为 400mm 时，电流密度均方根 σ 为 0.493，电流密度分布均匀性较好，平均电流密度 $\bar{j}$ 为 0.961mA/m²。极距为 450mm 时，平均电流密度 $\bar{j}$ 为 0.693mA/m²，分布均匀性差。因此，推荐极距应为 350~400mm。

2.5.4.8　鱼骨线 1

鱼骨线 1 在芒刺不同布置方式下的板电流密度分布如图 2 - 54 和图 2 - 55 所示。实验用鱼骨线的芒刺尖端加工精度为 0.1mm，电流密度比管状芒刺线约高 50%。

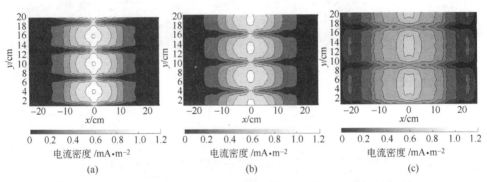

图 2 - 54　鱼骨线 1 在不同极距下板电流密度分布（垂直极板布置）
(a) 极距 350mm；(b) 极距 400mm；(c) 极距 450mm

芒刺垂直极板时，最大电流密度随电极间距的增大而急剧减小，分布均匀性明显提高。极距为 350mm 和 400mm 时，σ 分别为 1.01 和 0.87，电流密度分布均匀性差；极距为 450mm 时，电流密度分布均匀性 σ 为 0.65，分布趋于均匀。

芒刺平行于板面布置时，相同条件下平均电流密度约为垂直于板面时的 60%。平均电流密度为 0.55~0.6mA/m²，电流密度分布 σ 为 0.55~0.75，配置不理想。

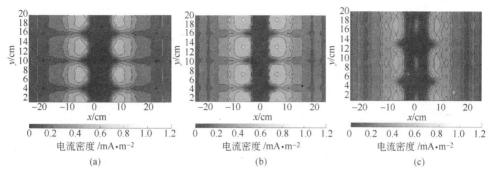

图 2 - 55 鱼骨线 1 在不同极距下板电流密度分布（平行极板布置）

（a）极距 350mm；（b）极距 400mm；（c）极距 450mm

2.5.4.9 鱼骨线 2

鱼骨线 2 在芒刺不同布置方式下的板电流密度分布如图 2 - 56 和图 2 - 57 所示。极距为 350mm 和 400mm 时，两种布置的电流密度分布均匀性较差。极距为 450mm 时，电流密度分布接近，芒刺垂直板面比平行板面时电流密度高 50%。极距为 450mm 时，推荐垂直极板布置。

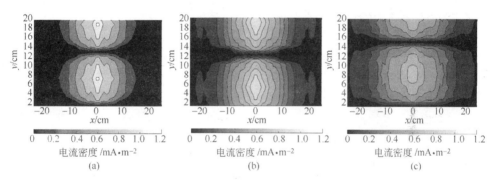

图 2 - 56 鱼骨线 2 在不同极距下板电流密度分布（芒刺垂直板面）

（a）极距 350mm；（b）极距 400mm；（c）极距 450mm

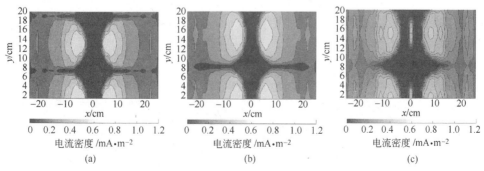

图 2 - 57 鱼骨线 2 在不同极距下板电流密度分布（芒刺平行板面）

（a）极距 350mm；（b）极距 400mm；（c）极距 450mm

　　粉尘荷电后再经袋式除尘器过滤，可以改变滤袋表面的滤饼结构和物理性质。粉尘荷电所形成的滤饼呈多孔、疏松的海绵体状，如图 2-58(b) 所示，与普通的粉尘滤饼（见图 2-58(a)）相比，具有透气性强、阻力低、净化效率高的特点，可提高细颗粒物的捕集效果。

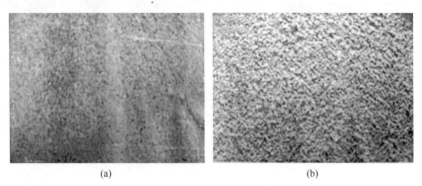

(a)　　　　　　　　　　　　　　　(b)

图 2-58　粉尘荷电及未荷电时滤袋表面粉饼结构的差异

（a）未荷电粉尘；（b）荷电粉尘

2.5.5　电晕放电对除尘效率的影响

　　无粉尘和有粉尘时，电晕放电产生的空间电荷对电位分布和电场强度的改变，对于粉尘的捕集效率有重要影响，可通过数值计算进行分析研究[57]。极线种类差异，对电晕放电及电场强度的影响各不相同。

2.5.5.1　圆线

　　图 2-59 和图 2-60 是极线与极板连线方向上的电势和电场强度分布。计算结果与文献吻合，趋势一致。图 2-60 表明，在空间电荷作用下，电场强度在极板附近有增大趋势。这一结论与 G. W. Penney 和 R. E. Matick 的实验结果一致。计算区域的二维电势和电场强度分布如图 2-61 所示，空间电荷密度分布如图 2-62 所示，图中横纵坐标分别表示计算平面的长和宽，单位为 cm，下方标注条说明电势由小到大所对应的颜色，其单位为 10^4 V，电荷密度的单位为 10^{-5} A/m²。

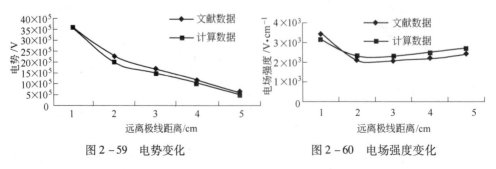

图 2-59　电势变化　　　　　　　　　图 2-60　电场强度变化

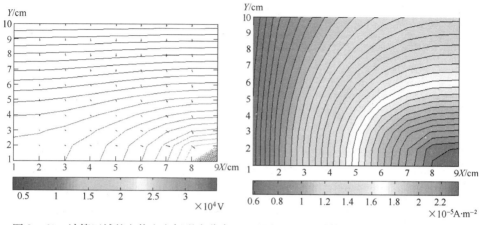

图 2-61 计算区域的电势和电场强度分布   图 2-62 计算区域空间电荷密度分布

有无空间电荷两种情况下,二维计算空间电势分布如图 2-63 所示,电晕放电产生的空间电荷改变了电场电势的分布,使空间的电势增大,沿电晕线连线方向电势变化显著。

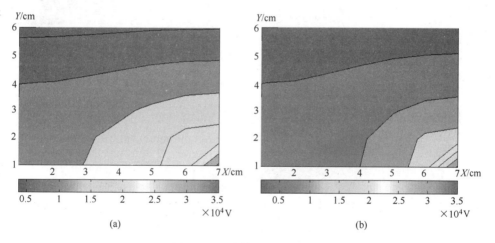

图 2-63 计算区域电势分布
(a) 有空间电荷图;(b) 无空间电荷图

2.5.5.2 RS 线

RS 线板面电流密度分布与芒刺端对应,在支撑管正对板面处出现大面积的零电流密度区。由实验结果,极距为 400mm 时,RS 线电流密度分布沿极线高度方向上变化不大,可以近似认为电流分布均匀,这样将 RS 线的三维问题简化为二维问题来求解。计算结果如图 2-64 ~ 图 2-66 所示。

图 2-64 为芒刺正对处极板表面宽度方向上电势分布图。图 2-65 是计算区域电场强度分布矢量图。图 2-66 是计算区域的电荷密度分布图,X 轴为极板宽

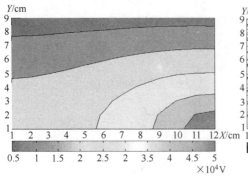

图 2 - 64　RS 线的电势分布图

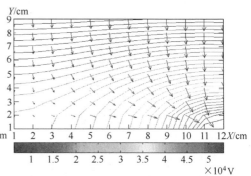

图 2 - 65　RS 线电场强度分布矢量图

度方向，Y 轴为电晕线到极板连线方向，Z 轴为电场强度值。可以清楚地看出，RS 线的放电点集中在芒刺的尖端，支撑管与芒刺有相同的电势，所以空间电荷很难在电场的作用下到达支撑管正对的空间区域。所以，在芒刺正对的极板表面会出现零电流密度区。

2.5.5.3　多根电晕线的计算结果

电场中布置多根电晕线时，电晕线之间相互影响，更接近于真实情

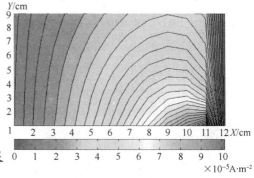

图 2 - 66　RS 线电荷密度分布图

况。以下对五根圆形电晕线对应平行极板的电晕电场进行了初步分析，模拟结果如图2 - 67 ~ 图 2 - 69 所示[57]。计算条件为同极距 300mm，线线距 200mm。

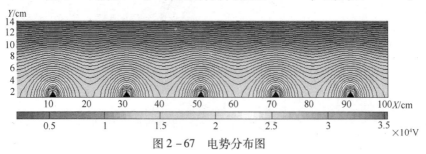

图 2 - 67　电势分布图

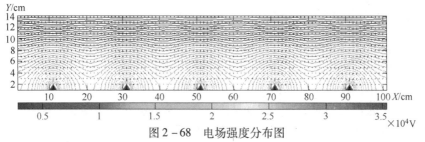

图 2 - 68　电场强度分布图

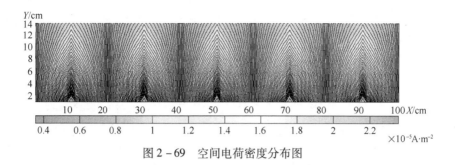

图2-69　空间电荷密度分布图

2.5.6　气流分布的数值模拟

目前，针对电袋复合除尘器内部气流分布的研究，主要采用计算机数值模拟的方法，电袋复合除尘器内部气流速度高于袋式除尘器内部气速，流型为湍流，针对湍流的数值模拟，实际工程中最常采用的是雷诺平均法，由于雷诺平均方程中引入了高阶的二阶脉动相关量，造成雷诺方程组的不封闭。根据对雷诺应力做出的假设或处理方式不同，常用的湍流模型有两大类：雷诺应力模型和涡黏系数模型。

在雷诺应力模型中，直接建立表示雷诺应力的方程式，然后联立求解雷诺平均方程。涡黏系数模型中 $k-\varepsilon$ 模型是最基本的，也是目前工程应用最为广泛的湍流封闭模型。

国内很多研究所和企业对电袋复合除尘器内部气流分布及电袋结合形式均有研究。通过模化类比，将小型试验平台的模拟结果推广到工业应用的电袋复合除尘器中。模化试验是根据流体力学类比原理，建立除尘器模型来模拟实际除尘器中的气流分布状况。只要保证模型中的流动和实体中的流动相似，就能把模型试验中得到的速度场分布规律推广到实际除尘器中。由于黏性流体在流动时具有"自模性"和"稳定性"。因此，模型试验时，只需满足几何相似、运动相似以及动力相似三条相似定理进行模拟。

搭建小型气流分布试验平台，在电场区域内布置测点，考察气流分布均匀性。测点布置在各电场进口侧靠近集尘极板排的断面上。该断面的气流分布均匀性可以代表相应电场的气流状况。一台电除尘器顺气流方向串联几个电场时，第一电场进口断面的气流分布均匀性可代表整台电除尘器的均匀性。第一电场的测量断面与气流分布板（如多孔板）的距离取大于或等于 $(8\sim10)d$（d 为气流分布多孔板孔径）。由于串联式电袋复合除尘器中，袋室位于电场后部，因此可通过考察电场单元的气流分布情况推测袋室内部的气流分布。

气流速度多采用热球风速仪进行测量，可通过设计使其沿水平和垂直方向移动。为了减小紊流对测量值的影响，在热球风速仪探头处，可加装薄铜片制成的倒流罩，使测速元件免受四周紊流的干扰，提高测量值的准确性。

模拟试验系统如图 2 - 70 所示, 模型电场断面平均流速取 1.5m/s, 空气黏度取 $15.2 \times 10^{-6} m^2/s$。

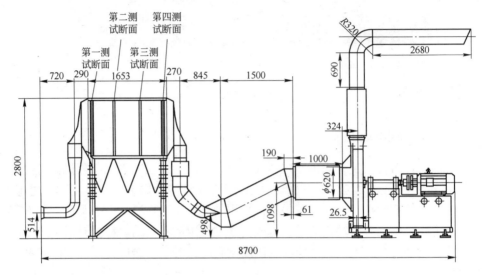

图 2 - 70 模拟试验系统

为了使气流均布, 采用在气流分部板上挂导流片的方式, 两层分布板的开孔率为 35%, 分别模拟加导流片和不加导流片时的流场情况。压力损失在 1500Pa 以内, 空气流量为 10080m³/h, 几何模型和数值计算网格如图 2 - 71 和图 2 - 72 所示。

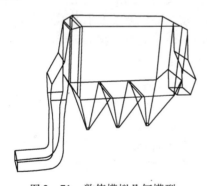

图 2 - 71 数值模拟几何模型

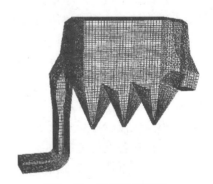

图 2 - 72 数值计算网格

进口、出口分别采用速度和压力作为边界条件。导流板采用固体壁面边界条件。气流分布板为薄的穿孔板, 因此, 多孔介质模型就可简化为多孔跳跃模型。根据 Darcy 公式描述:

$$\Delta p = -\left(\frac{\mu}{a}v + C_2 \frac{1}{2}\rho v^2 \right)\Delta m \tag{2-13}$$

式中 μ——层流流体黏性;

　　a——介质的渗透性；

　　C_2——压力跳跃系数；

　　v——垂直于介质表面的速度分量；

　　Δm——薄膜的厚度。

C_2 的适当值可以用气流分布板的开孔率来求得。

　　计算采用的湍流模型为上述 $k - \varepsilon$ 两方程模型，采用 SIMPLE 算法求解。计算过程中各变量的残差控制在 1×10^{-4} 以下。

　　无导流片时的数值模拟结果如图 2 - 73 和图 2 - 74 所示，由于喇叭采用下进下出式，不加导流片时，因无导流片的导向作用，整个电除尘器内呈上部气流值很大，下部气流值小的特征。所得相对均方根值为 0.95，远远大于标准，且在整个电除尘器的电场内，气流流动很不均匀。

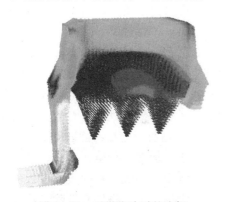

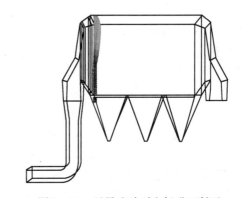

图 2 - 73　无导流片时的流场　　　　　图 2 - 74　无导流片时电场进口断面

　　图 2 - 75 是导流片示意图，图 2 - 76 是数值计算网格。有导流片时的数值模拟结果如图 2 - 77 和图 2 - 78 所示，可见加导流片后，整个电除尘器内上部气流比较均匀。所得相对均方根值为 0.13，低于规定的标准值 0.20，气流速度分布较为均匀。

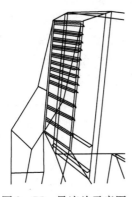

图 2 - 75　导流片示意图　　　　　　图 2 - 76　有导流片时数值计算网格

图 2 - 77　有导流片时的流场

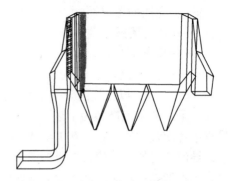

图 2 - 78　有导流片时电场进口断面

2.5.7　在莱钢 132m² 烧结机的应用

莱钢股份炼铁厂共有 4 台烧结机，其中 1 号 105m² 烧结机尾配备 76m² 三电场电除尘器。因生产需要，1 号烧结机由 105m² 扩容到 132m²；同时 3 号烧结机大烟道放灰系统合并到 1 号烧结机，增加了两条皮带除尘点，且此部分灰尘比较细，在皮带转运过程中扬尘严重，造成电除尘器入口含尘浓度、实际电场风速均超过原设计值，粉尘得不到有效的捕集，除尘器的运行参数不理想，有效功率仅为 50% ~ 60%，电场闪络频繁。出现这种状态的原因是由于电场不能适应工艺的变化。另外，除尘器各电场的二次运行电流都比较小，加上运行电压不高，电场强度达不到要求，导致粉尘在电场中的驱进速度比较小，还没有被捕集到极板就已经逃逸电场。为此，从改变除尘工艺和改造除尘设施入手，将原有电除尘器改造为电袋复合除尘器[58]。除尘器主体改造方法如下：

(1) 增加 1 级 121m² 电除尘器。在原电除尘器前增加 1 级 121m² 电除尘器，原电除尘器改造为袋式除尘器。除尘器改造后，具有 1 个电除尘室、3 个袋除尘室。袋除尘室为双列共 12 个单元室，每室设 10 个脉冲阀，每个脉冲阀可喷吹 15 条 φ150mm × 7000mm 的滤袋。气流中进中出，含尘气流随除尘器进口经 1 级电除尘器后，将大部分大颗粒的粉尘收集下来，并使未收集的粉尘预荷电，然后通过电、袋之间的缓冲区及布袋除尘器前的导流布风装置，使气流从中部、底部及两侧进入除尘室每个单元，经滤袋除尘后的洁净气体由除尘器出口变径管排出。

(2) 设计选用滤料和袋笼。根据烧结机机尾烟气湿度和酸露点温度较低、粉尘粒径分布广、堆密度大和磨琢性强、温度不大于 150℃ 等特性，设计选用 PPS + PTFE 处理的滤料。袋笼材质选用碳钢，表面镀锌，防止锈蚀，有利于延长滤袋的使用寿命。

(3) 清灰供气及控制系统。袋式除尘器选用淹没式脉冲阀，每个单元有 2 个脉冲阀同时工作，设计耗气量为 0.5 ~ 0.6m³/次，喷吹时间约为 0.1s，周期 6 ~ 10s。根据脉冲袋式除尘器的要求，压缩气体的气源要求无水无油，以满足袋式除尘设备的正常运行，压力为 0.4～0.6MPa。为确保脉冲清灰气源的压力，除尘器底部增设 4m³ 储气罐，在控制气路上增设 1 台 W1/0.7～7.5kW 的空压机。

清灰采用上位机控制，电除尘设定时、手动 2 种清灰方式，袋除尘设手动、定时、定阻 3 种清灰方式，可实现远程控制、离线清灰。

2.6 烧结粉尘资源化利用

钢铁企业中所产生的粉尘量巨大，根据国内外现有粉尘处理工艺分为：烧结处理、球团处理、直接还原处理和炼钢处理 4 种方法，最终选择的处理方法要以粉尘的基础特性为依据，充分考虑生产工艺的可行性和处理设备的经济性等问题。因此，根据 2.1 节对钢铁厂几种典型粉尘的基础特性研究来讨论粉尘的处理途径。

烧结机头电除尘灰（简称烧结灰）是铁矿石烧结过程中，通过电除尘器收集的烟气与粉尘，其产生量约占烧结矿产量的 2%～4%，全国每年由此所产生的烧结灰高达 1500 万吨左右[59]。国内现阶段烧结灰的综合利用途径主要是采用直接重新配入烧结料回用的方式来实现的。由于铁矿石来源不同，部分矿石原料中含有较高的 K、Na 等碱金属元素，这些碱金属元素所形成的化合物因沸点低，在高温烧结过程中会直接挥发至烟气中[60]，或被焦炭还原成相应的单质金属气体而逸出[61]，在电除尘系统中凝结、氧化，再被捕集进入除尘灰中。烧结灰的多次直接重新配料循环回用，会使其中的 K、Na 等碱金属元素逐步富集，最终达到较高的含量，据分析统计，次级电场烧结灰中钾含量（以 K_2O 计）高达 8%～15%。烧结灰中 K、Na 等碱金属化合物含量过高，会使这些亚微米级的粉尘颗粒比电阻增大，从而难以被电除尘器捕集，显著影响烧结电除尘器的除尘效率和操作稳定性，导致电除尘排放烟气的粉尘浓度超标、装置运行能耗增大[62]。开发烧结灰碱金属除杂与钾资源的高效综合利用技术，有利于钢铁企业发展循环经济。目前，主要采用水洗法脱除烧结灰中的钾元素并利用其制备硫酸钾等钾盐。

2.6.1 烧结粉尘循环利用技术

烧结粉尘的循环利用对烧结过程水分控制乃至烧结矿产质量都有重要影响。烧结厂在除尘灰利用方面进行了探索，循环利用方式有干式内循环、湿式外循环和湿式内循环三种[63]。

2.6.1.1 干式内循环

首钢长治钢铁有限公司烧结厂 3 台 24m² 烧结机（1 号、2 号、3 号）建于 20 世纪 70 年代，2009 年 3 月淘汰。1977～1988 年，其除尘灰处理方式为干式内部循环，设计流程如图 2-79 所示。

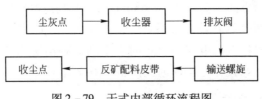

图 2 - 79　干式内部循环流程图

此流程的优点是除尘灰内部循环使用，流程短，费用低，二次污染机会小；缺点是即排即用，受灰点污染大，排灰量不均匀，造成混合料水分大幅波动，严重时导致皮带输送机跑偏、压带等。

2.6.1.2　湿式外循环

1989 年以后，除尘灰处理方式改为湿式外部循环，其设计流程如图 2 - 80 所示。

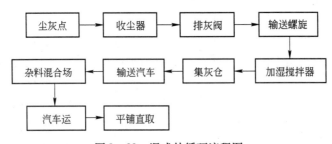

图 2 - 80　湿式外循环流程图

此流程的特点是除尘灰加湿并外排至料场，消除了干灰污染点以及除尘灰直接配加对混合料水分波动的影响；但同时增加了运输、混合加工的费用。

2.6.1.3　湿式内循环

2004 年 9 月和 2009 年 3 月相继投产的 4 号、5 号烧结机（均为 $200m^2$），机头和机尾电除尘灰以及原料和成品布袋除尘灰，采用了湿式内部循环处理，即除尘器卸出的灰，通过加湿器加湿后，经皮带送往配料室，直接参加配料。

4 号机除尘灰循环借鉴了 1 号、2 号、3 号机除尘灰处理的经验，采用了流程短、费用低、二次污染机会小的内循环处理，并在其基础上进行了适当改进。设计为除尘灰湿式处理、内部循环、独立入仓、单独配用。其处理流程如图 2 - 81 所示。

其目的是实现除尘灰均匀配加，但在实际生产中，每天配料室总量约为10000t，而除尘灰只有 100t 左右，仅占配料总量的 1%，配量太小，无法实现均匀配加。在此情况下，只得采取阶段式添加，即将全部除尘灰储存到灰仓中，每班集中配用 2 小时。但加湿后的除尘灰在陆续存入配料仓等待集中配用的过程中，时常发生板结、棚仓等现象，造成圆盘给料机出料不匀，甚至断断续续，直接影响混合料成分，从而导致整个工序不稳定。配灰期间，总上料量约比正常时

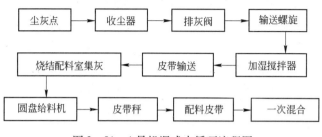

图 2-81 4 号机湿式内循环流程图

降低 30~50t/h。

5 号机在进行除尘灰处理时，在工艺上进一步调整，将除尘灰与内部循环返矿并入一个仓中参加配料，以期消除板结、棚仓、下料不均匀现象，实现连续均匀配料。其工艺流程如图 2-82 所示。

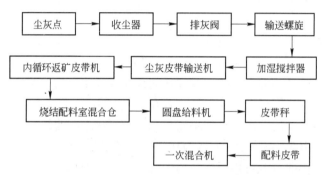

图 2-82 5 号机湿式内循环流程图

自 5 号烧结机投产后，首钢长治钢铁有限公司烧结厂采取了两台烧结机所有除尘器放灰点按顺序轮流循环排灰，并尝试过采用 8 小时一次小循环排灰或 24 小时一次大循环排灰，但仍然无法实现均匀的内循环返矿。返矿中的除尘灰仍不连续，在配用期间对混合料水分稳定性和烧结矿产质量有较大影响，并影响到混合料自动加水系统的应用。

综上所述，三种循环方式中内循环方式无法实现均匀混合，对成品矿影响较大；外循环增加了外部的物流运输费用，但烧结灰在厂外均匀混合后再返回烧结，对烧结过程和烧结矿影响较小。因此，从 2010 年 8 月起，首钢长治钢铁有限公司烧结厂对所有除尘灰全部采用外循环处理。原料除尘灰和机尾除尘灰每天约 200 吨，全部用汽车拉运至料场与其他冶金废料一起参与平铺混匀，然后再返回烧结配料。

2.6.2 含钾烧结粉尘特点及资源化利用

湘潭大学以湘钢的烧结粉尘为原料，在分析其理化特性的基础上，开发了采用水洗方法脱除烧结粉尘中钾元素并利用其制备硫酸钾的新工艺,该新工艺的开发为钢铁企业烧结粉尘的碱金属元素除杂及其中钾资源的高效综合利用提供了新的技术途径[64]。

湘钢烧结粉尘中主要金属元素分析结果(以金属氧化物计)见表2-7。由表可知,烧结灰中主要金属元素为 Fe、K、Pb、Ca、Mg 和 Al,同时含有少量 Cu、Na、Ag、Bi 和 Zn 等,其中 K 的含量(以 K_2O 计)高达9.81%,具有一定的回收利用价值。

表2-7   湘钢烧结粉尘中主要成分分析结果   (%)

成分	TFe_2O_3	CaO	SiO_2	MgO	Al_2O_3	CuO	PbO	ZnO	K_2O	Na_2O	Bi_2O_3
含量	31.97	7.07	4.85	1.80	1.04	0.29	7.81	0.23	9.81	0.63	0.12

湘钢烧结粉尘的 X 射线衍射(XRD)分析测定结果如图2-83所示。由图2-83可知,烧结粉尘中主要物相组成为 Fe_3O_4、Fe_2O_3、$CaCl_2$、$MgSiO_3$、PbOHCl和KCl,同时还有少量的 $CaFe_2O_4$、Al_2SiO_5、$PbCl_2$、CaO 和 $CaAl_2Si_2O_8$ 存在。其中 2θ 为 28.3°、40.5°、50.1°、58.6°、66.3°和73.6°处出现的衍射峰均为 KCl 的特征峰,而未在图中发现任何其他含钾化合物的明显特征峰。由此可知,在该样品中,钾仅以 KCl 的形式存在。

湘钢烧结粉尘的粒度分析结果如图2-84所示。由曲线 a 看出,粉尘的粒径范围为 0.15~105.24μm,在粒径为 0.73μm、9.48μm 和 38.12μm 处,存在三个高频分布峰。由曲线 b 可得,烧结粉尘的中位径为 16.22μm。

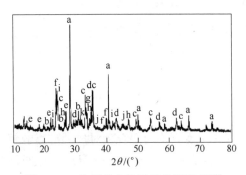

图2-83   烧结粉尘物相组成 XRD 图谱

a—KCl;b—$MgSiO_3$;c—Fe_2O_3;d—Fe_3O_4;

e—PbOHCl;f—$CaCl_2$;g—$CaFe_2O_4$;h—Al_2SiO_5;

i—$PbCl_2$;j—CaO;k—$CaAl_2Si_2O_8$

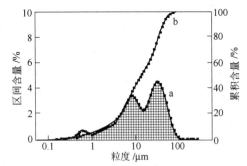

图2-84   烧结粉尘粒度分布

a—区间含量;b—累积含量

2.6.3   烧结粉尘中提取 KCl 技术

由于 KCl 极易溶于水,因此水洗技术是烧结粉尘提取 KCl 的首选技术[64],

工艺流程如图 2-85 所示，主要分为浸出、固液分离、溶液净化和蒸发结晶几个步骤。

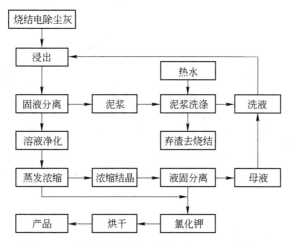

图 2-85 烧结电除尘灰水洗回收 KCl 工艺流程

烧结粉尘粒度较小，属于亚微米级的粉尘颗粒，表面具有较强的疏水性，在水洗脱钾过程中极易发生团聚而形成粒径较大的二次灰粒，从而影响钾的洗脱，因此需要研究烧结粉尘在水中的分散性。

采用添加少量硫酸及表面活性剂（分散剂）的方法来提高烧结粉尘在水中的分散性，结果如图 2-86 所示。随着硫酸用量的增加，烧结粉尘悬浮液的分散效果越来越好；随着十六烷基溴化铵（CTAB）用量的增加，悬浮液浊度先增加后略有减少[65]。

产生这种现象的原因有两点：一是少量酸的加入，可与烧结粉尘中的碱性物质发生化学反应，从而破坏烧结粉尘颗粒表面的疏水性结构，增大颗粒表面对水分散介质的润湿性，达到提高烧结

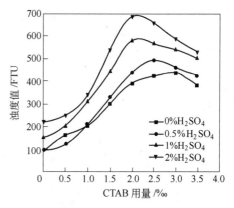

图 2-86 不同硫酸用量时烧结粉尘悬浮液浊度与 CTAB 用量的关系

粉尘在水中分散性的效果；二是所采用的 CTAB 具有疏水基团，与烧结粉尘颗粒表面结合后，其亲水基团则将水分子吸附在颗粒的表面周围并形成一层水化膜，灰粒借助水化膜的作用而被相互隔开，达到分散的效果。但 CTAB 过量时，分散体系过于浓稠而会发生表面活性剂分子之间的桥连作用形成胶束，反而不利于烧结粉尘的分散。

图2-86表明，加入与烧结灰质量比为2%硫酸及0.2%的CTAB，在搅拌转速为200r/min下搅拌30min，可使烧结灰在水中得到良好的分散，其悬浮液浊度值为685FTU。此外，加入其他种类的无机酸和阴、阳离子型表面活性剂也可使烧结灰在水中得到一定的分散。

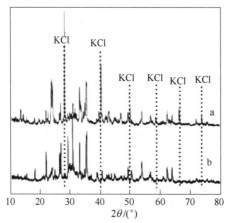

图2-87　烧结灰水洗前后的XRD图谱
a—水洗前烧结灰；b—水洗后烧结灰

采用上述条件对烧结粉尘进行KCl浸出实验，当固液比为1:4、浸取时间为60min、温度为30℃、搅拌转速为200r/min时，烧结灰中钾的浸出率可达98.70%。通过对水洗脱钾前、后的烧结灰进行XRD表征对比发现：水洗后，烧结灰中已经没有明显的KCl特征峰存在，这表明烧结灰中的钾已基本被洗脱并转入水溶液中，如图2-87所示。

水洗脱钾所得的溶液经过滤、澄清，所得洗脱液的pH值约为12.5，其主要化学成分及含量见表2-8，洗脱液中主要包含K^+、Ca^{2+}、Cl^-和SO_4^{2-}四种离子，同时还有少量的Mg^{2+}、Pb^{2+}和Na^+等离子存在。

表2-8　洗脱液化学成分　　　　　　　　（g/L）

样　品	K^+	Ca^{2+}	Mg^{2+}	Na^+	Pb^{2+}	SO_4^{2-}	Cl^-
洗脱液	18.63	5.17	0.63	0.37	0.12	4.15	22.89

由于洗脱液中有杂质离子存在，为了制得纯净的硫酸钾产品，必须对上述得到的溶液进行除杂，使这些杂质离子生成沉淀从而达到溶液净化的目的。采用NH_4HCO_3作为沉淀剂，其除杂原理如下：

$$HCO_3^- \rightleftharpoons H^+ + CO_3^{2-}$$

$$CO_3^{2-} + M^{2+} \rightleftharpoons MCO_3$$

$$H^+ + OH^- \Longrightarrow H_2O$$

后续将加入硫酸铵与氯化钾与NH_4^+进行复分解反应，因而不会影响硫酸钾产品的生产（蒸发、结晶）。除杂过程中，随着NH_4HCO_3的加入，溶液的pH值逐渐减小；在pH值约为8.0时，杂质离子基本沉淀完全，经过滤沉淀，即得到K^+、NH_4^+、Cl^-和SO_4^{2-}-H_2O四元体系洗脱液。将洗脱液进行蒸发浓缩、冷却、结晶、抽滤、干燥后即得粗品硫酸钾，对粗品硫酸钾及母液中各离子含量进行分析，结果见表2-9。

表 2 - 9　粗品硫酸钾及母液干基各离子含量　　　　　（％）

样　品	K_2O	K^+	NH_4^+	Cl^-	SO_4^{2-}	总计	误差
粗品硫酸钾	46.85	38.97	3.87	1.26	55.26	99.36	-0.64
母液干基组成	22.79	18.91	22.27	38.81	21.35	101.34	+1.34

　　粗硫酸钾产品中还含有一定量的 NH_4^+ 和 Cl^-，需进行重结晶才能得到精制的硫酸钾（符合工业一级品要求），见表 2 - 10，精制硫酸钾中钾的收率占烧结灰中总钾质量的 50.30%。

表 2 - 10　实验室制备的精品硫酸钾与工业品对比　　　　　（％）

主要指标	实验室产品质量	工业品质量标准	
		一级	电子极
含量（K_2SO_4）	98.75	≥98.5	≥99.0
氯化物（以 Cl 计）	0.039	≤0.05	≤0.002
铁含量（Fe）	0.00075	≤0.02	≤0.001
重金属（Pb）	0.00005	≤0.002	≤0.002
水不溶物	0.017	≤0.5	≤0.5

参 考 文 献

[1]　刘振江，等. 中国钢铁统计 [R]. 中国钢铁工业协会，2011，11.

[2]　张咏梅. 烧结除尘技术综述 [J]. 冶金丛刊，2010，185：48～50.

[3]　张迎福，刘义梅，王旭辉，等. 烧结厂粉尘控制方法的探讨 [J]. 烧结球团，2004，29（1）：29～31.

[4]　汪用澎，张信. 大型烧结设备 [M]. 北京：机械工业出版社，1997：390.

[5]　朱廷钰. 烧结烟气净化技术 [M]. 北京：化学工业出版社，2009：34.

[6]　张惠宁，郭奠球. 烧结设计手册 [M]. 北京：冶金工业出版社，1990：274.

[7]　石勇，党小庆，韩小梅，等. 钢铁工业烧结烟尘电除尘技术的特点及应用 [J]. 重型机械，2006（3）：27～34.

[8]　Yu H, Kaufman Y J, Chin M, et al. A review of measurement - based assessments of the aerosol direct radioactive effect and forcing [J]. Atmos. Chem. Phys.，2006，6：613～666.

[9]　童志权. 大气污染控制工程 [M]. 北京：机械工业出版社，2006.

[10]　姚慧远. 电除尘在烧结厂的应用 [J]. 齐齐哈尔大学学报(自然科学版)，2009，5：71.

[11]　张殿印，王纯，俞非漉. 袋式除尘技术 [M]. 北京：冶金工业出版社，2008：30.

[12]　唐敏康，马艳玲. 郭海萍. 电袋除尘技术的研究进展 [J]. 有色金属科学与工程，2011，2(5)：53～56.

[13] 赵海波, 郑楚光. 静电增强湿式电除尘器捕集可吸入颗粒物的定量描述 [J]. 燃烧科学与技术, 2007, 13 (2): 119~128.

[14] 杨继发, 王绪棠, 李彬彬, 等. 转动极板电除尘器应用分析 [J]. 热力发电, 2010, 39 (11): 85~87.

[15] 马广大. 大气污染控制工程 [M]. 北京: 中国环境科学出版社, 2004: 402.

[16] 陈桂文, 肖登明. 电除尘器除尘效率影响因素及应对措施 [J]. 电力环境保护, 2007, 23 (6): 7~9.

[17] Deutsch W. Bewegung und ladung der elektrizitatstrager im zylinderk – ondensator [J]. Ann. Phys., 1922, 68 (1): 335~344.

[18] Cooperman G. A unified efficiency theory for electrostatic precipitators [J]. J. Atmos. Environ., 1984, 18 (2): 277~285.

[19] Leonard G, Mitchner M, Self S A. Particle transport in electrostatic precipitators [J]. J. Atmos. Environ., 1980, 14 (1): 1289~1299.

[20] Zhibin Z, Guoquan Z. New model of relectrostatic precipitation efficiency accounting for turbulent mixing [J]. J. Aerosol Sci., 1992, 23 (2): 115~121.

[21] 赵海波, 郑楚光. 单区静电除尘器捕集烟尘过程的数值模拟 [J]. 中国电机工程学报, 2007, 27 (2): 31~35.

[22] 张建平, 杜玉颖, 戴咏夏, 等. 静电除尘器粉尘运动轨迹的数值模拟与分析 [J]. 环境工程, 2011, 29 (2): 78~81.

[23] 鞍钢. 钢铁工业大气污染物排放标准 – 烧结 (球团) (征求意见稿) 编制说明, 2007.

[24] 张春, 付朝云, 尚林军, 等. 烧结机机头 300m² 电除尘器灰斗结块的治理 [J]. 烧结球团, 2009, 34 (6): 54~56.

[25] 郭启超, 李彦涛, 张磊, 等. 钢铁行业高湿烟尘湿式电除尘治理技术 [J]. 冶金能源, 2012, 31 (4), 56~58.

[26] 向晓东, 陈旺生, 幸福堂, 等. 烟气在交变电场中电凝并收集 [J]. 武汉冶金科技大学学报, 1999, 22 (3): 252~255.

[27] 黄斌, 姚强, 李水清. 静电增强脱除 PM2.5 研究进展 [J]. 电站系统工程, 2003, 19 (6): 44~46.

[28] 赵爽. 电凝并脱除可吸入颗粒物的实验研究 [D]. 杭州: 浙江大学, 2005.

[29] Watanabe T, Tochikubo F, Hautanen J. Review of particle agglomeration [J]. J. Aerosol Sci., 1995, 26 (1): 19~20.

[30] Watanabe T, Tochikubo F, Koizumi Y, et al. Submicron particle agglomeration by an electrostatic agglomerator. J. Electrostat., 1995, 34: 367~383.

[31] Kanazawa S, Ohokubo T, Nomoto K, et al. Submicron particle agglomeration and precipitation using bipolar charing method [J]. J. Electrostat., 1993, 29: 193~209.

[32] Hautanen J. Electrical agglomeration of aerosol particles in an alternating electric field [J]. Aerosol Sci. And Tech., 1995, 22: 181~189.

[33] Kari E, et al. Kinematic Coagulation of charged droplets in an alternating electric field [J]. Aerosol Sci. and Tech., 1995, 23 (7): 422~430.

[34] Jun – Ho Ji, Jungho Hwang, Gwi – Nam Bae, et al. Particle charging and agglomeration in DC and AC electric fields [J]. J. Electrostat., 2004, 61: 57~68.

[35] Masuda S, Hosokana S, Tachibana N, et al. Fundamental behavior of direct coupled submicro-second pulse energization in electrostatic preipitators. IEEE Trans. Ind. Appl., 1987, 23 (1): 120~126.

[36] 孔春林, 张德轩, 任燕. 转动极板电除尘技术原理 [C] //第十三届中国电除尘学术会议论文集: 191~195.

[37] 周晨霞. 移动极板静电除尘器——技术优势 [C] //第十三届中国电除尘学术会议论文集: 181~185.

[38] 陈招妹, 郦建国, 王贤明, 等. 旋转电极式电除尘器技术研究 [J]. 电力科技与环保, 2010, 26 (5): 18~20.

[39] 朱法华, 李辉, 王强. 高频电源在我国电除尘器上的应用及节能减排潜力分析 [J]. 环境工程技术学报, 2011, 1: 26~32.

[40] White H J. 工业电收尘 [M]. 王成汉译. 北京: 冶金工业出版社, 1984: 372.

[41] Liberati Guglielmo. High – frequency switching – type protected power supply, in particular for electrostatic precipitators: US, 5255178 [P]. 1993 – 11 – 19.

[42] 朱法华, 李辉, 王强, 等. 高频电源在我国电除尘器上的应用及节能减排潜力分析 [J]. 环境工程技术学报, 2011, 1 (1): 26~32.

[43] 马文林, 王缵存, 康建斌, 等. 三相高压整流电源在烧结机头电除尘器的应用试验 [C] //第十二届中国电除尘学术会议论文集, 2007: 146~150.

[44] 王显龙, 何立波, 贾明生, 等. 静电除尘器的新应用及其发展方向 [J]. 工业安全与环保, 2003, 29 (11): 3~6.

[45] 向晓东. 现代除尘理论与技术 [M]. 北京: 冶金工业出版社, 2001: 180~262.

[46] 王英刚, 郑双忠. 宽间距长芒刺静电除尘器性能实验研究 [J]. 沈阳工业学院学报, 2000, 19 (2): 69~72.

[47] 空气净化技术手册编译委员会. 空气净化技术手册 [M]. 北京: 电子工业出版社, 1985.

[48] 周军. 袋式除尘器的除尘效率研究 [D]. 成都: 西南交通大学, 2007.

[49] 杨建军, 钢厂烧结机排出烟气除尘装置——布袋除尘器 [J]. 工业技术, 2009, 8: 125~127.

[50] 张凡, 杨霓云, 崔平, 等. 细粒子污染控制对过滤纤维材料的需求研究 [J]. 纺织信息周刊, 2000, 38: 21.

[51] 张卫东, 苏海佳, 高坚. 袋式除尘器及其滤料的发展 [J]. 化工进展, 2003, 22 (4): 380~384.

[52] 付海明. 袋式除尘设备用表面过滤材料净化性能的模拟与实验研究 [D]. 上海: 东华大学, 2006.

[53] 娄可宾. 袋式除尘器脉冲清灰的数值模拟 [D]. 上海: 东华大学, 2007.

[54] 赵友军. 袋式除尘器内部流场分布试验测试及数值模拟研究 [D]. 上海: 东华大学, 2008.

[55] 刘宪. 烧结机尾电除尘改布袋除尘技术应用 [J]. 金属材料与冶金工程, 2013, 40 (6): 47～50.

[56] 阙昶兴. FE 型电袋复合除尘器在大型燃煤机组上的应用 [J]. 中国环保产业, 2011, 5: 50～53.

[57] 姚群. 国家 863 计划课题 "大型燃煤电厂锅炉烟气微细粒子高效控制技术与设备研制" 结题报告 [R].

[58] 李兴义, 卢静, 包文琦. 烧结机尾除尘改造 [J]. 山东冶金, 2011, 33 (3): 54～60.

[59] 郜学. 中国烧结行业的发展现状和趋势分析 [J]. 钢铁, 2009, 43 (1): 85～88.

[60] 柏凌, 张建良, 郭豪, 等. 炉内碱金属的富集循环 [J]. 钢铁研究学报, 2008, 20 (9): 5～8.

[61] 王成立, 吕庆, 顾林娜, 等. 碱金属在高炉内的反应及分配 [J]. 钢铁研究学报, 2008, 18 (6): 6～10.

[62] 王丽萍, 周敏, 赵跃民, 等. 电除尘器对烧结灰除尘性能影响的试验研究 [J]. 安全与环境学报, 2004, 4 (2): 49～51.

[63] 史郑斌. 烧结除尘灰外循环实践 [J]. 烧结球团, 2011, 36 (6): 20～22.

[64] 张福利, 彭翠, 郭占成. 烧结电除尘灰提取氯化钾实验研究 [J]. 环境工程, 2009 (S1): 337～340.

[65] 刘宪, 蒋新民, 杨余, 等, 烧结机头电除尘灰中钾的脱除及利用其制备硫酸钾 [J]. 金属材料与冶金工程, 2011, 39 (3): 40～45.

3 烧结烟气二氧化硫控制技术

3.1 二氧化硫排放与控制技术概述

3.1.1 来源及排放

目前，钢铁企业的二氧化硫（SO_2）排放量位居全国工业 SO_2 总排放量的第二位，约占 11%，排放量约为 150 万 ~ 180 万吨/年，仅次于煤炭发电。长流程钢铁生产包括炼焦、烧结、炼铁、炼钢、轧钢等工序，生产过程排放的 SO_2 是环境空气污染的重要来源之一。钢铁行业是减少 SO_2 排放量的重点行业。钢铁生产企业 SO_2 排放主要来源于烧结、炼焦和动力生产：

（1）烧结过程原料矿和配用燃料煤中的硫分被氧化成 SO_2，存在于烧结烟气中；

（2）炼焦过程焦煤中的硫分生成 H_2S，存在于焦炉煤气中，焦炉煤气燃烧后生成 SO_2；

（3）动力生产燃料煤中的硫分燃烧直接生成 SO_2。

烧结工序外排 SO_2 占钢铁生产总排放量的 60% 以上，是钢铁生产过程中 SO_2 的主要排放源。烧结原料中的硫分主要来源于铁矿石和燃料煤，其硫含量因产地的不同变化幅度高达十倍。适当地选择、配入低硫的原料，可有效减少 SO_2 的排放量。表 3-1 列出了某钢铁企业烧结原料和焦煤中的硫含量[1]。

表 3-1　某钢厂烧结原料和焦煤中的硫含量（质量分数）　　　（%）

原　料	精　矿	进口矿	钢　渣	返　矿	煤焦粉	焦　煤
硫含量	0.267	0.03	0.148	0.03	0.35	0.4 ~ 0.6

根据物料平衡原理，以生产 1t 烧结矿为例，烧结烟气中 SO_2 浓度（标态，mg/m^3）计算如下[2]：

$$c_{烟气} = 2 \times (S_{矿石} + S_{燃料} + S_{熔剂} + S_{返矿} + S_{附加物} + S_{煤气} - S_{烧结矿})/Q_{烟气}$$

式中各符号说明如下所示，"2" 表示 SO_2 的摩尔质量（64g/mol）与 S 的摩尔质量（32g/mol）之比，1t 烧结矿产生的烟气量（标态）一般为 4000 ~ 6000m^3。

符号	单 位	含 义
$c_{烟气}$	$10^6 mg/m^3$(标态)	烧结烟气中 SO_2 浓度
$S_{矿石}$	kg/t 烧结矿	原料铁矿石中硫含量
$S_{燃料}$	kg/t 烧结矿	固体燃料（焦粉、无烟煤等）中硫含量
$S_{熔剂}$	kg/t 烧结矿	熔剂（石灰石、生石灰等）中硫含量
$S_{返矿}$	kg/t 烧结矿	烧结返矿中硫含量
$S_{附加物}$	kg/t 烧结矿	附加物（高炉炉尘、转炉钢渣等）中硫含量
$S_{煤气}$	kg/t 烧结矿	点火煤气中硫含量
$S_{烧结矿}$	kg/t 烧结矿	成品烧结矿中硫含量
$Q_{烟气}$	m^3/t 烧结矿(标态)	1t 烧结矿产生的烟气量

《清洁生产标准—钢铁行业（烧结）》(HJ/T 426—2008) 于 2008 年 8 月 1 日正式实施，明确了生产 1t 烧结矿产生的 SO_2 量标准：一级小于等于 0.9kg/t，二级小于等于 1.5kg/t，三级小于等于 3.0kg/t。

SO_2 的浓度随烟气位置的不同而变化，烧结机机头和尾部烟气 SO_2 浓度低，中部烟气 SO_2 浓度高。济钢 $400m^2$ 烧结机风箱布置和 SO_2 的浓度变化如图 3-1 所示[3]，头部 1~6 号风箱 SO_2 平均浓度（标态）为 $254mg/m^3$，尾部 23~24 号风箱 SO_2 平均浓度为 $397mg/m^3$，中部 11~20 风箱 SO_2 平均浓度高达 $1247mg/m^3$。

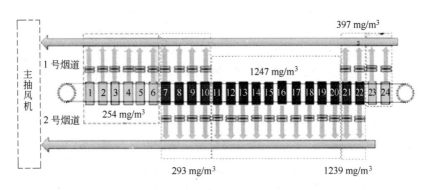

图 3-1　济钢 $400m^2$ 烧结机风箱布置和 SO_2 的浓度变化

福建三钢对 $180m^2$ 烧结机机头 15 个风箱进行监测，结果如图 3-2 所示[4]，得到了与济钢相同的结论：SO_2 浓度呈现头尾两端低、中间高的特点。1~4 号、14 号及 15 号头尾两端的风箱 SO_2 平均浓度为 $346.1mg/m^3$，风量占总风量的 46%，SO_2 排放量占总排放量的 5.17%；5~13 号中间风箱的 SO_2 平均浓度为 $5398.2mg/m^3$，风量占总风量的 54%，SO_2 排放量占总排放量的 94.83%。SO_2 排放量也具有头尾两端低、中间高的特点。若不考虑 1 号风箱，风量（标态）和风速呈现头尾两端高、中间低的特点。

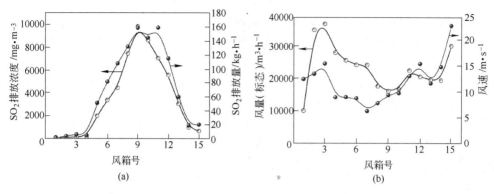

图 3-2　福建三钢 180m² 烧结机烟气参数随风箱位置的变化

（a）SO₂ 排放浓度和排放量；（b）风量（标态）和风速

SO₂ 的排放特征与其再吸收和释放密切相关。SO₂ 的再吸收与烧结机的湿润带相对应，在烧结初期，由于烧结原料中碱性熔剂（生石灰 CaO）、弱酸盐（石灰石 CaCO₃、白云石 CaMg（CO₃）₂、菱镁石 MgCO₃）和液态水的存在，大部分 SO₂ 被吸收，其排放浓度较低。随着烧结过程的推进，烧结原料的吸收能力和容纳能力逐步降低，同时，在湿润带生成的不稳定的亚硫酸盐在通过干燥预热带时会发生分解，再次释放出 SO₂，造成 SO₂ 排放浓度较高。在干燥预热带和烧结熔带，有 90% 以上的硫化物被氧化为 SO₂ 而释放，有 85% 左右的硫酸盐发生热分解，在烧结机尾部以烧结矿层为主，SO₂ 的排放浓度较低。

根据各风箱 SO₂ 排放浓度及排放量的特点，部分企业采用了选择性烟气脱硫工艺，或者称为半烟气脱硫，仅将排放浓度较高的风箱中烟气引出脱硫，而排放浓度较低的风箱烟气不经脱硫，只经单独电除尘净化后排入大气。与此不同，全烟气脱硫是指所有的烧结烟气全部经过脱硫装置，在烧结机主抽风机后安装烟气脱硫装置。

3.1.2　控制现状

二氧化硫控制包括总量控制和浓度控制两个方面。《国家环境保护"十二五"规划》中提出，2015 年 SO₂ 的排放量必须由 2010 年的 2267.8 万吨减少到 2086.4 万吨，减排 8%；并要求"推进钢铁行业 SO₂ 排放总量控制，全面实施烧结机烟气脱硫，新建烧结机应配套建设脱硫脱硝设施"。在燃煤电站烟气减排 SO₂ 空间有限的情况下，加强钢铁行业 SO₂ 排放总量控制迫在眉睫。2012 年，国家环保部门颁布了《钢铁烧结、球团工业大气污染物排放标准》（GB 28662—2012），规定新建烧结机烟气 SO₂ 的排放限值为 200mg/m³，其中京津冀、长三角和珠三角等大气污染物特别排放限值地域，执行更加严格的标准，烧结烟气 SO₂ 的排放限值为 180mg/m³。

　　烧结工序 SO_2 排放控制主要有三种方法：烧结原料控制、烧结过程控制和烧结烟气脱硫，其中烧结烟气脱硫被认为是控制 SO_2 污染最实际可行的方法。我国烧结烟气治理可追溯到 20 世纪 50 年代，当时包钢从苏联引进了喷淋塔除氟脱硫工艺，在脱氟同时附带脱除 30% 的 SO_2，但真正意义上的烧结烟气脱硫始于 2005年。我国烧结烟气脱硫发展很快，2010 年底我国已投产和在建的烧结烟气脱硫装置有 220 套，总面积为 1.95 万平方米。2012 年底，我国已建烧结烟气脱硫装置 389 套，实施脱硫的烧结机总面积 6.32 万平方米。

　　烧结烟气不同于燃煤电厂烟气，烧结烟气 SO_2 控制存在更大的技术风险。燃煤电厂烟气具有排放量稳定、成分稳定和温度稳定的特点，而烧结烟气是烧结混合料点火后，在高温下烧结成型过程中产生的含尘废气，具有气量波动大、成分复杂、温度波动大、水含量大、氧含量高的特点，二者的比较见表 3－2。由于烧结烟气的上述特点，使得在燃煤电厂中能够稳定运行的脱硫技术在烧结机中应用时屡遭阻碍，腐蚀、堵塞、塌床、蒸气放散等问题频出。

表 3－2　烧结烟气与燃煤电厂烟气特点的比较

烟气种类	燃煤电厂烟气	钢铁烧结烟气
烟气量（标态）	$(0.9 \sim 1.2) \times 10^4 m^3/t(煤)$	$4000 \sim 6000 m^3/t(烧结矿)$
烟气量变化	90% ～110%	60% ～140%
烟气温度	140 ～160℃	120 ～185℃
SO_2 浓度（标态）	$960 \sim 2400 mg/m^3$	$400 \sim 5000 mg/m^3$
氧含量	3% ～8%	14% ～18%
湿含量	3% ～6%	8% ～13%
其他污染物	NO_x、CO 及碳氢化合物	HCl、HF、NO_x、重金属及二噁英等

　　烧结烟气的标准状态与燃煤电厂烟气的标准状态不同。根据《钢铁烧结、球团工业大气污染物排放标准》（GB 28662—2012），烧结烟气的标准状态是指温度为 273.15K，压力为 101325Pa 时的状态，污染物排放浓度以标准状态下的干气体为基准。根据《火电厂大气污染物排放标准》（GB 13223—2011），燃煤电厂烟气的标准状态是指温度为 273.15K，压力为 101325Pa 时的干烟气，并要求将排放浓度折算为基准氧含量的排放浓度。燃煤锅炉烟气的基准氧含量为 6%。

　　不同锅炉或工业炉窑在燃烧时，过量空气系数或掺风系数不同，导致烟气中氧含量的变化，而氧含量的大小会直接影响到烟尘、SO_2、氮氧化物（NO_x）浓度等参数。当锅（窑）炉有炉体漏风现象或燃料燃烧不完全时，烟道中的 O_2 值会相应较大，SO_2、NO_x 等数值会成反比变小，这样出来的数据是不真实的。实测的烟尘、SO_2、NO_x 等的排放浓度，必须执行 GB/T 16157 的规定，按照式（3－1）折算为基准氧含量排放浓度：

$$c = c' \times \frac{21 - O_2}{21 - O_2'} \qquad (3-1)$$

式中 c——大气污染物基准氧含量排放浓度，mg/m^3；

$\quad\quad c'$——实测的大气污染物排放浓度，mg/m^3；

$\quad\quad O_2$——基准氧含量，%；

$\quad\quad O_2'$——实测的氧含量，%。

《工业炉窑大气污染物排放标准》（GB 9078—1996）中规定，实测的工业炉窑的烟（粉）尘、有害污染物排放浓度应换算为规定的掺风系数或过量空气系数时的数值，其中铁矿烧结炉按实测浓度计。实际应用中，有时铁矿烧结矿参考热风炉，按照掺风系数为 2.5，基准氧含量为 12%。《火电厂大气污染物排放标准》（GB 13223—2011）中规定了燃煤锅炉的基准氧含量为 6%。从基准氧含量也可以看出燃煤电厂烟气与烧结烟气的区别。

成熟的脱硫技术是应用于燃煤电厂的，但这些技术不能简单地转移到钢铁烧结烟气脱硫。在燃煤电厂，脱硫属于末端环节，一旦出现问题，可以暂时利用"旁路"直接排放，而烧结是冶金的中间环节，一旦出现问题，整个生产必然受到影响，试验风险较高。烧结机现场往往没有足够的地方建脱硫塔，而且脱硫产生废弃物的处理也是一个问题。随着国家环保政策的逐步落实，将有更多钢铁企业开始实施烧结烟气脱硫项目，开发适合我国国情、投资运行费用较少的烧结烟气脱硫技术是推进烟气脱硫工作最迫切需要解决的问题。

3.1.3　控制技术

烟气脱硫（flue gas desulfurization，FGD）作为世界上大规模商业化应用的脱硫方式，发展至今已有 200 多种脱硫技术[5~9]。在这些脱硫技术中，按脱硫过程是否加水和脱硫产物的干湿形态，烧结烟气脱硫基本可以分成三类：湿法、半干法和干法，如图 3-3 所示[10]。

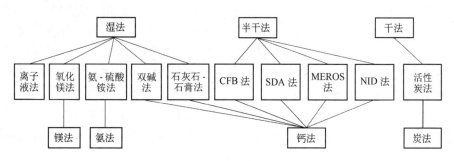

图 3-3　烧结烟气脱硫技术分类

对于以石灰石、石灰和碳酸盐作脱硫剂的脱硫技术，在生成脱硫剂的前道工序或者脱硫过程中会有 CO_2 排放，每脱除 1mol 的 SO_2 生成 1mol 的 CO_2，即每减排 1t 的 SO_2 要排放约 0.7t 的 CO_2。

日本在烧结烟气脱硫技术方面居世界领先地位。20 世纪 70 年代日本建设的大型烧结厂先后采用了烧结烟气脱硫技术，方法为湿式吸收法，主要有石灰石 - 石膏法、氨法、氧化镁法等。由于湿法烟气脱硫工艺无法解决烧结烟气中二噁英（PCDD/Fs）含量过高的问题，也不能高效脱除 SO_3、HCl、HF 等酸性物质和重金属污染成分，因此，2000 年日本政府提出执行二噁英排放浓度标准（0.1ng - TEQ/m^3）后，日本钢铁公司新建烧结烟气处理工艺全部采用活性炭/焦吸附工艺，在脱除 SO_2 的同时脱除二噁英。但是活性炭/焦工艺复杂，解析过程能耗大，系统投资、运行费用高。日本钢铁公司共有烧结机 25 台，建有烧结烟气脱硫装置的烧结机 17 台，其中 9 台采用活性炭/焦吸附工艺，8 台是湿法工艺（1989 年前建成投运），其余 8 台烧结机因使用原料、燃料中硫含量极低，并采取别的办法治理二噁英，因此未建脱硫装置[11]。

欧美国家早期烧结烟气治理主要集中在粉尘和二噁英上，很少有专门用于烧结烟气脱硫的装置，主要是因为原来使用的铁矿石及焦炭等原料、燃料中硫含量低，烟气中 SO_2 浓度符合排放标准。目前，欧美国家采用的烧结烟气脱硫技术主要有以下几种：

（1）德国杜伊斯堡钢厂烧结机采用的 SDA 干法脱硫工艺；

（2）法国阿尔斯通研发的 NID 干法脱硫工艺，并在法国某烧结机上实施；

（3）奥钢联研发的 MEROS 干法脱硫工艺，并在 LINZ 钢厂实施；

（4）德国迪林根烧结机烟气处理采用电流吸收塔（EFA）工艺。

从日本和欧美钢铁公司烧结烟气脱硫工艺的选择和应用可见，国外烧结烟气脱硫工艺的选择趋势是由"湿"到"干"。

目前，国内钢铁企业采用的烧结烟气脱硫技术主要有石灰石 - 石膏法、氨法、氧化镁法、双碱法等湿法，循环流化床（CFB）法、旋转喷雾干燥（SDA）法等干法。在 2012 年底，已建的 389 套脱硫装置中，这 6 种脱硫工艺占全国总投运套数的 90%。应用石灰石 - 石膏法的主要有宝钢、梅钢、湘钢等，应用氨法的主要有柳钢、邢钢、南钢、日钢、昆钢等，应用 CFB 法的主要有三钢、梅钢、邯钢等，应用 SDA 法的主要有沙钢、济钢、鞍钢、泰钢等，应用氧化镁法的有韶钢等，应用双碱法的有广钢等，应用 NID 法的有武钢等，应用再生胺法的有莱钢，应用离子液法的有攀钢。其他的脱硫技术，如转炉渣吸收法、密相干塔法、ENS 法等在钢厂烧结机中也有应用。我国采用的脱硫技术多达十几种，对于钢铁企业来说，烧结烟气脱硫的投资及脱硫后对企业产生的影响将是重点考察的目标：

（1）脱硫工艺技术必须成熟可靠，技术不成熟将影响企业的正常生产。

（2）投资要适宜，脱硫项目投资最好为烧结机总投资的 30% ~40%。

（3）脱硫副产物的处理，如果脱硫副产物无法综合利用，将造成二次污染，增加运行成本；

（4）脱硫的运行成本，包括脱硫剂耗量，脱硫岛的水耗、电耗、蒸汽消耗，人工费，设备的检修维护费等。运行成本的高低直接影响企业的经济效益。

面对日益严峻的环保要求，从长远来看，只有技术成熟、设备运行可靠、运行成本适当、副产品可综合利用，才能使企业真正受益。以下各节论述脱硫技术在国内的工程应用，选择工程应用企业的原则是：（1）技术工艺来源不同；（2）烧结机面积较大；（3）文献资料较全面。

3.2 石灰石–石膏法

3.2.1 工艺原理

石灰石–石膏湿法[12~22]是目前应用最广泛的一种烟气脱硫技术，其原理是采用石灰石粉制成浆液作为脱硫剂，进入吸收塔与烟气接触混合，浆液中的碳酸钙（$CaCO_3$）与烟气中的 SO_2 以及鼓入的氧化空气进行化学反应，最后生成石膏。脱硫后的烟气经过除雾器除去雾滴，再经过换热器加热升温后（有时不需要）经烟囱排入大气。吸收液通过喷嘴雾化喷入吸收塔，分散成细小的液滴并覆盖吸收塔的整个横截面。这些液滴与塔内烟气逆流接触，发生传质与吸收反应，烟气中的 SO_2、HCl、HF 被吸收。SO_2 吸收产物的氧化和中和反应在吸收塔底部的氧化区完成并最终形成石膏。为了维持吸收液恒定的 pH 值并减少石灰石耗量，石灰石被连续加入吸收塔，同时吸收塔内的吸收剂浆液被搅拌机、氧化空气不停地搅动，以加快石灰石在浆液中的均布和溶解。在吸收塔内吸收剂经循环泵反复循环与烟气接触，吸收剂利用率很高，钙硫比（Ca/S）较低，一般不超过1.05，脱硫效率超过95%。

石灰石–石膏湿法烟气脱硫的化学原理如下：（1）烟气中的 SO_2 溶解于水，生成亚硫酸并离解成 H^+ 和 HSO_3^-；（2）烟气中的氧和氧化风机送入空气中的氧，将溶液中 HSO_3^- 氧化成 SO_4^{2-}；（3）吸收剂中的 $CaCO_3$ 在一定条件下从溶液中离解出 Ca^{2+}；（4）在吸收塔内，溶液中的 SO_4^{2-}、Ca^{2+} 和水反应生成石膏（$CaSO_4 \cdot 2H_2O$）。化学反应式如下：

$$SO_2 + H_2O \longrightarrow H^+ + HSO_3^-$$

$$HSO_3^- + 1/2O_2 \longrightarrow H^+ + SO_4^{2-}$$

$$CaCO_3 + 2H^+ + H_2O \longrightarrow Ca^{2+} + 2H_2O + CO_2 \uparrow$$

$$Ca^{2+} + SO_4^{2-} + 2H_2O \longrightarrow CaSO_4 \cdot 2H_2O$$

由于吸收剂浆液循环量大和氧化空气的送入，吸收塔下部浆池中的 HSO_3^- 或亚硫酸盐几乎全部被氧化为 SO_4^{2-} 或硫酸盐，最后在 $CaSO_4$ 达到一定过饱和度后，结晶形成石膏 $CaSO_4 \cdot 2H_2O$。下面对强制氧化系统的化学过程进行描述。

3.2.1.1 吸收反应

喷嘴喷出的循环浆液在吸收塔内与烟气有效接触，吸收大部分的 SO_2，反应如下：

$$SO_2 + H_2O \longrightarrow H_2SO_3（溶解）$$

$$H_2SO_3 \rightleftharpoons H^+ + HSO_3^-（电离）$$

吸收反应是传质和吸收的过程，水吸收 SO_2 属于中等溶解度的气体组分的吸收，根据双膜理论，传质速率受气相传质阻力和液相传质阻力的控制：吸收速率＝吸收推动力/吸收系数（传质阻力为吸收系数的倒数）。强化吸收反应的措施如下：

（1）提高 SO_2 在气相中的分压（浓度），提高气相传质动力。

（2）采用逆流传质，增加吸收区平均传质动力。

（3）增加气相与液相的流速，高的雷诺数可以改变气膜和液膜的界面，从而引起强烈的传质。

（4）强化氧化，加快 SO_2 溶解形成 SO_3^{2-} 的电离和氧化，当亚硫酸被氧化以后，它的浓度就会降低，促进 SO_2 的吸收。

（5）提高 pH 值，减少电离的逆向过程，增加液相吸收推动力。

（6）在总吸收系数一定的情况下，增加气液接触面积，延长接触时间，如：增大液气比、减小液滴粒径、调整喷淋层间距等。

（7）保持均匀的流场分布和喷淋密度，提高气液接触的有效性。

3.2.1.2 氧化反应

一部分 HSO_3^- 在吸收塔喷淋区被烟气中的氧所氧化，其他的 HSO_3^- 在吸收塔下部被氧化空气完全氧化，反应如下：

$$HSO_3^- + 1/2O_2 \longrightarrow HSO_4^-$$

$$HSO_4^- \rightleftharpoons H^+ + SO_4^{2-}$$

氧化反应的机理基本和吸收反应相同，不同的是氧化反应是液相连续，气相离散。水吸收 O_2 属于难溶解气体组分的吸收，根据双膜理论，传质速率受液膜传质阻力的控制。强化氧化反应的措施如下：

（1）降低 pH 值，增加氧气的溶解度。

（2）增加氧化空气的过量系数，增加氧浓度。

（3）改善氧气的分布均匀性，减小气泡平均粒径，增加气液接触面积。

3.2.1.3 中和反应

吸收剂浆液被引入吸收塔内中和 H^+，使吸收液保持一定的 pH 值。中和后的浆液在吸收塔内再循环。反应如下：

$$Ca^{2+} + CO_3^{2-} + 2H^+ + SO_4^{2-} + H_2O \longrightarrow CaSO_4 \cdot 2H_2O + CO_2 \uparrow$$

$$2H^+ + CO_3^{2-} \longrightarrow H_2O + CO_2 \uparrow$$

中和反应伴随着石灰石的溶解以及石膏的结晶，由于石灰石较为难溶，因此该过程的关键是，如何增加石灰石的溶解度，反应生成的石膏如何尽快结晶以降

低石膏的过饱和度。中和反应本身并不困难,强化中和反应的措施如下:

(1) 提高石灰石的活性,选用纯度高的石灰石,减少杂质。

(2) 减小石灰石粒径,提高溶解速率。

(3) 降低 pH 值,增加石灰石溶解度,提高石灰石的利用率。

(4) 增加石灰石在浆池中的停留时间。

(5) 增加石膏浆液的固体浓度,增加结晶附着面,控制石膏的相对饱和度。

(6) 提高氧气在浆液中的溶解度,排出溶解在液相中的 CO_2,强化中和反应。

3.2.1.4 其他副反应

烟气中的其他污染物(如 SO_3、HCl 和 HF)与悬浮液中的石灰石发生以下反应:

$$SO_3 + H_2O \longrightarrow 2H^+ + SO_4^{2-}$$

$$CaCO_3 + 2HCl \Longleftrightarrow CaCl_2 + CO_2\uparrow + H_2O$$

$$CaCO_3 + 2HF \Longleftrightarrow CaF_2 + CO_2\uparrow + H_2O$$

脱硫反应是一个比较复杂的反应过程,其中的副反应有些利于主反应的进程,有些会阻碍主反应的发生,副反应对脱硫反应的影响应当予以重视。吸收塔浆液中的 Cl^-、Mg^{2+} 和 Al^{3+} 的浓度对脱硫系统也有重要影响。

A Cl^- 的影响

在一个封闭系统或接近封闭系统的状态下,FGD 工艺的运行会把吸收液从烟气中吸收溶解的氯化物富集到非常高的浓度。这些溶解的氯化物会产生高浓度的溶解钙(主要是 $CaCl_2$),如果高浓度的溶解钙离子存在于 FGD 系统中,就会使溶解的石灰石减少,这是由"共同离子作用"造成的,这时来自 $CaCl_2$ 的溶解钙就会妨碍石灰石中 $CaCO_3$ 的溶解。控制 Cl^- 的浓度在 1.2% ~2% 是保证反应正常进行的重要因素。

B Mg^{2+} 的影响

浆池中的镁元素主要来自于石灰石中的杂质,以 $MgCO_3$ 形式存在。当石灰石中可溶性镁含量较高时,由于 $MgCO_3$ 的活性高于 $CaCO_3$,会优先参与反应,有利于脱硫反应的进行;但过多时,会导致浆液中生成大量的可溶性的 $MgSO_3$,它过多的存在,使得溶液里 SO_3^{2-} 浓度增加,导致 SO_2 吸收化学反应推动力减小,而导致 SO_2 吸收的恶化。另外,吸收塔浆液中 Mg^{2+} 浓度增加,会导致浆液中 $MgSO_4$(L)的含量增加,即浆液中的 SO_4^{2-} 增加,这将导致吸收塔中的悬浮液氧化困难,从而需要大幅度增加氧化空气量,氧化反应原理如下:

$$HSO_3^- + 1/2O_2 \longrightarrow HSO_4^-$$

$$HSO_4^- \Longleftrightarrow H^+ + SO_4^{2-}$$

从化学反应动力学的角度来看，如果 SO_4^{2-} 的浓度太高，不利于可逆反应向右进行。因此，喷淋塔一般会控制 Mg^{2+} 的浓度，当高于 0.5% 时，需要排出更多的废水，此时控制准则不再是 Cl^- 浓度小于 2%。

C Al^{3+} 的影响

浆液中的铝元素主要来自于烟气中的飞灰，可溶解的铝在氟离子浓度达到一定程度时，会形成胶状絮凝的氟化铝配合物，包裹在石灰石颗粒表面，使得石灰石溶解闭塞，严重时会导致反应恶化的重大事故。

3.2.2　工艺系统及设备

典型的石灰石 – 石膏湿法烟气脱硫系统如图 3 – 4 所示，其主要由以下子系统组成：SO_2 吸收系统、烟气系统、石灰石浆液制备与供给系统、石膏脱水系统、供水和排放系统、压缩空气系统和废水处理系统。

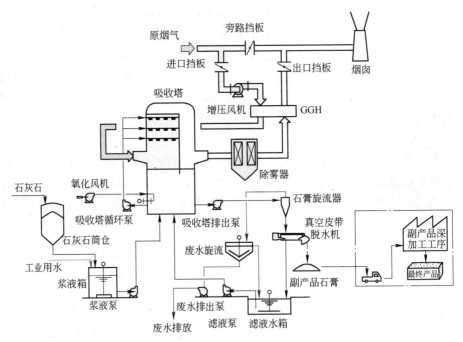

图 3 – 4　典型的石灰石 – 石膏法烟气脱硫系统工艺流程

3.2.2.1　SO_2 吸收系统

烟气进入吸收塔的吸收区，在上升过程中与石灰石浆液逆流接触，烟气上升流速一般为 3.2 ~ 4.0m/s。烟气中所含的绝大部分污染物与浆液中的悬浮石灰石微粒发生化学反应而被脱除，处理后的净烟气经过除雾器除去水滴，除雾器出口处水滴携带量（标态）不大于 $75mg/m^3$，之后进入烟道通过烟囱排放。

塔内配有喷淋层，每组喷淋层由带连接支管的母管浆液分布管道和喷嘴组成，喷淋组件及喷嘴均匀覆盖在吸收塔上流区的横截面上。喷淋系统采用单元制设计，每个喷淋层配备一台浆液循环泵，每个吸收塔配多台浆液循环泵，泵的运行数量根据烟气流量的变化和对吸收浆液流量的要求来确定。

　　吸收了 SO_2 的再循环浆液落入吸收塔反应池，反应池内装有多台搅拌机。氧化风机将氧化空气鼓入反应池，氧化空气被分布管注入到搅拌机桨叶的压力侧，被搅拌机产生的压力和剪切力分散为细小的气泡并均布于浆液中。一部分 HSO_3^- 在喷淋区内被烟气中的氧气氧化，其余的 HSO_3^- 在反应池中被氧化空气氧化。石灰石浆液被引入吸收塔内中和氢离子，使吸收浆液保持一定的 pH 值，中和后的浆液在吸收塔内循环。吸收塔排放泵连续地将吸收浆液从吸收塔送到石膏脱水系统。通过排浆控制阀控制排出浆液流量，维持循环浆液质量浓度在 8% ~25% 之间。

3.2.2.2　烟气系统

　　烧结烟气经增压风机增压后进入吸收塔，向上流动穿过喷淋层，在此烟气被冷却到饱和温度，净化后的烟气经烟气换热器（gas – gas heater, GGH）加热至 80℃ 以上，通过烟囱排放。GGH 的作用是利用原烟气将脱硫后的净烟气加热，使排烟温度达到露点以上。GGH 不是湿法脱硫系统的必须设备，有些系统没有配置 GGH。密封系统需保证 GGH 漏风率小于 1%。

　　烟道上设有挡板系统，以便于 FGD 系统事故时旁路运行。挡板系统包括进口原烟气挡板、出口净烟气挡板和旁路烟气挡板，挡板为双百叶式。在正常运行时，进出口挡板开启，旁路挡板关闭。在故障时，旁路挡板开启，进出口挡板关闭，烟气通过旁路烟道绕过 FGD 系统直接排到烟囱。所有挡板都配有密封系统，以保证"零"泄漏。在设计最大烟气量工况下，烟道内任意位置的烟气流速不大于 15m/s。对于每套 FGD 系统，配置 1 台按最大烟气量设计的增压风机，布置于吸收塔上游的干烟区。

3.2.2.3　石灰石浆液制备与供给系统

　　系统设置有石灰石浆液箱和石灰石浆液泵。石灰石浆液输送管输送石灰石浆液到吸收塔。每条输送管上分支出一条循环管到石灰石浆液箱，以防止浆液在管道内沉淀。脱硫所需要的石灰石浆液量由烟气流量、烟气中 SO_2 浓度和 Ca/S 来联合控制。需要制备的石灰石浆液量由石灰石浆液箱的液位来控制，浆液的浓度由浆液密度计控制。

3.2.2.4　石膏脱水系统

　　系统包括石膏旋流器、真空皮带脱水机、滤液水箱等设备。烟气脱硫产生的 25% 浓度（质量分数）的石膏浆液由吸收塔下部的石膏浆液排放泵送至石膏浆液旋流器，旋流器的底流浆液浓缩到浓度大约 55%，自流到真空皮带脱水机，脱水到含 90% 固形物和 10% 水分，脱水机的设计过滤能力为脱硫系统石膏总量的 75%。脱水石膏经冲洗降低其中的 Cl^- 浓度，滤液进入滤液水箱。脱水后的石膏经由石膏输送皮带送入石膏库房。

3.2.2.5　供水和排放系统

吸收塔入口烟道侧板和底板装有工艺水冲洗系统，目的是为了避免喷嘴喷出的石膏浆液带入入口烟道后干燥黏结。在吸收塔入口烟道装有事故冷却系统，冷却水由工艺水泵提供。当吸收塔入口烟道由于上游设备意外事故造成温度过高而旁路挡板未及时打开或所有的吸收塔循环泵切除时，事故冷却系统启动。

工业水主要为除雾器冲洗水及真空泵密封水。工艺水主要为石灰石浆液制备用水。工艺水/工业水进入岛内工艺水/工业水箱，配套有测量和控制仪表，通过水泵分别送至烟气脱硫区域的每个用水点。烟气脱硫岛内设置一个公用的事故浆液箱，该箱容量满足单个吸收塔检修排空时和其他浆液排空的要求。

3.2.2.6　压缩空气系统

脱硫岛仪表用气和杂用气由岛内设置的压缩空气系统提供，压力为 0.85MPa 左右。按需要设置足够容量的储气罐，仪用稳压罐和杂用储气罐应分开设置。储气罐的供气能力应满足当全部空气压缩机停运时，依靠储气罐的储备，能维持整个脱硫控制设备继续工作不小于 15min 的耗气量。气动保护设备和远离空气压缩机房的用气点，宜设置专用稳压储气罐。储气罐工作压力为 0.8MPa，最低压力不应低于 0.6MPa。

3.2.2.7　脱硫废水处理系统

该系统主要用于净化脱硫系统产生的污水，有效节省水资源。脱硫废水处理系统按废水排放量的 125% 设计。脱硫废水的水质与脱硫工艺、烟气成分、灰及吸附剂等多种因素有关。脱硫废水的主要超标项目为悬浮物、pH 值、汞、铜、铅、镍、锌、砷、氟、钙、镁、铝、铁以及氯离子、硫酸根离子、亚硫酸根离子、碳酸根离子等。脱硫废水处理后的水质要达到《国家污水综合排放标准》（GB 8978—1996）中第二类污染物最高允许排放浓度中的一级标准。

3.2.3　副产物脱硫石膏的特点及再利用

3.2.3.1　脱硫石膏特点

脱硫石膏有两种定义，分别来自欧洲和美国测试及材料学会（ASTM），这两种定义如下：

（1）欧洲：脱硫石膏来自烟气脱硫工业，是经过细分的湿态晶体，是高品位二水硫酸钙（$CaSO_4 \cdot 2H_2O$）。

（2）ASTM：脱硫石膏在烟气脱硫过程中产生，是一种化工副产品，主要由含两个结晶水的硫酸钙组成。

脱硫石膏的形成过程与天然石膏不同。天然石膏是在缓慢、近乎平衡的条件下沉积而成，脱硫石膏则在浆液中快速沉淀形成。脱硫石膏的性能特点、质量标准介绍如下。

A 物理特征

（1）含水率：脱硫石膏通常含10%左右的水分。如果石膏颗粒过细，导致脱水困难，含水率高，黏性增加，会严重影响其使用。一般认为含水率大于14%时无法正常使用。

（2）颜色：脱硫石膏从外观上呈现出灰色和黄色。灰色主要是由于烟尘中未燃尽的碳质量分数较高，并含有少量$CaCO_3$颗粒；黄色主要是由粉煤灰和石灰石中含铁物质引起的。由于脱硫石膏是在浆液中快速沉淀形成的，粉煤灰和含铁矿物在石膏晶体表面和内部都有分布，因此，用洗涤法很难将脱硫石膏的颜色除去。

（3）颗粒特征：较短的停留时间会使石膏晶体的颗粒过细，吸收液偏酸性则会生成针状的晶体，这会严重影响脱硫石膏的脱水和使用性能。一般来说，脱硫石膏晶体形状为柱状，平均粒径为30~70μm。

B 化学组成

脱硫石膏的杂质主要是$CaCO_3$和可溶性盐。$CaCO_3$一部分是由于部分颗粒未参加反应；另一部分是由$CaCO_3$与SO_2不完全反应所致，存在于石膏颗粒的中心部位为$CaCO_3$。可溶性盐则从石膏颗粒内部至表面均有分布。杂质含量偏高对脱硫石膏的应用有危害，必须严格控制一些可溶性盐的浓度，如氯、钾、钠等。氯化物含量偏高，会使建筑制品容易锈蚀铁件；钾、钠含量偏高，容易使石膏产品表面结盐霜，产生粉化效应；亚硫酸盐含量偏高，对石膏制品的品质也有较大影响。残余的$CaCO_3$含量若大于1.2%，可能导致在酸性条件下大量的CO_2气体释放。

宝钢烧结烟气脱硫石膏和电厂脱硫石膏的化学成分对比见表3-3[12]，X射线荧光光谱（XRF）分析表明，烧结脱硫石膏较电厂脱硫石膏灰分杂质含量低，主要灰分杂质为SiO_2及少量的Fe_2O_3，电厂脱硫石膏中主要杂质组分为SiO_2、Al_2O_3、Fe_2O_3。X射线衍射（XRD）分析表明，烧结脱硫石膏的主要灰分杂质为SiO_2，而电厂脱硫石膏中的主要杂质为$CaCO_3$和SiO_2。没有观察到$CaSO_3 \cdot 0.5H_2O$的特征吸收峰，这表明$CaSO_3 \cdot 0.5H_2O$的含量很低。

表3-3 宝钢烧结烟气脱硫石膏与电厂脱硫石膏的化学成分对比 （质量分数）（%）

成分	Fe_2O_3	CaO	SiO_2	Al_2O_3	MgO	MnO	K_2O	Na_2O	S	F	Cl
烧结	0.61	41.1	1.5	<0.1	<0.1	<0.1	<0.1	<0.1	22.9	<0.1	<0.1
电厂	0.44	38.4	4.3	3.4	0.6	<0.1	0.1	<0.1	21.5	<0.1	<0.1

C 环境特征

脱硫石膏在欧洲被认为是产品而不是废物。1993年，美国环境署对脱硫石膏进行检测，并与有害物质的腐蚀性、活性、易燃性、有毒性四大特征进行比较，认为脱硫石膏是无害的。尽管如此，脱硫石膏还是存在潜在的环境与健康问题：

（1）砷与地下水接触有潜在的致癌风险，饮用水中的砷一般不会超标，但农用和土地填埋会导致其饮用风险；

（2）滤出液中金属浓度一般不会超过毒性特征浓度，但在农用过程中，砷、铯、硼富集会产生一定的风险；

（3）尽管脱硫石膏中的汞含量很低，但是在大型石膏厂煅烧过程中，由脱硫石膏释放出汞的绝对量也相当可观。

D 脱硫石膏标准

脱硫石膏作为一种可利用的副产物，需有相应的品质标准来促进它的有效利用。2009 年，我国审核通过《烟气脱硫石膏》建材行业标准，但目前仍未颁布。目前，国际上也没有统一的 ISO 标准。欧洲石膏工业协会（Association of European Gypsum Industries，AEGI）2005 年修订的脱硫石膏标准见表 3 - 4[12,13]。该标准对影响脱硫石膏使用最重要的物理、化学等方面指标作了规定。宝钢烧结脱硫石膏和电厂脱硫石膏与国内及国际标准的对比，见表 3 - 4，从表 3 - 4 中可见，两种石膏中 $CaSO_4 \cdot 2H_2O$ 含量可满足国标但不能满足欧标，电厂脱硫石膏中 Cl、F 含量不达标，其他参数均可以达标。

表 3 - 4 气喷旋冲法烧结烟气脱硫石膏与喷淋法电厂烟气脱硫石膏性质对比

分析项目	单 位	国内设计要求	欧洲利用标准	宝钢烧结脱硫石膏	宝钢电厂脱硫石膏
pH 值	—	6 ~ 8	5 ~ 8	6.9	7.6
自由水含量（质量分数）	%	≤10	<10	6.5	10.3
$CaSO_4 \cdot 2H_2O$ 含量（质量分数）	%	≥90.0	>95	92.5	90.4
$CaSO_4 \cdot 0.5H_2O$ 含量（质量分数）	%	<0.350	<0.50	0.065	0.074
$CaCO_3 + MgCO_3$ 含量（质量分数）	%	<3.0	<1.5	0.9	2.2
平均颗粒粒径	μm	>32	>60	140	45
MgO（质量分数）	%	—	<0.10	<0.1	—
Na_2O（质量分数）	%	—	<0.06	<0.1	—
氯含量	mg/kg	<100	<100	50	160
氟含量	mg/kg	<100	—	90	480
颜 色			白色		
气 味			无气味		
毒 性			无毒		

3.2.3.2 脱硫石膏的再利用

脱硫石膏在欧洲、美国、日本等发达国家和地区已经得到了广泛的应用，其应用在很大程度上改变了上述地区石膏工业的格局。欧洲是脱硫石膏资源化利用最成功的地区，其脱硫石膏最早产生于20世纪70年代末的联邦德国，2008年欧洲15国的脱硫石膏产量为1125万吨。目前，欧洲的脱硫石膏基本上全部得到利用，主要应用在建筑领域，产品有石膏板、地面自流平材料、石膏粉、水泥缓凝剂等。

美国早在1982年就产出脱硫副产物，到2009年脱硫副产物为3110万吨，利用率为33%。美国的烟气脱硫装置约有40%没有生产脱硫石膏，而是以脱硫湿浆形式排出，广阔的国土面积为抛弃法处置脱硫废渣提供了场地保障。美国脱硫石膏主要应用于石膏板和水泥行业中，另有少量应用于农业。

日本是生产脱硫石膏最早的国家，第一批脱硫石膏产于1972年。脱硫石膏占日本国内石膏总消耗量的20%~25%，是日本石膏工业的重要来源。脱硫石膏主要用于墙板、建筑熟石膏、工业灰泥、黏结剂、石膏天花板等产品，其中超过90%的脱硫石膏用于水泥添加剂和墙板原料。

我国脱硫石膏最早于1992年由重庆珞璜电厂产出。到"十一五"末，我国每年产生4500万~5000万吨的脱硫石膏，但目前我国脱硫石膏的利用率不超过10%，主要用于粉刷石膏、水泥铺料、石膏板、石膏粉、石膏黏结剂、农用、矿山填埋用灰浆，路基材料等。当前我国的脱硫石膏品质还不是很稳定，没有比较成熟的脱硫石膏利用技术和完善的政策保障，再利用的难度很大。

3.2.4 宝钢495m² 烧结机石灰石－石膏气喷旋冲法烟气脱硫工程

2005年11月，宝钢研究院开展了烧结烟气脱硫技术研究，以石灰石－石膏法为基础技术路线，通过系统的工业试验形成了气喷旋冲烧结烟气脱硫成套工艺和装备技术（简称XPB）。2008年，采用该技术建设的3套大型烧结机全烟气脱硫工程相继投产，见表3－5[14~18]。梅钢3号烧结机脱硫工程于2008年4月系统满负荷运行，宝钢分公司3号烧结机脱硫工程和不锈钢1号烧结机脱硫工程于2008年10月投运，均连续稳定运行，系统与主体工程同步运转率在95%以上，均达到了预定的技术经济指标。另外，2010年投运了宝钢分公司2号烧结机脱硫工程。

表3－5　宝钢集团四个脱硫工程基本情况

项　目	梅钢3号180m²烧结机全烟气脱硫工程	不锈钢1号224m²烧结机全烟气脱硫工程	宝钢分公司3号495m²烧结机全烟气脱硫工程	宝钢分公司2号495m²烧结机全烟气脱硫工程
烟气量/m³·h⁻¹	$(45~90)×10^4$ 设计 $70×10^4$	$(50~100)×10^4$ 设计 $87.5×10^4$	$(100~180)×10^4$ 设计 $130×10^4$	$(100~180)×10^4$ 设计 $130×10^4$
烟气中 SO_2 浓度（标态）/mg·m⁻³	1000~1300 平均1800	300~1200 平均500	350~1160 平均400	350~1160 平均400
烟气温度/℃	90~150	130~170	85~150	85~150
脱硫剂	0.058mm 石灰石粉	0.058mm 石灰石粉	0.058mm 石灰石泥饼	0.058mm 石灰石泥饼
投产时间	2008－03－09	2008－10－31	2008－10－31	2010－12－31

3.2.4.1   工艺流程及原理

系统工艺流程如图 3-5 所示。烧结烟气经增压风机增压后进入预处理装置冷却。在冷却器中，原烟气被工业水和来自吸收塔的浆液冷却，然后通过气喷旋冲管喷射到石灰石浆液液面以下。吸收塔中的浆液分为两部分：鼓泡区和反应区。当原烟气流经喷射管进入浆液内部时产生气泡，由大量不断形成和破碎的气泡形成连续的气泡层，气泡的直径从 3~20mm 不等。大量的气泡产生了巨大的接触面积，使鼓泡区成为一个非常高效的多级气液接触区。在该区域中，烟气中的 SO_2 溶解在气泡表面的液膜中，烟气中的飞灰也在接触液膜后被除去。鼓泡区气泡迅速不断地生成和破裂使气液接触能力进一步加强，从而不断产生新的接触面积，同时将反应物由鼓泡区传递至反应区，并使新鲜的吸收剂与烟气接触。

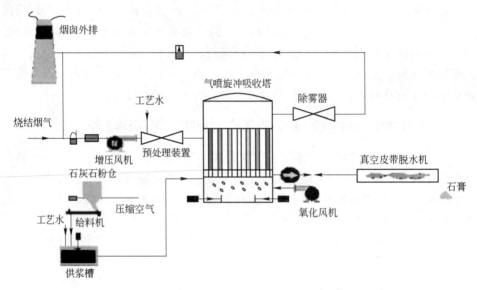

图 3-5   宝钢石灰石-石膏法气喷旋冲烧结烟气脱硫工艺流程

反应区在鼓泡区以下，石灰石浆液直接补入反应区。此区域有 5 种过程，包括吸收、溶解、氧化、中和、结晶，即氧化空气在浆液中被充分溶解，在鼓泡区没有被氧化的亚硫酸被氧化成硫酸，石灰石溶解，石灰石与硫酸中和，石膏晶体生成。气喷旋冲吸收塔的运行 pH 值一般为 4.2~5.5，这种相对较低的 pH 值使石灰石溶解更快更完全，低 pH 值环境下 SO_2 的快速氧化和完善的氧化系统是吸收塔成功运行的关键之一。浆液中鼓入空气并驱赶出 CO_2，进一步促进了石灰石的溶解。吸收塔的浆液成分主要是石膏颗粒，抽出一定数量的石膏浆液至脱水系统，使吸收塔内浆液中固体物浓度保持在 10%~20% 之间。气喷旋冲吸收塔在设计上考虑了浆液 10~20h 的反应区停留时间，为塔内化学反应提供充足的时间。从吸收塔排出的烟气经装在烟道上的除雾器除去水雾后从烟囱排出。

3.2.4.2 气喷旋冲脱硫主要设备

A 烟气二级冷却装置

由于原烟气最高温度可达150℃，考虑到烟气脱硫最佳反应活性以及塔内防腐材料的安全，宝钢研究院专门研发了二级冷却器对烟气进行降温处理。在吸收塔前设置冷却预处理装置，不仅有效克服了烟温波动大带来的降温难度，还起到如下作用：（1）降低入塔烟温，保证吸收塔的热安全性，并为脱硫反应创造最佳的反应温度，解决了传统工艺GGH易堵、降温效果差等问题。（2）将重金属、碱金属和一部分大颗粒的烟尘除去，防止吸收塔内的堵塞、结垢，并保证石膏品位。（3）冷却器在为烟气降温过程中，还可去除烧结烟气中大部分的 HF 和 HCl，减轻吸收塔等后续系统设备的腐蚀。每段冷却器中均布有冷却管喷嘴，喷嘴的雾化粒径越细，水滴的比表面积越大，降温效果越好。宝钢3号烧结机脱硫工程中冷却器对烟气降温后，出口平均烟温保持在70℃以下，降温效果良好。

B 气喷旋冲吸收塔

气喷旋冲吸收塔的特点为：（1）浆液为连续相，气体从塔体中部进入，经气喷旋冲装置喷出成为高度细分的离散相进入液相，气液两相强烈旋冲、扰动、高效传质，对烟气量和SO_2浓度大幅波动的适应能力强；脱硫、除尘效率高，吸收反应一次完成，浆液不需反复循环，能耗低。（2）石膏结晶度高、粒径大，有利于资源化利用。气喷旋冲塔由进气段、气喷管、上升管、溢流管、隔板、缓冲段和吸收塔浆池组成。气喷管布置采用最优化设计，对气喷管的内径、排气孔结构、开孔率、气喷管相互间的间隔等参数都有严格的要求，从而使烟气在管内形成强力的旋转气流，沿排气孔高速旋转喷出，在排气孔周围形成一个强烈干涉的气液两相湍流区，加强了气液两相的扰动和破碎效果，因而在烟气SO_2浓度较低的情况下，仍能保持较高的脱硫效率。

C 组合式除雾器

吸收塔外布置水平烟道式二级除雾器，净截面流速高，结构紧凑，除雾内件制作加工方便、便于冲洗且阻力损失小。吸收塔上部为空塔结构，通过烟气突然扩张并与开发的外置式除雾器形成组合式除雾器，除雾效率高，出口烟气中液滴含量小于$75mg/m^3$。

3.2.4.3 影响系统运行的主要参数

A 入塔烟气温度

入塔烟气温度在55～70℃之间变化时，对系统脱硫效率影响不大。入塔烟温过低，会使H_2SO_3与$CaCO_3$的反应速率降低，增加设备能耗和系统水耗。入塔烟温过高，会导致冷却器、吸收塔、气喷管结垢等问题，还会危及塔内防腐及玻璃钢材料的安全。当入塔烟温升至75℃以上时，脱硫效率急剧降至80%以下，这是因为入塔烟温过高，影响了SO_2的传质吸收和化学反应活性。入塔烟温主要靠塔前烟气冷却器喷水量来控制，而且喷嘴的布置对冷却效果的影响也很大。一般入塔烟温控制在 70℃ 以下，此时烟温不是影响脱硫效率的主要因素。

B 吸收塔内浆液 pH 值

维持吸收浆液 pH 值在一定的范围内对于保证稳定的脱硫效率、防止吸收塔结垢堵塞至关重要。当 pH 值过高时，浆液内的传质阻力降低，有助于 SO_2 的吸收，但会导致溶液中 SO_3^{2-} 和 CO_3^{2-} 浓度的增加，促使石灰石颗粒表面 $CaSO_4$ 和 $CaSO_3$ 的结晶，降低石灰石活性和钙利用率，且容易导致系统内结垢及脱硫石膏质量降低。相反，如果 pH 值过低，虽然有助于脱硫剂的溶解以及较高钙利用率的实现、降低石灰石粉的粒度要求、节省制粉的能耗，但系统脱硫效率会降低。浆液 pH 值在 4.0 以下时，脱硫效率急剧下降；浆液 pH 值在 5.0 以上时，脱硫效率在 90% 以上；pH 值超过 5.5 以后，脱硫效率增加趋于平缓。综合考虑脱硫效率和脱硫剂成本，浆液 pH 值一般保持在 5.0 ~ 5.5 之间。

C 吸收塔内液位

吸收塔内液位的高低直接影响到系统阻力损失和脱硫效率，故需精确控制。吸收塔液位越高，脱硫率越高，但液位过高，系统压损和能耗将急剧增加。改变液位是调控系统脱硫率的有效手段。吸收塔浆液高度通过石灰石供浆泵、石膏排浆泵、吸收塔排空系统、冲洗系统等控制，通过专门的控制程序自动调整，能够实现液位的平衡和稳定。

D 气喷速度

在其他参数不变的情况下，提高气喷速度可增强气液两相间的扰动，提高传质效果，从而提高脱硫率。当气喷速度达到一定值以后，其对脱硫率的影响不明显。

E 烟气量

本工艺对烟气量的波动具有较好的适应性，通过试验发现，当处理烟气量为设计烟气量的 0.5 ~ 1.5 倍时，均能保证较高的脱硫效率。

入塔烟气温度、吸收浆液 pH 值、吸收塔内液位、气喷速度、入塔烟气量是影响脱硫效率的主要因素。浆液 pH 值和吸收塔内液位为关键控制参数，对脱硫效率的影响最大。烟气量、入塔烟气温度、气喷速度对脱硫效率的影响较小。各影响因素的最佳控制范围是：浆液 pH 值为 5.0 ~ 5.5，吸收塔液位为 4.2 ~ 4.3m，烟气量为 $4.3 \times 10^4 m^3/h$，气喷速度为 20 ~ 28m/s，入塔烟气温度在 65℃ 以下。

3.2.4.4 系统稳定运行的关键参数控制

A 入塔烟气量的控制

烧结机铺料厚度对烟气排放量有很大影响，铺料厚度不均匀会引起烟气量的频繁波动。若采用电厂脱硫装置中增压风机复合回路的自动控制模式，则会引起风门或叶片的频繁动作，这样不但容易产生机械故障，还会严重影响烧结机和脱硫系统的稳定运行。因此，在烧结脱硫系统里，增压风机的控制宜采用手动方式。对增压风机入口压力进行在线监控，设置有效的上下限报警值，通过手动调整风门或叶片的角度，使增压风机入口压力在一个合适的范围内波动。当压力出现瞬间或短时超限情况时仅记录不操作，在超限情况持续10min以上时，才进行风门或叶片角度的调整。这样既能保证烧结和脱硫工况的稳定，又避免了过频动作可能引起的机械故障。

B 入塔烟气温度的控制

在湿法脱硫工艺中，吸收塔内衬均采用非金属的防腐材质，这些材质的耐温性能较差，一般用于80℃以下。另外，高温也会引发吸收塔内结垢，因此，吸收塔入口烟气温度是系统稳定运行的关键指标之一。该系统采用了二级冷却器对烟气进行降温，一级为气雾蒸发冷却，二级为浆液换热冷却。冷却器内弥漫着水、气、浆液，常规的测温仪表是无法精确测量来判断烟气温度的，只有当烟气进入吸收塔进气箱后，其真实温度才能被反映出来。吸收塔进气箱温度有波动性、滞后性的特点，因此，在吸收塔进气箱设置2~3个测温仪表以便精确全面地获知烟气温度。根据理论计算绘制出烟气工况-冷却水量曲线图，当温度有明显上升趋势时，应提前调整一级冷却喷水量。温度报警值也应比允许值低2~3℃。

C 吸收塔内浆液pH值的控制

pH值的控制是由送入吸收塔的石灰石浆液的流量来调节与控制的，也就是由石灰石浆液补充控制。由于吸收塔的持浆量很大，相对于烟气量变化的速率，浆液pH值发生变化的速率要缓慢得多，因此，pH值的延滞与惯性较大。为了克服该缺点，在电厂烟气脱硫中一般将锅炉负荷和SO_2浓度作为pH值控制的前馈信号来控制，但烧结烟气的波动频繁、幅度大，不宜采纳该方法，而应采用缩小pH值控制范围，留足安全余量的方式来解决。

D 曝气管浸没深度的控制

曝气管浸没深度是决定系统脱硫效率和能耗的一项重要指标。曝气管浸没深度越浅，脱硫效率越低，另外增压风机的电流也越小，整个系统的能耗也越低。浸没深度越深，脱硫效率越高，但增压风机的电流也越大，整个系统的能耗也越高。系统运行时，气喷管浸没深度在150mm时，脱硫效率可以达到85%；浸没深度在250mm时，脱硫效率可以达到90%。调节塔内浆液高度可以控制曝气管的浸入深度。在该系统运行中，曝气管浸没深度控制在200~300mm之间是比较合理经济的。

3.2.4.5 宝钢3号495m² 烧结机脱硫工程应用

宝钢3号495m² 烧结机烟气脱硫工程由宝钢工程技术公司采用总承包方式建

设，全烟气脱硫，烟气处理量（标态）为 $(115 \sim 145) \times 10^4 \, m^3/h$，脱硫效率按大于90%设计。项目于2007年11月动工，2008年10月调试成功，目前运行稳定。脱硫系统主要设计参数见表3-6，按月计算的工程运行主要经济指标见表3-7，括号中数据为脱硫剂折合为石灰石粉的相应数据。

表3-6　宝钢3号495m² 烧结机烟气脱硫工程设计参数

参　数	单　位	数　值	参　数	单　位	数　值
烟气量	m^3/h	$(115 \sim 145) \times 10^4$	Ca/S（摩尔比）		≤1.03
SO_2 排放浓度	mg/m^3	≤100	SO_2 脱除率	%	≥90
粉尘排放浓度	mg/m^3	≤50	同步运行率	%	≥90
出口含水量	mg/m^3	≤75			

表3-7　宝钢3号495m² 烧结机烟气脱硫工程运行主要经济指标

项目名称		月消耗量	单　价	月运行费用/万元
电耗量		2346.05MW·h	0.762 元/kW·h	178.8
水耗量		2.825 万吨	3.51 元/t	9.91
脱硫剂-泥饼		485.5t	20 元/t	0.97
（或石灰石粉）		(485.5t)	(160 元/t)	(7.77)
废水处理费	消石灰	15t	400 元/t	0.6
	絮凝剂	15t	1180 元/t	1.77
	盐酸	25t	565 元/t	1.41
	助凝剂	0.075t	14800 元/t	0.11
设备折旧				49.30
运行费用				242.9 (249.7[①])
烧结矿产量		51.4 万吨		
吨矿运行成本			4.72 (4.85[①]) 元/t	

①使用石灰石粉的成本。

3.2.4.6　污染物去除效果

宝钢3号烧结烟气脱硫系统自2008年10月投产以来，能长期稳定地与烧结生产装置同步运行，脱硫效率可稳定地达到90%以上，并对其他酸性气体也具有较高的去除效率。烧结烟气脱硫系统烟气量、烟气温度、SO_2 浓度的波动幅度在50%左右或更高，在较大波动下，比较经济的脱硫效率为90%。自动监测显示进口 SO_2 浓度在 $1500 mg/m^3$ 上下波动，出口浓度均控制在 $50 mg/m^3$ 左右，脱硫效率在95%以上。经实测，除尘效率在85%以上，SO_3、HCl、HF 仅占总酸性物的1%以下，SO_3 去除率大于等于50%、HCl 去除率大于等于80%、HF 去除率大于等于90%。

宝钢3号烧结烟气脱硫系统具有一定的二噁英脱除功能，平均脱除率为42%，最高脱除率为60%，现有3号烧结机烟气二噁英排放已经达到新建企业标准。在环境温度为150℃以下时，二噁英很容易被稳定地吸附在细小颗粒物上，可以通过高效洗涤或除尘技术去除。由于烟气在脱硫浆液中停留时间长，反应更充分，对附着有二噁英的微细粉尘能起到较好的去除效果。经监测发现，该工艺脱硫后的烟气和石膏中的二噁英都达到国际标准。

脱硫系统中所用脱硫剂粒径小于92.5μm。脱硫石膏中$CaSO_4 \cdot 2H_2O$质量分数大于90%，石膏含水质量分数小于10%，石膏pH值在6~8之间，见表3-4，其中电厂石膏来自宝钢电厂烟气喷淋法脱硫石膏。石膏结晶程度高、杂质含量低、品质优于常规电厂湿法脱硫石膏和天然石膏，可作为建材制品的原料。根据烧结烟气实际硫含量，宝钢3套烧结烟气脱硫设施每年总削减1.5~2.0万吨SO_2，仅此一项公司每年减少2000多万元排污费。

3.2.5 湘钢360m² 烧结机石灰石–石膏空塔喷淋法烟气脱硫工程

空塔喷淋烧结烟气脱硫技术以石灰石浆液为脱硫剂，在吸收塔内采用循环浆液喷淋对烧结烟气进行逆流洗涤，去除烟气中的SO_2、SO_3、HCl、HF、烟尘等多种污染物，除塔的中上部布置循环管和喷嘴外，塔内再无任何充填物。空塔喷淋技术还在衡阳华菱连轧管有限公司180m² 烧结机和华菱湘潭钢铁有限公司360m² 烧结机上得到应用[19~22]。

3.2.5.1 脱硫工艺

脱硫工艺由烟气系统、吸收系统、配浆系统和脱水系统等组成，其工艺流程如图3-6所示。从烧结机的主抽风机后引出的烟气用增压风机加压使其进入脱硫装置，采用烟气量跟踪调节技术，使主抽风机的出风量与增压风机的进风量保持协调，采用烟温调节控制技术使进入吸收塔的烟气温度降至100℃。烟气从浆液池液面折回后上升，吸收塔浆液池的浆液通过吸收塔循环泵送入吸收塔上部喷淋层，通过喷嘴向下喷淋吸收烟气中的SO_2、SO_3、HCl、HF、粉尘等多种污染物。浆液吸收SO_2后生成的$CaSO_3$经浆池中的氧化喷枪喷入的空气氧化成副产物石膏，采用浆池结晶生成物控制技术，控制浆池供氧量和调节浆池的pH值，防止浆液在浆池生成结垢。净化后的烟气经吸收塔顶部除雾器除去水雾后经塔顶排气筒排放。为了避免石膏及石灰石沉积，浆液池中的浆液通过侧进式搅拌器进行搅拌以保持浆液成悬浮状态。

3.2.5.2 空塔喷淋脱硫关键技术

A 烟气流量跟踪调节控制技术

该技术主要是针对烧结烟气流量变化大且波动幅度大的特点。脱硫装置的增压风机和烧结装置的主抽风机分属两个不同装置，在烧结主抽风机排烟道与脱硫

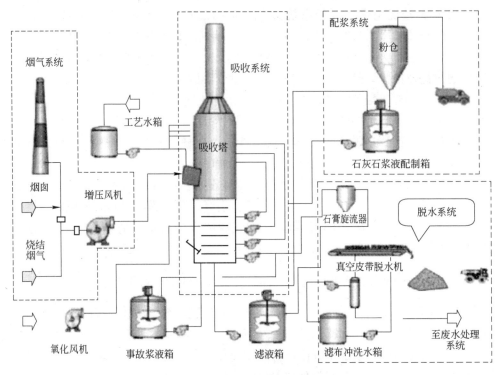

图3-6 石灰石-石膏法空塔喷淋烧结烟气脱硫工艺流程

增压风机烟道之间的适当位置设置压力测量点，根据测压点的烟气压力数据变化模拟烟气流量波动状态，通过流量波动状态的模拟信号控制增压风机变频器，由变频器发出的频率信号控制增压风机的电机转速，从而实现脱硫增压风机与烧结主抽风机风量的同步调节。该技术实现了主抽风机和增压风机连接烟道的压力能稳定在-200~+200Pa之间，对烧结主装置和脱硫装置均不构成影响。

B 入塔烟温定值控制技术

该技术用以消除烟温波动对吸收效果的影响。为了使脱硫系统的气液相平衡温度保持在相对低的定值状态，避免出现浆液温度的大幅度波动，提高和稳定烟气污染物的吸收效率，采用双重降温技术来实现对烟温的定值控制。在吸收塔入口烟道设置一排雾化喷嘴，采用塔前烟道喷雾降温技术，消除了烧结烟气温度剧烈波动对吸收系统的冲击。通过设置在烟道前端检测点测出的烟气瞬时温度，直接控制喷水调节阀开度，控制吸收塔入口烟温在100℃以下，确保吸收塔防腐材料的安全和较高的脱硫效率。该技术使用证实，当烧结烟温低于200℃时，可使入塔烟温很快降到100℃以下，最大限度地减少了烟温对烟气SO_2吸收效果的影响。

C 空塔喷淋技术

该技术用以适应SO_2浓度波动，可有效降低烟气系统阻力。空塔喷淋技术根

据 SO_2 浓度波动区间通过流场数值模拟灵活确定塔径、塔高和不同的喷淋层数，投运时又可根据烟气中硫含量高低确定投运的层数，从而使得空塔喷淋技术具有很好的操作弹性，适应烟气 SO_2 浓度的波动。吸收塔喷淋层喷嘴的密度由喷淋层的喷淋重叠率确定，较高的重叠率对烟气中 SO_2 的吸收有利，但过高的重叠率会增加吸收塔阻力，因而如何在较低阻力下消除吸收"盲区"，确保脱硫效率，合理布置喷嘴是关键。通过计算机仿真模拟可以得到最佳覆盖率和喷嘴布置的个数及位置，吸收塔设置3层喷淋，中层、下层采用大流量高效双向空心喷嘴，上部用大流量高效单向空心喷嘴，以确保吸收塔横断面任何一点200%以上的浆液覆盖率，保证较高的脱硫效率。空塔喷淋还具有极小的烟气阻力，使用结果证实，空塔喷淋的烟气系统阻力小于1500Pa。

D 浆池结晶控制技术

该技术用以防止浆池结垢堵塞。吸收塔垢层是半水石膏（$CaSO_4 \cdot 1/2H_2O$）与二水石膏（$CaSO_4 \cdot 2H_2O$）在一定的条件下复合生成的，一旦结垢生成，垢层会越积越厚，最终堵塞容器和管道，使烟气脱硫无法进行。当浆液池供氧不充分时，浆液池中除了有二水石膏生成外，还有半水石膏和晶垢生成，半水石膏和晶垢易黏附在大器壁和管壁上形成致密的结垢。通过吸收塔浆液池 pH 值和氧化空气的调节，降低浆液中液相 $CaSO_3$ 浓度，从源头上控制 $CaSO_3$ 在浆液中的过饱和度，消除 $CaSO_3$ 和 $CaSO_4$ 混合结晶的生成条件，从而实现浆池结晶生成物的控制，避免了结垢物的生成。

E 石膏分级脱水技术

该技术用以确保最低的石灰石消耗量和副产石膏品质。由于石灰石-石膏湿法烟气脱硫技术中的石灰石反应和石膏生成在同一浆池内进行，实际上从浆池中移出的浆液是石膏和石灰石的混合物。因此，要求一级脱水设备不仅具有石膏浓缩功能，还应具有石膏与未反应完的石灰石之间的分级功能。采用旋流分级和真空脱水串接并用，不仅使产出的石膏中石灰石含量小于2%，确保 Ca/S 小于1.03，并确保脱水石膏游离水含量小于10%，使产出的石膏直接供水泥制造或生产石膏板用。

3.2.5.3 空塔喷淋吸收塔主要设计参数

A 空塔气速

空塔气速处于 $3.6 \sim 4.0$ m/s 是性价比较高的流速区域。在满足除雾效率的条件下，适当提高烟气流速，可加强烟气和液滴之间的湍流强度，增强气液两相接触面积和传质效率，提高脱硫效率，同时减小吸收塔和塔内构件的几何尺寸，提高吸收塔的性价比。但烟气流速过高，烟气停留时间减少，除雾器效率下降，脱硫效率下降。本工艺中吸收塔的空塔气速设计为 3.62m/s，塔内径为 9.5m，塔高为28m。

B 液气比

空塔气速确定后,液气比成为影响系统性能的关键参数。根据吸收塔吸收传质模型及气液平衡数据计算出液气比,确定浆液循环泵的流量。本工艺中液气比设计值为 $14.2L/m^3$,脱硫效率达92%以上。吸收塔配有3台浆液循环泵,包括1台 $3500m^3/h$ 和2台 $3200m^3/h$ 的循环泵,浆液量可根据 SO_2 负荷变化进行调节。吸收塔设置3层喷淋层,吸收塔正常液位为10m。

C 氧化空气量

根据烧结烟气中的氧气含量和 SO_2 入口浓度,确定自然氧化和强制氧化各自的比例为30%和70%,计算出强制氧化 SO_2 需要的理论空气量,再考虑一定的空气富余量。本工艺设置2台氧化风机,其中一台备用,单台氧化风机空气流量为 $3500m^3/h$。

3.2.5.4 湘钢360m² 烧结机烟气脱硫工程应用

2008年,湘钢启动360m² 烧结烟气脱硫工程。考虑到湘钢地处酸雨和 SO_2 两控区的湘潭市区,选择具有脱硫效率高和副产物能综合利用的方案成为主要考虑因素。结合考虑湘钢东安石灰石矿筛下未充分利用的细石灰石料可用作烧结脱硫剂原料,且湘潭地区现有的建材和水泥生产厂家对脱硫石膏有消化能力,因此确定采用石灰石–石膏法对湘钢360m² 烧结机烟气进行脱硫处理。吸收塔是脱硫装置中的核心设备,SO_2 的脱除、亚硫酸钙的氧化、石膏的结晶都是在吸收塔内完成的,本工艺吸收塔采用空塔喷淋技术,SO_2 吸收充分,系统阻力较低。

华菱湘潭钢铁有限公司360m² 烧结机设有两套风箱系统,对应两条烟道,本项目采用选择性烟气脱硫方案,即只对 SO_2 浓度高的1号机头烟气进行脱硫,SO_2 浓度低(标态下为300mg/m³)的2号机头烟气直接从烟囱排放。1号机头烧结烟气参数及主要设计参数见表3–8,其中粉尘浓度为干基、实际氧条件下的参数。

表3–8 湘钢360m² 烧结机脱硫装置入口烟气参数及脱硫设计值(湿基,实际 O_2)

入口烟气参数	单 位	数 值	脱硫设计值	单 位	数 值
烟气量	m³/h	$(49.9 \sim 66.5) \times 10^4$	Ca/S(物质的量比)	mol/mol	1.03
烟气温度	℃	95 ~ 145	烟气温度	℃	50 ~ 55
粉尘浓度(标态)	mg/m³	80 ~ 150	粉尘浓度(标态)	mg/m³	<50
SO_2 浓度(标态)	mg/m³	2500 ~ 3000	SO_2 浓度(标态)	mg/m³	<100
HCl 浓度	mg/m³	19	雾滴浓度	mg/m³	<75
HF 浓度	mg/m³	11	脱硫效率	%	≥92
含水量(体积分数)	%	8 ~ 10			

脱硫装置于2009年10月投入试运行,脱硫设施同步运行率达98.5%,基本

保持了与烧结机同步运行。吸收塔压降为800Pa，引风机出口至烟囱进口处压降为1490Pa。经在线监测，该装置对SO_2的去除率平均达到97.2%，对HCl的去除率达到98.2%，对HF的去除率达到97.5%，对烟尘的去除率达到81.3%。2010年4月，该装置通过环保部门验收，投运后每年可减少SO_2排放6000t。

脱硫剂石灰石中$CaCO_3$含量大于90%，粒径小于20mm，研磨后的石灰石浆液经旋流器分离，大颗粒再循环进入球磨机，合格的石灰石浆液用泵送入吸收塔。提高真空度，减少滤饼厚度等措施，可控制石膏含水率在10%以内。产出的石膏经监测，二水硫酸钙平均含量达到90.64%，平均粒径为46μm。该脱硫装置每年产出石膏约2.69万吨，脱硫石膏外销附近石膏板厂和水泥厂。

湘钢360m^2烧结机烟气脱硫装置的年运行成本包括石灰石粉、水、电、气的消耗，检修费，人工工资，管理费等。根据该脱硫装置连续7天运行的平均消耗，每年按8140h运行计算，不考虑副产石膏销售收入和核减排污费收入，该装置脱除1kg SO_2直接成本为2.46元，折合吨烧结矿为4.17元。计算结果见表3－9。

表3－9　湘钢360m^2烧结机选择性脱硫装置直接运行成本分析表

成本项目	单　位	数　量	单价/元	年费用/万元
烧结矿产量	万吨/年	381		
SO_2脱除量	kg/a	645.4×10^4		
石灰石粉	t/h	1.505	245	300.14
电耗	kW	1672	0.64	871.05
水耗	t/h	26.5	1.0	21.57
压缩空气	m^3/h	18	0.1	1.46
人工工资	人/年	26	40000	104.00
管理费[①]				52.00
检修费				237.94
直接运行成本				1588.16
SO_2脱除成本	元/kg SO_2	2.46		
吨烧结矿成本	元/t	4.17		

①管理费为人工工资的50%。

3.3　氨－硫酸铵法

氨－硫酸铵法[23~29]（简称氨法）脱硫是一种成熟的脱硫技术，国外在20世纪70～80年代就有工业应用的实例，主要技术商有美国Marsulex公司、德国Lurgi Lenjets Bischoff公司、日本NKK（现为JFE）钢管公司。在钢铁烧结烟气脱硫领域，很多企业选择了氨法脱硫工艺，如潍坊钢铁公司 $2 \times 230 \text{m}^2$ 烧结机、日照钢铁 $2 \times 180 \text{m}^2$ 烧结机、杭钢 150m^2 烧结机、邢钢 150m^2 烧结机、昆钢 130m^2 烧结机、南钢 360m^2 烧结机、柳钢 $2 \times 83 \text{m}^2$、265m^2 和 110m^2 烧结机等均采用了氨法烟气脱硫工艺。因篇幅关系，本文只论述柳钢、日照钢铁和昆钢的烧结烟气氨法脱硫工程。

氨－硫酸铵法烧结烟气脱硫技术利用氨作为脱硫剂，得到硫酸铵化肥，不存在副产物堆放易产生二次污染等问题，对烟气量和 SO_2 浓度的波动特性适应性强，对主体烧结工艺的运行不产生影响，在脱硫的同时还有 20% ~40% 的脱硝能力。

3.3.1   工艺原理

从烧结机出来的原烟气经电除尘器净化后，由脱硫塔底部进入；同时，在脱硫塔顶部将氨水溶液喷入吸收塔内与烟气中的 SO_2 反应，脱除 SO_2 的同时生成亚硫酸铵，与空气发生氧化反应生成硫酸铵溶液，经中间槽、过滤器、硫酸铵槽、加热器、蒸发结晶器、离心机脱水、干燥器制得化学肥料硫酸铵，完成脱硫过程。烟气经脱硫塔的顶部出口排出，净化后的烟气由烟囱排入大气。吸收反应为：

$$SO_2 + H_2O \longrightarrow H_2SO_3$$
$$H_2SO_3 + (NH_4)_2SO_4 \longrightarrow NH_4HSO_4 + NH_4HSO_3$$
$$H_2SO_3 + (NH_4)_2SO_3 \longrightarrow 2NH_4HSO_3$$

首先，烟气中的 SO_2 溶于水中，生成亚硫酸；其次，亚硫酸与该溶液中溶解的硫酸铵/亚硫酸铵反应。喷射到反应池底部的氨水，按下列反应式中和酸性物：

$$H_2SO_3 + NH_3 \longrightarrow NH_4HSO_3$$
$$NH_4HSO_3 + NH_3 \longrightarrow (NH_4)_2SO_3$$
$$NH_4HSO_4 + NH_3 \longrightarrow (NH_4)_2SO_4$$

亚硫酸铵（$(NH_4)_2SO_3$）是氨法中的主要吸收体，对 SO_2 具有很好的吸收能力，随着 SO_2 的吸收，NH_4HSO_3 的比例增大，吸收能力降低，这时需要补充氨水，保持吸收液中（$NH_4)_2SO_3$ 维持在一定比例，以保持高质量浓度的（$NH_4)_2SO_3$ 溶液。喷射到脱硫塔底部的氧化空气，按如下反应式将亚硫酸盐氧化为硫酸盐：

$$(NH_4)_2SO_3 + 1/2O_2 \longrightarrow (NH_4)_2SO_4$$

硫酸铵（$(NH_4)_2SO_4$）溶液饱和后，硫酸铵从溶液中以结晶态沉淀出来。由 180℃，0.375MPa 蒸汽按照如下反应式提供汽化热：

$$(NH_4)_2SO_4(溶液) + 汽化热 \longrightarrow (NH_4)_2SO_4(固体)$$

在一定温度的水溶液中，（$NH_4)_2SO_3$ 与水中溶解 NO_2 的反应生成（$NH_4)_2SO_4$ 与 N_2，建立如下平衡：

$$2(NH_4)_2SO_3 + NO_2 \longrightarrow (NH_4)_2SO_4 + 1/2N_2$$

对于氨法脱硫工艺，SO_2 与（$NH_4)_2SO_4$ 的产出比约为 1:2，即每脱除 1t

SO_2，产生 $2t(NH_4)_2SO_4$。吸收塔中的 $(NH_4)_2SO_4$ 以离子形式存在于溶液里，或者以固体结晶的形式存在于浆液里。系统中的主要成分溶解或结晶的 $(NH_4)_2SO_4$ 已完全被氧化，因此，在副产品中氮的含量大于20.5%。

3.3.2 工艺系统及设备

烧结烟气氨法脱硫系统主要由烟气系统、浓缩降温系统、脱硫吸收系统、供氨系统、灰渣过滤系统等组成。包括浓缩降温塔、脱硫塔、氨水罐、过滤器等设备。工艺流程如图 3-7 所示。

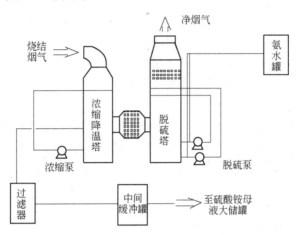

图 3-7　氨法烟气脱硫工艺流程图

3.3.2.1 烟气系统

烟气系统的主要设备包括增压风机、烟气挡板、烟道及其附件。从烧结机抽风机后的烟道中引出 150~180℃ 的烧结烟气，经增压风机升压后进入浓缩降温塔。增压风机用于克服脱硫装置造成的烟气压降，安装在脱硫装置的烟气进口侧，每台增压风机配备液力耦合器进行工况调节。在进、出口烟道设置旁路挡板门，当脱硫装置故障、检修停运时，烟气由旁路挡板经原有的烟囱排放。

3.3.2.2 浓缩降温系统

烧结烟气进入浓缩降温塔，与喷淋的浓缩液接触后，增湿降温、洗涤除尘，烟气温度降至80~90℃经过中间烟道进入脱硫塔。浓缩液经烟气加热蒸发后得以浓缩，浓缩液通过浓缩降温泵不断循环浓缩，当质量分数达到20%~30%时，由浓缩液出液泵抽至硫酸铵制备系统。浓缩降温塔和脱硫塔之间设有中间烟道。浓缩降温系统的主要设备包括浓缩降温泵。

3.3.2.3 脱硫吸收系统

在脱硫塔内，氨水与烟气中的 SO_2 进行反应，净化后的烟气由除雾器除去水雾,温度降为 50~60℃,排入大气。吸收形成的 $(NH_4)_2SO_3$ 在脱硫塔底部被氧化,生成质量分数为 10% 的 $(NH_4)_2SO_4$ 溶液;同时,抽出适当的 $(NH_4)_2SO_4$ 溶液送至浓缩降温塔,依靠烟气的热量蒸发溶液中的水分。脱硫塔内设 2 层喷淋层,吸收系统设置 3 台(2 用 1 备)脱硫吸收液循环泵,各对应 1 层喷淋层。氨水加至下层喷淋层,加氨后的吸收液 pH 值控制在 5.0~6.0 之间。上层喷淋层起到进一步脱硫和防止氨逃逸的作用。设置氧化系统鼓入空气促进 $(NH_4)_2SO_3$ 溶液氧化。或取消氧化系统,在脱硫塔内利用烟气中 14%~18% 的氧进行自然氧化,并延长吸收反应时间,使出塔的 $(NH_4)_2SO_3$ 氧化率达 99%。

3.3.2.4 供氨系统

使用由液氨稀释成的质量分数为 18% 的氨水作为脱硫剂,氨水泵将氨水打入脱硫吸收液循环泵入口管,用泵送入下层喷淋层与烟气中的 SO_2 进行脱硫反应。氨流量由氨水泵变频控制。供氨系统主要设备包括液氨稀释器、软水泵、氨水泵。

3.3.2.5 灰渣过滤系统

在脱硫塔吸收段吸收烟气中 SO_2 的同时,烟气中含有的粉尘灰渣会进入吸收液中。在将质量分数为 20%~30% 的 $(NH_4)_2SO_4$ 溶液送往蒸发结晶系统之前,需过滤去除溶液中的灰渣,以提高硫酸铵产品的质量。灰渣过滤系统的主要设备是精密管式过滤器。排出的灰渣进入污泥池,回收到烧结系统原料中。

3.3.3 影响脱硫效率的主要因素

3.3.3.1 液气比

液气比是影响脱硫效率的主要因素之一。随着液气比的增大,SO_2 与氨水接触机会增加,脱硫效率增加,增加幅度由大到小,最后趋于平稳。当液气比小于 $1L/m^3$ 时,提供的氨水量不能满足吸收尾气中 SO_2 的需要,这时脱硫率完全由氨水量来决定,脱硫效率与液气比的关系呈正相关。液气比在 $1.0~1.05L/m^3$ 区域,随着液气比增加,脱硫效率的提高逐渐缓慢,但脱硫效率已达到 85%~95%。液气比超过 $1.1L/m^3$,再增加氨水量,对脱硫效率的贡献已不再明显,而脱硫塔排出的硫酸铵溶液 pH 值呈上升的趋势,氨水利用率也随之下降。在氨水增加的同时,固含量、黏度、反应生成物浓度同时增大,这些因素都不利于 SO_2 的去除,并促进气溶胶的产生。

3.3.3.2 进口 SO_2 浓度

当氨水浓度与烟气流量一定时,脱硫塔入口 SO_2 浓度增加,出口 SO_2 浓度也随之增加,脱硫率随入口 SO_2 浓度增加而降低,但是脱硫塔排放废水的 pH 值呈下降趋势,氨水利用率增加。

3.3.3.3 烟气量

烧结机出口烟气量增加,烟气在脱硫塔中的停留时间减少,相应的脱硫效率也降低。但烟气量增加也使得气液扰动加剧，所以随着烟气量的增加，脱硫效率降低的速度减慢。烧结机负荷调节时出口烟气量发生变化，烧结机负荷降低，烟气量减少，脱硫效率总体呈上升趋势；在相同负荷下，随着烟气出口 SO_2 浓度增加，脱硫效率呈降低趋势。

3.3.4 主要技术难点及对策

3.3.4.1 吸收剂的选择

氨法脱硫吸收剂为液氨或氨水，在钢铁联合企业可优先考虑利用焦炉煤气中的氨或废氨水作为吸收剂，可将烧结烟气脱硫和焦化脱氨结合，达到以废治废的目的。但应注意的是废氨水中的其他污染物也将被引入到脱硫系统，进入废水废渣中，带来较严重的环境风险。

3.3.4.2 系统参数的选择

脱硫系统涉及的参数很多，需建立在大量的实验研究和工业试验基础之上。首先应根据烟气量和空塔气速设计塔径，再根据循环溶液与 SO_2 的反应特性、烟气流速、塔型等因素计算传质系数，然后建立传质系数、空塔流速、喷雾滴径、吸收面积、反应温度、喷淋密度等关系的传质模型，用理论方法确定部分参数，如传质系数、流速、喷淋密度等，然后在工业试验中调整优化。

3.3.4.3 反应条件

氨法脱硫反应是典型的气液两相过程，SO_2 吸收受气膜传质控制，所以该反应必须保证 SO_2 在脱硫溶液中有较高的溶解度和相对高的气速。SO_2 溶解度随 pH 值降低、温度升高而下降，一般要求吸收液 pH 值控制在 5.0 ~ 6.0，反应温度控制在 60 ~ 70℃，吸收反应段的气速控制在 4m/s 以上，才能保证脱硫效率高于 90%。为了保证 SO_2 的脱除效率，在循环量确定的情况下，必须保证循环液 pH 值相对稳定。在工程中，一般是以控制 pH 值来控制吸收效率，以控制吸收液密度来控制系统的质量平衡。

3.3.4.4 气溶胶

气溶胶是指固体或液体微粒稳定地悬浮于气体介质中形成的分散体系。脱硫塔的循环吸收液不直接与高温烟气接触，并将吸收循环液控制在相对较低的质量分数（约10%），有利于减少脱硫净烟气中气溶胶的形成。

3.3.4.5 氨损失

氨在常温常压下是气体，易挥发，氨法脱硫要解决氨的挥发问题，防止氨随脱硫尾气逸出。消除氨雾形成的条件，必须控制反应温度在 60 ~ 70℃ 和吸收液的成分，使净化后烟气中氨的质量浓度在 $10mg/m^3$ 以下。

3.3.4.6 亚硫酸铵氧化

将亚硫酸铵变成硫酸铵需要解决亚硫酸铵氧化的问题。亚硫酸铵氧化和其他亚硫酸盐相比明显不同，NH_4^+ 对氧化过程有阻尼作用。NH_4^+ 显著阻碍 O_2 在水溶液中的溶解。当盐浓度小于 0.5mol/L 时，亚硫酸铵氧化速率随其浓度增加而增加，而当超过这个极限值时，氧化速率随浓度增加而降低。亚硫酸铵氧化是氨法脱硫装置经济运行的关键，往往需要另建一套氧化装置，导致系统的运行费用居高不下。部分烧结烟气氨法脱硫系统取消了氧化系统，只需在脱硫塔内充分利用烧结烟气中 14% ~18% 氧进行自然氧化，延长脱硫反应时间，使出塔的亚硫酸铵氧化率达 99%，显著提高了氧化率指标。

3.3.4.7　硫酸铵的结晶

硫酸铵在水中的溶解度随温度变化不大，见表 3 – 10，析出硫酸铵的方法一般采用蒸发结晶，消耗额外蒸汽。因此，如何降低能耗是硫酸铵饱和结晶的关键技术之一。

表 3 – 10　硫酸铵在水中的溶解度

温度/℃	20	30	40	60	80	100
溶解度/g·(100g（水）)$^{-1}$	75.4	78.0	81.0	88.0	95.3	103.3
溶解度（质量分数）/%	43	43.82	44.75	46.81	48.80	50.81

蒸发结晶是利用各种流程使溶液达到过饱和，从而结晶析出产物。在氨法烧结烟气脱硫的副产品蒸发结晶工艺系统中，主要设备有蒸发加热器、硫酸铵加热器、真空结晶器以及循环泵等。来自脱硫系统 30% 质量浓度的硫酸铵溶液进入蒸发器，在蒸发器中被低压蒸汽加热，在蒸发器上部分离蒸汽后，由下降管进入结晶器生长区底部，然后再向上方流经晶体流化床层，过饱和消失，晶床中的晶粒得以生长。同时，蒸发器的二次蒸汽通过硫酸铵加热器将热量传递给结晶器内循环液，补充结晶器溶液蒸发带走的热量。当结晶器中晶粒生长到要求的大小时，利用出料泵抽出部分晶浆至稠厚器收集晶粒，再送至离心机脱水分离。为得到较高品质的硫酸铵产品，结晶系统的设计采用了搅拌桨、分级腿以及粒度调整泵等技术。

3.3.5　副产物硫酸铵的特点及再利用

硫酸铵被称为肥田粉，其含有氮和硫两种营养元素，有利于植物的生长。硫酸铵既可作为单独的肥料，也可作为复合肥的原料，还可以用来生产硫酸钾。我国硫酸铵的主要来源为己内酰胺厂、丙烯腈装置、焦化厂、煤气厂的副产物。据中国磷肥工业协会估计，即使仅考虑生产复合肥，我国硫酸铵需求量将超过 500 万吨/年，副产物硫酸铵的销售不存在问题。

副产物硫酸铵的品质是评价脱硫工程是否成功的因素之一。以杭钢 180m² 烧结机氨法脱硫工程为例，其副产物硫酸铵成分检验结果见表 3 – 11[23]。

表3-11 脱硫副产物硫酸铵成分检验结果 （%）

项 目	外 观	氮含量（干基）	水分	游离酸（H_2SO_4）含量
脱硫产品	无可见机械杂质	21.0	0.10	0.04
GB 535—1995（一等品）	无可见机械杂质	≥21.0	≤0.3	≤0.05

从结果可看出，硫酸铵满足国家标准《硫酸铵》（GB 535—1995）一等品的要求。尽管国标 GB 535—1995 注明："硫酸铵作农业用时可不检验铁、砷、铅、铬等重金属含量指标"，但为了慎重起见，在上述测试同时对副产物硫酸铵进行了重金属含量检测，结果见表3-12。检测结果表明，杭钢烧结硫酸铵中的重金属含量均远低于国家标准《土壤环境质量标准》（GB 15618—1995）要求，对环境无毒害作用。

表3-12 脱硫副产物硫酸铵重金属含量检测结果 （mg/kg）

项 目	镉	汞	砷	铜	铅	铬	锌	镍	铁
检测结果[①]	—	N	—	N	5~10	0.5~11	N		20~92
GB 15618—1995[②]	≤0.20	≤0.15	≤15	≤35	≤35	≤90	≤100	≤40	

① "—"表示未检测出；"N"表示未进行检测。
② 土壤环境质量标准值，一级标准（自然背景）；"—"表示标准未规定。

需要说明的是，杭钢 180m² 烧结机机头除尘采用两台 170m² 二室四电场除尘器。粉尘平均排放浓度（标态）小于 20mg/m³，为脱硫系统的高效运行、硫酸铵结晶颗粒的长大以及减少硫酸铵晶体中的重金属含量创造了有利条件。

3.3.6 柳钢 2×83m²、110m²、265m² 烧结机氨法烟气脱硫工程

柳钢 2×83m²、110m²、265m² 烧结机烟气脱硫采用氨法工艺，投产至今连续稳定运行，脱硫系统与烧结系统同步运转率高于 98%，脱硫效率高于 90%。脱硫运行过程中氨损小，出口氨浓度小于 4mg/m³，无气溶胶产生。已配套烧结机烟气脱硫系统的运行效果见表3-13[24~27]。

表3-13 柳钢已配套烟气脱硫系统的运行效果（2010年1~7月）

参 数	单 位	烧结机		
		2×83m²	110m²	265m²
烟气流量（标态）	m³/h	52×10⁴	32×10⁴	85×10⁴
入口 SO_2 浓度（标态）	mg/m³	637	687	783
出口 SO_2 浓度（标态）	mg/m³	51	59	59
脱硫效率	%	92	91	92
SO_2 脱除量	t	1449	865	2586
入口烟尘浓度（标态）	mg/m³	45	50	60
出口烟尘浓度（标态）	mg/m³	35	40	45

柳钢 $2 \times 83m^2$ 烧结机烟气脱硫工程于 2006 年 7 月开工建设，2007 年 2 月建成，2007 年 5 月进行改造后，系统连续稳定运行，脱硫系统与烧结系统同步运转率超过 98%。工程总投资约 6000 万元。烟气进口 SO_2 浓度为 $600 \sim 1400mg/m^3$，脱硫后 SO_2 浓度小于 $60mg/m^3$，脱硫率高达 90% 以上，每年可减排 4000t SO_2。此外，该工程还有 30% ~ 40% 的除尘效率及 30% 的脱硝效率。$2 \times 83m^2$ 烧结机共用 1 个脱硫塔，烟气进入脱硫塔的温度为 $120 \sim 165℃$，处理后烟气采用塔基湿烟囱高空排放。其工艺流程如图 3-8 所示。

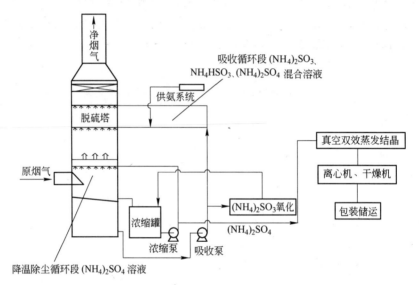

图 3-8　柳钢 $2 \times 83m^2$ 烧结机烟气氨法脱硫工程工艺流程

根据 2007 年 9 月~2008 年 9 月一年的运行数据统计，脱硫系统的运行费用见表 3-14。脱硫副产物（NH_4）$_2SO_4$ 经分析化验，氮含量超过 21%，水分低于0.2%，游离酸含量小于 0.05%，远远超过电力行业标准 DL 808—2002 副产硫酸铵标准，达到国标《硫酸铵》（GB 535—1995）中一等品的要求，见表 3-11。硫酸铵年产量约为 1.4 万吨，主要外售作化肥。硫酸铵产值不仅可以抵消脱硫与硫酸铵制备系统的直接运行成本，还实现了一定的盈余，达到 199 万元/年。

表 3-14　柳钢 $2 \times 83m^2$ 烧结机氨法脱硫系统运行费用（2007 年 9 月~2008 年 9 月）

项　目	年消耗额度	单　价	费用/万元
液氨	0.377 万吨	3300 元/t	1244.1
低压蒸汽	1.56 万吨	80 元/t	124.8
压缩空气	$16.00 \times 10^4 m^3$	0.1 元/m^3	1.6
自来水	$0.165 \times 10^4 m^3$	1.2 元/m^3	0.2
工业净化水	$6.4 \times 10^4 m^3$	0.3 元/m^3	1.9

项 目	年消耗额度	单 价	费用/万元
动力	$646 \times 10^4 kW \cdot h$	0.4 元/（kW·h）	258.4
人员工资	16 人	3.5 万元/人	56
修理费			145
折旧费（30 年）			200
其他费用			10
节省 SO_2 排污费	6890t	630 元/t	–434
硫酸铵销售收入	1.39 万吨	1300 元/t	–1807
费用总计			–199

柳钢 $110m^2$、$265m^2$ 烧结烟气脱硫工程分别于 2009 年 10 月和 2009 年 11 月顺利竣工投产，并于 2009 年 12 月全部通过环保验收。工程总投资 9500 万元，设计烟气处理能力（标态）分别为 $40 \times 10^4 m^3/h$、$87 \times 10^4 m^3/h$，每年可减少 SO_2 排放约 1 万吨、粉尘 230 吨。系统运行以来，同步运行率达 99% 以上，SO_2 和烟尘排放指标均达到国家排放标准，脱硫效率达 90% ~ 95%，脱硝率达 38% ~ 47%，不产生废水、废渣等污染。$110m^2$、$265m^2$ 烧结机氨法烟气脱硫工程在建设时对工艺流程进行了优化，如图 3 – 9 所示。

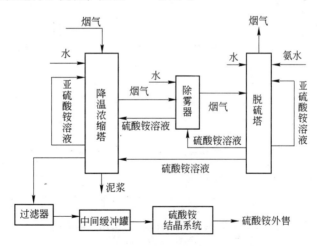

图 3 – 9　柳钢 $110m^2$、$265m^2$ 烧结烟气氨法脱硫改进的工艺流程

对工艺流程的优化主要包括在烧结烟气脱硫装置、SO_2 的吸收、亚硫酸铵溶液循环、脱硫剂、硫酸铵浓缩结晶等方面的改进。

（1）脱硫装备：由三段式单塔结构改为双塔结构，分别为降温浓缩塔和脱硫塔，二者之间增加了垂直型除雾器。与此相对应，烟气中 SO_2 在单塔的吸收除雾段吸收改为在降温浓缩塔和脱硫塔吸收，亚硫酸铵溶液循环由单塔内循环改为分别在降温浓缩塔和脱硫塔内循环。

（2）脱硫剂：由原来的纯液氨改为质量分数为 16% ~ 20% 的氨水。

（3）硫酸铵浓缩结晶：在硫酸铵结晶之前，增加了中间缓冲罐。硫酸铵浓缩液直接送到结晶系统改为硫酸铵浓缩液经过滤器后送至中间缓冲罐，再送到结晶系统。

烧结烟气脱硫系统优化后，各烟气脱硫系统综合脱硫效率由 90% 提高到 95%，出口 SO_2 浓度（标态）由 60 ~ 70mg/m³ 降至 40mg/m³ 以下。

3.3.7　日照钢铁 2 × 180m² 烧结机氨法烟气脱硫工程

日照钢铁现有 6 台 180m² 烧结机和 2 台 360m² 烧结机，8 台烧结机现已全部建成烧结烟气脱硫设施。其中，2 台 180m² 烧结机采用氨 – 硫酸铵法，共用一台脱硫塔。以烧结面积同为 180m² 的两套脱硫设施为例，对氨 – 硫酸铵法和石灰 – 石膏法两种工艺的脱硫效果和运营效果进行比较。由于两套脱硫系统均为处理 180m² 烧结机烟气，采用相同的烧结原料生产，所以两套脱硫系统的设计参数相同，烟气参数见表 3 – 15[28]。

表 3 – 15　日照钢铁 2 × 180m² 烧结机烟气参数

参　数	单　位	数　值	参　数	单　位	数　值
烟气流量（标态）	m³/h	210 × 10⁴	烟气温度	℃	约160
SO_2 浓度（标态）	mg/m³	500 ~ 1000	含水量（体积分数）	%	6 ~ 8
烟尘浓度（标态）	mg/m³	130 ~ 150	含氧量（体积分数）	%	17 ~ 19

两种工艺的处理烟气量及污染物浓度基本相同，但由于采用的脱硫工艺不同，在实际运行成本上还是有所差别，烧结烟气脱硫效果及成本分析见表 3 – 16。

表 3 – 16　石灰 – 石膏法和氨 – 硫酸铵法烧结烟气脱硫效果及成本分析

项目	参数	石灰 – 石膏法	氨 – 硫酸铵法	项目	参数	石灰 – 石膏法	氨 – 硫酸铵法
脱硫效率	%	80 ~ 85	85 ~ 90	蒸汽消耗	t/a	0	3500
除尘效率	%	≥40	≥40	劳动定员	人	28	35
脱硝效率	%	约20	≥30	脱硫运行费用	万元/年	1385	1500
工程投资	万元	9700	11200	脱硫副产品	—	石膏	硫酸铵
脱硫剂消耗	t/a	9720	1800	副产品产量	t/a	45360	3600
电消耗量	万千瓦·时/年	1050	840	副产品收入	万元/年	73	288
水消耗量	万吨/年	54	36	抵消后的费用	万元/年	1312	1212

氨 – 硫酸铵法与石灰 – 石膏法脱硫系统相比，一次性投资费用和年运行费用

都比较高。硫酸铵可作为肥料用于农业生产,其销售价格是石膏的50倍。综合考虑脱硫副产物的销售收入后,氨－硫酸铵法较石灰－石膏法每年可节省运营费100万元左右,约15年即可抵消较石灰－石膏法在一次性建设方面多投资的1500万元。

3.3.8 昆钢玉溪2×105m²烧结机氨法烟气脱硫工程

昆钢玉溪2×105m²烧结机采用了氨法烟气脱硫技术,烧结主抽风机出来的烟气经增压风机增压后进入洗涤塔进行预处理,再进入吸收塔,净化达标的烟气经除雾后从塔顶烟囱排除;塔内吸收生产的硫酸铵溶液通过蒸发结晶最终生产硫酸铵化肥[29]。其技术特点为:

(1)采用了洗涤塔－脱硫塔的双塔工艺,取得了较好的效果。利用洗涤塔的洗涤作用,可防止脱硫塔内结垢,使脱硫塔的吸收效率和硫酸铵产品纯度提高;利用洗涤塔的降温作用控制反应温度,有效地防止气溶胶生成,在给烟气降温的同时利用热量对吸收液进行提浓,为后续蒸发结晶装置降低能耗。

(2)采取特殊的吸收塔内部结构,将液氨稀释成氨水,加入合理的液气比,降低脱硫所需pH值等多项措施,有效解决了氨法脱硫中氨逃逸的问题。

(3)通过选用最合适的防腐材料,减小了设备的腐蚀,保证了系统的稳定运行;先进的工艺操作方案解决了装置堵塞问题。

昆钢烧结烟气脱硫入口烟气参数见表3-17。该项目从2009年11月正式运行,至2010年5月半年运行经济参数及年脱硫成本见表3-18。该脱硫工程造价为5000万元,设备维护费按脱硫工程造价的1.5%计,折旧费按折旧年限10年计(暂不考虑残值),按运行30年计,按年产烧结矿218万吨计。

表3-17 昆钢2×105m²烧结机烟气脱硫入口烟气参数

参　数	单　位	数　值	参　数	单　位	数　值
烟气量(标态)	m^3/h	$72×10^4$	烟气温度	℃	140
SO_2浓度(标态)	mg/m^3	1500	年运行时间	h	8000

表3-18 昆钢2×105m²烧结机氨法烟气脱硫运行成本

项　目	年消耗量	单　价	年成本/万元
工程投资			5000
液氨	3944t	2750元/t	1084.6
蒸汽	4.6万吨	65元/t	299.5
工艺电	1720万千瓦·时	0.52元/(kW·h)	894.4
工艺水	32万吨	2.0元/t	64
人工工资	25人	2.62万元/人	65.5

项　目	年消耗量	单　价	年成本/万元
设备维护成本			82.5
产品抵扣			– 1103
总脱硫成本			1387.5
吨矿脱硫成本		6.37 元/t	（不含折旧）

假如采用液氨，即使不计算化肥销售退税政策，氨法脱硫工艺每吨烧结矿运行成本为 6.37 元；假如采用更为便宜的氨水，运行成本更低。

3.4　循环流化床法

循环流化床烟气脱硫（circulating fluidized bed for flue gas desulfurization，CFB – FGD）工艺[30~39]是 20 世纪 80 年代德国鲁奇（Lurgi）公司开发的一种半干法脱硫工艺，基于流态化原理，通过吸收剂的多次再循环，延长吸收剂与烟气的接触时间，大大提高了吸收剂的利用率，在钙硫比（Ca/S）为 1.2 ~ 1.3 的情况下，脱硫效率可达到 90% 左右。其最大特点是水耗低，基本不需要考虑防腐问题，同时可以预留添加活性炭去除二噁英的接口。

3.4.1　工艺原理及流程

CFB 烟气脱硫一般采用干态的石灰粉（CaO）或消石灰粉（Ca(OH)$_2$）作为吸收剂，将石灰粉按一定的比例加入烟气中，使石灰粉在烟气中处于流态化，与 SO$_2$ 反应生成亚硫酸钙。脱硫过程发生的基本反应有：

（1）生石灰与水之间的水合反应：$CaO + H_2O \longrightarrow Ca(OH)_2$

（2）SO$_2$ 被水滴吸收的反应：　　$SO_2 + H_2O \longrightarrow H_2SO_3$

（3）酸碱离子反应：　　$Ca(OH)_2 + H_2SO_3 \longrightarrow CaSO_3 \cdot 0.5H_2O + 1.5H_2O$

（4）脱硫产物的部分氧化反应：

$$CaSO_3 \cdot 0.5H_2O + 0.5O_2 + 1.5H_2O \longrightarrow CaSO_4 \cdot 2H_2O$$

（5）其他反应：　　$Ca(OH)_2 + 2HCl \longrightarrow CaCl_2 + 2H_2O$

一个典型的适合烧结烟气脱硫的 CFB – FGD 系统由吸收剂供应系统、脱硫塔、物料再循环、工艺水系统、脱硫后除尘器以及仪表控制系统等组成，其工艺流程如图 3 – 10 所示。

烟气从吸收塔底部进入，经吸收塔底部的文丘里结构加速后与加入的吸收剂、吸附剂、循环灰及水发生反应，除去烟气中的 SO$_x$、HCl、HF 等气体。物料颗粒在通过吸收塔底部的文丘里管时，受到气流的加速而悬浮起来，形成激烈的湍动状态，使颗粒与烟气之间具有很大的相对滑落速度，颗粒反应界面不断摩

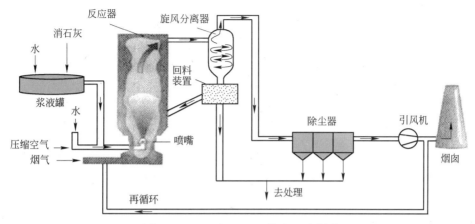

图 3 - 10　CFB - FGD 工艺流程示意图

擦、碰撞更新，极大地强化了气固间的传热、传质。为达到最佳反应温度，通过向吸收塔内喷水，控制烟气温度始终高于露点温度 15℃以上。携带大量吸收剂、吸附剂和反应产物的烟气从吸收塔顶部进入除尘器，进行气固分离。图 3 - 10 的工艺使用旋风分离器作为除尘器，也可以使用布袋除尘器收集粉尘后循环使用回料。

　　循环流化床烟气脱硫装置应用了流化床原理、喷雾干燥原理、气固两相分离理论及化学反应原理，是一种两级惯性分离、内外双重循环的循环流化床烟气悬浮脱硫装置，烟气通过文丘里流化装置时将脱硫剂颗粒流态化，并在悬浮状态下进行脱硫反应。高倍率的循环和增强内循环的结构增大了脱硫塔内的物料浓度，提高了脱硫剂的利用率；同时，脱硫塔中心区域的喷浆形成湿反应区，利用快速的液相反应，保证了较高的脱硫效率。

　　循环流化床具有以下特点：

　　（1）快速床的运行状态。循环流化床的气固两相动力学的研究表明，床内的大气泡被粉碎成小的空隙，这些空隙可以看成是一条条连续的气体通道，颗粒以曲折的路线向上急速运动，因此，气固接触效率较高，可在较小的阻力损失下处理大量的烟气。根据试验研究结果，脱硫塔内颗粒浓度大、气固相对滑移速度高、混合条件好，则脱硫效率高，所以常常选择快速床的运行状态。

　　（2）脱硫塔内颗粒和脱硫剂的累积。循环流化床只要保证分离器有较高的分离效率和一定的循环倍率，塔内颗粒会由启动时的低浓度水平逐渐增大并达到稳定浓度，加入的脱硫剂可以在脱硫塔内累积到很大的量，使得脱硫效率显著提高。因此，对脱硫效率起直接影响作用的参数并不是入口钙硫比，而是累积钙硫比。累积钙硫比是指输入单位摩尔 SO_2 对应的塔内总的 $Ca(OH)_2$ 摩尔数，该值越大，脱硫效率越高。

　　（3）脱硫塔内颗粒粒径分布的动态变化。循环流化床内的颗粒受到内部喷嘴产生的喷雾加湿和随后的烟气干燥作用，并由于颗粒的团聚作用，使得颗粒有造粒效果，粒径不断增大，最终从文丘里处落下退出循环。同时，在旋风分离器作用下作为干灰再循环的大量粒径较小的回料颗粒的补充，使得塔内颗粒粒径分布在运行一段时间后达到稳定。其粒径分布情况受喷浆量、喷浆方式（单层或多层）、循环倍率、运行风速等很多因素影响。在运行过程中，若喷浆量（取决于负荷）、循环倍率发生变化，粒径分布会随之变化，达到一个新的稳定值。

3.4.2 工艺系统及设备

循环流化床烟气脱硫系统主要由脱硫塔、吸收剂制备系统、物料再循环及排放系统、脱硫工艺用水系统和控制系统等组成。其中，脱硫塔主体包含文丘里流化装置、脱硫反应塔、布袋除尘器、脱硫灰回送装置等。

3.4.2.1 脱硫反应塔

脱硫反应塔为文丘里空塔结构，是整个流化床脱硫反应的核心，由于烟气中的 SO_3 完全被脱除，且烟气温度始终在露点温度 15℃ 以上，因此，脱硫塔内部及下游设备无需任何防腐，塔体由普通碳钢制成。

3.4.2.2 吸收剂制备系统

脱硫剂通常采用生石灰（主要成分为 CaO），由密封罐车运到脱硫岛并泵入生石灰仓。然后，经过安装在仓底的干式消化器消化成 $Ca(OH)_2$ 干粉，消石灰粉含水率一般低于 1.5%，通过气力输送至消石灰仓储存。根据脱硫需要，通过计量系统向脱硫塔加入 $Ca(OH)_2$ 干粉。

3.4.2.3 物料再循环及排放系统

除尘器收集的脱硫灰大部分通过空气斜槽返回脱硫塔进行再循环，通过控制循环灰量调节脱硫塔的压降。除尘器的灰斗设有外排灰点，采用正压浓相气力输送方式，输送能力按实际灰量的 200% 设计，配套输送管道将脱硫灰送到脱硫灰库储存。

3.4.2.4 脱硫工艺用水系统

脱硫装置的工艺用水包括脱硫塔脱硫反应用水和石灰消化用水。前者通过高压水泵以一定压力经过回流式喷嘴注入脱硫塔内，在回流管上设有回水调节阀，根据脱硫塔出口温度来调节水量。石灰消化用水采用计量泵，根据消化器入口生石灰的加入量进行控制。

3.4.2.5 控制系统

CFB - FGD 的工艺控制过程主要有 3 个回路。3 个回路相互独立，互不影响。如图 3 - 11 所示。

（1）SO_2 浓度控制：根据脱硫塔入口 SO_2 浓度、除尘器排放 SO_2 浓度、烟气量等来控制吸收剂的加入量，以保证达到设计要求的 SO_2 排放浓度。

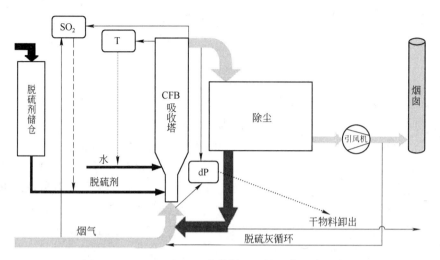

图 3-11 CFB-FGD 工艺控制过程的 3 个回路示意图

（2）脱硫塔反应温度的控制：通过调节喷水量控制脱硫塔内的最佳反应温度在 70~80℃之间。

（3）脱硫塔压降控制：通过控制循环物料量，控制脱硫塔整体压降在 1600~2000Pa 之间。

目前，烧结烟气脱硫工艺多采用分散控制系统（distributed control system，DCS），其操作简单，画面丰富，准确灵活，与烧结机主机通讯可靠。

CFB-FGD 的吸收剂与降温水分别加入到吸收塔内，两者可以分别控制，排除了设备腐蚀的难题。CFB-FGD 工艺设置了清洁烟气再循环，当负荷降低到小于满负荷的 70% 时，开启循环烟道挡板，可以把引风机后的清洁烟气利用吸收塔的负压引入吸收塔，系统在负荷变化时可保证吸收塔内的烟气量不发生变化，从而保证吸收塔内的物料床层不变，这是 CFB-FGD 适应负荷变化的显著特点。在特殊情况及系统出现故障时，烧结烟气可以通过旁路排往烟囱。

循环流化床吸收塔（CFB-FGD）+ 吸附剂及吸收剂 + 布袋除尘工艺进行烟气脱硫工艺具有以下特点：

（1）机头电除尘器与旁路设置的脱硫系统相互独立。在脱硫投运时，机头电除尘器同时可作为脱硫系统的预除尘器，保留原有矿粉的利用价值；同时又降低了脱硫系统的副产物排量，减少吸收剂的损耗。

（2）可以脱除 SO_3、HCl、HF 等酸性气体，无需考虑酸腐蚀造成的下游设备及烟囱的腐蚀。

（3）利用吸附剂及塔内物料的巨大比表面积，烟气中的重金属、有机污染物大部分被吸附。

（4）脱硫副产物为干灰，整个系统无废水排放，无副产物外的二次污染物产生。

3.4.3 影响脱硫效率的主要因素

3.4.3.1 颗粒浓度分布

快速流化床的径向和轴向颗粒浓度分布具有典型的特征。快速床近壁处的气体速度明显小于核心区域的气体速度，颗粒呈现中心区上升、近壁处向下回流的强烈内循环状态。核心区域与近壁处相比，颗粒浓度值低、气固滑移速度低、烟气脱硫效果差。径向颗粒浓度分布可通过切向二次风改善。将一部分烟气在渐扩段处以合适的假想切圆直径值切向引入，使回流至渐扩段锥面处的颗粒吹向核心区域，增大核心区域颗粒浓度。同时，切向二次风造成气流螺旋上升，强烈的旋转流场将形成颗粒悬浮层，延长颗粒的停留时间，增大轴向平均颗粒浓度。

轴向颗粒浓度分布主要取决于气固物性、粒径分布、循环倍率和出口结构等因素。一般认为，在床层下部是大颗粒组成的密相床。常见的带凸起帽腔直角弯头的出口结构对气固两相流有较强的约束作用，因此，流化床沿轴向在整体上出现中间浓度低、两端浓度高的反"C"型分布。另外，循环倍率的增大可使床层密相界面上移，甚至超出床顶，空隙率沿轴向呈单一密相分布，这样系统存料量增加，增大了 SO_2 和脱硫剂的碰撞几率，有利于污染物的脱除。

某工程运行实践表明，若要求塔内颗粒浓度达到 $2kg/m^3$，循环倍率则应为86.7，相应的分离器效率高达98.86%。这么高的效率单靠一级分离器将很难满足要求，解决办法为：（1）在脱硫塔出口处或接近出口处再设置一级分离器，两级分离不仅提高了总分离效率，而且减小了外循环回料动力输送的耗电量。（2）将下游的除尘器分离下来灰的部分或全部量进行再循环，因为下游的除尘器和惯性分离器的分离机制不同，更能保证高的分离效率。

3.4.3.2 颗粒粒径分布

颗粒粒径分布主要影响颗粒的比表面积和反应活性，平均粒径越小，比表面积和反应活性越大。即对于同样的颗粒浓度，细颗粒具有更大的气固接触面积，增强了传质作用，提高了脱硫效率。因此，一般采用控制或抵消颗粒粒径增长的措施，例如采用底渣再循环的方法（将掉落下的大颗粒经碎渣机等装置破碎后送回塔内进行再循环），减小脱硫剂的粒径。

3.4.3.3 烟气停留时间

烟气停留时间可表示为塔高和烟气平均流速的比值。该值越大，脱硫效率越高；但一般要求其大于液滴干燥时间即可，过大的烟气停留时间不但不能使脱硫效率继续增加，还会增大装置投资成本。在实际工程设计中，脱硫塔直径根据选定的烟气平均流速计算获得，塔高则考虑烟气停留时间来取值，最终的塔体一般为细高型。在运行时，烟气停留时间取决于烟气流量。

3.4.3.4 近绝热饱和温差

近绝热饱和温差（approaches to the adiabatic sateration temperature，AAST）指脱硫塔出口烟气干球温度与烟气绝热饱和温度之差，是烟气温度和湿度的函数。

研究表明，脱硫效率随 AAST 的降低而单调上升。AAST 小，则相对湿度大，根据热力学分析可知，对 AAST 的控制反映在喷水量上，包括浆液含水量和增湿水量。AAST 越小，喷水量越大，一方面使浆液蒸发慢，液相存在时间长，脱硫剂与烟气中 SO_2 的离子反应时间长；另一方面，较高的烟气湿度提高了干态颗粒的反应活性。AAST 不能太高或太低，一般不小于 15℃。

3.4.3.5 钙硫比

钙硫比是指钙硫摩尔比，包括入口钙硫比和累积钙硫比。增大入口钙硫比，将会使床料中 $Ca(OH)_2$ 含量增加，则累积钙硫比提高，脱硫效率随之提高。入口钙硫比在 1.5 以下时，随着钙硫比增加，脱硫效率急剧上升，若钙硫比继续增大则脱硫效率变化曲线渐趋平缓。过大的入口钙硫比还意味着，因飞灰和灰渣携带而损失大量的脱硫剂，脱硫剂利用率降低，脱硫运行费用上升，所以需要进行总体经济技术比较后选取合适的入口钙硫比。在实际运行时，若能采取措施降低灰渣和飞灰中 $Ca(OH)_2$ 含量，可以有效降低入口钙硫比。主要措施有：（1）采用多层喷水，在最上一层喷嘴上方一定距离处加设温控水喷嘴，使颗粒中未完全反应的脱硫剂加湿而继续反应以降低飞灰中的 $Ca(OH)_2$ 含量。（2）对于文丘里处完全排渣的情况，即没有底渣的再循环，最好不要在文丘里缩口段喷水，以免退出循环的大颗粒经过喷浆区时被加湿而造成 $Ca(OH)_2$ 含量增大。

根据烟气脱硫循环流化床的原理和特点，分析脱硫效率的基本影响因素，对工程设计具有一定的参考价值：

（1）可通过二次风、带约束的出口结构和增大循环倍率来实现颗粒浓度的增加；

（2）可采用底渣再循环，来控制或抵消颗粒粒径增长；

（3）脱硫塔的结构和烟气流速的选择应保证足够的烟气停留时间；

（4）对脱硫效率起直接作用的是累积钙硫比，入口钙硫比应兼顾运行费用和脱硫效率。

3.4.4 副产物脱硫灰的特性及再利用

循环流化床法的脱硫灰是烧结烟气与脱硫剂反应后经旋风分离器或袋式除尘器分离后产生的烟气脱硫灰，是一种干态的混合物，包含飞灰及消石灰反应后产生的各种钙基化合物，主要成分为 $CaSO_4·1/2H_2O$、$CaSO_3·1/2H_2O$、少量未完全反应的 $Ca(OH)_2$ 及杂质等。而燃煤电厂脱硫灰是粉煤灰和脱硫产物的混合物，其化学组成与粉煤灰大体相似，只是增加了钙含量和硫含量。

3.4.4.1 脱硫灰的特性

半干法循环流化床烧结烟气脱硫灰是一种非常细的深红色粉末，粒径主要分布在 3.42~13.77μm 之间，约有 50% 的脱硫灰粒径小于 4.24μm，中粒径为 4.18μm，比表面积为 7.94m²/g。而电厂脱硫灰是一种颜色介于灰色到灰黑色的粉末，粒径在 2μm~0.1mm 之间，约有 50% 的脱硫灰粒径小于 20μm。可见烧结烟气脱硫灰的粒径小于电厂脱硫灰。

烧结烟气脱硫灰与电厂脱硫灰的化学成分存在很大差异，见表 3-19[30]。烧结烟气脱硫灰中 CaO、CaSO₃ 和 SO₃ 的质量分数较高，为高钙、高硫型脱硫灰；Fe₂O₃ 的质量分数高达 13.6%，高于电厂脱硫灰，这是由于在烧结过程中加入了铁矿石，使得 Fe₂O₃ 的质量分数高，烧结烟气脱硫灰颜色呈深红色；SiO₂、Al₂O₃ 和 MgO 的质量分数相对较小；游离氧化钙（f-CaO）为微量，这是由于产生的脱硫灰渣温度高达 70~80℃，经过一定的闷热处理，加之脱硫灰的颗粒较细，f-CaO 即可全部消解和消失；烧失量为 22.5%，远高于电厂脱硫灰的 7.68%，这说明烧结烟气脱硫灰中含有大量未燃尽的碳。

表 3-19 烧结烟气脱硫灰与电厂脱硫灰的成分对比（质量分数,%）

成分	SiO_2	Al_2O_3	Fe_2O_3	CaO	MgO	$CaSO_3$	SO_3	$f-CaO$	烧失量
烧结	4.00	2.40	13.60	33.00	2.50	16.90	9.92	—	22.50
电厂	41.23	23.54	4.02	14.37	0.97	6.14	7.38	3.31	7.68

3.4.4.2 脱硫灰的再利用

目前，脱硫灰的再利用主要集中在燃煤电厂脱硫灰，对烧结烟气脱硫灰的研究较少。燃煤电厂脱硫灰含有较多的 SiO₂ 和 Al₂O₃，与生产水泥的原材料成分相似，因此可以作为生产水泥熟料的原料，同时由于其中含有 CaSO₄，可以生产含有早强矿物的水泥熟料。烧结脱硫灰中 SiO₂ 和 Al₂O₃ 含量较低，Fe₂O₃、CaO 和 SO₃ 含量相对较高，若将其用作水泥混凝土的混合材料并不适宜，但其可以作为熟料组分引入水泥制造工艺过程中，生产火山灰水泥；烧结脱硫灰还可以作为水泥生产助磨剂，甚至可以代替石膏来调节凝结时间；改性后的脱硫灰可以与矿渣、钢渣、粉煤灰等固体废弃物通过合理配比用于生产生态型水泥。如果用脱硫灰代替 10% 矿渣作为生产水泥的辅料可大大降低水泥成本，以年产 40 万吨的水泥厂为例，1 年就可消耗 4 万吨脱硫灰。

根据循环流化床脱硫灰的特点，其可用于制造对 SO₃、烧失量无特殊要求的烧结砖或轻骨料——陶粒。实验结果表明，黏土-脱硫灰烧结砖完全可以达到普通烧结砖的性能指标，并有一定的性能指标调节幅度。但是上述方法存在二次污染，因为砖瓦材料和轻骨料的烧成温度一般在 950~1050℃ 之间，脱硫灰渣中含有 CaSO₄ 和 CaSO₃，CaSO₄ 在 900℃ 左右开始分解，而 CaSO₃ 在 650℃ 开始分解，

分解出的 SO_2 经烟囱排入大气，形成二次污染，因此这种途径不可取。

3.4.5　邯钢 400m² 烧结机 CFB 法烟气脱硫工程

3.4.5.1　工艺流程及系统

邯钢炼铁部现有一台 400m² 烧结机采用了中科院过程工程所开发的循环流化床脱硫工艺[31~34]，该工艺以循环流化床为基础，改善了物料循环方式，增加了净烟气再循环通路，其工艺流程如图3-12所示。

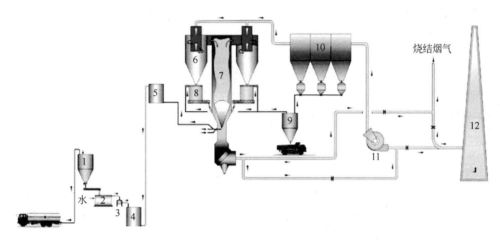

图 3-12　气固循环吸收烟气脱硫工艺系统

1—石灰料仓；2—熟化器；3—除砂机；4—熟石灰仓；5—熟石灰就地仓；6—旋风除尘器；
7—反应塔；8—回流装置；9—灰仓；10—布袋除尘器；11—风机；12—烟囱

循环流化床烟气脱硫工艺包括烟道及烟气循环系统、脱硫剂储存供给系统、反应塔吸收系统、布袋除尘器系统和控制系统等。

A　烟道及烟气循环系统

烟气从烧结机出口经反应塔、旋风分离器至袋式除尘器，再经增压风机排入烟囱。增压风机出口引出烟气循环烟道，返回反应塔入口，构成烟道系统。除尘器之后配置增压风机克服净化系统阻力。在烧结机低负荷和变负荷运行时，从增压风机出口引入净化烟气进入反应塔的入口与原烟气混合，使反应塔保持最佳气流量和物料的流化状态。

B　脱硫剂储存供给系统

脱硫剂制备和储存供给系统包括气力卸料、石灰料仓、仓顶除尘器、容积给料器、消化器、浆液除砂机、浆液罐、浆液供给泵等。在制浆系统制得的浆液由浆液罐供应浆液储罐，经浆液泵输往脱硫喷嘴。浆液供给泵和水泵在保证固定压力下可灵活调节浆液流量，在脱硫负荷变化时保证脱硫效率和反应塔温度的精确控制。

C　反应塔吸收系统

烟气由反应塔底部进入文丘里管，在文丘里管中加速，使喷枪喷入的脱硫剂浆液和冷却水雾化，同时与从回料机返回的大量固体粒子接触，增强气固液三相之间的充分混合。烟气被冷却的同时，水和浆液迅速蒸发，在液滴附膜中的脱硫剂最大程度地吸附 SO_2 酸性气体。喷枪位于文丘里管喉部。熟化石灰浆液、压缩空气和水分别进入喷枪，在喷嘴内混合喷出。浆液被压缩空气雾化，并在喉部高速气流中进一步粉碎并与烟气良好混合。三流体喷射保证了在脱硫剂浆液量变化时稳定良好的雾化。每一台反应塔配两台旋风分离器，旋风分离器将反应塔排出的固体颗粒分离。每台旋风分离器下方配一台物料循环给料机，用来存储和供给循环物料，其底部平行安置的计量螺旋给料机可以根据固体颗粒再循环要求，精确控制加入反应塔的循环量。另一台螺旋送料机排出多余物料，为后置除尘器预除尘。

D　布袋除尘器系统

高压脉冲滤袋除尘器具有一般脉冲喷吹袋式除尘器的结构。一般采用下进风上排风，圆形袋，外滤式。根据现场及工艺的需要，也可以采用上进风，中部、底部进风等多种进风方式。

本工艺布袋除尘器系统采用可编程控制（programmable logic controller，PLC）烟气净化系统所有相关设备的启动、停运、参数调节和自动控制以及安全保护。

3.4.5.2　工艺特点

循环流化床烟气脱硫工艺有 4 个特点。

A　采用石灰熟化浆液作脱硫剂

熟石灰浆液比生石灰粉更容易吸附烟气中的飞灰和酸性气体，具有更好的脱硫性能。在熟化过程中可以除去杂质，保证熟石灰浆液的品质。喷入适当浓度的浆液，在塔内雾化比分别喷入干粉和水在塔内混合具有更均匀和更良好的混合特性。

B　流化状态的反应塔

该工艺的突出特点是反应塔内的平均气速较高，约为 4~6m/s，颗粒处于流化状态。靠旋风分离器及回料机实现颗粒再循环，使塔内气流的颗粒浓度提高数十倍至百倍，反应塔内的传热、传质和化学反应强度大大提高。反应塔内的颗粒包括来自污染源的飞灰、未反应的脱硫剂和反应副产物，经反复循环反应，最大程度地利用了脱硫剂，达到较高脱硫效率。反应塔具有突出的优点：

（1）反应塔内更有效的蒸发冷却。脱硫剂浆液雾化后在上行烟气中被加热、蒸发、干燥，同时降低了烟气的温度。在文丘里内的强紊流条件下，浆液滴与颗粒碰撞，使得颗粒表面形成薄液膜，这一过程又促进了快速蒸发。其副产品的含水量小于1%，使短时间内得到干态排灰成为可能。

（2）在更接近绝热饱和温度下运行。由于在较低的气体温度下运行，这使得系统可以取得较高的酸性气体去除效率，脱硫效率最高可达到96%以上，脱HCl的效率达到98%。可以通过控制出口气体温度或脱硫剂供给速率来控制脱硫效率。排灰的含水量小于1%，这使得除尘系统可以在更接近烟气绝热饱和温度的条件下操作，以达到更高的脱硫效率，而且可以避免固体颗粒在系统部件的堆积、结垢等问题。

（3）采用由旋风分离器和回料机组成的循环回料装置。浆液脱硫剂使烟气中的细颗粒能集聚成较大的粗颗粒，在旋风分离器中达到很高的分离效率。分离出来的物料进入下部的回料机，回料机控制进入反应塔的物料循环量，多余的物料排出；排出的烟气携带剩余的粉尘进入除尘器。专门的分离和回料装置能稳定地控制物料再循环，不受烟气含尘量的影响。使用回料机后，进入后部除尘器的粉尘减少，提高了除尘效率。

C 采用净化烟气再循环

从增压风机出口烟道引出一个烟道到吸收塔入口烟道，用调节挡板控制返回的净化烟气量，使进入反应塔的烟气总量始终保持塔内最佳的流化状态。根据烧结机烟气负荷变化调节再循环烟气量，使反应塔能适应负荷变化范围在40% ~ 110%之间。再循环烟气可以靠脱硫/除尘系统的压差，由增压风机实现循环，无需装设再循环风机。

邯钢$400m^2$烧结机处理烟气量（标态）为$100 \times 10^4 m^3/h$，项目建成后，每年可以减少SO_2排放量7000多吨。烟气参数及设计值见表3-20。

表3-20 邯钢$400m^2$烧结机烟气参数及脱硫设计值

入口烟气参数	单 位	数 值	脱硫后设计值	单 位	数 值
烟气量（标态）	m^3/h	100×10^4	烟气温度	℃	≥70
烟气温度	℃	100 ~ 150	SO_2浓度（标态）	mg/m^3	≤100
SO_2浓度（标态）	mg/m^3	1200	脱硫效率	%	94
粉尘浓度（标态）	mg/m^3	100 ~ 200	粉尘浓度（标态）	mg/m^3	≤30
烟气湿度	%	2 ~ 4	除尘效率	%	99.9
			系统阻力	Pa	4900

本项目采用生石灰作脱硫剂，其质量要求如下：CaO含量不小于85%，粒径小于6mm；SiO_2、Al_2O_3、Fe_2O_3等杂质含量小于3%，反应活性（温升）大于40℃，活性度350mL。邯钢$400m^2$烧结机烟气脱硫工程运行技术经济指标见表3-21。年运行时间为8320h，运行率为95%，烧结机利用系数约为$1.3t/(m^2 \cdot h)$，

年产烧结矿约 430 万吨，吨烧结矿脱硫成本不含设备折旧。

表 3 – 21　邯钢 400m² 烧结机烟气脱硫工程运行技术经济指标

项目名称	消 耗 量	单　价	费用/万元
工程投资			4687
脱硫剂消耗量	1.09t/h	180 元/t	163.3
水消耗量	17t/h	0.45 元/t	6.4
0.7MPa 压缩空气量(标态)	1650m³/h	0.09 元/m³	
电消耗量	2140kW	0.56 元/(kW·h)	997.3
年运行总费用			1167
脱硫副产物	1800kg/h		
吨矿脱硫成本	430 万吨	2.7 元/t 烧结矿	(不含折旧)

注：能源介质参考价格：氮气 0.35 元/m³；脱硫用压缩空气年费用包含在电费中。

3.4.6　梅钢 400m² 烧结机 CFB 法烟气脱硫工程

梅钢 4 号 400m² 烧结机配套的半干法脱硫工艺[35]装置采用旁路布置方式，与烧结机主烟气系统相对独立。采用全烟气脱硫，即主抽风机与烟囱间设有两个旁路风挡，烧结烟气分别从 1 号主抽风机、2 号主抽风机出口烟道引出汇合进入吸收塔，脱硫后烟气经脱硫布袋除尘器除尘净化，净烟气经脱硫增压风机返回原烟囱排放。梅钢 400m² 烧结机配套的干法烟气脱硫装置特别加装了脱除二噁英的装置，其工艺流程示意图如图 3 – 13 所示。

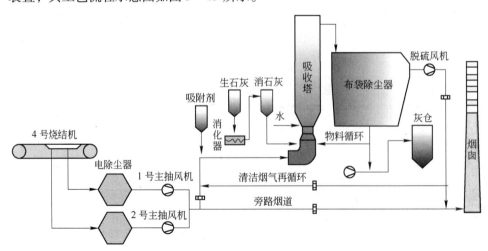

图 3 – 13　梅钢 400m² 烧结机烟气脱硫工艺流程示意图

烧结机机头配备 2 台电除尘器和 2 台主抽风机。流化床高度为 58m，直径为 10.5m。脱硫除尘器为低压回转脉冲布袋除尘器，脱硫引风机为 1 台轴流引风机。烟气量（标态）为 $133 \times 10^4 m^3/h$，工况条件下烟气量（标态）为 $240 \times 10^4 m^3/h$。其设计参数见表 3-22。

表 3-22　梅钢 400m² 烧结脱硫系统设计参数

入口烟气参数	单 位	数 值	脱硫后设计值	单 位	数 值
烟气量（标态）	m³/h	133×10^4	SO₂ 浓度（标态）	mg/m³	≤50
烟气温度	℃	120	粉尘浓度（标态）	mg/m³	≤20
SO₂ 浓度（标态）	mg/m³	800~1200	脱硫效率	%	≥95
粉尘浓度（标态）	mg/m³	80			

运行数据表明，脱硫后出口净烟气 SO₂ 浓度（标态）低于 $100mg/m^3$（最低小于 $20mg/m^3$），系统脱硫效率在 95% 以上，最高可达到 99%；粉尘排放浓度（标态）低于 $20mg/m^3$，各项性能指标均满足了设计要求。经过两个多月的稳定运行，该项目的技术经济指标及分析见表 3-23。年运行时间为 7920h，运行率为 90.4%；脱硫剂为纯度 70% 生石灰；脱硫剂消耗量及年脱硫量按入口 SO₂ 浓度（标态）$1200mg/m^3$ 计算；工程投资包含土建、供货、安装、调试等，运行成本不含投资折旧费。

表 3-23　梅钢 400m² 烧结脱硫系统技术经济分析表

项目名称	消耗量	单 价	费用/万元
工程投资		20 元/m²	8000
脱硫剂	2.2t/h	300 元/t	522.72
工业水	38t/h	0.24 元/t	7.22
电	3537kW	0.53 元/(kW·h)	1484.69
蒸汽	1.3t/h	120 元/t	123.55
人员	12 人	8 万元/(人·年)	96
年维修费			89
年运行总费用			2323.18
脱硫成本	1.23 万吨 SO₂/年	1890 元/t（SO₂）	
吨矿脱硫成本	411.84 万吨烧结矿/年	5.6 元/t（烧结矿）	（不含折旧）

经过一段时期的稳定高效运行，运行指标表明，梅钢 400m² 大型烧结机干法烟气脱硫装置具有以下特点：

（1）对烧结烟气 SO₂ 浓度波动具有良好的适应性。实际工况入口 SO₂ 浓度（标态）的最大值 $2200mg/m^3$，远超出原设计最大值（标态）$1200mg/m^3$，经过增加脱硫剂加入量可使 SO_2 排放浓度（标态）达到小于 $100mg/m^3$ 的要求，可以适应高硫矿和更低 SO_2 排放浓度（如小于 $50mg/m^3$）的需要。

（2）对烧结烟气量波动具有良好的适应性。从脱硫系统运行在最大设计风量和实际工况风量上看，均运行稳定，没有出现塌床的问题，这表明脱硫系统有良好的操作弹性。

（3）高脱硫效率。采用 CFB 反应器，利用塔内激烈湍动的高密度颗粒床层，并采用现场消化的新鲜消石灰作为脱硫剂，在较低的 Ca/S 物质的量比下，脱硫效率高达 95% 以上。

（4）低粉尘排放。采用脱硫除尘一体化工艺，脱硫后采用布袋除尘器，降低烧结机机头的烟尘排放浓度（标态）至 $20mg/m^3$。

该工艺具有脱除烟气多组分污染物的能力，在脱除 SO_2 的同时，协同高效脱除 SO_3、HCl、HF、重金属、粉尘、二噁英等。排烟不需要再热，整套脱硫装置及烟囱不需要防腐，可以利用原来的烟囱进行排烟，烟气的扩散效果好，大大降低了设备的投资和运行维护费用。脱硫系统占地小，启停方便，启停时间不超过半个小时。

3.4.7　三钢 180m² 烧结机 CFB 法烟气脱硫工程

福建三钢 2 号 180m² 烧结机采用 CFB – FGD 半干法技术[36~39]。2007 年 3 月开工建设，同年 10 月正式投入运行。运行效果良好，脱硫效率大于 90%，最高可达 98%，SO_2 平均排放浓度小于 $400mg/m^3$，最低达 $100mg/m^3$，粉尘排放浓度小于 $50mg/m^3$，各项运行性能指标都优于设计要求。该脱硫装置运行后，每年可削减 SO_2 排放量 4000 多吨。

脱硫工艺流程如图 3 – 14 所示，烧结机烟气分别进入两台电除尘器及 2 号、3 号引风机，采用半烟气脱硫流程。SO_2 浓度较高的部分烟气经 2 号引风机自吸收塔底部进入吸收塔，烟气经塔底的文丘里结构加速后与消化石灰发生脱硫反应。脱硫后的烟气从吸收塔顶部侧向下行进入布袋除尘器，进行气固分离。经除尘器捕集下来的固体颗粒，通过脱硫灰再循环系统返回吸收塔继续进行循环反应，脱硫除尘后的烟气通过烟囱排放。而 SO_2 浓度较低的部分烟气则经 3 号引风机送入电除尘净化后达标排放。脱硫系统采用炉后旁路布置，当脱硫系统不运行时，烟气经机头电除尘器处理后，通过主抽风机排至烟囱。脱硫系统与烧结机的主机系统相对独立，便于管理与维护。

该脱硫装置最显著的运行特点有两点：

（1）脱硫剂与降温水分别加入到吸收塔内，两者可以分别控制。不会像石灰浆液或者增湿消化器那样，为了适应入口 SO_2 的变化，加入吸收剂的同时带入大量的水，吸收塔内水分在短时间内不能蒸发，导致烟气湿度高，造成吸收塔后

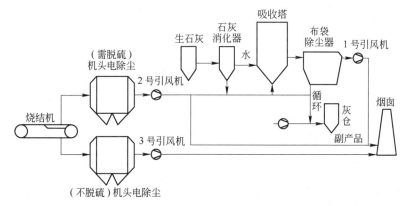

图 3-14　三钢 180m² 烧结机烟气脱硫工艺流程示意图

面的设备容易腐蚀，布袋除尘器容易糊袋。

（2）能适应负荷变化是该脱硫装置最显著的特点。脱硫装置设置了清洁烟气再循环回路，当负荷降至满负荷的 70% 以下时，开启循环烟道挡板，可以把 1 号引风机后的清洁烟气利用吸收塔的负压引入吸收塔，从而在不同负荷下，系统能保证吸收塔内的烟气量不变，进而可以保证吸收塔内的物料床层不变。清洁烟气再循环的设置使得脱硫系统可以独立于烧结机主系统单独调试与运行。

福建三钢 180m² 烧结机烟气量（湿标）为 $53 \times 10^4 m^3/h$，仅对主抽风机后 55% 的烟气进行半烟气脱硫。烟气参数及脱硫装置设计参数见表 3-24。

表 3-24　三钢 180m² 烧结机入口烟气参数及脱硫装置设计参数

入口烟气参数	单　位	数　值	脱硫设计值	单　位	数　值
烟气量（湿标）	m³/h	29.2×10^4	排烟温度	℃	75
烟气温度	℃	120~180	Ca/S	mol/mol	1.25
SO₂ 浓度（标态）	mg/m³	5000	脱硫效率	%	≥93
粉尘浓度（标态）	mg/m³	50	粉尘浓度（标态）	mg/m³	50
水蒸气含量	%	10~15	脱硫装置压降	Pa	3800
			脱硫装置漏风率	%	≤5

通过物料在吸收塔内的内循环和高倍率外循环，使床内的累积 Ca/S 高达 50 以上，从而强化了脱硫剂与烟气中 SO₂、SO₃、HF 和 HCl 等气体的传质传热。在文丘里出口扩管段设有喷水装置，使烟温降至 71~80℃，高于烟气露点 15~20℃。延长脱硫剂与烟气接触时间，使系统脱硫效率达到 90% 以上。在系统试运行过程中，监测了 4 个工况的技术参数，见表 3-25。

表 3 – 25   三钢 180m² 烧结机烟气脱硫装置试运行过程技术参数

项目名称	单 位	工况 1	工况 2	工况 3	工况 4
入口烟气量（工况）	m³/h	34.6×10^4	33.6×10^4	36.9×10^4	33.1×10^4
烟气负荷	%	89	84	81	84
入口 SO₂ 浓度	mg/m³	4770	3900	4240	5060
出口 SO₂ 浓度	mg/m³	390	370	360	420
脱硫率	%	91.8	90.5	91.5	91.7
出口粉尘浓度	mg/m³	30	30	32	35
吸收塔入口温度	℃	143	145	147	139
吸收塔出口温度	℃	77	75	77	74
吸收塔床层压降	Pa	1206	1056	1251	1306

　　脱硫装置经济技术指标见表 3 – 26。工程投资包括脱硫装置及土建、安装，生石灰成本指细磨石灰成本（含运输费），电耗不包含主抽风机，备件费用指布袋、星形卸灰阀等易耗备件，设备折旧按 15 年计，年产烧结矿约 200 万吨。

表 3 – 26   三钢 180m² 烧结机烟气脱硫装置经济技术指标

项 目 名 称	年 消 耗 量	单 价	年运行费用/万元
工程投资			约 2600 万元
生石灰耗量	1.97 万吨	328 元/t	646
工艺水耗量	21.54 万吨	0.22 元/t	4.7
电 耗	864 万千瓦·时	0.55 元/(kW·h)	475.2
人工费	8 人	3.6 万元/人	28.8
备件费用			78
设备折旧			173
年运行费用			1406
吨矿运行成本	200 万吨	7.03 元/t	

该工艺运行的注意事项有如下几点：

（1）吸收塔出口温度。运行中，出口温度控制在 75 ~ 80℃ 之间，一般稳定在 ±1℃。如果温度过低，将影响系统的安全运行。

（2）Ca/S。Ca/S 是影响系统脱硫效率和运行经济性的重要因素。可以在 DCS 中手工输入 SO₂ 排放浓度，其目的是调节生石灰的加入量。Ca/S 控制在 1.2 ~ 1.3 之间可达到最佳的脱硫效果。

（3）吸收塔压降。吸收塔的床层压降可以有效反映塔内流化床的脱硫灰循环量，直接影响流化床的建立和烟气的冷却水能否及时完成蒸发。维持吸收塔最佳性能的床层压降约为 1.0~1.3kPa。

（4）吸收剂品质。生石灰的活性直接影响吸收剂的耗量，活性越好，Ca/S越低，生石灰的耗量相对减少。生石灰消化速度小于4min，纯度大于80%，粒度小于1mm。消化后的消石灰粉，含水率控制在1%的范围内，平均粒径10μm左右，比表面积可达20m²/g以上。

（5）布袋除尘器。由于脱硫灰料不断循环，使得布袋除尘器入口粉尘浓度（标态）高达600~1000mg/m³，除尘效率要达到99.99%以上，运行的关键是防止糊袋以及选择合理的气布比。系统选用低压旋转脉冲喷吹式布袋除尘器，相当于固定床反应器，可以延时进行脱硫反应，其中的脱硫率可达到总脱硫率的15%~30%。

（6）脱硫灰渣。半干法脱硫的脱硫灰渣成分以 $CaSO_3 \cdot 1/2H_2O$ 和 $CaSO_4 \cdot 1/2H_2O$ 为主，可用作建材掺和料。脱硫塔内布袋除尘器灰斗下的脱硫灰采用浓相正压仓泵气力输送至脱硫灰库。

三钢 CFB-FGD 半干法技术特点为：

（1）采用选择性脱硫工艺，对烧结风箱中高浓度 SO_2 烟气集中处理，克服了大排量、低浓度 SO_2 烧结烟气的治理难题，对烧结工况变化的适应能力强，能达到稳定运行要求。

（2）利用 CFB 技术在布置上的灵活性，系统旁路布置，吸收塔架空在厂区主干道上，跨度为8m，净空为5.5m以上，脱硫除尘器占地面积17.2m×28.2m，能满足厂内交通、消防、设备检修维护的需要。

（3）排烟温度始终控制在高于露点温度20℃以上，烟气不需要再加热，系统无废水产生，也无需防腐处理。

3.5 旋转喷雾干燥法

旋转喷雾干燥烟气脱硫技术（spray drying adsorption，SDA）[40~45]是丹麦 Niro 公司开发的一种喷雾干燥吸收工艺。1980年，Niro 公司的第一套 SDA 装置投入运行；1998年，德国杜伊斯堡钢厂烧结机成功应用旋转喷雾干燥脱硫装置。经过30多年的发展，SDA 现已成为世界上最为成熟的半干法烟气脱硫技术之一。

3.5.1 工艺原理及流程

喷雾干燥烟气脱硫技术利用喷雾干燥的原理，一般以石灰作为脱硫剂，消化好的熟石灰浆在吸收塔顶部经高速旋转的雾化器雾化成直径小于100μm并具有大表面积的雾粒，烟气通过气体分布器导入吸收室内，两者接触混合后发生强烈的热交换和脱硫反应，烟气中的酸性成分被碱性液滴吸收，并迅速将大部分水分蒸发，浆滴被加热干燥成粉末，飞灰和反应产物的部分干燥物落入吸收室底排出，细小颗粒随处理后的烟气进入除尘器被收集，处理后的洁净烟气通过烟囱排放。

SDA 干燥吸收发生的基本反应如下：

$$Ca(OH)_2 + SO_2 \longrightarrow CaSO_3 + H_2O$$
$$Ca(OH)_2 + SO_2 + 0.5O_2 \longrightarrow CaSO_4 + H_2O$$
$$Ca(OH)_2 + 2HCl \longrightarrow CaCl_2 + 2H_2O$$
$$Ca(OH)_2 + 2HF \longrightarrow CaF_2 + 2H_2O$$

SDA 干燥吸收原理如图 3 - 15 所示。SDA 脱硫工艺流程如图 3 - 16 所示。烧结烟气经过预除尘后进入脱硫塔，烟气与经雾化的石灰浆雾滴在脱硫塔内充分接触反应，反应产物被干燥，在脱硫塔内主要完成化学反应，达到吸收 SO_2 的目的。经吸收 SO_2 并干燥的含粉料烟气出脱硫塔进入布袋除尘器进行气固分离，实现脱硫灰收集及出口粉尘浓度达标排放。在布袋除尘器入口烟道上添加活性炭可进一步脱除二噁英、汞等有害物质，经布袋除尘器处

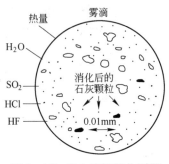

图 3 - 15　SDA 干燥吸收原理

理的净烟气由烟囱排入大气。SDA 系统还可以采用部分脱硫产物再循环制浆来提高脱硫剂的利用率。

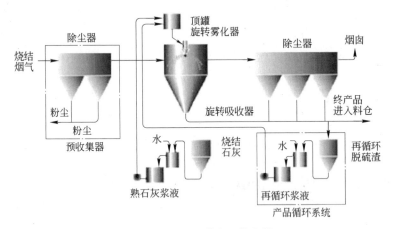

图 3 - 16　SDA 脱硫工艺流程

3.5.2　工艺系统及设备

喷雾干燥法脱硫工艺系统主要由 3 部分组成。

3.5.2.1　脱硫除尘系统

脱硫除尘系统由旋转喷雾吸收干燥脱硫塔、布袋除尘器、增压风机、进口挡

板、旁路烟道挡板、烟道、非金属补偿器等组成。烧结主抽风机后烟道引出的原烟气进入脱硫塔，与石灰浆雾滴在脱硫塔内充分接触反应除去 SO_2，反应产物被干燥，经干燥的含粉料烟气出脱硫塔进入布袋除尘器进行气固分离，实现脱硫灰收集及出口粉尘浓度达标排放。

3.5.2.2　脱硫剂储存及浆液制备供给系统

该系统由石灰粉仓、振动筛、计量螺旋给料机、消化罐、浆液罐、浆液泵、浆液管道和阀门等组成，可实现烟气脱硫所需的脱硫剂制备和供给。制备好的石灰浆液由石灰浆液泵根据 SO_2 浓度定量送入脱硫塔雾化器，经旋转雾化器雾化成雾滴与进入塔内的烟气接触发生反应。设置工艺水水罐，在烟气温度过高时，接入雾化器，进行雾化降温。

3.5.2.3　脱硫灰输送系统及外排系统

布袋除尘器收集的脱硫灰采用机械输送方式，经除尘器灰斗下部星形卸灰阀卸至切出刮板输送机、集合刮板输送机、斗式提升机送至脱硫灰仓。灰仓内脱硫灰部分循环使用，部分定期外排进行综合利用。浆液管道和浆液泵等在停运时需要进行冲洗。在脱硫区设集水池，其冲洗水就近收集在集水池内。集水池内的浆液用泵送返至浆液罐再利用。

3.5.3　技术特点

SDA 脱硫工艺的技术特点如下：

（1）运行阻力低。SDA 不需要大量固体循环灰在塔内循环，也不需要脱硫后烟气回流来保证塔内固体脱硫灰处于流化状态，因此，SDA 吸收塔的阻力不超过 1000Pa。

（2）脱硫效率高。SDA 工艺采用与湿法相同的机制，脱硫效率介于湿法和干法之间。根据原始 SO_2 浓度情况及排放指标要求，其脱硫效率通常可在 90% ~ 97% 的范围内调节。SDA 对 SO_3、HCl、HF 等酸性物有接近 100% 的脱除率。

（3）合理而均匀的气流分布。脱硫塔顶部及塔内中央设有烟气分配装置，确保塔内烟气流场分布均匀，使烟气和雾化的液滴充分混合，有助于烟气与液滴间质量和热量传递，使干燥和反应条件达到最佳；同时确定合理的塔内烟气与雾滴接触时间，因此可得到最大脱硫效率，并且可以充分干燥脱硫塔内雾滴。

（4）浆液量可自动调节。SDA 雾化器采用高速旋转（约 10000r/min）产生离心力，液滴大小仅与雾化轮直径和转速有关，因此，浆液雾化效果与给浆量无关，当吸收剂供料速度随烟气流量、温度及 SO_2 浓度变化时，不会影响雾滴大小，从而确保脱硫效率不受影响。为了保证浆液的雾化效果及系统的稳定安全运行，旋转雾化器一般采用进口设备。

（5）对脱硫剂的品质要求不高。可利用石灰窑成品除尘系统收集的石灰粉作为脱硫剂。脱硫剂采用 $Ca(OH)_2$ 浆液，在喷入脱硫塔前将生石灰加水放热消化成 $Ca(OH)_2$ 浆液，不是直接用 CaO 粉末，不会出现未消化的 CaO 在除尘器内吸水、放热而导致糊袋和输灰系统卡堵现象。

（6）对烧结工况的适应性强。SDA 通过 DCS 自动控制系统自动监测进出口烟气数据，由气动调节阀调节塔内雾化吸收剂浆液量来适应烧结工况的变化，且不会增加后续除尘器的负荷。

（7）脱硫后烟气温度大于露点温度。除尘器出口温度控制在较低但又在露点温度以上的安全温度，烟气温度大于露点 15℃ 以上。因此，系统采用碳钢作为结构材料，整套脱硫系统不需防腐处理，也不需要重新加热系统。

（8）水耗低、对水质适应性强。脱硫水耗低，可用低质量的水作为脱硫工艺水（如碱性废水），达到以废治废的目的，且脱硫不产生废水。

（9）副产物可综合利用。SDA 脱硫产物中 $CaSO_4$ 含量为 40% ~54%、$CaSO_3$ 含量为 44% ~30%，二者总含量在 80% 以上。脱硫副产物以一定比例加入高炉渣中，通过磨机制作矿渣微粉。矿渣微粉可用作新型混凝土掺合料，实现副产物资源化，间接减排 CO_2。干态脱硫灰还可用于免烧砖等多种用途，实现废弃物再利用。

（10）预留活性炭喷入装置，可脱除二噁英和重金属等，并可方便地与脱硝装置衔接。

3.5.4   副产物脱硫灰的特性及再利用

3.5.4.1   脱硫灰的成分

烧结烟气 SDA 法脱硫灰呈碱性，除了含硫酸钙外，还含有飞灰、有机碳、碳酸钙、亚硫酸钙及由钠、钾、镁的硫酸盐或氯化物组成的可溶性盐等杂质。鞍钢已有 3 台烧结机采用 SDA 法烟气脱硫，每年产生脱硫灰约 3.6 万吨，原设计作为水泥原料，但由于脱硫灰的成分不能满足水泥厂的要求，目前只能外运堆存处理，造成了资源浪费和二次污染。为此，鞍钢对烧结烟气脱硫灰（主要包括脱硫塔灰和脱硫除尘灰）进行了成分分析，其与天然石膏的对比结果见表 3 - 27[40]。

表 3 - 27   鞍钢烧结烟气 SDA 法脱硫灰成分分析（质量分数）   （%）

项　目	$CaCl_2$	Na_2O	SO_3	Fe_2O_3	MgO	CaO	SiO_2	Al_2O_3	结晶水
天然石膏	—	—	41.10	1.15	1.30	31.50	4.30	1.73	—
脱硫塔灰	0.58	0.03	32.84	1.40	2.86	36.46	1.50	0.31	11.17
脱硫除尘灰	4.21	0.18	35.69	1.10	3.02	34.59	0.90	0.10	13.41

由表 3-27 可见，与天然石膏相比，脱硫塔灰与脱硫除尘灰中都含有 $CaCl_2$，二者的 SO_3 含量低于天然石膏，CaO 含量略高于天然石膏。XRD 分析结果表明，脱硫塔灰与脱硫除尘灰的主要组分相近，脱硫塔灰中 $CaCO_3$ 和 $Ca(OH)_2$ 含量较高，是由脱硫剂浆液中 $Ca(OH)_2$ 与烟气中的 CO_2 反应生成的，另有一部分未参与反应；脱硫除尘灰中 $CaSO_3 \cdot 0.5H_2O$ 和 $CaSO_4 \cdot 0.5H_2O$ 含量较高。

3.5.4.2　影响脱硫灰利用的因素

A　氯离子

氯离子（Cl^-）含量较高是由于在烧结机尾成品烧结矿表面喷洒质量分数为 2%~3% 的 $CaCl_2$ 等氯化物，用以降低烧结矿的还原粉化率所致，氯化物受热挥发进入烟气。氯化物除了富集在电除尘器上，还进入烧结烟气脱硫系统，随飞灰进入脱硫灰中。过多的 Cl^- 会影响石膏晶体的水化结晶，导致石膏浆体不凝结、无法形成强度；Cl^- 又是混凝土中钢筋锈蚀的重要因素。根据国家标准，水泥中的 Cl^- 含量不大于 0.06%，脱硫石膏砌块中 Cl^- 含量不大于 100mg/kg。

B　游离氧化钙和消石灰

游离氧化钙（$f-CaO$）与水作用迅速水化生成 $Ca(OH)_2$，放出大量的热，体积迅速膨胀，产生应力集中，从而破坏结构强度。$Ca(OH)_2$ 易与空气中的 CO_2 反应生成 $CaCO_3$，同样会造成体积不稳定。

C　亚硫酸钙

$CaSO_3$ 在空气中缓慢氧化成 $CaSO_4$，体积膨胀，破坏脱硫灰的稳定性，导致水泥或混凝土的轻微膨胀或开裂，影响其在建材等领域的应用。干态脱硫灰在密闭或敞开的环境下，90 天后 $CaSO_3$ 转化率为 1%，不易被氧化；湿态脱硫灰在密闭条件下不易被氧化，而在敞开放置条件下易被氧化，90 天后 $CaSO_3$ 转化率为 5%。

3.5.4.3　脱硫灰的综合利用

西门子-奥钢联提出了脱硫副产物喷入高炉随高炉渣一并固化的方案，而奥地利林茨钢厂 250m^2 烧结机的脱硫渣采用与水泥固化后填埋的处理方式，国内对脱硫灰的应用主要集中在生产石膏板及水泥添加剂等。鞍钢脱硫灰与其他冶金固废一起应用，开发石膏及砌块等建材产品，或作为水泥缓凝剂，或喷入高炉固化到高炉渣中，随高炉渣一起利用。

脱硫灰再利用的一种思路是采取措施将 $CaSO_3$ 转化为 $CaSO_4$，同时消除或减轻 Cl^-、$f-CaO$ 和 $Ca(OH)_2$ 的不利影响。脱硫灰中的 $CaCl_2$、沸石和明矾石可以作为 $f-CaO$ 的化学稳定剂，可相互削弱不利影响；脱硫灰再利用过程中辅以多次滤洗消除 Cl^- 的不良影响，同时增加 $f-CaO$ 与水接触反应的几率，加速其水化。另一种思路是减少脱硫灰的排放。鞍钢一般采用 Ca/S 为 1.1～1.8，使得脱硫灰的未利用率在 20%～50% 之间。在满足脱硫效率的前提下，优化系统工艺参数，降低钙硫比；同时，可以将部分脱硫灰作为循环灰重新制浆再利用，提高脱硫灰中 $CaSO_4$ 的比例。

3.5.5　济钢 400m² 烧结机 SDA 法烟气脱硫工程

济钢对比分析国内多种干湿法脱硫工艺后，根据项目投资预算和 400m² 烧结机的实际工况，最终采用了 SDA 全烟气脱硫技术[41~43]。该项目作为济钢 2010 年重点环保项目启动，其工艺流程如图 3-17 所示。

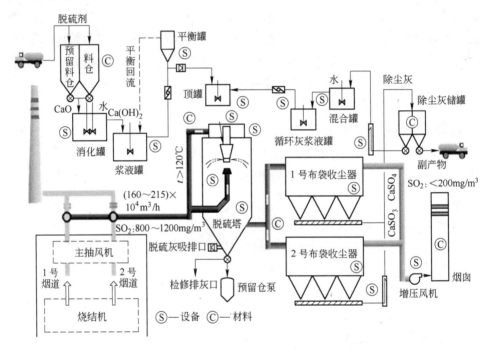

图 3-17　济钢 400m² 烧结机烟气脱硫工艺流程

烧结烟气从主抽风机出口烟道顶面引出，经原烟气旁路挡板和脱硫装置入口挡板切换后，烟气被分为两股气流送入旋转喷雾干燥脱硫塔，上支路烟气由脱硫塔顶部烟气分配器进入塔内，下支路烟气由脱硫塔中心烟气分配器进入塔内；脱硫剂浆液由浆液罐经浆液泵输送到塔顶的顶罐，顶罐中的浆液自流入雾化器，被雾化成粒径为 50μm 的雾滴，与脱硫塔内烟气接触吸收 SO_2，脱硫塔出口烟气进入布袋除尘器，净化后由增压风机抽引至 65m 高烟囱排入大气。烧结机机头除尘为电除尘，配备 2 台主抽风机。脱硫系统设计参数见表 3-28。

表3-28　济钢400m² 烧结脱硫系统设计参数

参　数	单位	数　据	参　数	单位	数　据
烟气量（工况）	m³/h	240万	入口烟气温度	℃	110~130
烟气量（标态）	m³/h	130万	出口烟气温度	℃	75~80
入口SO₂浓度（标态）	mg/m³	800~1400	入口粉尘浓度（标态）	mg/m³	<80
出口SO₂浓度（标态）	mg/m³	≤150	出口粉尘浓度（标态）	mg/m³	≤30
脱硫效率	%	>95			

该项目在2012年1月顺利完成168h运行考核。2012年2~3月，经过两个月的稳定运行，运行经济指标分析见表3-29，各项指标均满足了设计要求。年运行时间为7920h，运行率为90.4%，烧结机利用系数约为1.32t/(m²·h)，运行费用不包括投资折旧。

表3-29　济钢400m² 烧结机 SDA 法烟气脱硫运行经济指标分析

项目名称	消耗量	单　价	年费用/万元
工程投资			6600
脱硫剂	2.2t/h	350元/t	609.84
工业水	40t/h	0.24元/t	7.60
电	2106kW	0.60元/(kW·h)	1000.77
蒸汽	0.01t/h	120元/t	0.95
人员	20人	8万元/(人·年)	160
年维修费			92
年运行总费用			1871
脱硫成本	1.36万吨SO₂/年	1375.8元/t(SO₂)	
吨矿脱硫成本	420万吨烧结矿/年	4.5元/t（烧结矿）	（不含折旧）
		5.0元/t（烧结矿）	（含折旧）

3.5.6　鞍钢328m² 烧结机 SDA 法烟气脱硫工程

2009年，鞍钢集团工程技术有限公司引进了 SDA 工艺，针对鞍钢炼铁总厂西区2台328m² 烧结机采用 SDA 法进行全烟气脱硫[44]，分别于2009年12月及2010年11月进行热试，并进行了168h整套试运，目前运行稳定。SDA 烟气脱硫吸收塔为空塔结构，其工艺流程如图3-16所示。该项目在原有工艺基础上增加了循环灰系统、气力输送系统和凝结水回收系统等节能装置，有效地提高了能源的再利用水平。其中，凝结水回收系统每天可节水24t，循环灰系统可减少灰排放20%。

鞍钢炼铁总厂西区设有 2 台 328m² 烧结机，每台烧结机配套 2 台额定风量为 $99 \times 10^4 m^3/h$ 的主抽风机和 2 台 234m² 的双室三电场电除尘器，年产烧结矿 714 万吨，2 套烟气脱硫系统处理的烟气量均为 $198 \times 10^4 m^3/h$，设计值见表 3-30。

表 3-30 鞍钢西区 328m² 烧结机脱硫系统入口烟气参数（设计值）

参 数	单 位	参 数 值	漏风率参数	单 位	参 数 值
烟气量（工况）	m³/h	$2 \times (99 \times 10^4)$	烟气温度	℃	80~150，平均 120
粉尘浓度	mg/m³	100~300	水含量（体积分数）	%	5~10
SO₂ 浓度	mg/m³	400~1400	氧含量（体积分数）	%	14~17

西区 A、B 系列 328m² 烧结机在 2011 年 1 月 15 日~2 月 25 日运行期间，入口及出口烟气参数的平均值见表 3-31。

表 3-31 西区 328m² 烧结机 A、B 系列烟气脱硫系统平均运行记录

参 数	单 位	系统 A 均值	系统 B 均值
入口 SO₂ 浓度	mg/m³	945.19	872.78
出口 SO₂ 浓度	mg/m³	82.17	61.68
脱硫效率	%	91.26	92.91
入口烟尘浓度	mg/m³	132.43	35.54
出口烟尘浓度	mg/m³	19.39	23.51
运行成本	元/t	5.34	5.56

从表 3-31 中数据可见，两系统出口 SO₂ 浓度完全符合鞍钢公司对西区 328m² 烧结机脱硫系统实施后的效果要求。西区 B 系列从 2009 年 12 月运行至今，一直稳定运行，与烧结机的同步运转率达到 100%。2 个系统的运行成本平均值分别为 5.34 元/t（烧结矿）、5.56 元/t（烧结矿）。虽然原料及能源介质涨价对成本控制有一定的影响，但可以从合理控制脱硫系统温度、出口 SO₂ 浓度、提高运行管理水平等多个方面进行改进，以便降低运行成本达到节能降耗的目的。西区 328m² 烧结机脱硫系统实施后的运行效果参数见表 3-32。脱硫系统漏风率包括脱硫塔、布袋除尘器和烟道漏风率三部分。

表 3-32 鞍钢西区 328m² 烧结机脱硫系统运行效果参数

参 数	单 位	参数值	漏风率参数	单 位	参数值
出口烟尘浓度	mg/m³	≤30	脱硫系统	%	≤3
出口 SO₂ 浓度	mg/m³	≤100	脱硫塔	%	≤0.5
脱硫效率	%	≥90	布袋除尘器	%	≤2
脱硫系统噪声	dB（A）	≤85	烟道	%	≤0.5
脱硫系统寿命	a	≥20			

根据原始 SO_2 浓度情况及排放指标要求，其脱硫效率可在 90% ~97% 的范围内迅速调节。西区 $328m^2$ 烧结机工程投产后，每年可减排 SO_2 约 8000t、粉尘约 2000t，烟气排放达到国家标准，可明显改善该地区的大气环境。

3.5.7 泰钢 $180m^2$ 烧结机 SDA 法烟气脱硫工程

泰钢 $180m^2$ 烧结机烟气脱硫采用了 SDA 脱硫工艺[45]，其工艺流程如图 3-18 所示。

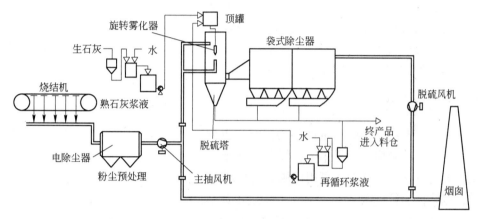

图 3-18 泰钢 $180m^2$ 烧结机 SDA 法脱硫工艺流程

泰钢 $180m^2$ 烧结机烟气入口参数及设计要求见表 3-33。

表 3-33 泰钢 $180m^2$ 烧结机烟气入口参数及设计参数

入口烟气	单 位	数 值	出口烟气	单 位	数 值
烟气温度	℃	150	烟气温度	℃	95 ~105
粉尘浓度	mg/m³	90	粉尘浓度	mg/m³	≤50
SO_2 浓度	mg/m³	1200 ~1400	SO_2 浓度	mg/m³	≤200
烟气流量（标态）	m³/h	102×10^4			

根据上述参数，确定主要设备选型：

(1) 吸收塔。根据烟气量大小选择吸收塔直径为 15m，有效高度 11.5m，处理烟气量 $102 \times 10^4 m^3/h$。

(2) 旋转雾化器。它是 SDA 工艺的关键设备，选用 F-350 型，雾化轮直径 350mm，最大处理量 92t/h。

(3) 烟气分布器。可使烟气分布均匀，顶部选用 DGA12500 型，中心选用 DCS8000 型。

(4) 布袋除尘器。选用离线长袋脉冲袋式除尘器。处理烟气量 $102 \times 10^4 m^3/h$，过滤面积 18200m²，压力损失小于 1.5kPa，耐负压 5kPa。

(5) 脱硫风机。主排风机选用动叶可调轴流式引风机。处理烟气量 108 × 10⁴m³/h，全压 4kPa，驱动电机功率 1500kW。

(6) 能耗、物耗。生石灰粉 0.62t/h；辅助设施电耗 480kW·h，脱硫增压风机电耗 1088kW·h；工艺水 19.3t/h；压缩空气 1020m³/h；喷浆量 10.3t/h，浆液浓度 17% ~20%。

在实际生产运行中，还存在以下问题需要进一步完善：

(1) 制浆后筛出的大颗粒物料、浆液影响环境；

(2) 吸收塔内壁粘灰严重，影响脱硫效果，且造成吸收塔排灰不畅；

(3) 吸收塔内脱硫灰直接排至地面，运输困难；

(4) 脱硫灰运输过程中易结块堵塞管道，处理困难且影响环境。

3.6　氧化镁法

中国是世界上镁矿储量最多的国家，占世界储量的 80% 左右，氧化镁及镁盐生产和出口量均为世界第一。镁矿石的主要成分是碳酸镁（$MgCO_3$），经过煅烧生成的氧化镁（MgO）可用作脱硫吸收剂，靠近产区的企业可采用氧化镁法脱硫，以降低运行成本。

3.6.1　工艺原理

氧化镁法脱硫[46~48]的基本原理是将氧化镁通过浆液制备系统制成氢氧化镁（$Mg(OH)_2$）过饱和液，在脱硫吸收塔内与烧结烟气充分接触，与烧结烟气中的 SO_2 反应生成亚硫酸镁（$MgSO_3$），从吸收塔排出的亚硫酸镁浆液经脱水处理和再加工后可生产硫酸，或者将其强制氧化全部转化成硫酸盐制成七水硫酸镁（$MgSO_4 \cdot 7H_2O$）。工艺原理如下：

(1) 氧化镁浆液的制备。氧化镁原料粉和工艺水按照比例混合在一起，制成一定浓度的氢氧化镁浆液。主要的反应有：

$$MgO + H_2O \longrightarrow Mg(OH)_2$$

(2) SO_2 的吸收。氢氧化镁浆液送入吸收反应塔，浆液自上而下和烟气中的二氧化硫进行逆向接触反应。主要的反应有：

$$Mg(OH)_2 + SO_2 \longrightarrow MgSO_3 + H_2O$$

$$MgSO_3 + SO_2 + H_2O \longrightarrow Mg(HSO_3)_2$$

$$Mg(HSO_3)_2 + Mg(OH)_2 \longrightarrow 2MgSO_3 + 2H_2O$$

$$Mg(OH)_2 + SO_2 + 5H_2O \longrightarrow MgSO_3 \cdot 6H_2O$$

(3) 氧化。吸收塔或氧化塔中进行强制地氧化，95% 以上的亚硫酸镁将被氧化成硫酸镁，主要的反应有：

$$MgSO_3 + 1/2O_2 \longrightarrow MgSO_4$$

（4）生产硫酸或者七水硫酸镁，主要的反应有：

$$MgSO_4 \longrightarrow MgO + SO_3$$
$$SO_2 + 1/2O_2 \longrightarrow SO_3$$
$$SO_3 + H_2O \longrightarrow H_2SO_4$$
$$MgSO_4 + 7H_2O \longrightarrow MgSO_4 \cdot 7H_2O$$

3.6.2 工艺系统及设备

烧结机烟气经过电除尘器去除粉尘至 $100mg/m^3$ 以下，通过增压风机进入脱硫塔，MgO 进行熟化反应生成一定浓度的 $Mg(OH)_2$ 浆液，在脱硫塔内，$Mg(OH)_2$ 与烟气中的 SO_2 反应生成 $Mg(HSO_3)_2$。$Mg(HSO_3)_2$ 经强制氧化生成 $MgSO_4$，直接排放或分离干燥后生成固体 $MgSO_4$ 进行回收。

该系统主要包括溶液的制备与输送、烟气冷却、脱硫以及液水处理 3 部分。

（1）$Mg(OH)_2$ 溶液的制备与输送。把脱硫剂仓库的袋装 MgO 粉剂加入已注水的反应罐中，形成 $Mg(OH)_2$ 溶液，质量分数约为 35%。罐内设置了搅拌机以防止沉淀，边搅拌边加入 MgO，同时导入蒸汽。$Mg(OH)_2$ 溶液通过输送泵送至 $Mg(OH)_2$ 储存罐内。

（2）烟气冷却、脱硫。从烧结机排放的烟气去除粉尘后通过增压风机进入脱硫塔的冷却器内，脱硫塔内集水池中的 $Mg(OH)_2$ 溶液通过冷却泵输送至冷却器，通过喷嘴喷淋。冷却器加入了外部冷却水，在喷淋后使烟气的温度降低至 70℃ 以下。烟气进入脱硫塔，在上升的过程中经过多孔板，与喷淋的 $Mg(OH)_2$ 浆液充分接触反应，达到去除 SO_x 的目的。烟气经过喷淋后上升，经过除雾器除雾之后进入脱硫塔排气烟囱排入大气。

（3）氧化罐排出液水处理。从氧化罐过来的废水经排水泵提升至二级凝集槽的第一级，同时将配制好的 8% 的 $Al_2(SO_4)_3$ 溶液和 0.1% 的聚丙烯酰胺按顺序先后投加至第一、二级凝集槽，废水经过二级凝集槽的混凝反应后，自流进入竖流沉降槽的导流筒后进入沉降区，上清液经过溢流堰进入处理水池达标外排，污泥沉降至泥斗后通过泥浆泵送至带式压滤机进行脱水处理。分离后的泥渣进入污泥斗后外运，滤液回流至沉降池导流筒重新处理。

氧化镁法脱硫系统工艺具有以下特点：

（1）脱硫效率高。在化学反应活性方面，MgO 要远远大于钙基脱硫剂，因此，在钙硫摩尔比和镁硫摩尔比相等的条件下，MgO 的脱硫效率要高于钙基脱硫剂的脱硫效率。一般情况下，MgO 的脱硫效率可达到 95% ~98% 以上，而石灰石 - 石膏法的脱硫效率仅能达到 90% ~95% 左右。

（2）投资费用少。MgO 的摩尔质量（40g/mol）比 CaCO$_3$（100g/mol）和 CaO（56g/mol）都小，在钙硫摩尔比和镁硫摩尔比相等时，MgO 具有独特的优越性，循环浆液量、设备功率、吸收塔结构、系统的整体规模都可以相应较小，因此，整个脱硫系统的投资费用可以降低 20% 以上。

（3）液气比低、运行费用低。决定运行费用的主要因素是脱硫剂的费用和水电汽的费用。MgO 的价格比 CaCO$_3$ 的价格高一些，但是脱除等量 SO$_2$ 的 MgO 用量是 CaCO$_3$ 用量的 40%。水电汽等动力消耗方面，液气比是一个十分重要的因素，它直接关系到整个系统的脱硫效率及运行费用。石灰石 - 石膏系统的液气比一般为 15 ~ 20L/m^3，而氧化镁法的液气比一般为 2 ~ 5L/m^3，降低了氧化镁法脱硫工艺的运行费用。

（4）运行可靠。镁法脱硫相对于钙法的优势是系统不会发生设备结垢堵塞问题，能保证整个脱硫系统安全有效的运行。镁法 pH 值控制在 6.0 ~ 6.5 之间，在该条件下，设备腐蚀问题也得到了一定程度的解决。

（5）副产物可综合利用。镁法脱硫的产物是硫酸镁，综合利用价值高。一方面，可以强制氧化全部生成硫酸镁，然后再经过浓缩、提纯生成七水硫酸镁进行出售。另一方面，也可以直接煅烧生成纯度较高的 SO$_2$ 来制硫酸。副产物的出售能抵消一部分运行费用。

3.6.3 韶钢 105m^2 烧结机氧化镁法烟气脱硫工程

韶钢 4 号 105m^2 烧结机采用氧化镁法烟气脱硫工艺，脱硫系统于 2008 年 12 月建成投入运行。韶钢 105m^2 烧结机氧化镁法烟气脱硫工艺流程如图 3 - 19 所示。

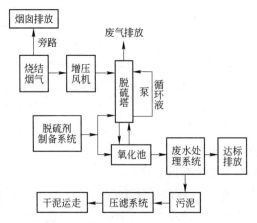

图 3 - 19 韶钢 105m^2 烧结机氧化镁法烟气脱硫工艺流程

韶钢 4 号烧结机烟气参数见表 3 - 34。

表 3-34 韶钢 4 号 105m² 烧结机烟气参数及脱硫后的技术经济指标

入口烟气参数	单 位	指 标	脱硫后指标	单 位	指 标
标干烟气量（标态）	m³/h	40×10⁴	SO₂ 浓度	mg/m³	≤200
烟气温度	℃	140	粉尘浓度	mg/m³	≤50
含水量（体积分数）	%	10	脱硫率	%	≥90
含氧量（体积分数）	%	15	脱硫量	t/a	5992
SO₂ 浓度	mg/m³	2000	年运行时间	h	8322
粉尘浓度	mg/m³	<100			

韶钢 4 号烧结机烟气脱硫系统经过一年多的运行，已达到了预期效果。年减排烧结粉尘 16614t，SO₂ 为 5992t。以脱硫效率 90% 计算，减排后每年节约排污费约 383 万元，其中粉尘部分为 4.6 万元，SO₂ 部分为 378.4 万元。运行成本低，尤其是电耗相对较低。系统设计处理烟气量（标态）为 40×10⁴m³/h，装机容量 1340kW·h，而实际生产中仅为 780kW·h 左右，氧化镁消耗量为 0.2t/h（进口烟气含 SO₂ 1000mg/m³（标态）左右），总水耗约为 55t/h，吨烧结矿脱硫运行成本为 4～6 元。脱硫效率一般在 95.5% 以上；设备操作、维护简单、安全。

镁法脱硫的镁硫比为 1:2.5 左右，而钙法脱硫的钙硫比一般为 1.03:1 左右，镁法脱硫相比钙法脱硫，其副产品产生和处理量少了近 2～3 倍，需要处理的副产品量少。废物运输及系统内部物料输送量相对减少，具有人工成本及能耗低等特点。工艺副产品主要为毫米级的 MgSO₄·7H₂O，其回收工艺技术比较成熟。系统循环液经过简单氧化后，可使其中 SO₃²⁻ 稳定在数百 ppm（10⁻⁴%）的水平下，这样可大幅度降低回收利用成本。回收液经过滤、结晶析出粗颗粒的 MgSO₄·7H₂O，使用价值远高于石膏，比从吸收液中直接分离出含 MgSO₃·6H₂O 的固态脱硫渣更具工业利用价值。目前，4 号烧结机烟气脱硫工艺副产品采取压榨后转移到堆放点暂时堆存，待后续回收处理系统投入运行后，再回收处理。

氧化镁法脱硫系统运行期间存在的问题主要有：

（1）防腐问题。该脱硫系统塔内烟气温度大都在 48～52℃ 之间，低于烟气饱和温度。烧结废气中除含有 SO₂ 外，还含有 SO₃、HCl 和 HF 等酸性物质，湿法脱硫时，它们大都以微细的气溶胶状态存在，其脱除率很低。因此，烟道、烟囱、脱硫塔及主要管路等必须采取防腐处理或采用耐腐蚀材料。

（2）"酸雾"现象。脱硫工艺外排烟气温度大致在 48～52℃ 之间，而外排烟气的酸露点也刚好接近该温度区，从而形成酸雾。

（3）废水中 COD 和重金属达标问题。由于烧结烟气成分复杂，生产中产生的废水需经专门处理才能排放；未作专门处理的废水，其 SO₄²⁻、COD 及重金属等难以达标排放。

（4）烟气脱硫剂的品质保证。该工艺采用了低价、低品位（含 85% MgO）的工业用氧化镁脱硫剂，对煅烧温度、粒径，以及运输、制备、储存过程中的防水、防潮等均有较高的要求；如果达不到要求，会影响其活性，降低脱硫效率，增加脱硫剂的消耗，加剧设备磨损和堵塞等。

针对运行期间出现的问题，对氧化镁法脱硫系统进行了改造：

（1）脱硫剂的改进。由于所用氧化镁颗粒细小，在 0.074mm（200 目）以下，尽管配备了一个布袋除尘器和一台湿式除尘器，但在制备过程中及人工开袋及投料时，二次扬尘还是比较严重的。通过调整工艺操作及设备整改，这一问题基本得到了解决。此外，将脱硫剂 MgO 的纯度由 85% 提高到 90%，粒度由 0.074mm（200 目）提高到 0.048mm（300 目），保证其溶解度，控制制浆罐内加水量和蒸汽温度，严格控制浆液的浓度，减少浆液的沉淀和堵塞管道。

（2）系统管道及系统防腐改进。进入吸收塔之前的管路，因输送物料主要为 $Mg(OH)_2$ 溶液，无需作防腐处理，故全部采用普通钢管；塔内外循环系统等主要管路则采用 316 不锈钢；外排液及水处理系统考虑到成本及管路压力不大、需要防腐等，大量改用 PVC 材质。尽量避免较大管径变化及使用弯头，防止积液堵塞和加剧管路磨损等问题。

（3）悬浮物的达标排放。氧化罐向外排放脱硫液时，必须降低外排液的悬浮物（suspended solids，SS）。系统增设了 $Al_2(SO_4)_3$ 及聚丙烯酰胺制备装置，将配制好的 $Al_2(SO_4)_3$ 溶液及聚丙烯酰胺溶液按一定顺序加入不同凝聚槽，以去除凝集外排水中的无机物和有机悬浮物，实现悬浮物达标排放。

经过不断摸索，调整工艺参数和改造，脱硫系统运行稳定，脱硫效率达 97% 以上。2009 年 7～12 月主要生产技术指标见表 3-35，由表可见出口 SO_2 浓度小于 50mg/m³，出口粉尘浓度小于 40mg/m³，满足国家排放标准。

表 3-35　韶钢 4 号 105m² 烧结机氧化镁法脱硫技术指标

指　标	单位	7 月	8 月	9 月	10 月	11 月	12 月
进口 SO_2 浓度	mg/m³	672.74	734.95	652.49	713.25	732.06	791.38
出口 SO_2 浓度	mg/m³	14.89	14.50	7.45	12.41	47.17	12.41
脱硫效率	%	97.8	98.0	98.9	98.3	93.6	98.4
O_2 质量分数	%	17.1	18.3	17.7	19.2	18.4	18.0
进口粉尘浓度	mg/m³	79.12	87.23	78.14	85.23	87.96	82.41
出口粉尘浓度	mg/m³	30.23	29.34	28.57	25.67	30.12	28.54
塔内循环液 pH 值		6.54	6.61	6.49	6.58	6.52	6.39

3.7　双碱法

双碱法脱硫工艺[49~53]首先用可溶性的钠碱溶液作为吸收剂吸收 SO_2，然后再用石灰溶液对吸收液进行再生，由于在吸收和吸收液处理中，使用了不同类型的碱，故称为双碱法。吸收剂常用的碱有纯碱（Na_2CO_3）、烧碱（NaOH）等。其操作过程分为三个阶段：吸收、再生和固液分离。

3.7.1 工艺原理

该法使用 NaOH 溶液在塔内吸收烟气中的 SO_2，生成 HSO_3^-、SO_3^{2-} 与 SO_4^{2-}；在塔外与石灰发生再生反应，生成 NaOH 溶液。可分为脱硫反应和再生反应两部分，并伴有副反应，反应式如下：

（1）塔内脱硫反应。

$$2NaOH + SO_2 \rightleftharpoons Na_2SO_3 + H_2O \qquad (3-2)$$
$$Na_2SO_3 + SO_2 + H_2O \rightleftharpoons 2NaHSO_3 \qquad (3-3)$$

式（3-2）为启动阶段 NaOH 溶液吸收 SO_2 以及再生液 pH 值较高（>9）时脱硫液吸收 SO_2 的主反应；式（3-3）为脱硫液 pH 值较低（5~9）时的主反应。

（2）氧化反应（副反应）。

$$Na_2SO_3 + 1/2O_2 \rightleftharpoons Na_2SO_4 \qquad (3-4)$$
$$NaHSO_3 + 1/2O_2 \rightleftharpoons NaHSO_4 \qquad (3-5)$$

（3）塔外再生反应。

$$NaHSO_3 + Ca(OH)_2 \rightleftharpoons NaOH + CaSO_3 + H_2O \qquad (3-6)$$
$$Na_2SO_3 + Ca(OH)_2 \rightleftharpoons 2NaOH + CaSO_3 \qquad (3-7)$$
$$Na_2SO_4 + Ca(OH)_2 \rightleftharpoons 2NaOH + CaSO_4 \qquad (3-8)$$
$$NaHSO_4 + Ca(OH)_2 \rightleftharpoons NaOH + CaSO_4 + H_2O \qquad (3-9)$$

再生过程在塔外进行避免了 $CaSO_3$ 和 $CaSO_4$ 在塔内结垢。再生后的 NaOH 溶液由脱硫循环泵送至塔内进行脱硫反应。在石灰浆液（石灰达到过饱和状况）中，中性的 $NaHSO_3$ 很快和石灰反应从而释放出 Na^+，随后生成的 SO_3^{2-} 又继续和石灰反应，反应生成的 $CaSO_3$ 以半水化合物形式慢慢沉淀下来，从而使 Na^+ 得到再生。可见，NaOH 只是作为一种启动碱，启动后实际消耗的是石灰，理论上不消耗 NaOH，只是清渣时会带出一些，因而有少量损耗。Na_2CO_3 作为启动碱时，塔内脱硫反应如下所示，塔外再生反应与 NaOH 作为启动碱的再生反应相同。

$$Na_2CO_3 + SO_2 \rightleftharpoons Na_2SO_3 + CO_2 \qquad (3-10)$$
$$Na_2SO_3 + SO_2 + H_2O \rightleftharpoons 2NaHSO_3 \qquad (3-11)$$

双碱法脱硫工艺流程如图 3-20 所示。烧结机头烟气经电除尘器净化后，由引风机引入脱硫塔。含 SO_2 的烟气切向进入塔内，并在旋流板的导向作用下螺旋上升；烟气在旋流板上与脱硫液逆向对流接触，将旋流板上的脱硫液雾化，形成良好的雾化吸收区，烟气与脱硫液中的碱性脱硫剂在雾化区内充分接触反应，完成烟气的脱硫吸收过程。经脱硫后的烟气通过塔内上部布置的除雾板，利用烟气本身的旋转作用与旋流除雾板的导向作用，产生强大的离心力，将烟气中的液滴甩向塔壁，从而达到高效除雾效果，除雾效率可达99%以上；脱硫后的烟气直接进入塔顶烟囱排放。

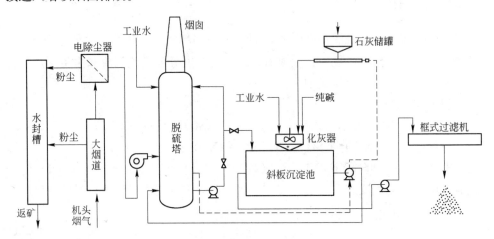

图 3-20 钠-钙双碱法烧结烟气脱硫工艺流程

脱硫液采用塔内循环吸收和塔外再生方式。雾化液滴在离心力作用下被甩向塔壁，沿塔壁以水膜形式流回旋流板塔塔釜。为保证循环液对 SO$_2$ 的吸收能力，由循环水泵引出部分脱硫液，经循环水池沉淀后的脱硫液溢流回再生池。在再生池中，脱硫液与石灰浆液充分混合，并发生再生反应，最后由清液泵从再生池中打回塔内循环使用。启动时由人工在结晶池中加入适量的晶种。

脱硫除尘后的废液由塔底排至冲灰沟，废液中的脱硫副产物 Na$_2$SO$_3$ 与药剂石灰溶液反应后生成 CaSO$_3$ 和 NaOH，难溶性易结垢物质 CaSO$_3$ 经药剂絮凝后在沉淀池内有效沉降，经有效沉淀后的 NaOH 澄清液用钠碱液调节 pH 值后由循环泵继续送至塔体循环使用。沉淀池中的烟尘、CaSO$_3$ 以及其他杂质等废渣由原有抓渣装置排出后综合处理。

3.7.2 工艺系统及设备

NaOH-CaO 双碱法脱硫工艺，系统主要由 SO$_2$ 吸收系统、脱硫剂制备系统、脱硫副产物处理系统、脱硫除尘水供给系统以及电气控制系统等部分组成。

3.7.2.1 SO$_2$ 吸收系统

SO$_2$ 吸收系统由吸收塔、塔内喷淋系统以及吸收液供给管道等部分组成。吸收塔内安装有脱硫设备，包括水膜旋流器、喷雾系统、除雾器、反冲洗装置及其他辅助设施。喷淋系统包括管线、喷嘴、支撑、加强件和配件等。喷淋层的布置要达到所要求的喷淋浆液覆盖率，使吸收溶液与烟气充分接触，从而保证在适当的液气比下可靠地实现所要求的脱硫效率。喷淋组件及喷嘴的布置要求均匀覆盖吸收塔的横截面。脱硫塔顶部的除雾器用于分离烟气携带的液滴。由于被滞留的液滴中含有固态杂质，因此挡板上可能集灰结垢。为了保证烟气通过除雾器时产生的压降不超过设定值，需定期进行在线清洗。

3.7.2.2 吸收剂制备系统

脱硫工艺系统要求的石灰纯度大于80%；钠碱为工业火碱，纯度大于95%。石灰上料装置由螺旋上料机和螺旋给料机以及上料槽等部分组成。石灰浆液罐用于石灰加湿熟化，并将熟化好的石灰浆液配成一定浓度。石灰浆液罐设有搅拌装置，可根据烟气流量波动调节石灰用量。钠碱罐设有搅拌装置，将配置好的NaOH溶液送至沉淀池泵吸入口附近，可及时补充脱硫系统的钠离子损失，并根据pH值的反馈信号控制用量。

3.7.2.3 脱硫副产物处理系统

为了有效防止供液管道及脱硫塔内设备结垢堵塞，确保循环液水质，使脱硫除尘后废液中的脱硫副产物（$CaSO_3$和$CaSO_4$）以及灰渣烟尘等固体渣充分沉淀，脱硫除尘废液在进入沉淀池前加入高效絮凝剂，使固体渣快速有效沉淀，从而保证循环泵入口处的脱硫液为澄清液体。脱硫除尘系统产生的废渣由电动抓斗从沉淀池中排出。

3.7.2.4 脱硫除尘水供给系统

工艺水由厂区工业水系统供应，主要用于除雾器反冲洗用水和脱硫除尘系统药剂用水。脱硫除尘循环泵为防腐耐磨专用脱硫泵，其流量和扬程能确保喷淋系统所需要的流量和压力雾化效果，使脱硫液与烟气充分接触，从而保证在适当的液气比下达到所要求的脱硫效率。

3.7.2.5 电气控制部分

电气控制部分主要是对脱硫除尘系统中的脱硫液制备系统、反冲洗系统、钠碱液制备装置和高效絮凝剂制备装置等设备进行控制，以使整个系统运行可靠、易操作。控制仪表主要有反冲洗电磁阀、石灰上料机变频器等。

双碱法最初是为了克服石灰石－石膏法易结垢的缺点而设计的，与后者相比，双碱法具有以下优点：

（1）塔内生成的是可溶性盐Na_2SO_3，难溶性易结垢物质$CaSO_3$在塔外生成，避免了系统结垢堵塞的问题，系统运行稳定，易于维护。

（2）脱硫循环液为NaOH溶液，具有良好的反应活性，能保证高的脱硫效率；同时，液气比相对较低，系统运行能耗低；循环液pH值较低（6.5～7.5），能有效防止系统结晶、结垢堵塞的发生。

（3）高效絮凝剂能有效净化脱硫循环液水质，优化水系统流程，确保系统高效稳定运行。

双碱法烟气脱硫系统运行中需注意的事项：

(1) 机头烟气经过电除尘后，仍有一定量的粉尘，易造成管道堵塞。因此应严格控制脱硫前的除尘工艺，降低烟气含尘量。增加循环液的过滤效率，可适当加大循环泵的功率，增加管内的水流速度，减少沉淀。

(2) 脱硫塔本体的喷淋冲洗系统，应保证冲洗水压力在 0.5MPa 以上，并根据脱硫液的浓度情况调整冲洗时间。针对塔顶部除雾板积灰、结垢的现象，采用上、下两层喷淋装置同时冲洗。石灰浆液设备和管路系统均应设置工艺水冲洗装置，在系统备用前必须彻底用水冲洗，防止石灰浆液产生沉淀而堵塞管路。

(3) 旋流板塔式双碱脱硫工艺对生石灰的质量要求相对较宽，要求石灰粒度小于 150μm，CaO 含量大于 80%。若石灰纯度不能满足设计要求，可能产生的负面影响包括：增加脱硫塔本体喷淋层污堵的可能性，增加脱硫塔塔底反应物排渣的难度，增加脱硫塔管路系统中衬胶层磨损的可能性。

(4) 由于脱硫液有一定的腐蚀性，各种循环管网又比较多，水泵、管道、塔体锈蚀比较快，故需经常保养和维修。对于塔体锈蚀快的问题，可在塔的内壁加装耐腐蚀的特殊钢板。

3.7.3 广钢 $2 \times 24m^2$、$35m^2$ 烧结机双碱法烟气脱硫工程

广州钢铁集团有限公司烧结机头烟气脱硫工艺采用的钠-钙双碱法旋流板塔吸收工艺，是化工行业比较成熟的气体洗涤工艺，但应用于钢铁行业烧结机头脱硫尚属首例。广钢股份炼铁总厂现拥有 2 台 24m² 烧结机和 1 台 35m² 烧结机，年产烧结矿约 150 万吨。烧结烟气中 SO_2 最高排放浓度达 1700~1800mg/m³，超过了大气污染物排放标准，当时 SO_2 排放标准为不超过 550mg/m³，是公司 SO_2 排放的大户之一。而在 2005 年以前，整个生产流程没有脱硫设施，因此，对烧结机头进行烟气脱硫，满足总量控制及浓度控制势在必行。

广钢集团建有 2 套烧结烟气脱硫系统。1 号脱硫系统处理 2 台 24m² 烧结机的烟气，烟气量为 $19.8 \times 10^4 m^3/h$，塔体内径为 4.2m，塔体高度为 19m。2 号脱硫系统处理 1 台 35m² 烧结机的烟气，烟气量为 $27 \times 10^4 m^3/h$，塔体内径为 4.8m，塔体高度为 26m。二期工程于 2005 年 10 月竣工。两套烧结烟气脱硫系统实际运行状况见表 3-36。

表 3-36 广钢烧结机双碱法烟气脱硫系统运行状况

项 目	1 号脱硫系统	2 号脱硫系统
处理烟气量/m³·h⁻¹	19.8×10^4	27×10^4
入口烟气温度/℃	<130	<130
进口 SO_2 浓度（标态）/mg·m⁻³	756	812
进口粉尘浓度（标态）/mg·m⁻³	78	68

续表 3 - 36

项 目	1 号脱硫系统	2 号脱硫系统
出口 SO_2 浓度（标态）/$mg \cdot m^{-3}$	362	189
出口粉尘浓度（标态）/$mg \cdot m^{-3}$	44	46
脱硫效率/%	52.1	76.7
除尘效率/%	43.5	32.4
Ca/S	1.01	1.04
pH 值	7 ~ 8	6 ~ 6.5
阻力/Pa	980	970

钠 - 钙双碱旋流板脱硫塔工艺的脱硫效率比较高，运行费用相对较低。烧结生产按每年 300 天计，2 套脱硫系统正常运行后，每年脱硫 SO_2 约 3560t，少缴排污费 213.6 万元（排污收费按 600 元/t（SO_2）计）。经计算，该系统每年运行费用为 124.48 万元，除去运行费用，每年产生间接盈利约 89 万元，见表 3 - 37。

表 3 - 37 广钢 $2 \times 24m^2$ 和 $35m^2$ 烧结机双碱法烟气脱硫系统运行总费用

项 目	年消耗量	价 格	年费用/万元
电耗	$114 \times 10^4 kW \cdot h$	0.55 元/($kW \cdot h$)	62.70
工业水	85500t	0.6 元/t	5.13
脱硫剂（石灰）	3740t	120 元/t	44.9
脱硫助剂（纯碱）	35t	1300 元/t	4.55
人工	4 人	1.8 万元	7.20
年运行费用			124.48
少缴排污费			213.60
产生间接利润			89.12

3.8 NID 法

NID（novel integrated desulfurization）法烟气脱硫[54~56]是阿尔斯通公司在干法（半干法）烟气脱硫的基础上发展的干法烟气脱硫工艺，应用于燃煤/燃油电厂、钢铁烧结机、工业炉窑、垃圾焚烧炉等烟气脱硫及其他有害气体的处理，是一种适用于多组分废气治理和烟气脱硫的工艺。

3.8.1 工艺原理

NID 技术的脱硫原理是利用石灰（CaO）或熟石灰（Ca(OH)$_2$）作为脱硫剂来吸收烟气中的 SO_2 和其他酸性气体，其反应式为：

$$CaO + H_2O \longrightarrow Ca(OH)_2$$

$$SO_2 + Ca(OH)_2 \longrightarrow CaSO_3 \cdot 1/2H_2O(s) + 1/2H_2O$$

$$CaSO_3 \cdot 1/2H_2O(s) + 1/2O_2 + 3/2H_2O \longrightarrow CaSO_4 \cdot 2H_2O(s)$$

$$SO_3 + Ca(OH)_2 \longrightarrow CaSO_4 + H_2O$$

$$CO_2 + Ca(OH)_2 \longrightarrow CaCO_3 + H_2O$$

$$2HCl + Ca(OH)_2 \longrightarrow CaCl_2 + 2H_2O$$

NID 法烟气脱硫工艺流程如图 3 – 21 所示。从烧结主抽风机出口烟道引出 130℃左右的烟气，经反应器弯头进入反应器，在反应器混合段和含有大量脱硫剂的增湿循环灰粒子接触，通过循环灰粒子表面附着水膜的蒸发，烟气温度瞬间降低且相对湿度增加，形成很好的脱硫反应条件。在反应段中快速完成物理变化和化学反应，烟气中的 SO_2 与脱硫剂反应生成 $CaSO_3$ 和 $CaSO_4$。反应后的烟气携带大量干燥后的固体颗粒进入布袋除尘器，固体颗粒被布袋除尘器捕集，从烟气中分离出来，经过灰循环系统，补充新鲜的脱硫剂，并对其进行再次增湿混合，送入反应器。如此循环多次，达到高效脱硫及提高吸收剂利用率的目的。脱硫除尘后的洁净烟气在水蒸气露点温度 20℃以上，无需加热，经过增压风机排入烟囱。

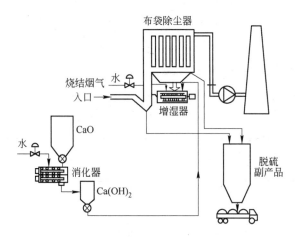

图 3 – 21　烧结烟气 NID 法脱硫工艺流程

NID 工艺将水在混合器内通过喷雾方式均匀分配到循环灰颗粒表面，使循环灰的水分从 1% 左右增加到 5% 以内。增湿后的循环灰以流化风为辅助动力通过溢流方式进入矩形截面的脱硫反应器。水含量小于 5% 的循环灰具有极好的流动性，且因蒸发传热、传质面积大可瞬间将水蒸发，克服了循环灰粘壁或糊袋腐蚀等问题。控制系统通过调节加入混合器的水量使脱硫系统的运行温度维持在设定值。同时对进出口 SO_2 浓度及烟气量进行连续监测，这些参数决定了系统吸收剂的加入量。脱硫循环灰在布袋除尘器灰斗下部的流化底仓中得到收集，当高于流化底仓高料位时排出系统。排出的脱硫灰含水率小于2%，流动性好，采用气力输送装置送至灰库。

3.8.2 工艺系统及设备

NID烟气脱硫系统主要由以下子系统和设备构成：反应器、布袋除尘器、灰循环系统、吸收剂的储运及消化系统、流化风系统、水系统、输灰系统、压缩空气系统和烟道系统。脱硫反应器采用的是阿尔斯通公司经过特殊设计的截面为矩形的反应装置。布袋除尘器是阿尔斯通公司专门为干法（半干法）脱硫装置开发的高浓度粉尘专用除尘器。除了作为脱硫反应除尘器，它安装在反应器出口，可起到收集脱硫灰和烟气中的烧结飞灰。该除尘器具有进气方式合理，设备阻力低，气流均匀等特点。脱硫工程配置布袋除尘器，采用Nomex高温滤料，确保除尘器出口烟气粉尘排放浓度（标态）不超过20mg/m³。

灰循环系统由布袋除尘器的流化底仓、循环灰给料机、混合器等组成。吸收剂的储运及消化系统由石灰料仓、石灰变频给料机、石灰螺旋输送机和消化器组成。消化器与混合器形成一体化结构，生石灰从石灰料仓通过石灰变频给料机和石灰螺旋输送机定量传送到消化器，消化后的消石灰与循环灰给料机输送来的循环灰一起进入混合器，加水混合后进入反应器与烟气反应。

脱硫系统设有离心式流化风机，流化风系统需确保整个灰循环系统顺畅运行，同时保证流化底仓及混合器中脱硫灰的流动性。每个流化底仓设置进风口，每台混合器底部设置进风口。水系统由工艺水及设备冷却用水组成。工艺水取自生产净化水，用于吸收剂石灰的消化及循环灰的增湿。设备冷却水由循环水泵站引出，用于增压风机、流化风机、空压机等设备轴承的冷却用水。输灰系统由仓泵和灰库组成。压缩空气系统配备空压机。

NID烟气脱硫工艺主要特点：

（1）布置紧凑，没有体积庞大的喷淋吸收反应塔，而是将除尘器的入口烟道作为脱硫反应器，吸收剂CaO通过变频螺旋给料机送至干式消化器消化成Ca(OH)₂，再和除尘器捕集的循环灰一起经变频给料机注入混合器进行加水调温、混合，然后注入除尘器入口烟道，在烟道内完成脱硫反应。紧凑的反应器设计使其可安放在除尘器下边，占地面积小。

（2）该技术采用生石灰消化及灰循环增湿的一体化设计，能保证新鲜消化的高质量消石灰Ca(OH)₂立刻投入循环脱硫反应，对提高脱硫效率十分有利。

（3）利用循环灰携带水分，当水与大量的粉尘接触时，不再呈现水滴的形式，而是在粉尘颗粒的表面形成水膜。粉尘颗粒表面的薄层水膜在进入反应器的一瞬间蒸发在烟气流中，烟气温度瞬间得到降低，同时湿度大大增加，在短时间内形成温度和湿度适合的理想反应环境。

（4）由于建立理想反应环境的时间减少，使得总反应时间大大降低。NID系统中烟气在反应器内停留时间仅为1s左右，有效地降低了脱硫反应器高度。

（5）不产生废水，无需污水处理，不需对脱硫副产物进行干燥和烟气再加热。

（6）脱硫效率较高。

（7）使用布袋除尘器使该脱硫工艺具有更显著的优势，烟尘排放浓度（标态）小于$20mg/m^3$，有害气体在布袋表面颗粒层内被进一步吸收。

（8）对重金属、二噁英有一定的去除效果。

NID 烟气脱硫工艺缺点：

（1）干法脱硫由于需对烟气温度、湿度、流量、反应塔的压力、脱硫剂用量等进行较精确的控制，因而大量使用了检测仪表，且这些仪表皆在高温、高湿、高粉尘的部位工作，因而元件损坏率较高，仪表维护量较大。

（2）对工艺控制过程和石灰品质要求较高，特别是消化混合阶段用温度、水量等来避免石灰结垢，一旦消化混合器出现故障，则脱硫系统必须退出运行。

（3）Ca/S 偏高，目前控制在 1.4～1.6 之间。

（4）脱硫灰渣的使用范围受限，干法脱硫的副产品为 $CaSO_4$、$CaSO_3$、$CaCO_3$、$Ca(OH)_2$ 等混合物，目前无稳定的用途，以堆放填埋为主。

3.8.3 武钢 360m² 烧结机 NID 法烟气脱硫工程

武钢炼铁总厂烧结机头烟气经除尘后直接通过高烟囱排放，未经脱硫处理时烟气中 SO_2 浓度（标态）为 400～2000mg/m³，每年排放 SO_2 约 3 万吨，是武汉市最集中的 SO_2 污染源。武钢三烧原为 4 台 90m² 烧结机，2003 年改为 1 台 360m² 烧结机。三烧原料主要为杂矿及高硫矿，烟气中 SO_2 浓度（标态）一般为 800～2000mg/m³，有时可高达 2500～3000mg/m³，是 5 台烧结机中 SO_2 浓度最高的，所以决定采用法国阿尔斯通 NID 烟气脱硫工艺对三烧烟气进行脱硫治理。三烧在工艺布置上设置了两个烟道，分为脱硫系（B 烟道）和非脱硫系（A 烟道）。此次设计只考虑 B 烟道脱硫，为半烟气脱硫流程，烟气工艺参数见表 3-38。脱硫后的排放要求为：粉尘浓度（标态）小于 30mg/m³，SO_2 浓度（标态）小于 100mg/m³。

表 3-38 武钢 360m² 烧结机脱硫烟道烟气工艺参数

参　数	单　位	参数值	参　数	单　位	参数值
烟气流量	m³/h	(45～65)×10⁴，均 58×10⁴	H₂O(湿烟气，体积分数)	%	9
烟气温度	℃	80～180，均 130	O₂(湿烟气，体积分数)	%	15
粉尘浓度（标态）	mg/m³	50～150，均 80	N₂(湿烟气，体积分数)	%	71
SO₂ 浓度（标态）	mg/m³	400～2000，平均 1200			

　　三烧脱硫项目于 2008 年 8 月开工，2009 年 3 月基本完成施工，4 月进入调试阶段，并投入运行。自 5 月份正常投运以来，脱硫设施总体运行比较稳定。2009 年 6 月初至 6 月下旬脱硫除尘系统连续运行，同时对脱硫除尘效果进行了监测。在线监测表明，系统达到了设计水平，脱硫设施同机运转率达到 95% 以上，其脱硫效率大于 90%，日平均外排烟气 SO_2 浓度（标态）低于 $100mg/m^3$；但当烟气温度较低且烟气中 SO_2 浓度较高时，不能保证外排烟气 SO_2 浓度（标态）低于 $100mg/m^3$；烟尘排放浓度（标态）小于 $20mg/m^3$，一般为 $10mg/m^3$ 左右。该脱硫系统投运后每年可减少 SO_2 排放约 4500t。

　　经过长期运行，发现脱硫烟气温度是影响脱硫效率的重要因素。保证较高的脱硫效率就必须有较高的烧结温度，或者较低的反应器出口温度。然而，烧结温度不可能太高，因为高到一定程度，烧结矿就会过烧。反应器的出口温度也不能太低，因为一旦降到烟气露点温度，烟气中的酸性气体就会变成液体，腐蚀金属设备。目前，脱硫反应器入口温度为 115℃，反应器出口温度为 95℃，脱硫效率基本达标。

　　经过前期调试，Ca/S 确定为 1.6，脱硫效率达到 90%。该工艺 Ca/S 一般为 1.0~2.0，因此，如何在达到脱硫效率的情况下，降低钙硫比，将是下一步要考虑的问题。按脱硫系统的运行情况，每天使用 30t 生石灰，产生 60 多吨脱硫渣，这些脱硫渣经过简单处理后堆放。

3.9　再生胺法

3.9.1　工艺原理

　　再生胺吸附解吸法脱硫[57~59]工艺原理包括吸附液对强酸根离子的吸附、对烟气中 SO_2 的吸附、吸附液解吸和吸附液净化 4 个过程。

　　（1）吸附液对强酸根离子的吸附反应。
$$R_1R_2N - R_3 - NR_4R_5 + HX \longrightarrow R_1R_2NH^+ - R_3 - NR_4R_5 + X^-$$
式中，X 表示烟气中所代表的强酸根离子，如 Cl^-、NO^{3-} 及 SO_4^{2-} 等，X^- 可提高吸附液的抗氧化能力及降低再生能耗，是其他湿法工艺不具备的特性之一。

　　（2）对烟气中 SO_2 的吸附过程。
$$R_1R_2NH^+ - R_3 - NR_4R_5 + SO_2 + H_2O \longrightarrow R_1R_2NH^+ - R_3 - NH + R_4R_5 + HSO_3$$
　　该反应式表达了吸附液对 SO_2 的吸附过程，吸附剂对 SO_2 的选择吸附能力要远强于其他种类吸附液，使得再生胺吸附解吸工艺对吸附液的循环量要求较低，降低了系统运行能耗。

　　（3）吸附液再生（解吸）反应。
$$R_1R_2NH^+ - R_3 - NH + R_4R_5 + HSO_3 \longrightarrow R_1R_2NH^+ - R_3 - NR_4R_5 + SO_2 + H_2O$$
　　吸附液中对强酸根离子吸附产生的盐是一种热稳定性盐，不挥发、不可加热再生。一方面降低了解吸能耗，另一方面保证了 SO_2 副产品的高纯度。

（4）吸附液净化过程。

$$R_1R_2NH^+ - R_3 - NR_4R_5 + X^- \longrightarrow R_1R_2N - R_3 - NR_4R_5 + HX$$

该过程通过一个滑流电渗析净化装置将吸附过程中产生的部分"热稳定性盐"排出系统，是保证系统平衡的重要技术手段，该装置利用亚硫酸盐或亚硫酸氢盐来置换不可再生的强酸根阴离子。

烧结烟气再生胺法脱硫工艺流程如图 3-22 所示，由预洗涤、吸收、解吸、制酸及胺液净化等化工单元组成。烧结烟气通过喷雾冷却降温进入喷淋洗涤塔洗涤除尘，然后进入吸收塔。在吸收塔内，解吸后的贫胺液与降温除尘后的烟气逆流接触吸收 SO_2。吸收 SO_2 后的胺液经富胺泵进入解吸塔，在解吸塔加热汽提，再生为贫胺液。贫胺液返回吸收塔循环利用，其中一部分进入除盐装置去除"热稳定性盐"。解吸出来的 SO_2 经冷却分离进入制酸工艺。洁净空气和 SO_2 气体混合进入干燥塔，混合气由鼓风机依次送往转化、吸收工段，转化氧化吸收生成 98% 的浓硫酸。

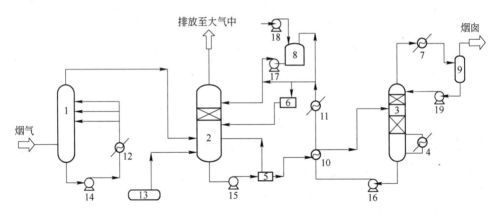

图 3-22 烧结烟气再生胺法脱硫工艺流程

1—洗涤塔；2—吸收塔；3—解析塔；4—烟气再沸器；5—过滤系统；6—除盐系统；
7—塔顶冷凝器；8—贫胺罐；9—气液分离器；10—贫富胺热交换器；11—贫胺再沸器；
12—循环水冷却器；13—胺液回收地下槽；14—循环水泵；15—富胺泵；
16—贫胺泵；17—胺液给液泵；18—硫酸初装泵；19—冷凝回流水泵

3.9.2 工艺系统及设备

以莱钢银前 $265m^2$ 烧结机再生胺法脱硫工程为例，脱硫系统主要包括 5 部分：

（1）半烟气改造部分。银前 $265m^2$ 烧结机配有 27 个风箱、2 个烟道和 2 台引风机。根据测量的各个风箱的实际温度和 SO_2 浓度，将 27 个风箱分为两部分后，分别引入 2 个烟道（脱硫和非脱硫大烟道）和 2 台引风机。

（2）烟气部分。从半气改造部分来的高温烟气，经增压风机加压后进喷淋塔，在喷淋塔入口烟道上加装雾化喷枪，实现初步的烟气降温。

（3）喷淋洗涤部分。烧结烟气从喷淋洗涤塔下部进入，由下向上流动，循环洗涤液自上而下流动与烟气逆向接触，进行洗涤和传热，从而实现烟气的降温和部分粉尘的脱除。温度降至43℃的烟气进入后续吸收塔部分。

（4）环冷烟气。环冷部分在余热利用、余热锅炉烟囱和环冷风的第一段和第二段上分别引出4个支管以调节环冷风的风量和风温。支管出来的环冷风汇总后进入环冷引风机，经风机加压后进入再沸器，与解吸塔底贫胺液换热后经烟囱排放。

（5）脱硫部分。烟气脱硫由 SO_2 吸收、解吸、除盐和过滤等工艺过程组成。其中，SO_2 吸收塔主要完成贫胺液对烟气中的 SO_2 选择性吸收，实现达标排放。解吸主要实现胺液的再生和 SO_2 的产生。除盐装置主要完成胺液中热稳定性盐的去除，采用交换离子树脂，用 NaOH 溶液再生。过滤装置主要完成胺液超微粒子的去除，稳定胺液中含固量。

制酸工艺中，空气和 SO_2 气体按一定配比进入干燥塔，干燥后的混合气由 SO_2 鼓风机依次送往转化、吸收工段，转化为浓度大于98%的浓硫酸。过程中未被转化的 SO_2 气体与空气混合物返回原脱硫系统，实现循环脱硫。

再生胺吸附解吸工艺具有以下特点：

（1）脱硫效率高，可达到99.8%；

（2）无危险的化学物或小于 PM2.5 的颗粒产生，系统无二次污染问题；

（3）回收高商业价值的副产品，降低运行成本。

3.9.3 莱钢银前265m² 烧结机再生胺法烟气脱硫工程

莱钢银前265m² 烧结机烟气中 SO_2 的硫主要来自铁矿粉和煤粉中的硫化物和硫酸盐。通过烧结，原料中90%以上的硫形成气体排出，烧结烟气参数详见表3-39。

表3-39　莱钢银前265m² 烧结机再生胺法脱硫入口烟气参数

参　数	单　位	参数值	参　数	单　位	参数值
烟气流量（标态）	m³/h	42×10^4	CO_2（湿烟气，体积分数）	%	7
烟气温度	℃	125	H_2O（湿烟气，体积分数）	%	8
粉尘浓度（标态）	mg/m³	220	O_2（湿烟气，体积分数）	%	17
SO_2 浓度（标态）	mg/m³	1970	N_2（湿烟气，体积分数）	%	67

注：表中数据根据文献参数折算。

莱钢银前265m² 烧结机烟气脱硫工艺选择的原则为：

（1）SO_2 排放浓度和排放量必须满足国家和当地政府的环保要求；

（2）采取合理措施节省投资和降低运行费用；

（3）脱硫装置的配置满足现场的要求；

（4）烟气治理以低浓度 SO_2 回收工艺为选择方向，脱硫副产品就近有较好的销售市场；

（5）吸收剂要有稳定可靠的来源；

（6）装置自动化水平先进、可靠。

莱钢银前 $265m^2$ 烧结机烧结烟气脱硫采用了半烟气选脱、Cansolv 可再生胺脱硫技术和一转一吸硫酸生产工艺。据监测报告显示，莱钢银前 $265m^2$ 烧结机脱硫设施运行稳定，脱硫后的 SO_2 含量（标态）仅为 $30mg/m^3$，远远低于排放标准要求的 $200mg/m^3$。产出高商业价值的合格 98% 硫酸，实现了循环经济；系统占地面积小，大幅减少工厂 FGD 的土地使用量，若安装脱硝装置，更显优势。如果能进一步完善和优化设计，如系统阻力计算、设备和管道材质替换、仪表阀门选型的优化等，再生胺吸收解吸工艺可在很大程度上降低运行费用和工程建设费用。

3.10   离子液法

离子液循环吸收烟气脱硫技术[60]采用离子液作为吸收剂，对 SO_2 气体具有良好的吸收和解吸能力，且吸收剂再生产生的高纯 SO_2 气体是液体 SO_2、硫酸、硫黄和其他硫化工产品的优良原料。该技术具有脱硫效率高、吸收剂回收率高、系统基本不产生二次污染、副产物具有较高回收价值和良好市场前景等优势，具有良好的研发价值和应用前景。目前，离子液循环吸收烟气脱硫在国内的工程化应用尚处于起步阶段，有待进一步研发。

3.10.1   工艺原理及流程

作为吸收剂的离子液是以有机阳离子和无机阴离子为主，并添加少量活化剂、抗氧化剂和缓蚀剂组成的水溶液，使用过程中不会产生对大气造成污染的有害气体。离子液在常温下吸收二氧化硫，高温（$105 \sim 110℃$）下将离子液中的二氧化硫再生出来，从而达到脱除和回收烟气中 SO_2 的目的。其脱硫机理如下：

$$SO_2 + H_2O \Longrightarrow H^+ + HSO_3^- \tag{3-12}$$

$$R + H^+ \Longrightarrow RH^+ \tag{3-13}$$

总反应式： $$SO_2 + H_2O + R \Longrightarrow RH^+ + HSO_3^- \tag{3-14}$$

式中，R 代表吸收剂，式（3-14）是可逆反应，常温下式（3-14）从左向右进行，高温下从右向左进行。离子液循环吸收法正是利用此原理达到脱除和回收烟气中 SO_2 的目的。

离子液循环吸收烟气脱硫工艺流程如图 3-23 所示。烟气经吸收塔下部的水洗冷却段除尘降温后送入吸收塔上部,在吸收塔内与上部进入的离子液(贫液)逆流接触,气体中的 SO_2 与离子液反应被吸收,净化气体从吸收塔顶部的烟囱排放至大气。吸收 SO_2 后的富液由塔底经泵送入贫富液换热器,与热贫液换热后进入再生塔上部。富液在再生塔内经过两段填料后进入再沸器,继续加热再生成为贫液。再沸器采用蒸汽间接加热,以保证塔底温度在 105~110℃ 左右,维持溶液再生。解吸 SO_2 后的贫液由再生塔底流出,经泵、贫富液换热器、贫液冷却器换热后,进入吸收塔上部,重新吸收 SO_2。吸收剂往返循环,构成连续吸收和解吸 SO_2 的工艺过程。

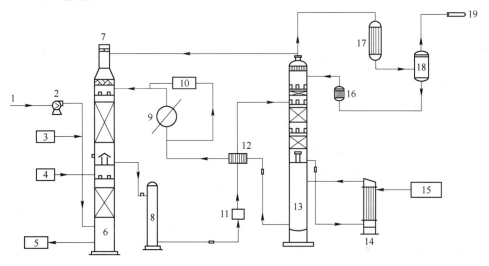

图 3-23 离子液循环吸收烟气脱除 SO_2 工艺流程

1—烧结烟气;2—增压风机;3—制酸尾气;4—循环水系统;5—污水处理系统;
6—吸收塔;7—烟囱;8—富液槽;9—贫液冷却器;10—离子液过滤及净化装置;
11—富液泵;12—贫富液换热器;13—再生塔;14—再沸器;15—蒸汽加热系统;
16—回流泵;17—冷凝器;18—气液分离器;19— SO_2 气体去制酸系统

再生、冷却后的贫液通过贫液输送泵送往 SO_2 吸收塔,在管道上设有支管将一定量的离子液送往离子液过滤及净化工序。离子液过滤的主要目的是除去其中富集的超细粉尘,避免 SO_2 吸收塔因粉尘堵塞填料层造成塔运行阻力上升而影响系统的正常运行。离子液净化是通过离子交换装置(离子交换树脂净化器、软化水冲洗及碱液制备和给液装置)来进行盐的脱除和树脂的再生,置换出的热稳定盐被冲洗水带出后作为工业废水送往废水处理站处理后回用。从再生塔内解析出的 SO_2 随同蒸汽由再生塔塔顶引出,进入冷凝器,冷却至 40℃,然后经气液分离器除去水分,得到纯度为 99% 的 SO_2,送至制酸工段制取 98% 浓硫酸。冷凝液经回流泵送回再生塔顶以维持系统水平衡。若制酸系统出现故障临时停运时,则再生塔顶部的旁路阀打开,解析出的 SO_2 送至吸收塔顶放散。

3.10.2 技术特点

离子液循环吸收烟气脱硫技术具有以下优势：

（1）吸收剂可再生。离子液吸收 SO_2 后的富液直接进入再生塔，通过蒸汽间接加热，使温度保持在 $105\sim110℃$ 左右，离子液即可再生，再生气体 SO_2 纯度高，没有固体杂质，可直接制酸。

（2）副产物具有较高的回收价值和良好的市场前景，同时副产品回收利用的收益可冲抵部分运行费用。经理论计算，脱除 1t 的 SO_2 可副产浓度 98% 的浓硫酸约 1.6t，冲抵部分运行费用。

（3）脱硫效率高。该技术的脱硫效率可达 95% 以上，出口 SO_2 排放浓度（标态）可达到 $100mg/m^3$ 以下。

（4）系统基本不产生二次污染。

由于国内尚无离子液循环吸收烟气脱硫技术的工程经验，需通过借鉴湿式石灰－石膏法、氨法、镁法等湿法脱硫工程的经验，并适当引进国外先进成熟的设备，结合中国国情进行技术研发。研发需解决的关键问题有：

（1）装置耐腐蚀合金材料的合理选择。离子液循环吸收烟气脱硫技术由于其工艺、吸收剂的特殊性，导致洗涤塔、吸收塔、再生塔、离子交换装置、制酸装置等诸多设备的腐蚀环境十分恶劣，系统腐蚀情况较为复杂。装置建设中如何合理地选择耐腐蚀合金材料是该脱硫技术工程化的重要问题。

（2）对离子液的稳定性及适用烟气范围的研究。从现场试验结果及建成工业装置的运行情况来看，离子液良好的吸收解吸性能毋庸置疑，但能否长期稳定地运行，必须经过工业装置长时间运行方可验证。另外，离子液适用的烟气范围也有待研究，因为烟气成分及夹带的粉尘可能对离子液具有破坏性，从而影响技术的可行性及装置的正常运行。

（3）过滤、净化装置是保证离子液稳定性、高吸收效率及系统正常稳定运行的重要装置。工程设计中，为了合理控制投资费用，在确定过滤净化装置的能力时仅考虑对部分解吸后的贫液进行过滤和净化。通过监测离子液的含盐量、粉尘量等几项主要指标，来调整进入过滤净化装置的贫液量，离子液的性能检测是通过人工定期取样分析的。因此，需要在对烟气成分及烟气夹带粉尘量进行全面、准确的检测和分析，才能科学合理地设计净化过滤装置。

（4）再生、制酸系统对 SO_2 浓度波动的适应性受生产工艺的影响。在运行过程中，应对吸收 SO_2 后的离子液再生进行控制，使之能以相对稳定的流量进行再生，并以相对稳定的速度将被俘获的纯 SO_2 送至制酸系统，以保持系统的热平衡及稳定运行。按照设计要求，制酸系统是自热的，但目前该工业装置的一组电炉需要长开，以维持制酸系统的正常运行，增加了能源消耗和运行费用。

（5）对工艺进行优化设计，降低能耗和运行成本。从攀钢建成的工业装置来看，系统配套的水、电、气等系统较为庞大，洗涤水、增压风机及各换热器需要大量的循环冷却水，配套循环冷却水系统包括 2000t/h 凉水塔、3000t/h 凉水塔各 1 套；增压风机及各泵消耗大量的电能，每小时耗电量约为 5000kW；吸收剂再生需要蒸汽约 40t/h，即脱出 1t 的 SO_2 大约需要 13t 蒸汽。初步估计，该脱硫系统的水、电、气消耗费用约为 4000 万元/年（以年运行时间 8000h 计），在副产物回收效益降低的情况下，将给企业带来一定的负担。另外，离子液的跑漏及稀释问题亟待解决，否则将大幅增加离子液的消耗，增加运行费用。

（6）系统运行的技术经济性。由于系统运行费用偏高，应认真研究运行成本与烟气中硫含量的关系。

3.10.3 攀钢 173.6m² 烧结机离子液法烟气脱硫工程

离子液循环吸收烟气脱硫技术于 2007 年开始在国内开展现场试验及工程化应用尝试，其在国内的应用尚处于起步阶段。2007 年 2~7 月，在攀钢 173.6m² 烧结机上进行了 1000m³/h（标态）的工业试验；2008 年 12 月，和攀钢 173.6m² 烧结机配套的 1 套处理能力为 $55 \times 10^4 m^3/h$（标态）的烟气脱硫装置建成投产。

攀钢 173.6m² 烧结机烟气脱硫装置采用离子液循环吸收烟气脱硫技术，烟气脱硫系统主要包括 $55 \times 10^4 m^3/h$ 烧结烟气脱硫装置（含烟气工序、烟气洗涤降温及 SO_2 吸收工序、解吸再生工序、离子液过滤及净化工序等）、32000t/a 浓硫酸生产装置、2000t/h 凉水塔、3000t/h 凉水塔、高低压配电室等 5 部分，设计入口 SO_2 浓度（标态）5000mg/m³，出口 SO_2 排放浓度（标态）200mg/m³。

该脱硫系统于 2008 年 12 月开始热负荷试车，2009 年 1 月 7 日~22 日调试运行，共计运行 219h。从试运行及停机后检查的情况来看，该装置脱硫效率较高，但与所有的湿法烟气脱硫装置一样，存在设备腐蚀、堵塞和酸雾问题，另外还存在离子液稀释、能源消耗量大等问题，具体情况如下：

（1）脱硫效率达到 90% 以上，SO_2 排放浓度为 $(30~150) \times 10^{-4}$%。

（2）生成的硫酸浓度、品质达到工业用硫酸的要求。

（3）再生塔和贫富液换热器有点蚀现象。

（4）堵塞及固体物质沉积现象较为严重：1）烧结烟气夹带的粉尘造成风机挂泥、贫富液换热器堵塞、洗涤水冷却器堵塞、洗涤塔底淤积大量粉尘；2）再生塔及与之相连的管道内壁附着黄色的固体物质——硫黄。

（5）吸收塔顶排放的烟气夹带大量的液滴形成酸雾，并造成离子液跑漏。

（6）出现了离子液稀释现象，离子液浓度由投运时的 25% 下降至 15%，再次运行时需要补充部分离子液。初步分析，这可能是跑漏和烟气洗涤后的含湿水带入离子液所致。

参 考 文 献

[1] 张同文. 钢铁联合企业二氧化硫减排与控制 [J]. 工业安全与环保, 2004, 30(7): 37~38.

[2] 刘文权. 烧结工艺特性对二氧化硫减排的影响探讨 [J]. 冶金经济与管理, 2009, 6: 6~10.

[3] 马秀珍, 栾元迪, 叶冰. 旋转喷雾半干法烟气脱硫技术的开发和应用 [J]. 山东冶金, 2012, 34(5): 51~53.

[4] 余志杰, 李奇勇, 徐海军, 林春源. 三钢2号烧结机烟气干法选择性脱硫装置的设计与应用 [J]. 烧结球团, 2007, 32(6): 15~18.

[5] 郝吉明, 王书肖, 陆永琪. 燃煤二氧化硫污染控制技术手册 [M]. 北京: 化学工业出版社, 2001.

[6] 杨飏. 二氧化硫减排技术与烟气脱硫工程 [M]. 北京: 冶金工业出版社, 2004.

[7] 钟秦. 燃煤烟气脱硫脱硝技术及工程实例 [M]. 北京: 化学工业出版社, 2007.

[8] 王纯, 张殿印. 废气处理工程技术手册 [M]. 北京: 化学工业出版社, 2012.

[9] 刘征建, 张建良, 杨天钧. 烧结烟气脱硫技术的研究与发展 [J]. 中国冶金, 2009, 19(2): 1~5.

[10] 张春霞, 王海风, 齐渊洪. 烧结烟气污染物脱除的进展 [J]. 钢铁, 2010, 45(12): 1~11.

[11] 涂瑞, 李强, 葛帅华. 太钢烧结烟气脱硫富集 SO_2 烟气制酸装置的设计与运行 [J]. 硫酸工业, 2012, 2: 26~30.

[12] 王如意, 沈晓林, 石磊. 宝钢烧结烟气脱硫石膏特性分析 [J]. 宝钢技术, 2008, 3: 29~32.

[13] 沈晓林, 石洪志, 刘道清, 等. 宝钢气喷旋冲烧结烟气脱硫成套技术研发 [J]. 钢铁, 2010, 45(12): 81~85.

[14] 沈晓林. 烧结烟气污染治理技术的研究与开发 [J]. 宝钢技术, 2009 (增刊): 95~102.

[15] 刘旭华, 羊韵. 宝钢股份有限公司三烧结脱硫技术 [J]. 环境工程, 2010, 28(2): 80~82.

[16] 羊韵, 李勇, 刘旭华. 气喷旋冲烟气脱硫装置运行关键控制 [J]. 环境工程, 2010, 28(3): 63~65.

[17] 刘道清, 沈晓林, 石洪志, 等. 气喷旋冲烧结烟气脱硫技术及其应用效果 [J]. 中国冶金, 2011, 21(11): 8~12.

[18] 刘道清, 沈晓林, 石磊. 宝钢气喷旋冲烧结烟气脱硫工艺影响因素的试验研究 [J]. 宝钢技术, 2012, 3: 9~12.

[19] 冯延林. 空塔喷淋烟气脱硫技术及其在烧结机上的应用 [J]. 中国钢铁业, 2010, 4: 26~29.

[20] 刘宪. 烧结烟气石灰石-石膏空塔喷淋脱硫技术的应用 [J]. 中国冶金, 2010, 20(11): 47~51.

[21] 刘宪. 石灰石-石膏法在湘钢烧结烟气脱硫工程的应用 [J]. 工业安全与环保, 2010,

36（11）：23～25.

[22] 曹凤中．参观湘钢烧结烟气石灰石－石膏湿法脱硫技术的感想［J］．黑龙江环境通报，2010，34（4）：1～3.

[23] 王荣成，胡志刚．烧结烟气氨法脱硫技术特点及应用［J］．浙江冶金，2010（4）：7～10.

[24] 黎柳升，陈有升，陈阳，等．烧结烟气氨法脱硫技术在柳钢的应用［J］．烧结球团，2008，33（6）：30～35.

[25] 覃毅强，黎柳升，陈阳．氨法脱硫技术在265m²、110m² 烧结机烟气脱硫中的应用［J］．柳钢科技，2010（3）：35～37，49.

[26] 宁玲，吴威，黎柳升．柳钢烧结烟气氨法脱硫工艺改进与优化［J］．柳钢科技，2011（1）：35～37.

[27] 广西柳州钢铁（集团）公司．柳钢烧结烟气脱硫［J］．广西节能，2012，4：11～13.

[28] 程仕勇，王彬．氨－硫铵法和石灰－石膏法烧结烟气脱硫工艺的应用对比［J］．烧结球团，2012，37（5）：65～67.

[29] 匡挚林，徐安科．烧结机烟气脱硫工艺选择及经济分析［J］．冶金设备，2011（4）：67～70.

[30] 田犀，潘成武，蒲灵，郑吉．硫铵法与循环流化床法烧结烟气脱硫技术的比较［J］．烧结球团，2009，34（2）：33～36.

[31] 刘君，庞俊香，刘新虎，程旭．400m² 烧结机烟气脱硫［J］．金属世界，2008，5：66～70.

[32] 本刊编辑部．邯钢投用国内最大烧结机烟气脱硫工程［J］．河北工业科技，2009，26（1）：68.

[33] 魏航宇，王文生，刘伟，徐俊杰．邯钢炼铁部400m² 烧结机节能减排生产实践［J］．南方金属，2012，186：24～27.

[34] 刘建秋，付翠彦，郑轶荣，柴用杰．气固再循环半干法烧结机烟气脱硫工艺中几个问题的探讨［J］．环境工程，2012，30（2）：64～67.

[35] 林春源．梅钢400m² 烧结机全烟气 LJS 干法脱硫项目的设计与应用［J］．中国钢铁业，2010，4：22～25.

[36] 江荣才，徐海军，林春源，赖毅强．三钢2号烧结机机头烟气脱硫方案的选择及论证［J］．烧结球团，2007，32（4）：18～21.

[37] 林春源．LJS型钢铁烧结干法烟气脱硫工艺研究与应用［J］．中国钢铁业，2007，12：30～32.

[38] 李奇勇．烧结烟气半干法选择性脱硫新技术应用［J］．环境工程，2008，26（2）：7～10.

[39] 林金柱．三钢2#烧结机烟气脱硫系统及运行状况［J］．烧结球团，2008，33（5）：33～36.

[40] 耿继双，王东山，张大奎，等．鞍钢烧结烟气脱硫灰综合利用研究［J］．鞍钢技术，2011，6：13～16.

[41] 刘锐，潘晓，郭庆斌．济钢400m² 烧结机 SDA 法烟气脱硫设计与应用［J］．科技风，2012，19：76.

[42] 马秀珍，栾元迪，叶冰．旋转喷雾半干法烟气脱硫技术的开发和应用［J］．山东冶金，

2012, 34 (5)：51~53.

[43] 周亮，路亮. 济钢400m² 烧结机烟气脱硫技术应用 [J]. 山东冶金，2012, 34 (6)：54~55.

[44] 冯占立，张庆文，常治铁，等. 旋转喷雾干燥烟气脱硫技术在烧结机上的应用 [J]. 中国冶金，2011, 21 (11)：13~18.

[45] 杜义亮，亓庆台，王飞，等. 泰钢180m² 烧结机烟气脱硫工艺探讨与实践 [J]. 山东冶金，2010, 32 (6)，49~50.

[46] 戴名笠，冯国辉. 韶钢烧结机机头烟气脱硫的技术性研究 [J]. 南方金属，2009 (169)：42~45.

[47] 夏平，张兴强，黄永昌. 韶钢4号烧结机烟气脱硫实践 [J]. 烧结球团，2010, 35 (6)：39~42.

[48] 张建桂，程胜福. 韶钢4#烧结机烟气脱硫生产实践 [J]. 工业安全与环保. 2010, 36 (8)：21~22.

[49] 程常杰，莫建松，刘越，等. 钢铁行业烧结机烟气脱硫技术现状及应用 [C] //第十二届全国大气环境学术会议论文集，2005, 447~451.

[50] 刘国良. 双碱法旋流板塔脱硫工艺在广钢炼铁总厂的应用 [J]. 冶金丛刊，2008, 178 (6)：30~31.

[51] 赵凌俊，莫建松，程斌，等. 旋流板塔双碱法脱硫工艺在生产实践中的应用 [J]. 广东化工，2009, 36 (7)：129~130.

[52] 张炜文. 钠-钙双碱旋流板脱硫塔在烧结机头处理后的应用 [J]. 环境，2011 (S1)：36~37.

[53] 汪丽娟，徐小勇，陈美秀. 广钢烧结厂一、二期烟气脱硫工程运行情况的探讨 [J]. 广州化工，2009, 37 (7)：184~185.

[54] 汤静芳，符林涛，李富智. NID 脱硫工艺在武钢三烧的应用 [J]. 烧结球团，2009, 34 (5)：13~16.

[55] 刘汉杰. 武钢烧结烟气 NID 脱硫工艺应用概述 [J]. 工业安全与环保，2011, 37 (7)：24~26.

[56] 卢丽君，汤静芳，张垒，等. NID 技术在武钢烧结烟气脱硫中的应用 [J]. 鞍钢技术，2012, 373：47~51.

[57] 周玉春，于晓晶，董辉. 莱钢银前265m² 烧结机烟气脱硫技术浅析 [J]. 能源与环境，2010 (5)：51~53.

[58] 颜洋，赵健. 莱钢银前烧结脱硫自控系统的研究与应用 [J]. 科技资讯，2010, 14：5.

[59] 李鹏. 对莱钢银前265m² 烧结机烟气脱硫工艺技术的思考 [J]. 山东化工，2011, 40 (9)：75~77.

[60] 王睿，裴家炜. 离子液循环吸收烟气脱硫技术及其应用前景 [J]. 烧结球团，2009, 34 (2)：5~10.

4 烧结烟气氮氧化物控制技术

4.1 氮氧化物的来源及排放

4.1.1 烧结过程 NOₓ 来源

工业尾气中氮的氧化物主要成分是 NO 和 NO_2，一般统称两者为氮氧化物，用 NO_x 表示。

钢铁工业包括烧结、焦化、炼铁、炼钢、轧钢等多种工序，伴随着燃料的燃烧，产生了大量的 NO_x。中国是世界上的钢铁生产大国，自 1996 年以来钢铁产量稳居世界第一位。巨大的钢铁产量消耗了大量能源并造成严重的环境污染，2012 年全国钢铁行业 NO_x 排放量 97.16 万吨，占全年工业 NO_x 总排放量的 5.8%[1]，是继火力发电、机动车、水泥工业后的第四大 NO_x 排放源。钢铁生产各工序排放的 NO_x 比例见表 4-1，从表中可以看出，烧结工序排放的 NO_x 占钢铁行业 NO_x 总排放量的 50% 以上[2]。因此，烧结烟气 NO_x 减排是钢铁行业 NO_x 减排的重点。

表 4-1　钢铁工业主要生产工序 NO_x 排放比例　　　　　　（%）

烧结	焦化	炼铁	炼钢	轧钢
54.66	11.80	14.29	4.35	14.91

烧结过程中的 NO_x 主要来源于烧结过程中燃料的燃烧，燃料分为点火燃料和烧结燃料两种。点火燃料一般为气体燃料或者液体燃料，气体燃料常用焦炉煤气（15%）与高炉煤气（85%）的混合气体，天然气也可以作为点火燃料。烧结燃料是指混入烧结料中的固体燃料，常采用焦粉和无烟煤，一般要求碳含量高，挥发分、灰分和硫分含量低。表 4-2 为中国工业部门不同燃料的 NO_x 排放因子。

表 4-2　中国工业部门不同燃料的 NO_x 排放因子

燃料	排放因子	燃料	排放因子
煤/kg·t⁻¹	7.5	焦炭/kg·t⁻¹	9
原油/kg·t⁻¹	5.09	汽油/kg·t⁻¹	16.7
煤油/kg·t⁻¹	7.46	柴油/kg·t⁻¹	9.62

燃　料	排放因子	燃　料	排放因子
燃料油/kg·t^{-1}	5.84	液化石油气/kg·t^{-1}	2.63
炼厂干气/kg·t^{-1}	0.53	天然气/kg·m^{-3}	20.85×10^{-4}
煤气/kg·m^{-3}	9.5×10^{-4}		

一般情况下，燃烧过程中产生的 NO$_x$ 主要是 NO 和 NO$_2$，在低温条件下燃烧还会产生一定量的 N$_2$O。NO$_x$ 的种类和数量除了与燃烧性质相关外，还与燃烧温度和过量空气系数等燃烧条件密切相关。在通常情况下，烧结烟气 NO$_x$ 中 NO 占 90% 以上，NO$_2$ 占 5% ~ 10%。

4.1.2　生成机理

燃烧过程中的 NO$_x$ 来自燃料或空气中的氮与氧的反应，包括热力型、快速型和燃料型 NO$_x$。热力型 NO$_x$ 一般是在高于 1500℃ 时，由空气中 N$_2$ 与 O$_2$ 直接反应生成。快速型 NO$_x$ 主要是在高温富燃料区火焰中由碳氢化合物与 N$_2$ 快速反应生成，尤其是在过量空气系数小、低温条件和燃烧产物停留时间短的情况下，反应更加明显。钢铁企业一般都采用低温烧结的清洁生产技术，最高温度低于 1300℃，烧结过程中的主要燃料是煤或焦粉，因此烧结过程中产生的热力型和快速型 NO$_x$ 都很少[3]。

燃料型 NO$_x$ 是指在燃料燃烧过程中，燃料中的氮与 O$_2$ 反应生成的 NO$_x$。烧结工序产生的 NO$_x$ 主要为燃料型 NO$_x$，90% 以上是由烧结燃料（煤粉、焦粉）燃烧产生[4]。煤中氮含量一般为 0.5% ~ 2.5%，氮与碳氢化合物结合成含氮的杂环芳香族化合物或链状化合物[5]。煤中含氮有机化合物的 C—N 键能为 253 ~ 630kJ/mol，比空气中 N$_2$ 的 N≡N 键能（941kJ/mol）小得多。从 NO$_x$ 生成的角度看，氧容易首先破坏 C—N 键而与其中氮原子生成 NO$_x$。

煤被加热时，煤中的挥发分首先热解析出，进入挥发分中的氮称为挥发分氮（Volatile N），留在焦炭中的氮称为焦炭氮（Char N）。由挥发分氮生成的 NO$_x$ 占燃料型 NO$_x$ 的 60% ~ 80%，由焦炭氮生成的 NO$_x$ 占 20% ~ 40%。在低温下，氮更倾向于留在焦炭中，而在高温下热解焦炭中的氮含量将减少。图 4 - 1 是热解温度对挥发分氮比例的影响，从中可看出，随热解温度升高，燃料氮转化为挥发分氮的比例增加。

氮在挥发分中以焦油氮、HCN 和 NH$_3$ 的形式存在。焦油中的含氮量与原煤含氮量相近。焦油中氮的存在形式与煤中氮的存在形式非常接近，主要是煤初次热解时产生的完整的吡啶和吡咯型结构。由于焦油中含氮杂环热稳定性比较高，因此只有在高温下这些氮才能释放出来。焦油热解释放氮的速率与煤种无关，符

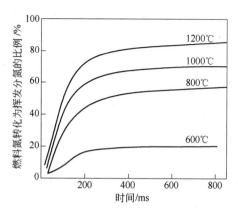

图 4 - 1　热解温度对挥发分氮比例的影响

合一级动力学方程。焦油中含氮组分的热稳定性大致有下列规律：

吡咯型（pyrrolic）＜吡啶型（pyridinic）＜氰基芳香环型（cyanoaromatics）

HCN 的转化路线如图 4 - 2 所示。HCN 与 O 的反应（反应（4 - 1）与反应（4 - 2））是 HCN 转化的主要反应，即使是在富燃料情况下这两个反应也对 HCN 的转化起到控制作用[6]。

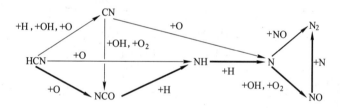

图 4 - 2　HCN 转化路线图（粗线表示主要反应路线）

$$HCN + O \rightleftharpoons NCO + H \qquad (4-1)$$

$$HCN + O \rightleftharpoons NH + CO \qquad (4-2)$$

NCO 进一步与 H 反应生成 NH 与 N，这两步反应速度非常快，最终生成的 NO 与 N_2 受到下面两个反应的控制：

$$N + OH \rightleftharpoons NO + H \qquad (4-3)$$

$$N + NO \rightleftharpoons N_2 + O \qquad (4-4)$$

NH_3 的转化如图 4 - 3 所示[6]。NH_3 与 O_2 反应主要生成 N_2 和 NO，NH_2 和 NH 是重要的中间产物。

在大多数燃烧条件下 NH_3 与 OH 的反应（反应（4 - 5））都是最重要的：

$$NH_3 + OH \rightleftharpoons NH_2 + H_2O \qquad (4-5)$$

NH_2 则进一步与 OH 或者 H 反应生成 NH：

$$NH_2 + OH \rightleftharpoons NH + H_2O \qquad (4-6)$$

$$NH_2 + H \rightleftharpoons NH + H_2 \qquad (4-7)$$

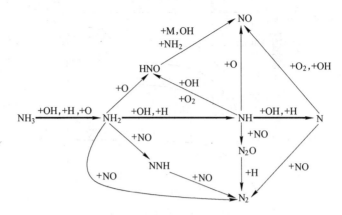

图 4 - 3 NH₃ 燃烧时 N 的转化路线图

NH₂ 通过下列反应生成 NO：

$$NH_2 + O \rightleftharpoons HNO + H \tag{4-8}$$

$$HNO + M \rightleftharpoons NO + H + M \tag{4-9}$$

$$HNO + OH \rightleftharpoons NO + H_2O \tag{4-10}$$

$$HNO + NH_2 \rightleftharpoons NO + NH_3 \tag{4-11}$$

NH 通过下列反应生成 NO：

$$NH + O_2 \rightleftharpoons NO + OH \tag{4-12}$$

$$NH + O \rightleftharpoons NO + H \tag{4-13}$$

4.1.3 排放特征

某钢铁企业测得烧结机烟气中 NO$_x$ 浓度沿烧结方向的变化，如图 4 - 4 所示。

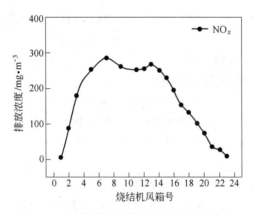

图 4 - 4 沿烧结机风箱方向 NO$_x$ 浓度变化

NO$_x$ 的浓度随烧结机位置的不同而变化，NO$_x$ 的浓度分布整体呈中间高两边低的趋势，最高浓度接近 300mg/m³。点火阶段烧结机头处于煤热解初期，燃料中氮的热分解温度低于煤粉燃烧温度，只有一些分子量较小的挥发分从颗粒中释放出来生成 NO_x，导致该阶段 NO_x 的生成量较少。燃烧中期随着温度的升高，挥发分氮中分子量较大的化合物和残留在焦炭中的氮释放出来，因此 NO_x 的排放浓度较高。燃烧中后期，由于挥发分氮释放减少，而焦炭氮生成 NO_x 量相对较少，此时 NO_x 的浓度缓慢下降，燃烧后期燃料燃烧殆尽，料层下部最高温度可以达到 1300℃ 以上，只有少量热力型 NO_x 生成，所以此阶段 NO_x 的排放浓度较低。

根据《钢铁烧结、球团工业大气污染物排放标准》（GB 28662—2012），自 2015 年 1 月 1 日起，现有企业和新建企业的烧结烟气 NO_x 排放浓度限值为 $300mg/m^3$。根据国内 25 台烧结机实测 NO_x 的排放浓度，14% 的烧结机 NO_x 排放浓度介于 $300 \sim 600mg/m^3$ 之间，为使出口 NO_x 浓度不大于 $300mg/m^3$，要求脱硝效率大于 50%；86% 的烧结机 NO_x 排放浓度小于 $300mg/m^3$，达到标准要求，可以直接排放。

4.2 氮氧化物控制技术概述

氮氧化物控制技术一般分为过程控制和末端烟气治理。例如，用于燃煤锅炉的低氮燃烧（low NO_x burning，LNB）技术属于过程中控制 NO_x，包括空气分级燃烧、燃料分级燃烧等。选择性非催化还原（selective non – catalytic reduction，SNCR）法脱硝和选择性催化还原（selective catalytic reduction，SCR）法脱硝均属于末端治理技术。SNCR 法脱硝不需要催化剂，反应温度窗口为 800 ~ 1200℃。SCR 法脱硝需要催化剂，常用的反应温度窗口为 300 ~ 400℃，也有低温 SCR 脱硝，反应温度为 120 ~ 280℃。烧结机内气氛不同于燃煤锅炉炉膛内的气氛，而属于富氧环境，因此很难进行气氛调控而实现低氮燃烧。烧结机烟气不存在 800 ~ 1200℃ 的温度窗口，不能选择 SNCR 法脱硝。烧结烟气温度一般为 120 ~ 180℃，可以选择低温 SCR 法脱硝，或者换热升温后选择 SCR 法脱硝。烧结烟气 NO_x 的排放浓度较低，一般不高于 $400mg/m^3$，因此对脱硝效率的要求不高。常见的烧结烟气 NO_x 控制技术见表 4 – 3。

表 4 – 3 烧结烟气 NO_x 控制技术

控制技术		工艺特点	脱硝效率
过程控制	烟气循环	一部分热废气被再次引入烧结过程，NO_x 通过热分解被部分破坏	40% ~ 70%
末端治理	活性炭吸附法	活性焦（炭）作为吸附剂吸附脱除 NO_x，或者作为催化剂在氨存在时用 SCR 法脱硝，温度一般为 120 ~ 150℃	30% ~ 80%
	SCR 法	利用还原剂在催化剂的作用下将 NO_x 还原成 N_2 的方法，温度一般为 300 ~ 400℃	>70%
	氧化吸收法	首先将 NO 氧化成高价态的 NO_2、N_2O_3 或 N_2O_5，然后利用脱硫设备吸收脱除	>50%

4.3 烟气循环

4.3.1 工艺原理及流程

烧结烟气循环脱硝技术是基于一部分热废气被再次引入烧结过程的原理而开发的方法。热废气再次通过烧结料层时，其中的 NO_x 和二噁英能够通过热分解被部分破坏，SO_x 和粉尘能够被部分吸附并滞留于烧结料层中。此外废气中的 CO 在烧结过程中再次参加还原，还可降低固体燃料消耗。烧结烟气循环脱硝技术可以脱除循环烟气中 40% ~ 70% 的 $NO_x^{[7]}$。

烧结烟气循环脱硝工艺流程如图 4-5 所示，系统主要由循环烟气切换阀、高效旋风除尘器、烟气混合室和循环管道组成。特定的烧结烟气经过除尘器除尘，再经过引风机进入烟气混合室与部分环冷废气混合后引入密封热风罩，补入富氧空气保证烧结矿质量不受影响。

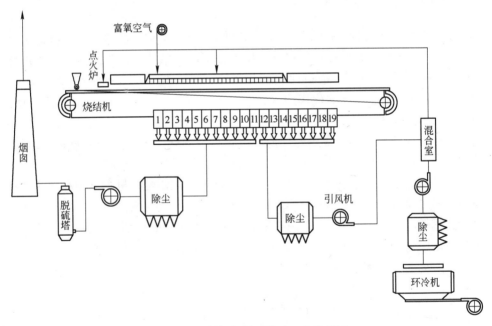

图 4-5 烧结烟气循环脱硝工艺流程图

为保证烧结矿质量，密封热风罩内氧气浓度保持在 18% 以上。由于从烧结机机头至机尾方向 20% ~ 70% 之间的区域为 NO_x 高浓度区域，此区域的烟气量大约占整台烧结机总烟气量的 40% ~ 50%，而 NO_x 总量则要占到整个烧结机总量的 65% ~ 80%，此区间 NO_x 的浓度峰值可达到全烟气 NO_x 平均浓度的 3 ~ 4 倍，所以选择该区域部分风箱进行烟气循环，烧结机机尾处烟气温度能达到约 350℃，为了提高循环烟气量及利用余温，选择烧结机机尾处高温烟气参与循环。

迄今为止，典型的废气循环利用工艺有日本新日铁开发的区域性废气循环技术、EOS（emission optimized sintering）和 LEEP 工艺（low emission & energy optimizedsinter production）及奥钢联公司开发的 Eposint（environmental process optimized sintering）等。

新日铁区域性废气循环技术首先在八幡厂户畑 3 号烧结机上应用[8]，将烧结机烟气分段处理、部分循环。根据烟气成分不同，该烧结机被分为 5 段 4 部分烟气，烟气循环量约为 30%，循环烟气中 NO_x 脱除率达到 33%。

EOS 工艺已在克鲁斯艾莫伊登烧结厂实现工业化应用[9]。大约 50% 的烧结废气被引入烧结机上的热风罩内，在烧结过程中，为调整烧结气体的氧气含量，鼓入少量新鲜空气与循环废气混合。因此，仅需对 50% 的烧结废气进行处理使其达到环保要求。NO_x 减少约 52%，灰尘减少约 45%，二噁英减少约 70%。

LEEP 工艺是由德国 HKM 开发的，在其烧结机上实现了工业化应用[10]。该烧结机设有两个废气管道，一个管道回收机尾处的热废气，另一个管道回收烧结机前段的冷废气。通过喷入活性褐煤来进一步减少剩余的二噁英。烧结机罩的设计不同于 EOS 装置，密封罩没有完全覆盖烧结机，而是允许一部分空气漏进来补充气体中氧含量的不足，这样就无需额外补给新鲜空气。经过几年的生产实践，LEEP 工艺实现了减少烧结废气 45%，循环烟气脱除 NO_x 效率达到 75%，减少烧结焦粉 5kg/t（烧结矿），并维持了烧结矿质量不降低的目标。

Eposint 工艺于 2005 年 3 月在奥钢联钢铁公司投入应用[11]。Eposint 工艺，又称选择性废气循环工艺，根据烧结机各风箱的流量和污染物排放浓度决定循环烟气的来源，用于循环的气流来自废气温度升高区域的风箱，这一区域大致位于烧结机总长的 3/4 处。根据工艺条件的变动，可按需选择循环区域的各个风箱烟气是进入外排系统还是循环系统。在不影响烧结产量的情况下，应用 Eposint 工艺可使现有烧结厂的多种污染物排放指标降低 40% 左右。

4.3.2 奥钢联 250m² 烧结机废气循环脱硝工程

奥钢联林茨厂 5 号 250m² 烧结机废气循环脱硝项目于 2005 年 3 月建成投运，4 月通过验收，目前系统运行稳定。脱硝工程示意图如图 4-6 所示。

该烧结机有 19 个风箱，选择烧结机总长约 3/4 处（11 ~ 16 号风箱）NO_x 含量高、温度高的烟气进行循环，烟气循环率为 25% ~ 28%。该系统由电除尘器、气体混合室、循环烟罩、烟道系统等组成，为应对烧结操作引起的烟气成分波动，设计 11 ~ 16 号风箱的烟气既可返回烧结循环，又可导向烟囱排放，具有较强的灵活性。该部分烟气首先经过电除尘，然后与环冷机废气混合；混合后的气体进入烧结机上方的循环烟罩，烟罩不完全覆盖烧结机，采用非接触型窄缝迷宫式密封，以防止废气和粉尘逸出，烟罩内的负压只吸入少量空气，台车敞开设计

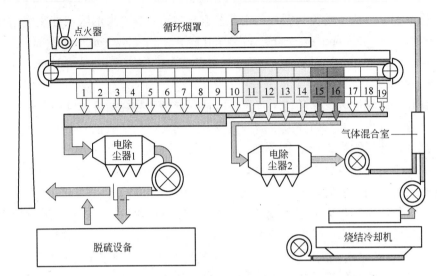

图 4-6　奥钢联烧结废气循环脱硝工程示意图

可方便维修。奥钢联烧结废气循环脱硝工程效果见表 4-4，减少烧结焦粉约 7kg/t（烧结矿）。

表 4-4　奥钢联烧结废气循环脱硝工程效果

烟气特点	循环率/%	NO_x 减排量/%	SO_2 减排量/%	二噁英减排量/%	节能/%
高氮高温	25～28	45.2	38.9	30	14.2

4.4　活性炭吸附法

　　吸附法是利用吸附剂对 NO_x 的吸附量随温度或压力变化的特点，通过周期性地改变操作温度或压力控制 NO_x 的吸附和解吸，使 NO_x 从烟气中分离出来。根据再生方式的不同，吸附法可分为变温吸附和变压吸附。活性炭吸附脱除 NO_x 属于典型的变温吸附过程，在烟气出口温度为 120～160℃ 时 NO_x 被活性炭吸附，吸附饱和的活性炭经 300～450℃ 高温再生后继续循环利用。该工艺在通入氨气的情况下，NO_x 和 NH_3 在活性炭表面发生催化反应生成 N_2 和 H_2O，实现 NO_x 的深度处理。

　　德国自 20 世纪 50 年代开始研发活性焦（炭）干法烟气净化技术，日本于 60 年代也开始研发，不同企业之间进行合作与技术转移以及自主开发，形成了日本住友、日本 J-POWER（原 MET-Mitsui-BF）和德国 WKV 等工艺[12,13]。采用活性焦（炭）法烧结烟气脱硫脱硝的大型钢铁公司包括日本的新日铁、JFE、住友金属和神户制钢，韩国的浦项钢铁和现代制铁，澳大利亚的博思格钢铁，印度的波卡罗钢厂以及中国的太钢等，工程应用 17 套，处理烟气量（标态）

从 $90 \times 10^4 m^3/h$ 到 $200 \times 10^4 m^3/h$，脱硫效率大于 80%，脱硝效率大于 40%。在国内，北京煤科院最早开始活性焦脱硫脱硝的研究，目前在有色冶炼烟气净化方面已有多套应用。近年来，中科院过程工程所也开始活性焦脱硫脱硝的研究，并进行了小试。国内的活性焦烟气净化技术以脱硫为主，尚未启用预留的喷氨脱硝接口，即吸附法脱硝。活性炭吸附法的技术特点，以及在太钢的工程应用详见第7章7.2节。

4.5 选择性催化还原法

选择性催化还原（SCR）脱硝技术是指利用还原剂在一定温度和催化剂的作用下将 NO_x 还原成 N_2 的方法。SCR 脱硝技术在 20 世纪 50 年代由美国人首先提出，美国 Eegelhard 公司于 1959 年申请了该技术的发明专利，1972 年在日本开始正式研发，并于 1978 年实现了工业化应用[14]。1985 年，SCR 技术被引进到欧洲，得到了迅速推广，随后，此项技术在美国也开始投入工业应用[15]。目前 SCR 技术已经成为工业上应用最广泛的一种烟气脱硝技术，应用于燃煤锅炉后烟气脱硝效率可达 90% 以上，是目前最好的可以广泛用于固定源 NO_x 治理的脱硝技术[16]。我国大陆地区尚未有烧结烟气 SCR 脱硝的工程应用实例，但在我国台湾地区有 3 套。据报道，烧结烟气采用 SCR 脱硝的设施在日本有 7 套，在美国有 3 套[17]。

4.5.1 反应机理

SCR 反应机理十分复杂，主要是喷入的 NH_3 在催化剂存在下，反应温度在 $250 \sim 450 ℃$ 之间时，把烟气中的 NO_x 还原成 N_2 和 H_2O。主要反应式如式（4-14）和式（4-15）所示[18]。

$$4NO + 4NH_3 + O_2 \longrightarrow 4N_2 + 6H_2O \qquad (4-14)$$

$$2NO_2 + 4NH_3 + O_2 \longrightarrow 3N_2 + 6H_2O \qquad (4-15)$$

烧结烟气中 NO_x 大部分为 NO，NO_2 约占 5%，影响并不显著，所以式（4-14）为主要反应。反应原理如图 4-7 所示[19]。

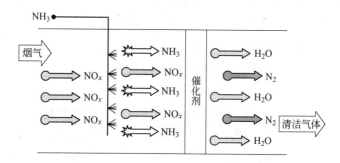

图 4-7 SCR 脱硝原理示意图

　　NH_3 被喷入到反应器后，快速吸附在催化剂 V_2O_5 表面的 Bronsted 酸活性点，与 NO 按照 Eley-Rideal 机理反应，形成中间产物，分解成 N_2 和 H_2O，在 O_2 存在条件下，催化剂的活性位点很快得到恢复，继续下一个循环。吸附与反应过程如图 4-8 所示。反应步骤可分解为：（1）NH_3 扩散到催化剂表面；（2）NH_3 在 V_2O_5 上发生化学吸附；（3）NO 扩散到催化剂表面；（4）NO 与吸附态的 NH_3 反应，生成中间产物；（5）中间产物分解成最终产物 N_2 和 H_2O；（6）N_2 和 H_2O 离开催化剂表面向外扩散[15]。

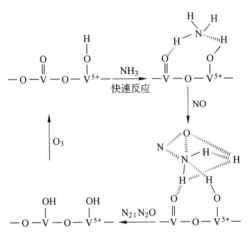

图 4-8 V_2O_5 上 NH_3 的吸附及与 NO 的反应

4.5.2   催化剂

4.5.2.1   催化剂的种类

　　催化剂是 SCR 脱硝工艺的核心，按照活性组分不同，可分为金属氧化物催化剂、分子筛催化剂和贵金属催化剂。目前，应用最多的是金属氧化物催化剂。在诸多金属氧化物中，V_2O_5-WO_3/TiO_2 或者 V_2O_5-MoO_3/TiO_2 的催化活性最高。研究表明，TiO_2 具有较高的活性和抗 SO_2 氧化性；V_2O_5 表面呈酸性，容易吸附碱性的 NH_3，并能在富氧环境下工作，工作温度低，抗中毒能力强；WO_3 或 MoO_3 既能增加催化剂的酸性、活性和热稳定性，还能抑制 SO_2 向 SO_3 的转化。因此，目前工业应用的 SCR 催化剂主要是用负载在 TiO_2 上的 V_2O_5-WO_3 或者 V_2O_5-MoO_3 作为催化剂[20]。

　　V_2O_5 对 NO_x 有催化还原作用，同时也能将 SO_2 催化氧化为 SO_3。因此，商业 SCR 催化剂中 V_2O_5 的含量一般在 1% 以下，助催化剂 WO_3 或 MoO_3 的含量分别为 10% 和 6%，在保持催化还原 NO_x 活性的基础上尽可能减少 SO_2 的催化氧化。

4.5.2.2　催化剂的形式

目前工程上应用的 SCR 脱硝催化剂主要有三种类型：蜂窝式、平板式和波纹板式，如图 4-9 所示。蜂窝式催化剂一般是把载体和活性组分混合挤压成型，然后干燥焙烧，裁切装配而成。平板式催化剂是采用不锈钢金属丝网作为基材浸泡活性物质焙烧成型。波纹板式催化剂是采用成型的玻璃纤维板或陶瓷板作为基材，然后在活性物质溶液中浸泡，焙烧而成[21]。

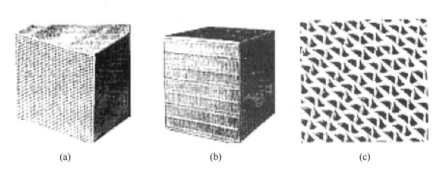

(a)　　　　　　　　　(b)　　　　　　　　　(c)

图 4-9　常见 SCR 催化剂形式
(a) 蜂窝式；(b) 平板式；(c) 波纹板式

蜂窝式催化剂有较大的几何比表面积，但防积尘和防堵塞性能较差，阻力损失较大。平板式催化剂比蜂窝式催化剂具有更好的防积尘和防堵塞性能，但受到机械或热应力作用时，活性层容易脱落，且活性材料容易受到磨损。催化剂骨架材料必须具有耐酸性，以防达到露点温度时 SO_2 带来的危害。目前就 SCR 催化剂的市场占有率来讲，蜂窝式催化剂占主导地位，约占 70%，平板式催化剂约占 25%，波纹板式催化剂约占 5%。

4.5.2.3　催化剂的寿命

在 SCR 系统运行过程中，催化剂会因为各种物理、化学作用，如高温烧结、冲蚀、颗粒沉积堵塞、碱金属或重金属中毒等，导致催化剂性能下降甚至失效[22]。随着催化剂活性的降低，反应速率减小，脱除 NO_x 的效率也会降低。当氨逃逸量达到最大值或超过允许水平时就必须更换催化剂。按设计要求，一般每年要更换 1/3 的催化剂，以满足 SCR 系统中氨逃逸浓度（标态）不大于 $2.28mg/m^3$（3ppm）的要求。

催化剂组成、结构、寿命及相关参数直接影响 SCR 系统脱硝效率及运行情况，一般要求催化剂能达到如下性能：

(1) SO_2/SO_3 转化率一般不大于 1%；

(2) 催化剂的寿命一般大于 24000 运行小时；

(3) 在较宽的温度范围内，具有较高的催化活性；

(4) 有较好的化学稳定性、热稳定性和机械稳定性。

4.5.3　还原剂

SCR 脱硝工艺中常用的还原剂有液氨、尿素和氨水,还原剂不同,SCR 脱硝工艺也会有所不同[23]。液氨法是指将液氨在蒸发器中加热成氨气,然后与稀释风机的空气混合成氨气体积含量为 5% 的混合气后送入烟气系统。尿素法是将尿素固体颗粒在容器中完全溶解,然后通过溶液泵送到水解槽中,通过热交换器将溶液加热发生水解反应生成氨气。氨水法是指将含氨 25% 的水溶液通过加热装置使其蒸发,形成氨气和水蒸气。常用的脱硝还原剂比较见表 4 - 5。

表 4 - 5　不同脱硝还原剂比较

项　目	液　氨	氨　水	尿　素
脱硝剂费用	便宜	较贵	最贵
运输费用	便宜	贵	便宜
安全性	有毒	有害	无害
储存条件	高压	常压	常压,干态
储存方式	液态	液态	颗粒状
投资费用	便宜	贵	贵
运行费用	便宜	贵	贵
设备安全要求	有法律规定	需要	基本不需要

4.5.4　工艺流程及系统

4.5.4.1　SCR 脱硝工艺设计

目前,SCR 脱硝技术已经广泛应用于燃煤锅炉烟气脱硝。然而在对烧结烟气进行 SCR 脱硝工艺设计时,并不能照搬燃煤烟气的脱硝工艺,需结合烧结烟气的特点进行优化设计,才能实现 SCR 脱硝工艺在钢铁行业的成功应用。烧结烟气与燃煤锅炉烟气相比,有如下特点[17]:

(1) 烟气温度在 80 ~ 185℃ 之间波动;

(2) 含湿量大,水分体积含量为 10% ~ 12%,露点温度较高,为 65 ~ 80℃;

(3) 烟气含氧量较高,达到 14% ~ 18%;

(4) NO_x 浓度随铁矿和燃料的不同而不同,一般为 150 ~ 400mg/m³。

烧结烟气的特点决定了采用 SCR 脱硝技术需关注以下几方面:

(1) 烧结烟气的温度较低 (低于 200℃),不能直接采用 SCR 技术,需要对烟气进行加热,使烟气温度达到催化剂最佳活性温度 (300 ~ 400℃)。

(2) 烧结烟气的含湿量和含氧量较大,催化剂需要具备良好的抗热水性能,并能在富氧环境下工作。

（3）烧结烟气流量变化范围大，NO_x 浓度较低，当采用 SCR 法处理时，设计参数需满足实际工况要求，同时又要充分考虑投资及运行成本。

（4）烧结烟气携带粉尘多，且磨蚀性较强。因此，脱硝系统宜布置在除尘器之后，减少粉尘对催化剂的冲刷磨损。

（5）脱硝效率的确定。一般来说，在脱硝效率为 75% 时，SCR 催化剂需要布置两层；当脱硝效率要求在 50% 以下时，一层催化剂即可满足脱硝要求。催化剂占整个 SCR 脱硝系统的投资比例达到 30% ~ 40%。钢厂可依据烧结烟气的实际状况，确定最终的脱硝效率，以便设计和布置相应的催化剂层数，最大地节省投资和运行成本。

针对以上问题，结合燃煤烟气 SCR 脱硝技术，通过工艺优化，设置如图 4 - 10 所示的烧结烟气 SCR 脱硝工艺系统。烧结烟气经电除尘后，由引风机引至空气预热器预热，然后进入 SCR 脱硝系统。烧结烟气经预热后进入烟道燃烧器，利用焦炉煤气作为燃料对烧结烟气进一步加热，使烧结烟气温度达到催化剂最佳活性温度（320 ~ 400℃），加热后的烧结烟气流经氨喷格栅。在氨喷格栅内，经氨气/空气混合器按一定比例混合后的氨气喷入烧结烟气中，随烧结烟气进入顶部烟道，顶部烟道设有导流分配装置，使烟气均匀平稳地通过反应器催化剂层。在催化剂的作用下，NH_3 与烟气中的 NO_x 进行反应，生成 N_2 和 H_2O，达到脱硝目的[17]。

4.5.4.2 SCR 脱硝工艺布置

在布置烧结烟气 SCR 脱硝系统时，需要考虑对前后系统的影响。当烧结机采用半干法烟气脱硫工艺时，如 CFB 工艺或 SDA 工艺等，在喷入生石灰或熟石灰的同时也喷入相应的活性炭（焦）或褐煤等吸附剂。该工艺可达到一定的脱硝效率，但脱硝效率较低，可用于处理 NO_x 浓度较低的烟气。

当烧结机采用湿法烟气脱硫工艺时，如石灰石 - 石膏法或氨法等，需在烧结机机头主抽风机后将烟气升温至 350℃ 左右，接着采用 SCR 工艺对烟气进行脱硝，脱硝后烟气采用换热装置降温后再进行湿法烟气脱硫。该方案一次性投资较大，运行成本高，但是其单个工艺成熟、脱硫脱硝效率高。工艺路线有如下两种[24]。

（1）将 SCR 系统布置在静电除尘器之后、脱硫装置之前，如图 4 - 11 所示。烧结烟气经加热装置升温后，先进行 SCR 脱硝，再用换热装置（可用余热锅炉回收，用于发电）进行降温处理，出来后的烟气经脱硫装置净化后经烟囱排出。

（2）将 SCR 系统布置在除尘器和脱硫装置之后，如图 4 - 12 所示。烧结烟气经过除尘和脱硫后，通过加热装置将烟气升温至 350℃ 左右进行脱硝，然后用换热装置进行降温处理，净化后烟气经烟囱排出。

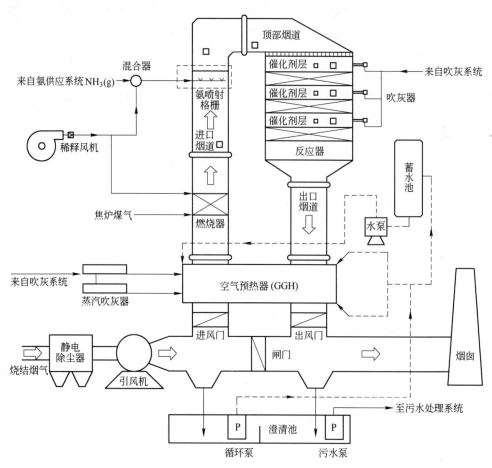

图 4 - 10　烧结烟气 SCR 脱硝工艺系统

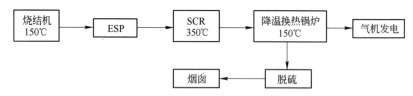

图 4 - 11　烧结烟气 SCR 脱硝工艺布置路线 1

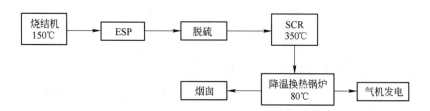

图 4 - 12　烧结烟气 SCR 脱硝工艺布置路线 2

4.5.5　脱硝效率影响因素

在 SCR 脱硝工艺中，影响 NO_x 脱除效率的主要因素包括反应温度、空间速度（space velocity，SV）、NH_3 与 NO_x 的摩尔比、催化剂性能等[25~29]。

4.5.5.1　反应温度

反应温度是影响脱硝效率的一个关键因素，反应温度低于或高于催化剂的反应窗口温度都会降低催化剂的活性进而降低脱硝效率。反应温度过低有可能使喷入的 NH_3 与烟气中的 SO_x 反应生成硫铵盐，硫铵盐会吸附在催化剂表面降低催化剂的有效吸附面积，同时硫铵盐还会吸附在空气预热器上造成设备腐蚀。反应温度过高，NH_3 会与 O_2 反应生成 NO，造成烟气中 NO_x 含量重新增加。且高温会引起催化剂烧结，导致催化剂颗粒增大，表面积减小，活性降低。

如图 4-13 所示是在 V_2O_5/TiO_2 催化剂的条件下，反应温度对 NO_x 脱除率的影响。从图中可知反应温度对 NO_x 脱除率有较大影响：在 200~310℃ 范围内，随着反应温度的升高，NO_x 脱除率急剧增加；随后 NO_x 脱除率随温度的升高而下降。在 SCR 脱硝过程中温度的影响存在两种趋势：一方面是温度升高使脱除 NO_x 的反应速率增加，NO_x 脱除率升高；另一方面，随着温度的升高 NH_3 开始发生氧化反应产生 NO，使 NO_x 脱除效率下降。

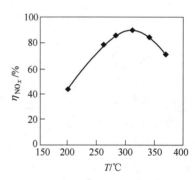

图 4-13　反应温度对 NO_x 脱除率的影响

4.5.5.2　空间速度 SV

烟气在反应器内的空间速度 SV 是 SCR 的一个关键设计参数。SV 值是表示催化剂处理能力的指标，含义是每立方米的催化剂处理的烟气流量，单位是 h^{-1}（$(m^3/h)/m^3$）。SV 值越大，催化剂的性能越好。同时，SV 也是烟气（标准状态下的湿烟气）在催化剂内的停留时间尺度。SV 越大，烟气在反应器内的停留时间越短，则反应有可能不完全，这样 NH_3 的逃逸量增加，NO_x 脱除率下降；同时烟气对催化剂骨架的冲刷也大。因此，一般将 SV 值控制在 $7000h^{-1}$ 以下来估算催化剂的用量。

4.5.5.3　氨氮摩尔比

NH_3/NO_x 摩尔比对 SCR 反应有着较大影响。在 NH_3/NO_x 摩尔比小于 1.0 时，NO_x 脱除率随着 NH_3/NO_x 摩尔比的增加而明显增加；当 NH_3/NO_x 摩尔比大于 1.0 时，随着 NH_3/NO_x 摩尔比的增加，NH_3 氧化等副反应的反应速率逐渐增加，从而导致 NO_x 脱除率降低，同时 NH_3 的逸出量也会增加，形成二次污染。

在实际工程应用中，NH_3/NO_x 摩尔比一般控制在 0.75 ~ 1.0 之间。

如图 4 - 14 所示，NO_x 脱除率随着 NH_3/NO_x 摩尔比的增加而增加，尤其是当 NH_3/NO_x 摩尔比小于 1.0 时，影响更为显著。该结果说明若 NH_3 投入量偏低，NO_x 脱除率受到限制。当 NH_3/NO_x 摩尔比等于 1.0 时，能达到 95% 以上的 NO_x 脱除率，并能使 NH_3 的逸出浓度维持在 5×10^{-6} 以下。

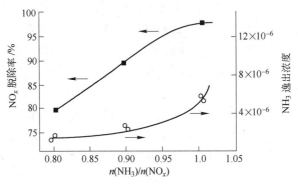

图 4 - 14　NH_3/NO_x 摩尔比对 NO_x 脱除率和 NH_3 逸出浓度的影响

4.5.5.4　催化剂中 V_2O_5 含量

催化剂中 V_2O_5 含量对 NO_x 脱除率的影响如图 4 - 15 所示。催化剂中 V_2O_5 含量增加，催化效率增加，NO_x 脱除率提高。但 V_2O_5 含量超过 6.6% 时，催化剂效率反而下降。这主要是由 V_2O_5 在载体 TiO_2 上的分布不同造成的。红外光谱表明，当 V_2O_5 含量为 1.4% ~ 4.5% 时，V_2O_5 均匀分布在 TiO_2 载体上，并且以等轴聚合的钒基形式存在；当 V_2O_5 含量为 6.6% 时，V_2O_5 在载体 TiO_2 上形成新的结晶区，从而降低了催化剂的活性。V_2O_5 是 SCR 催化剂的活性组分，在 NH_3 的作用下将烟气中的 NO_x 还原为 N_2 的同时，也将烟气中的 SO_2 氧化为 SO_3，因此工业应用的催化剂中 V_2O_5 含量较低，一般为 0.3% ~ 1.5%。为保证催化效果，通常加

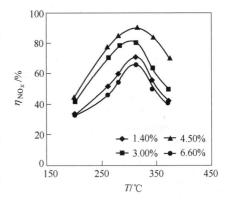

图 4 - 15　催化剂中 V_2O_5 含量
对 NO_x 脱除率的影响

入助催化剂 WO_3 和 MoO_3。其中 WO_3 的使用量较大，约 10%，在催化剂中起到催化和调节结构两种作用，既可以增加催化剂的活性反应温度范围，又可以改善催化剂机械结构和晶体性质。

4.5.5.5　复杂的烟气成分

在 SCR 运行过程中多种因素都会使催化剂的活性降低。由烟气所引发的催

化剂活性降低主要体现在以下几个方面：

(1) 烟气中钠、钾及砷等元素引起的催化剂中毒；

(2) 烟气中铁盐及飞灰引起催化剂堵塞，阻碍反应物到达催化剂活性表面；

(3) 飞灰撞击引起催化剂磨蚀，影响催化剂力学性能及使用寿命；

(4) 烟气中的 SO_2 在催化剂作用下被氧化成 SO_3，从而与 H_2O 和 NH_3 反应生成硫酸铵和硫酸氢铵，沉积在催化剂表面，引起催化剂活性降低。

4.5.6　台湾中钢烧结机烟气 SCR 脱硝工程

台湾中钢将选择性催化还原技术应用于烧结烟气脱硝获得了很好的效果，其所开发的 SCR 催化剂在脱硝的同时可降解二噁英，脱硝与脱二噁英的效率皆可达到 80%。中钢双效 SCR 催化剂脱除 NO_x 的化学反应式表示如下：

$$4NO + 4NH_3 + O_2 \longrightarrow 4N_2 + 6H_2O$$

$$6NO_2 + 8NH_3 \longrightarrow 7N_2 + 12H_2O$$

4.5.6.1　中钢双效催化剂特性

台湾中钢 SCR 催化剂为板式催化剂，最佳反应温度介于 250℃到 350℃之间，脱硝与分解二噁英的效率皆可达 80% 以上。它具有高抗飞灰腐蚀性、低堵塞率及低压降的优点。图 4-16 为中钢双效催化剂实体照片，单片尺寸有 462mm × 1100mm × 0.8mm（长片）与 462mm × 550mm × 0.8mm（短片）2 种，每箱可装 71 片，板间距为 6.5mm。

图 4-16　中钢双效催化剂实体照片

中钢双效 SCR 催化剂由 V_2O_5 - WO_3/TiO_2 组成，TiO_2 为载体，V_2O_5 负责氧化，WO_3 促进氧化功能，增加催化剂稳定性。中钢 SCR 催化剂采用中钢自行开发的专利配方，以偏钒酸铵和钨酸铵为前驱物，采用可增加钒金属铵化合物溶解度并能均匀涂布于钛氧化物单体表面的无机水溶液取代偏钛酸泥状物，这样可省去高温捏扮、射出成型与干燥粉碎程序，高温煅烧也由两步简化为一步，不但缩短了催化剂制造时间，而且 NO_x 与二噁英的去除率并不亚于一般市售板式催化剂，甚至可能要好于一般板式催化剂。催化剂去除率见图 4-17 和图 4-18[30]。

4.5.6.2　SCR 反应器构造与工艺流程

如图 4-19 所示为 SCR 反应器构造图，SCR 反应器主要由喷氨格栅、导流板、筛板、催化剂层构成，烟气流经 SCR 反应塔顶端进入催化剂床之前通常必须经过 2 个 90°转向，导致速度场分布不均。导流翼（guide vane）、滤板（screen plate）等可改善速度场均匀度，以达到充分混合的效果[31,32]。图 4-20 为 SCR 工艺流程示意图。静电除尘（EP）后烟

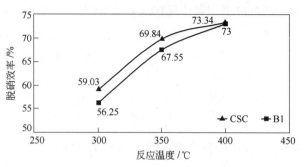

图 4-17 中钢双效催化剂 NO 去除率

$(n(NH_3)/n(NO_x) = 1, T = 300 \sim 400℃)$

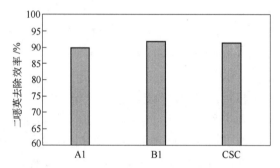

图 4-18 中钢双效 SCR 催化剂二噁英去除率

（气流量：0.32L/min；GHSV = 5000h^{-1}；DXN（标态）：2ng - TEQ/m^3；
反应温度：250℃；反应气体：15% O$_2$/N$_2$；催化剂量：0.4g）

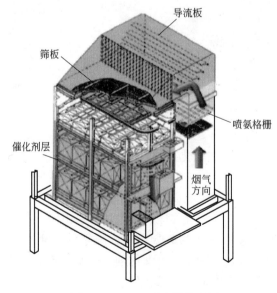

图 4-19 SCR 反应器构造图

气经气－气热交换器（GGH）入口预热至270℃，再由下游燃烧器加热到290～310℃，然后与氨气混合，再流经催化剂层脱硝和脱二噁英。气－气热交换器（GGH）经旋转180°后，原出口转至入口位置，以其所吸收的余热加热来自静电除尘器（EP）的烟气[33]。

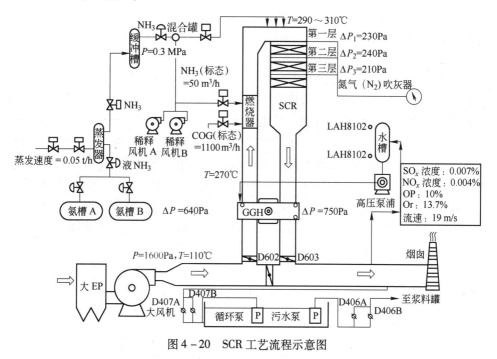

图4－20　SCR工艺流程示意图

图4－21为烧结烟气NO_x及SO_2排放的监测值日趋势图。台湾中钢开发的板式SCR双效催化剂已成功应用于集团内中钢及中龙烧结场，经由7年的持续运转，其脱硝与脱二噁英的效率仍在80%以上[30]。

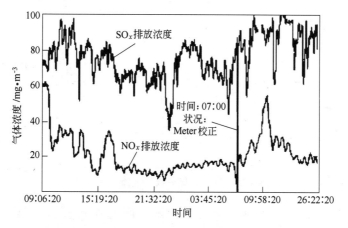

图4－21　某日NO_x/SO_2排放的监测值日趋势图

4.6　氧化吸收法

SCR 脱硝技术已广泛应用于燃煤锅炉烟气脱硝，但在钢铁烧结烟气脱硝领域的应用很少，这主要是由于钢铁烧结烟气与燃煤锅炉烟气状况差别很大。烧结烟气温度远低于 SCR 催化剂适用的 300℃ 以上的操作温度，同时烟气中大量含 Fe 粉尘也会对 SCR 催化剂的寿命产生很大影响。因此基于火电厂烟气排放特点设计开发的 SCR 体系很难在钢铁烧结烟气脱硝中实现推广应用。

若将 NO 氧化成高价态的 NO_2、N_2O_3 或 N_2O_5，则可以利用脱硫系统中的水或碱性物质进行吸收脱除。在低浓度下，NO 的氧化速度非常缓慢。为了加速 NO 的氧化，可以采用催化氧化和直接氧化。催化氧化法由于催化剂易受烟气中共存的 SO_2 和水蒸气作用发生中毒，不适用于烧结烟气脱硝。直接氧化法用到的氧化剂有气相氧化剂和液相氧化剂两种。气相氧化剂有 O_3、Cl_2、ClO_2 等，液相氧化剂 有 HNO_3、$KMnO_4$、$NaClO_2$、$NaClO$、H_2O_2、$KBrO_3$、$K_2Br_2O_7$、Na_3CrO_4、$(NH_4)_2CrO_7$ 的水溶液等。此外，还可以利用紫外线氧化。其中臭氧具有低温条件下氧化效率高、无二次污染等特点，有望在烧结烟气脱硝工程中应用。

4.6.1　工艺原理及流程

氧化吸收脱硝工艺主要是将臭氧气相氧化与现有脱硫吸收塔结合，实现联合脱硫脱硝，工艺流程如图 4 - 22 所示。

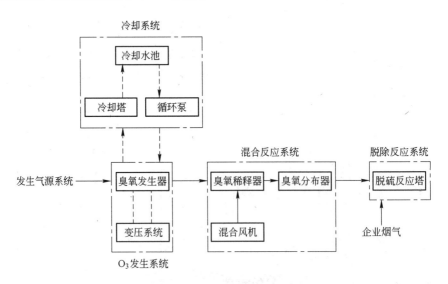

图 4 - 22　臭氧氧化吸收工艺流程示意图

空气经预处理设备（压缩、冷干、干燥）产生洁净空气后（也可从企业现有氧气管道引出氧气），进入臭氧发生室，在臭氧发生室内高频高压电场作用下，部分氧气转化成臭氧气体。混合稀释后臭氧自脱硫系统入口烟道喷入，经过臭氧均布器均布后与烧结烟气发生氧化反应，烟气中的 NO 氧化为 NO_2，然后进入原有脱硫吸收塔，NO_2 与 SO_2 等酸性气体一道与石灰浆液接触，发生物理、化学反应，生成硝酸钙及亚硝酸钙等，从而达到脱硝目的。经脱除 SO_2、NO_2 并进行干燥后的含粉料烟气出吸收塔后进入布袋除尘器进行净化，净烟气由增压风机经出口烟道至原烟囱排入大气。

在烟道内完成的主要化学反应为：

$$O_3 + NO \longrightarrow NO_2 + O_2 \qquad (4-16)$$

$$O_3 + 2NO_2 \longrightarrow O_2 + N_2O_5 \qquad (4-17)$$

在吸收塔内完成的主要化学反应为：

$$3NO_2 + H_2O \longrightarrow 2HNO_3 + NO \qquad (4-18)$$

$$NO_2 + NO + H_2O \longrightarrow 2HNO_2 \qquad (4-19)$$

$$Ca(OH)_2 + 2HNO_3 \longrightarrow Ca(NO_3)_2 + 2H_2O \qquad (4-20)$$

$$Ca(OH)_2 + 2HNO_2 \longrightarrow Ca(NO_2)_2 + 2H_2O \qquad (4-21)$$

4.6.2 脱硝效率影响因素

目前国内外的研究主要集中在 O_3/NO 摩尔比、接触时间、反应温度、烟气组分等气相氧化效率影响因素[34,35]，O_3 气相氧化反应机理[36] 及液相吸收影响因素的考察研究，尚未有工程应用案例。

在实验室研究中，反应温度对 O_3 氧化脱硝效率的影响如图 4-23 所示。O_3 氧化脱硝效率在温度低于 200℃的条件下，不受温度的改变而变化，当温度高于 200℃时，O_3 自身发生分解，进而影响脱硝效率。接触时间对 O_3 氧化脱硝效率的影响如图 4-24 所示，O_3 与 NO 需保证一定的接触时间，一般而言接触时间大于 0.1s，方能实现稳定的脱硝效果。

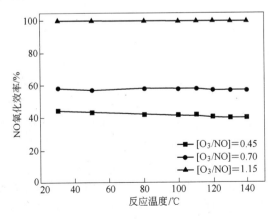

图 4-23 反应温度对 O_3 氧化脱硝效率的影响

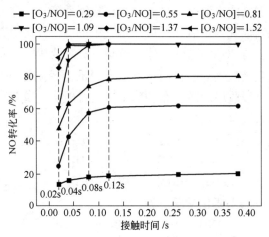

图 4 - 24　接触时间对 O_3 氧化脱硝效率的影响

烧结烟气中共存的 SO_2 和 CO 对臭氧氧化脱硝效率的影响如图 4 - 25 所示，在考察的两个 O_3/NO 摩尔比反应条件下，SO_2 和 CO 对脱硝效率的影响很小，但有部分 SO_2 发生氧化，因此与半干法脱硫塔结合，可以有效避免 SO_3 的二次污染问题。

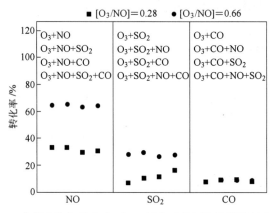

图 4 - 25　烧结烟气气体组分对 O_3 氧化过程污染物脱除效率的影响

此外，臭氧喷射方向、喷入量及喷入位置对臭氧氧化脱硝效率也会产生影响[37]。逆向喷入优于同向喷入。当 O_3/NO 摩尔比不大于 1 时，O_3 摩尔量的增加对 NO 脱除具有显著提高作用；当 O_3/NO 摩尔比大于 1 时，提升效果减缓；当 O_3/NO 摩尔比为 1.5 时，NO 转化率可达到 90%。喷入位置对 NO 的脱除效率影响较小。

在具体工程应用中，为了进一步强化臭氧和烟气的混合效果，优化流场分布，实现较短停留时间下 O_3 与 NO 的高效反应，可以在烟道中布置臭氧分布器[38]。

参 考 文 献

[1] 国家统计局，环境保护部．中国环境统计年鉴（2012）．北京：中国统计出版社，2013.

[2] 苏玉栋，李咸伟，范晓慧．烧结过程中 NO_x 减排技术研究进展 [J]．烧结球团，2013，38（6）：41~44.

[3] 金永龙．烧结过程中 NO_x 的生成机理解析 [J]．烧结球团，2004，29(5)：6~8.

[4] 张英，陈旺生，韩军，等．烧结烟气 NO_x 的分布规律研究 [J]．工业安全与环保，2014，40(4)：23~25.

[5] 新井纪南．燃烧生成物的发生与抑制技术 [M]．北京：科学出版社，2001.

[6] Miller J A，Bowan C T. Mechanism and modeling of nitrogen chemistry in combustion [J]．Progress in Energy and Combustion Science，1989，15：287~338.

[7] Heinz - Peter Eisen，Karl - Ruduger，Arnd K Fler. Construction of the exhaust recycling facilities at a sintering plant [J]．Stahlund Eisen，2004，124(5)：37~40.

[8] Shinya Kehara，Susumu Kubo，Yuichi Terada，et al. Application of exhaust gas recirculation system at Tobata No. 3 Sinter Plant [R]．Nippon Steel Technical Report，1996(70)：55~61.

[9] The European Commission Joint Research Center. Best Available Techniques（BAT）Reference document for iron and steel production [M]．The European Commission Joint Research Center，2011.

[10] Johann Reidetschlager，Hans Stiasny，Stefan Hotzinger，et al. Siemens VAI sintering selective waste gas recirculation system：Meet the future's environment requirements today [C]//AISTech 2009 Proceedings - Volume 1，4 - 7 May 2009，ST. Louis，Missouri，USA：47~54.

[11] Alexander Fleischanderl，Christoph Aichinger，Eewin Zwittag. 环保型烧结生产新技术——Eposint and Meros [J]．China Metallurgy，2008，18(11)：41~46.

[12] 高继贤，刘静，曾艳，等．活性焦（炭）干法烧结烟气净化技术在钢铁行业的应用与分析 I：工艺与技术经济分析 [J]．烧结球团，2012，37(1)：65~69.

[13] 高继贤，刘静，曾艳，等．活性焦（炭）干法烧结烟气净化技术在钢铁行业的应用与分析 II：工程应用 [J]．烧结球团，2012，37(2)：61~66.

[14] 胡永锋，白永锋．SCR 法烟气脱硝技术在火电厂中的应用 [J]．节能技术，2007，25(2)：152~181.

[15] 朱林，吴碧君，段玖祥，等．SCR 烟气脱硝催化剂生产与应用现状 [J]．中国电力，2009，42(8)：6~64.

[16] 张强．燃煤电站 SCR 烟气脱硝技术及工程应用 [M]．北京：化学工业出版社，2007.

[17] 周立荣，高春波，杨石玻．钢铁厂烧结烟气 SCR 脱硝技术应用探讨 [J]．中国环保产业，2014(6)：33~36.

[18] 张强，许世森，王志强．选择性催化还原烟气脱硝技术进展及工程应用 [J]．热力发电，2004，33(4)：1~6.

[19] 马双忱，金鑫，孙云雪，等．SCR 烟气脱硝过程硫酸氢铵的生成机理与控制 [J]．热力发电，2010，39(8)：12~17.

[20] 赵毅，朱振峰，贺瑞华，等．V_2O_5 - WO_3/TiO_2 基 SCR 催化剂的研究进展 [J]．材料导

报，2009，23(1)：28～31.

[21] 杨卫娟，周俊虎，刘建忠，等．选择催化还原 SCR 脱硝技术在电站锅炉的应用 [J]．热力发电，2005，34(9)：10～14.

[22] 赵毅，朱洪涛，安晓玲，等．燃煤电厂 SCR 烟气脱硝技术的研究 [J]．电力环境保护，2009，25(1)：7～10.

[23] 朱世勇．环境与工业气体净化技术 [M]．北京：化学工业出版社，2001：432～453.

[24] 于树斌，崔钧，陈胜，等．烧结烟气脱硝技术的探讨 [C] //中国金属学会．第八届中国钢铁年会论文集．北京：冶金工业出版社，2011.

[25] 李岷．SCR 脱 NO_x 效率的主要影响因素浅析 [J]．黑龙江科技信息，2008(15)：63.

[26] 李峰．以纳米 TiO_2 为载体的燃煤烟气脱硝 SCR 催化剂的研究 [D]．南京：东南大学，2006.

[27] 邹鹏．钒钛 SCR 烟气脱硝催化剂改性研究 [D]．济南：山东大学，2012.

[28] 陈海林，宋新南，江海斌，等．SCR 脱硝性能影响因素及维护 [J]．山东建筑大学学报，2008，23(2)：145～149.

[29] 邹斯诣．SCR 脱硝技术性能影响及对策 [J]．电站辅机，2009，30(4)：12～23.

[30] 孟庆立，李昭祥，杨其伟，等．台湾中钢 SCR 触媒在烧结场脱硝与脱二噁英中的应用 [J]．武汉大学学报（工学版），2012，45(6)：751～756.

[31] Rogers K. Mixing performance characterization for optimization and development on SCR application [C] //NETL Conference on SCR & SNCR for NO_x Control, 2003.

[32] Rogers K, Milobowski M, Wooldridge B. Perspective on ammonia injection and gaseous static mixing in SCR retrofit applications [C] //EPRI – DOE – EPA Combined Utility Air Pollutant Control Symposium, Atlanta, Georgia, August, 1999：16～20.

[33] 中国钢铁委托研究计划（代号：RE100636）．烧结工厂 SCR 整合模拟 [R]，2011.1.

[34] 马双忱，苏敏，马京香，等．臭氧同时脱硫脱硝研究进展 [J]．中国环保产业，2009(4)：29～34.

[35] 代绍凯，徐文青，陶文亮，等．臭氧氧化法应用与燃煤烟气同时脱硫脱硝脱汞的实验研究 [J]．环境工程，2014(6)：11～15.

[36] 王智化，周俊虎，温正城，等．利用臭氧同时脱硫脱硝过程中 NO 的氧化机理研究 [J]．浙江大学学报，2007，41(5)：765～769.

[37] Maciej Jakubiak, Włodzimierz Kordylewski. The effect of ozone feeding mode on the effectiveness of NO oxidation [J]．Chemical and Process Engineering, 2011, 32(3)：229～239.

[38] 朱廷钰，徐文青，赵瑞壮，等．一种应用于低温氧化脱硝技术的烟道臭氧分布器及其布置方式：中国，PCT. CN2014/074508 [P]．2014－04－01.

5 烧结烟气二噁英控制技术

5.1 二噁英简介

5.1.1 结构和理化性质

二噁英（Dioxins）是多氯代二苯并－对－二噁英（polychlorinated dibenzo－p－dioxins，PCDDs）和多氯代二苯－并－呋喃（polychlorinated dibenzofurans，PCDFs）的统称，是一类持久性有机污染物（persistent organic pollutants，POPs）。由于氯原子取代的位置和数量不同，因此 PCDDs 有 75 种异构体，PCDFs 有 135 种异构体，PCDD/Fs 共有 210 种异构体，其结构式与不同氯代数量同系物统计见图 5－1 及表 5－1。

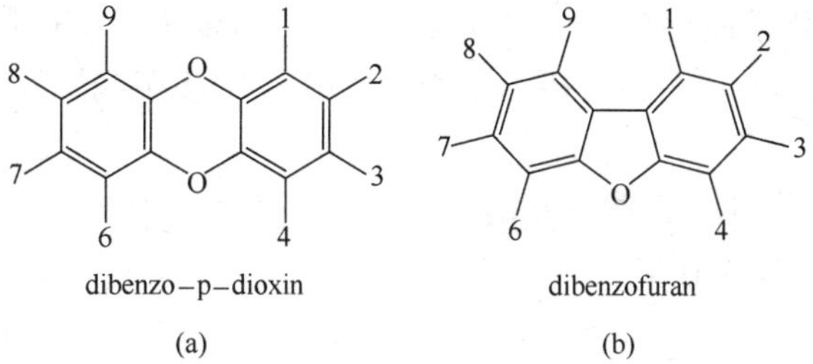

dibenzo－p－dioxin

(a)

dibenzofuran

(b)

图 5－1　PCDD/Fs 异构体的结构

（a）二苯－并－二噁英；（b）二苯－并－呋喃

表 5－1　PCDD/Fs 名称及异构体数目

简写	英文全称	名　称	数目	总计
MCDDs	monochlorinated dibenzo－p－dioxins	一氯二苯并二噁英	2	
DiCDDs	dichlorinated dibenzo－p－dioxins	二氯二苯并二噁英	10	
TrCDDs	trichlorinated dibenzo－p－dioxins	三氯二苯并二噁英	14	
TCDDs	tetrachlorinated dibenzo－p－dioxins	四氯二苯并二噁英	22	75
PeCDDs	pentachlorinated dibenzo－p－dioxins	五氯二苯并二噁英	14	
HxCDDs	hexachlorinated dibenzo－p－dioxins	六氯二苯并二噁英	10	
HpCDDs	heptachlorinated dibenzo－p－dioxins	七氯二苯并二噁英	2	
OCDD	octachlorinated dibenzo－p－dioxin	八氯二苯并二噁英	1	

简写	英文全称	名 称	数目	总计
MCDFs	monochlorinated dibenzofurans	一氯二苯并呋喃	4	
DiCDFs	dichlorinated dibenzofurans	二氯二苯并呋喃	16	
TrCDFs	trichlorinated dibenzofurans	三氯二苯并呋喃	28	
TCDFs	tetrachlorinated dibenzofurans	四氯二苯并呋喃	38	135
PeCDFs	pentachlorinated dibenzofurans	五氯二苯并呋喃	28	
HxCDFs	hexachlorinated dibenzofurans	六氯二苯并呋喃	16	
HpCDFs	heptachlorinated dibenzofurans	七氯二苯并呋喃	4	
OCDF	octachlorinated dibenzofuran	八氯二苯并呋喃	1	

人类对二噁英的认识始于 20 世纪初，但当时仅知其是无用的和有害的，并未引起足够的重视。20 世纪 30 年代后，随着工业化进程的加快，有机氯农药、塑料使用量及废物焚烧量增加，PCDD/Fs 的污染和危害事件经常出现，特别是 1968 年日本的"米糠油事件"，1974 年越南南方在人体母乳中检出 PCDD/Fs，1976 年意大利 Sevso 化学爆炸事故，1980 年美国排空 Love 运河，1999 年的比利时"毒鸡事件"等，使 PCDD/Fs 成为全球关注的热点[1]。

二噁英符合化学品协会国际理事会（International Council of Chemical Associations，ICCA）推荐的持久性有机污染物（POPs）的多条判别标准，属于 POPs 的一种，其具有：

（1）持久性。用半衰期（$t_{1/2}$）来判断，在水体中为 180 天，在底泥中为 360 天，在土壤中为 360 天。

（2）生物蓄积性。用生物富集因子（bioconcentration factors，BCF）来判断，BCF > 5000。

（3）远距离迁移。半衰期为 2 天（空气中）以及蒸汽压为 0.01 ~ 1kPa。

（4）是否存在于偏远地区。该物质在当地环境水体中质量浓度大于 10ng/L。

二噁英是一种非常稳定的白色晶体化合物，熔点为 303 ~ 306℃，沸点为 421 ~ 447℃，典型的 PCDD/Fs 的物理性质见表 5 - 2。二噁英的环境转移及分布非常复杂，现有资料很难将其阐述清楚。由于 PCDD/Fs 的低水溶性和高脂溶性，在土壤、底泥、水体和空气中的 PCDD/Fs 一旦与有机物或微粒结合，很少能通过挥发或过滤被除去。二噁英的半挥发性使其容易吸附在大气颗粒上，便于在大气环境中做远距离的迁移，同时这一适度挥发性又使得其不会永久停留在大气中，因而其能够重新沉降到地球上，目前南北极地区和我国西藏地区已检测到该类物质[2]。

表 5－2　典型 PCDD/Fs 的物理性质

名　称	25℃饱和蒸汽压/Pa	$\log K_{ow}$	25℃水中溶解度/mg·L^{-1}
TCDDs	1.08×10^{-4}	6.4	3.5×10^{-4}
OCDD	1.11×10^{-10}	8.2	7.4×10^{-8}
TCDFs	3.33×10^{-6}	6.2	4.2×10^{-4}
OCDF	5.07×10^{-10}	8.8	1.4×10^{-6}

高氯代同系物（如六和七氯代物）主要分布于微粒相；低氯代同系物（如四和五氯代物）则更显著地分布于气相，这与 Bidlemam 的气/微粒相理论分布模式相符合。高氯代的 PCDD/Fs 同系物在很多环境条件下相当地稳定，唯一可能发生的显著转化过程，就是那些发生在气相，水－气或土－气交界面的未与微粒结合的物质发生的光解反应。进入大气的 PCDD/Fs 如果不能通过光解去除，就会发生干沉降或湿沉降。绝大多数 PCDD/Fs 吸附于土壤，或者存在于接近土壤表层的部位，或者吸附在微粒上面重新悬浮于空气中，或者因土壤层的破坏而进入水体。二噁英可通过脂质转移而富集于食物链并积聚于脂肪组织内部，在生物体内累积，并通过食物链的生物放大作用达到中毒浓度。同时该物质又具有长期残留性，其排出人体和动物体的半衰期为 5~10 年，平均为 7 年。

5.1.2　生成途径

一般认为二噁英的来源包括：垃圾焚烧，冶金工业的热处理过程，木材或生物质燃烧，含氯芳香族工业产品（如杀虫剂、除草剂等）的生产，纺织品和皮革染色，纸浆的氯气漂白，汽车（燃用以二氯乙烷为溶剂的高辛烷值含四乙基铅汽油）尾气和废油提炼等。此外森林天然火灾、田间秸秆焚烧、居民家庭火灾等也会产生少量二噁英。

到目前为止，PCDD/Fs 的生成机理尚未研究清楚，这主要是由于 PCDD/Fs 是一种痕量物质，检测数据的可信度和实时性均无法保证，使得研究工作具有相当的难度。尽管如此，通过对大量实验以及现场调研数据的总结，一般认为 PC-DD/Fs 的生成通过以下三条途径[3]：

（1）前驱物通过气－气均相反应合成；

（2）前驱物如多氯酚（polychlorinated phenols，PCPs）、多氯苯（polychlorobenzene，PeBz）、多氯联苯（polychlorinated biphenyls，PCBs）等通过催化作用（例如铜元素）异相合成；

（3）飞灰中颗粒碳、氯等通过气－固或者固－固反应"从头合成"（de novo）。

5.1.2.1　高温均相合成

二噁英的前驱体通过氯化反应、缩合反应、氧化反应等化学反应在无催化剂

存在的条件下即可在气相中生成二噁英，其温度区间一般为 500 ~ 900℃。Evans
等[4]采用 2 - 氯酚研究了其气相合成二噁英的性质，结果如图 5 - 2 所示。随着
温度的升高，2 - 氯酚出口浓度不断下降，在 600℃ 左右二噁英的生成量出现峰
值，在 930℃ 左右的高温下逐渐消失。通过理论计算并结合实验结果，作者提出
了 2 - 氯酚气相反应形成二噁英（以 1 - MCDD 为例）的反应机理，如图 5 - 3 所
示。首先 2 - 氯酚失去羟基氢并形成自由基，然后自由基之间或自由基与 2 - 氯
酚之间通过氯化、缩合等反应形成 1 - MCDD。

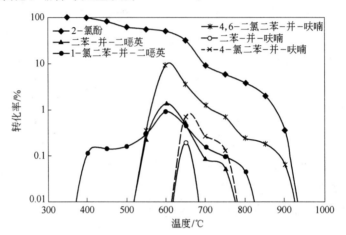

图 5 - 2   气相氧化 2 - 氯酚形成二噁英的生成量[4]

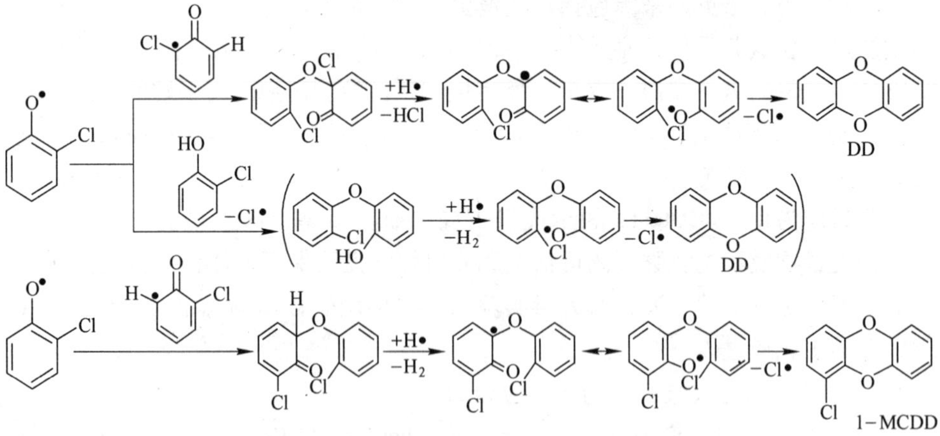

图 5 - 3   前驱体（邻氯酚）合成二噁英的可能途径[4]

5.1.2.2   前驱物异相合成

铜、铁等元素对前驱体物质有催化分解的效果，然而在温度区间为 200 ~
400℃ 时，前驱体物质在上述催化物质的作用下可形成二噁英。有大量的学者对
于二噁英异相催化进行了研究[5~7]。研究表明，镁、钙等碱土金属元素对二噁英

的形成有抑制作用，而过渡金属元素则大多表现为促进作用，其中二价铜元素的催化效果被认为是最强的[7]。二噁英由前驱物异相催化合成机理如图5-4所示。

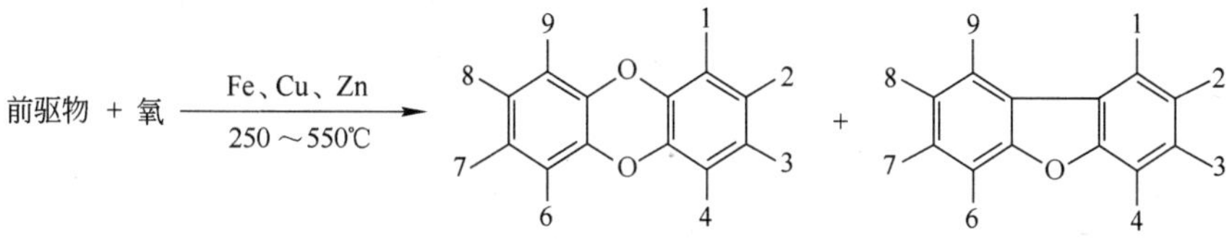

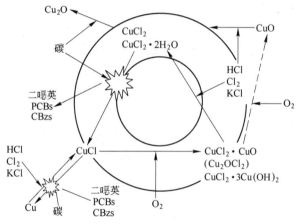

图 5-4 二噁英的前驱物异相合成机理

5.1.2.3 "从头合成"（de novo）

在低温（200~400℃）条件下，大分子碳（残碳）与飞灰基质中的有机或无机氯经金属离子（铜、铁等）催化反应而生成二噁英，这种方式被称为"从头合成"[8]。燃烧不充分时，烟气中会产生过多的未燃尽物质，处于气体冷却阶段并在存在氯源的条件下，当它们遇到合适的催化体系（如铜元素）时便会生成二噁英，且生成的二噁英中PCDFs的比例较高。如图5-5所示为在二价铜催化下二噁英的从头合成机理。

图 5-5 Cu^{2+} 催化下的二噁英从头合成机理[9]

5.1.3 毒性和计量方法

大量研究表明，很低浓度的二噁英对动物可表现出致死效应。二噁英具有不可逆的致癌、致畸和致突变的"三致"毒性。二噁英对生物体的毒害作用主要包括以下几个方面[10]：

（1）二噁英是一种典型的环境内分泌干扰物，会影响生物有机体的内分泌。

（2）具有明显的免疫毒性，能够引起生物体胸腺萎缩、导致生物体细胞的免疫功能降低。

（3）损害皮肤，可导致生物体皮肤的过度角质化、色素沉淀和氯痤疮等。

（4）造成生物体肝脏肿大、细胞增生。

1~3 个氯代数的二噁英毒性较小，一般认为苯环上 2，3，7，8 位置被氯取代后的二噁英同系物有毒，其中 2，3，7，8 - 四氯代二苯 - 并 - 对二噁英（2，3，7，8 - TCDD）是迄今为止人类已知的毒性最强的污染物，国际癌症研究中心已将其列为人类一级致癌物。其皮肤接触毒性是双对氯苯基三氯乙烷（dichloro diphenyl trichloroethane，DDT）的 20000 倍，摄入毒性是 DDT 的 4000 倍。如果不仅仅 2，3，7，8 位置上被 4 个氯原子取代，那么随着氯原子取代数量的增加其毒性将会有所减弱。

由于环境二噁英类主要以混合物的形式存在，在对二噁英类的毒性进行评价时，国际上常把各同类物折算成相当于 2，3，7，8 - TCDD 的量来表示，称为毒性当量（toxic equivalent quantity，TEQ）。为此引入毒性当量因子（toxic equivalent factor，TEF）的概念，即将某 PCDDs/Fs 物质的毒性与 2，3，7，8 - TCDD 的毒性相比得到的系数。样品中某 PCDDs 或 PCDFs 物质的质量浓度或质量分数与其毒性当量因子 TEF 的乘积，即为其毒性当量 TEQ 质量浓度或质量分数。而样品的毒性大小就等于样品中各同类物 TEQ 的总和，其计算方法如式（5 - 1）所示。

$$TEQ_{(PCDD/Fs)} = \sum_{i=1}^{n=17} C_i \times (TEF)_i \qquad (5-1)$$

式中　C_i——第 i 种有毒异构体质量浓度，ng/g 或 ng/L；

（TEF）$_i$——第 i 种有毒异构体的毒性当量因子；

n——有毒同类物的数量，共计 17 种。

国际上曾使用过三套 TEF 值，分别是 1989 年美国环境保护署（U.S Environmental Protection Agency，EPA）采用的国际毒性当量因子（I - TEF），1998 年世界卫生组织（World Health Organization，WHO）进行更新后的 TEF 值，以及 2005 年 WHO 重新修订的 TEF 值，见表 5 - 3。目前三套 TEF 值均可使用，计算二噁英毒性当量 TEQ 质量浓度或质量分数的时候要加以说明选择何种体系的 TEF 值。

表 5 - 3　二噁英的毒性当量因子

名　称	I - TEF(1989，EPA)	TEF(1998，WHO)	TEF(2005，WHO)
2378 - TCDD	1	1	1
12378 - PeCDD	0.5	1	1
123478 - HxCDD	0.1	0.1	0.1
123678 - HxCDD	0.1	0.1	0.1
123789 - HxCDD	0.1	0.1	0.1
1234678 - HpCDD	0.01	0.01	0.01
OCDD	0.001	0.0001	0.0003

名 称	I - TEF(1989, EPA)	TEF(1998, WHO)	TEF(2005, WHO)
2378 - TCDF	0.1	0.1	0.1
12378 - PeCDF	0.05	0.05	0.03
23478 - PeCDF	0.5	0.5	0.3
123478 - HxCDF	0.1	0.1	0.1
123678 - HxCDF	0.1	0.1	0.1
123789 - HxCDF	0.1	0.1	0.1
234678 - HxCDF	0.1	0.1	0.1
1234678 - HpCDF	0.01	0.01	0.01
1234789 - HpCDF	0.01	0.01	0.01
OCDF	0.001	0.0001	0.0003

5.2 烧结过程二噁英的排放

5.2.1 排放特征

由于国情不同，各国钢铁行业二噁英排放占总体二噁英排放量的比重不同。例如，德国和澳大利亚以金属冶炼为主，奥地利以木材燃烧为主，而我国大气中的二噁英则主要来自钢铁和其他金属生产，我国各行业二噁英排放量比例分布如图 5 - 6 所示。

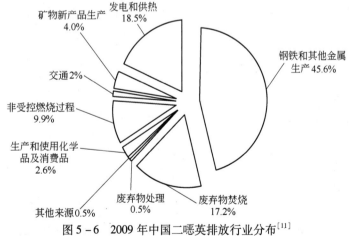

图 5 - 6 2009 年中国二噁英排放行业分布[11]

研究表明：我国钢铁行业排放的二噁英主要集中在烧结过程，其排放量占整个行业排放总量的 90% 以上；其次为电炉炼钢过程，约占整个行业排放总量的 2.5%；焦化、高炉喷入废塑料和转炉炼钢过程也会产生一定量的二噁英，但具体情况尚待进一步研究。铁矿石烧结过程排放的大气二噁英约占钢铁和其他金属冶炼过程排放量的60%以上，如图5-7所示。钢铁烧结过程已被列入《持久性有机污染物（POPs）污染控制"十二五"规划》的首批重点控制行业。

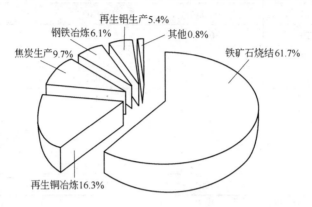

图5-7 2009年中国钢铁及有色冶炼工序二噁英排放[11]

图5-8对比了不同烧结厂和实验室模拟烧结过程中17种有毒PCDD/Fs的排放特征。从图5-8中可见，PCDDs组中排放浓度最大的物质为OCDD，同时2，3，7，8-TCDF或1，2，3，4，6，7-HpCDF在PCDFs排放中占主要地位。OCDD在PCDDs组中占据63%的排放比例。而PCDFs组中存在两种不同的排放特征：一种是低氯代的二噁英同系物占主体；另一种是高氯代的二噁英同系物占主体。例如Hofstadler等[14]报道2，3，7，8-TCDF占其他10种有毒PCDFs比例为24%~32%，而Wang等[13]报道这一比例高达88%~92.5%。

上述差异可能由于在烧结厂1，3和4的烟气中对高氯代二噁英吸附性较强的颗粒存在的数量可能更多（相对于其他烧结厂），使得烟气中高氯代数量的二噁英较多地被吸附在颗粒物上，从而导致最终二噁英排放特征不同。然而，对于电除尘器（electrostatic precipitator，ESP）前后颗粒物上进行的二噁英物质分析发现，颗粒物上的二噁英浓度未表现出特殊的峰值[14,16]。不过除了这一差别之外，其余的同系物分布特征是相同的。不同烧结厂烟气中存在的相似二噁英浓度特征和PCDDs与PCDFs比例特征说明，烧结厂二噁英的形成途径可能十分类似。而2，3，7，8-TCDF和1，2，3，4，6，7-HpCDF生成浓度的不同表明，这两种同系物与其他同系物相比可能对于操作条件或者烧结料组成更为敏感。通过对烧结过程中生成的210种二噁英同系物进行研究，Wang等[13]发现烧结过程中二噁英的同系物浓度和分布与木材燃烧过程中的更为类似，与垃圾焚烧过程中的相差较大。

在烧结过程中，烧结机不同位置风箱排放二噁英浓度不同，烧结机各风箱烟气温度和二噁英分布如图5-9所示。从图5-9中可见，二噁英排放浓度与风箱

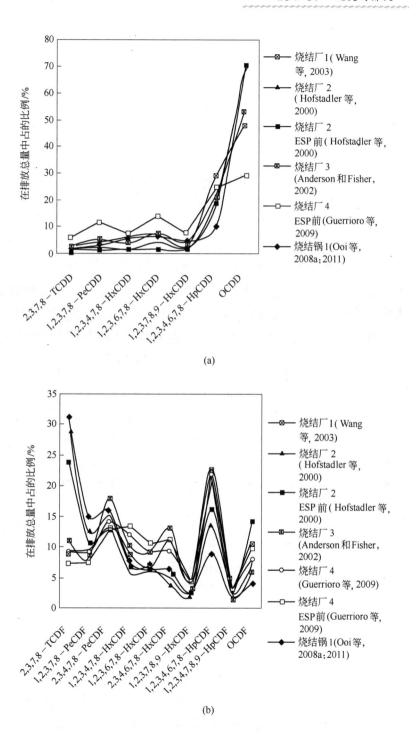

(a)

(b)

图 5-8 烧结过程中的有毒二噁英

(a) PCDDs; (b) PCDFs 分布[12~17]

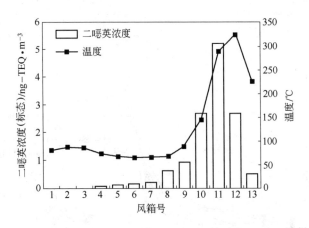

图5-9 烧结机各风箱对应温度及二噁英浓度[18]

烟气温度有极大的相关性。烟气温度在250～300℃之间时，二噁英排放浓度有最大值。考虑到风箱中烟气温度与经过该风箱料层中烟气温度相比有一定程度的降低，所以该规律与二噁英 de novo 合成规律（最佳温度区间为200～400℃）十分类似。

5.2.2 排放因子

联合国环境规划署提供的《辨别和量化二噁英及呋喃排放标准工具包》规定了三类情况下铁矿石烧结过程中向大气中排放二噁英的排放因子，见表5-4。分类1的排放因子适用于那些使用了大量含有切削油或者其他氯代污染物作为原料，并对整个烧结过程的监控较为有限的烧结厂；分类2的排放因子则适用于那些具有较好的烧结运行控制，并且原料中废料比例比重相对较小的烧结厂；分类3的排放因子则适用于那些已经采取了较为全面的措施来控制二噁英的烧结厂。

表5-4 铁矿石烧结中二噁英排放因子

分 类	排放因子/μg - TEQ · t⁻¹(烧结矿)	
	大气	残渣
1. 进料中掺杂少量含有油污等污染物的废料	20	0.003
2. 较低回流比，控制较好的工厂	5	0.003
3. 先进的污染控制设备	0.3	0.003

我国目前公开发表的关于钢铁行业二噁英类污染物排放数值是根据《辨别和量化二噁英及呋喃排放标准工具包》确定的。2005年我国烧结铁矿产量达到 369.23×10^6 t，按照分类2的排放因子可以估算得到铁矿石烧结厂向大气排放二噁英 1846.15g - TEQ，向飞灰残渣中排放了 1.11g - TEQ，共计 1847.26g - TEQ。

2000 年，日本实施《二噁英类对策特别处置法》，明确规定了烧结烟气中二噁英的排放限值（标态）为 0.1ng - TEQ/m³。目前，欧盟烧结工艺的二噁英排放标准（标态）是 0.1ng - TEQ/m³，我国台湾的排放标准（标态）是 0.5ng - TEQ/m³，2012 年我国颁布的《钢铁烧结、球团工业大气污染物排放标准》（GB 28662—2012）规定二噁英的排放限值（标态）为 0.5ng - TEQ/m³。

根据《辨别和量化二噁英及呋喃排放标准工具包》，英国 41 个烧结烟气监测样本中二噁英浓度的平均值（标态）为 1.0ng - TEQ/m³，德国二噁英的排放值（标态）通常为 2~3ng - TEQ/m³，个别高达 5~6ng - TEQ/m³（标态）。根据欧洲 94 个铁矿石烧结厂的调查结果表明，原料中氯的含量对二噁英的排放有直接的影响，由于北美国家烧结厂多采用再生材料作为原料，导致二噁英的排放值（标态）普遍高于 1.5ng - TEQ/m³。国内调研的结果（标态）为 1~5ng - TEQ/m³。根据国内 8 台烧结机实测二噁英的排放浓度，4 台烧结机的二噁英排放浓度（标态）介于 0.5~1ng - TEQ/m³ 之间，2 台烧结机介于 1~2ng - TEQ/m³（标态）之间，2 台烧结机介于 4~5ng - TEQ/m³（标态）之间，所调研的 8 台烧结机都需要采取二噁英控制措施才能满足国家标准。

5.2.3 形成路径

由于烧结过程涉及的传热、传质反应十分复杂，仅仅通过烧结过程中二噁英的排放特征去分析二噁英的产生机制显然是不够的。目前主要应用垃圾焚烧中二噁英的形成机制（研究相对充分）来解释烧结过程。二噁英的生成方式主要由前驱体合成（均相或异相催化）和从头合成方式组成，而具体的合成方式与环境条件（原料，热、质传递）密切相关。所以在分析烧结过程二噁英来源之前，首先需要对烧结过程中原料的传热和传质过程进行分析。

5.2.3.1 烧结过程的传热与传质

铁矿石经点火、保温之后进入稳定烧结阶段，烧结过程涉及水分蒸发和冷凝、燃料燃烧、铁氧化物氧化还原、结晶水和碳酸盐分解、液相形成和凝固等物理化学反应，这些反应伴随着吸热或放热，影响着料层以及气体的温度。料层的温度是各种反应的推动力，能促进或制约反应的进行，另一方面料层的温度也是液相形成的基础，液相的形成与凝固决定了料层收缩率，对料层内气体流动的阻力产生影响，即铁矿烧结过程中料层内气体的流动、传热、各种物理化学反应过程是相互影响的，具有强烈耦合的特点。

如图 5 - 10 所示，为烧结过程料层不同区域湿度、温度和 O_2 浓度分布随烧结床层高度变化趋势。整个烧结传热、传质过程在高度方向上具有连续性，但在烧结过程中的某个时间点，料层深度方向上的传热、传质又具有分层特点，为便于分析和研究，一般将料层按热状态分为四个带，由上到下分别为烧结带（冷却

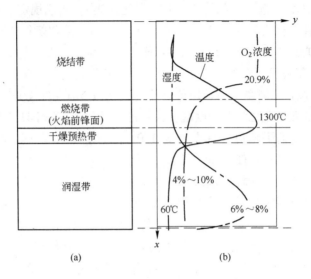

图 5 - 10 钢铁烧结过程示意图

(a) 料层结构分布；(b) 湿度，温度，O_2 浓度分布随烧结床层高度变化[12]

带)，燃烧带（高温带），干燥预热带，润湿带（冷凝带）。

上述四个区域内发生的主要传热过程分别为：

(1) 烧结带。烧结反应已经完成，为成品矿的原始状态，这一区域主要发生气-固间热量传输。上部的冷空气经过此区域被料层预热，烧结矿被冷却。随着烧结的进行，这一区域的厚度逐渐增加，到烧结终点时，整个料层均为冷却带。

(2) 燃烧带。这一区域集中了烧结过程的各种主要物理化学反应，对温度影响最大的为燃料的燃烧，由于在这一区域内热量集中释放，料层、气体温度迅速增加，传热过程也极为复杂，包括了各种物理化学反应的吸热和放热、料层熔化吸热以及气-固传热。在烧结过程中，这一区域厚度一般为 10~40mm。

(3) 干燥预热带。气流在经过燃烧带时被迅速加热，温度达到最高点，继续向下流动即到达干燥预热带，在这一区域主要发生高温气流干燥和预热料层，热量传输过程主要为料层内水分的蒸发吸热以及气-固传热。在烧结过程中，这一区域的厚度一般为 5~25mm，在接近烧结终点时，这一区域消失。

(4) 润湿带。发生的热量传输过程主要是水蒸气的冷凝放热和气-固传热。

上述四个区域内发生的主要传质过程分别为：

(1) 烧结带。气体对料层进行冷却的过程中，料层中的熔融物开始固化，矿物晶体析出，主要发生液、固相变和固体内部的物质转移，气体流过这一区域只存在温度的变化，不发生气相反应。

(2) 燃烧带。烧结反应的主要发生区域，传质过程最为强烈和复杂，主要包括碳酸盐的分解、固体燃料的燃烧、铁矿石还原、料层熔化、气相反应等。

（3）干燥预热带。主要发生料层内水分的蒸发过程。

（4）润湿带。主要发生水蒸气的冷凝过程。

5.2.3.2　烧结过程中二噁英的形成

Fisher 等[19]将尿素加入到烟气中，发现二噁英排放浓度没有明显改变；而将尿素加入到烧结床层，二噁英的排放受到很大程度上的抑制，尿素受热分解产生的氨被认为主要抑制二噁英的从头合成[20,21]。Nakano 等[22,23]将正在进行的烧结过程中途打断，并分析烧结过程中不同烧结区域（如图 5-10 所示）中二噁英的含量，发现火焰锋前部的干燥预热带中存在很高浓度的二噁英。上述研究结果表明，二噁英主要在干燥预热带中由从头合成的方式生成，此区域的温度范围一般在 200~650℃ 之间。此区域形成二噁英的主要原因是从已经烧结的区域物质传递而来的高浓度的炭黑、氯源和各种过渡金属，为二噁英的从头合成提供了适宜的条件。

烧结床层中整个烧结的传热、传质过程在高度方向上具有连续性，所以在火焰锋前端生成的二噁英会随着火焰锋的下移使已经生成的二噁英产生两种变化，即二噁英分解或者释放到烟气中。由于二噁英与其吸附物质紧密结合，一般而言氯化程度较低的二噁英组分更加容易挥发。这部分二噁英会在冷凝带（60℃ 左右）冷凝，并随着火焰锋前的向下转移重复上述过程。最终，随着整个烧结床层烧结过程的完成，二噁英会从烧结床的底部挥发至烟气中。此外，有研究表明含有 25% 的 Cr_2O_3 的烧结引擎炉算条也会作为二噁英从头合成的催化成分[24]；尽管如此，当冷却的烟气经过该区域时，二噁英从头合成的反应速率仍然比烧结床层低 2 个数量级。

总体而言，由于存在二噁英从头合成的适宜条件，所以从头合成是烧结过程生成二噁英的主要方式。其中，氯源来自回收的废铁、炉渣及铁矿中的有机氯成分；碳源来自纺织纤维、木质素、焦炭、乙烯等，是燃烧过程的必然产物；含有大量可作为催化剂的铜和铁等过渡金属离子；有充足的氧存在；烧结料层存在 250~450℃ 的温度带。

在从头合成之外，二噁英也可能由其他方式形成：

（1）燃烧物本身含有的二噁英类物质在烧结过程中释放出来。烧结原料主要以铁矿粉、燃料（焦粉、煤粉）和添加剂（石灰石、白云石）为主，还包含很多来自矿渣、烧结及高炉煤气净化中收集的除尘灰、烧结返回矿、氧化铁皮等其他工艺的细粒度含铁物料。这些返回使用的物料，尤其是烧结返回矿、烧结除尘灰，就可能含有二噁英。Kasai 等[21]在对烧结原料和烧结机除尘灰的分析中，证实了烧结原料中含有在检出限水平以上的二噁英类物质，这些二噁英类物质在经过燃烧带时，大部分都会被分解，然而不排除没有被完全分解的可能性。

（2）烧结过程中，含氯的前驱体化合物可能来自烧结配料中的回收灰等回用物质，也可能在烧结原料煤粉和焦炭的燃烧过程中生成。在烧结过程中，存在 500~800℃ 的温度带，这时前驱体就可能发生合成反应生成二噁英。

5.3　烧结过程影响二噁英排放的因素

5.3.1　烧结原料

5.3.1.1　烧结料中的金属

研究表明，烟气中的过渡金属（Cu、Ni、Cr 等）会通过 Deacon 和 Ullmann 反应催化促进二噁英的形成[25~27]。Deacon 反应可以产生 Cl_2，而 Cl_2 是一种相对活泼的氯源，使得复杂的碳氢化合物（例如 polycyclic aromatic hydrocarbons，PAHs）氯化更加容易。同时，PCDD/Fs 可通过芳基偶联——Ullmann 反应形成。Deacon 反应通过如反应（5-2）的总反应产生 Cl_2（包括反应（5-3）和反应（5-4））[12]：

$$2HCl + 1/2O_2 \xrightleftharpoons{Cu} H_2O + Cl_2 \qquad (5-2)$$

$$2Cu + 1/2O_2 \longrightarrow Cu_2O \qquad (5-3)$$

$$Cu_2O + 2HCl \longrightarrow 2Cu + H_2O + Cl_2 \qquad (5-4)$$

Matsumura 等[28]报道了在烧结料中添加 90~400mg/kg 的 CuO 后，PeCDFs 的产生量增加了 15 倍。当烧结料中 CuO 含量低于 40mg/kg 时，PCDD/Fs 的排放量明显降低。有证据表明，通常认为不会催化形成 PCDD/Fs 的金属组分 Mn，也有可能促进二噁英的生成。Brown 等[29]报道了 Mn 会使含 Cu 量较低的矿石烧结过程中二噁英的排放浓度（标态）增加至 17~19ng-TEQ/m³。由于烧结料中各种金属组分成分相当复杂，除 Cu 组分是公认的二噁英催化源之外，对于其他金属组分目前尚未有明确的认识。

Cu 组分对于从头合成的催化活性有如下顺序：$CuCl_2$ > CuO > 金属 Cu > $CuSO_4$[28]。$CuCl_2$ 既可以作为催化剂存在，也可以作为氯源存在。CuO 可以与 HCl 发生反应形成 CuCl 中间体。金属 Cu 的催化活性取决于其氧化为铜的氧化物的程度。将含硫物料加入到烧结过程中发现，原料中的铜组分被转化为 $CuSO_4$，同时烟气中排放的 PCDD/Fs 浓度降低。所以，与以上几种铜的化合物相比 $CuSO_4$ 是最不活泼的。在烧结过程中，铜组分往往以返回料的形式被引入到烧结料中。

在某些铁矿石中，铜组分以硫铁矿（$CuFeS_2$）和少量辉铜矿（CuS）形式存在。烧结过程中形成具有较高 PCDD/Fs 催化活性的铜组分的主要过程为：在火焰锋前部温度下降的还原气氛区域，铜组分在烧结料中氯的作用下形成高催化活性的氯化物质。铜元素在烧结混合料中的浓度约 25~50mg/kg，这一数值取决于原料是否富含铜或者电除尘返料中铜的含量。在原料中含有上述浓度的铜元素时，PCDD/Fs 的排放量比原料中不含铜时增加了 2.5 倍左右。

5.3.1.2 固体燃料和碳质副产品

迄今为止，冶金焦炭渣被认为是烧结行业最好的燃料。焦炭渣主要是在高炉焦炭中筛选剩余的小尺寸的碎屑。尽管焦炭渣是焦炭生产的副产品，其供应短缺的情况并不常见，然而在某些情况下焦炭渣仍然有可能发生短缺。这时候可能使用焦炭渣的替代产品，如无烟煤。一般认为，引入挥发性有机物（volatile organic compounds，VOCs）会增加 PCDD/Fs 的排放[30,31]。欧盟综合污染预防与控制（Integrated Pollution Prevention and Control，IPPC）指令不建议在烧结工艺中使用无烟煤代替焦炭渣，这主要是由于无烟煤中存在大量 VOCs。Kim 等[32]发现在原料中使用无烟煤对焦炭渣的置换率超过 40% 时，就会导致碳氢化合物的排放量从 5×10^{-4}% 增加至 28×10^{-4}%。然而，对于高挥发性的无烟煤、木炭以及生物质燃料使用小规模的锅炉进行燃烧测试表明，其并未比燃烧焦炭渣产生更多的 PCDD/Fs[33~35]。这种结果说明，VOCs 物质直接形成 PCDD/Fs 并不占主要。Huang 等[36]猜测高品质的煤，例如无烟煤，缺乏变形或者退化的石墨结构是形成 PCDD/Fs 的重要来源。因为细焦炭颗粒在焦炉生产过程中产生很高比例的退化石墨碳结构，而这些结构的存在对于产生 PCDD/Fs 非常有利。Kawaguchi 等[35]研究表明，当标准的焦炭渣（ < 3mm）被替换成 0.25 ~ 0.5mm 的焦炭渣时，PeCDFs 的产生量增大了约 10 倍。进一步说明，如果使用大尺寸焦炭压碎的焦炭渣进行铁矿石烧结，可能降低 PCDD/Fs 的产生。高品质的煤（如无烟煤等）除了含有更少的变形或退化的石墨结构之外，还倾向于含有更多的氮和硫元素，而这两种元素是公认的 PCDD/Fs 形成抑制剂。

高炉和其他炼钢粉尘回收时存在的炭黑和氯，可以解释在烧结过程中高含量 PCDD/Fs 形成的原因[34,36]。实验室进行的测试表明，在模拟烧结过程中增加电除尘灰可以增加 3 倍的 PCDD/Fs 排放[33,37]。有报道指出，炭黑中存在的碳氢化合物在苯环结构被破坏之前就已经氯化，并在烧结过程中低温区形成 PCDD/Fs[33,36]。

5.3.1.3 烧结料中的氯

许多研究都表明 HCl 对烧结过程中 PCDD/Fs 的形成起促进作用。在 PCDD/Fs 的形成过程中，氯元素必须以 HCl，Cl · 或者 Cl_2 的形式存在，从而对苯环进行氯化。氯元素在 PCDD/Fs 从头合成过程中起的作用可用以下反应说明[38,39]：

$$HCl + \cdot OH \longrightarrow H_2O + Cl \cdot \qquad (5-5)$$

$$HCl + O \longrightarrow \cdot OH + Cl \cdot \qquad (5-6)$$

$$Cl_2 + O \longrightarrow ClO \cdot + Cl \cdot \qquad (5-7)$$

$$Cl_2 + H \cdot \longrightarrow HCl + Cl \cdot \qquad (5-8)$$

在均相条件下（气相反应），Cl·通过与苯环上 C－H 结构的取代作用或者直接攻击苯环形成自由基，自由基进一步在 400～700℃时与氧或者 Cl₂ 作用，主要得到氯酚或者氯苯类物质。相反的，在异相催化反应条件下（气－固反应），生成 PCDD/Fs 的反应温度在 200～450℃ 之间，这是由铜或者其他过渡金属的催化作用导致的。

在烧结料中氯元素的含量一般介于 0.005%～0.02%，主要存在于电除尘灰中，典型的存在形式是 NaCl 和 KCl。电除尘灰中氯的引入使得 PCDD/Fs 的生成大量增加，而高炉灰由于氯含量少，对二噁英生成的促进作用较弱。

5.3.2 操作条件

5.3.2.1 温度

温度对烧结过程中 PCDD/Fs 产生的影响与温度对垃圾焚烧过程中从头合成影响机制类似。对垃圾焚烧产生的飞灰进行研究，结果表明从头合成温度区间为 250～800℃，当温度在 300℃时从头合成形成的 PCDD/Fs 达到最大值[40]。因此可以得出结论，干燥预热带（温度为 115～900℃）对于 PCDD/Fs 的形成起主导作用。

5.3.2.2 烧结时间

对于任何垂直于火焰锋前的烧结部分，据估计有一段在 25～45s 的时间范围内，其温度为 250～350℃，具体数值取决于烧结的速度。在连续进行的烧结过程中，这一温度区域在烧结床的不同部位一直存在。对垃圾焚烧过程的研究表明，从头合成的反应时间一般在 1～5s。而对烧结过程的研究表明，烧结过程从头合成 PCDD/Fs 需要更长的时间，这可能由于烧结料中存在的活性物质其活性低于垃圾焚烧的飞灰。这一点已由 Suzuki 等[40]研究证实，在 300℃时垃圾焚烧飞灰二噁英从头合成能力为烧结床干燥预热带烧结料的 100 倍。

5.3.2.3 过氧量和燃烧效率

空气经过烧结床层之后含氧量下降到 10%～16%。研究报道称，增加 O₂ 的含量会增加 PCDD/Fs 的排放[18,41]，而 O₂ 含量低于 2% 时基本没有 PCDD/Fs 生成[18]。二噁英的从头合成方式需要 O₂ 的存在，而在烧结过程中火焰锋前区域氧含量至少为 8%，所以无法避免二噁英的形成。烟气中同样会存在 CO，浓度一般为 1%～2%。这主要由于快速的空气流动阻止燃料燃烧形成的 CO 完全燃烧或者由碳直接还原铁矿石生成。烧结过程中的燃烧效率由下式计算：

$$燃烧效率 = \frac{C_{CO_2}}{C_{CO} + C_{CO_2}} \qquad (5-9)$$

对于工业级别的烧结过程而言，燃烧效率约 90%。烧结过程中高的 O₂ 分压和燃烧效率有利于形成不完全燃烧产物，其中包括 PCDD/Fs。不过经过实际工业测量，较低的 O_2 分压中二噁英浓度较低也有可能是由于烟气循环促进了 O_2 消耗的同时，导致已经生成的二噁英再次分解。

5.3.2.4 床层含水量

Suzuki 等[40]研究结果表明，烧结过程中床层含水量与最终的二噁英排放量之间并无明确的联系。这说明床层含水量并非影响二噁英排放的重要因素。因此，最终影响二噁英排放量的因素为：烧结床的温度分布以及在二噁英从头合成温度适宜区间内的停留时间。

5.4 二噁英控制技术概述

为了满足当地的排放标准，特别是在签订了限制排放 POPs 的《斯德哥尔摩公约》的国家，一般都需要对二噁英进行严格控制。根据烧结厂二噁英的主要生成方式——从头合成的特点，削减技术主要从控制从头合成形成条件入手，主要分为源头削减、过程控制和末端治理三类。

（1）源头削减。根据烧结二噁英的成因，氯元素的存在是烧结生产过程中二噁英形成的重要因素之一，因此，最好采用含氯元素低的原料。由于除尘灰和轧钢氧化铁皮的氯元素含量相对较高，通过改变除尘灰和轧钢氧化铁皮的掺用比例，可改变烧结混合原料中氯元素含量。原料中铜元素的存在对二噁英的生成有极大的催化促进作用，特定种类的铁矿石有可能是铜元素的主要来源，因此选择合适的铁矿石非常重要。烧结返回料（除尘灰、氧化铁皮、污泥等）可通过洗涤或高温方式减少烧结原料中的氯元素和铜元素。最后，应该选取含有二噁英前驱体物质少的烧结料，例如应尽量避免生物质燃料等。

（2）过程控制。研究表明，添加抑制剂可有效地阻滞二噁英的形成，是一种可以有效地控制二噁英排放的技术。抑制剂的种类主要分为碱土金属和氮、硫抑制剂两大类。这两种抑制剂的作用机制不同，其中碱土金属可有效降低烟气中HCl 的含量，而氮、硫抑制剂可使促进二噁英生成的催化剂"失活"。另外，由于烧结过程的高温带存在高达 $1200 \sim 1300℃$ 的温度窗口，可采用烟气循环工艺，使"富含"二噁英的烟气再次通过高温带，利用高温分解已经形成的二噁英。

（3）末端治理。一般而言，仅仅采用源头削减或过程控制无法达到严格的烧结烟气二噁英排放标准。针对烟气排放末端的二噁英，就必须采用特殊手段进行治理。随着环境保护法规的日益严格，针对颗粒物、SO_2 的处理已经成为十分常见的烟气处理手段，这些末端治理手段对颗粒物中的二噁英均有一定的去除率。然而对气相中的二噁英物质则必须进行进一步治理，而不能仅仅依靠原有的烟气处理设备。其中，催化氧化法和活性炭（喷射或固定床）吸附法被认为是效率最高的二噁英排放控制方法。一般而言，末端治理成本远高于过程控制方法。对于烟气排放标准较严格的国家或地区，通常根据烟气排放的特点和排放标准综合选取治理措施。

5.5　源头削减

源头控制通过控制原料中二噁英及其前驱体的含量或者催化源的引入，达到减少二噁英生成的目的。例如，烧结烟气二噁英生成时需要氯源和铜元素催化剂，可以通过控制烧结返料中的 Cl、Cu 两种元素的含量，减少二噁英的生成，从而达到控制二噁英的目的。表 5 – 5 显示某企业部分烧结返回料 Cl、Cu 的元素含量，其中 "—" 表示未检测到。显然，应尽量减少烧结电除尘器二、三、四电场以及高炉布袋灰的返回料在烧结中使用，从而抑制从头合成形成的二噁英数量。

表 5 – 5　某企业部分烧结返回料 Cl、Cu 含量（质量分数）　　　（% ）

除尘灰样品	Cl	Cu	其他样品	Cl
一电场	1.90	0.026	高炉重力灰	0.39
二电场	15.2	—	高炉布袋灰	4.28
三电场	15.8	—	转炉污泥	0.34
四电场	24.3	0.25	脱硫石膏	2.58

5.6　过程控制

5.6.1　添加抑制剂

5.6.1.1　含氮抑制剂

目前为止，许多研究者报道了含氮物质可抑制烟气中二噁英的生成，如氨、三聚氰胺、三乙胺、磷酸氢铵、乙二胺四乙酸（ethylene diamine tetraacetic acid，EDTA）、乙醇胺等[22,25,42~49]。在烧结料中添加质量分数为 0.02% ~0.025% 的含氮化合物即可减少 50% ~60% 的二噁英生成[49]。上述研究表明，当含氮物质的抑制效果达到某一值后，若继续添加抑制剂将基本无效。这表明含氮物质的抑制原理极有可能是使铜催化剂中毒，失去二噁英生成的催化作用，而不是抑制气相反应，因为后者的抑制效果显然与抑制剂浓度呈正相关。

上海宝钢研究院进行了在烧结锅中添加抑制剂的实验，抑制剂有尿素和碳酸肼两种，添加量见表 5 – 6。碳酰肼和尿素以及尿素的热分解产物 NH_3 带有孤对电子的分子，如含氮的分子，可与 Cu 反应形成稳定的 Cu – 氮化合物进而抑制其催化活性，如图 5 – 11 所示。

表 5-6 抑制剂种类和添加量

抑制剂	添加配比 (质量分数)/%	添加量 /g·kg⁻¹(混合料)	抑制剂	添加配比 (质量分数)/%	添加量 /g·kg⁻¹(混合料)
尿素	0.01	0.10	碳酰肼	0.01	0.10
	0.02	0.20		0.02	0.20
	0.05	0.50		0.05	0.50
	0.10	1.00		0.10	1.00

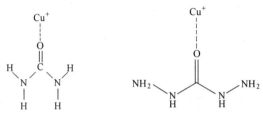

图 5-11 Cu-氮化合物结构

添加抑制剂对烧结烟气产生的二噁英有明显的抑制作用，如图 5-12 所示，添加尿素和碳酰肼有不同的抑制效果。随着尿素添加量的增大，二噁英生成量减小，在 0.02% 质量比时出现最佳抑制效果，当尿素添加量继续提高，抑制效果减弱。随着碳酰肼添加量的提高，二噁英生成量持续减少，减排效果仍有明显的上升趋势。需要特别注意的是，尿素和碳酰肼过量时都会产生 NO_x 污染，需要对抑制剂的添加量进行严格控制。

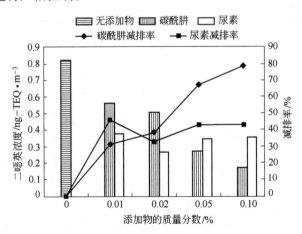

图 5-12 抑制剂对烧结烟气二噁英生成的影响

5.6.1.2 含硫抑制剂

考虑到 Cl_2 是 PCDD/Fs 合成的活性因子，Griffin 等[50]提出 SO_2 通过反应 (5-10)促进 Cl_2 转化为 HCl，从而抑制了 PCDD/Fs 的产生：

$$Cl_2 + SO_2 + H_2O \longrightarrow 2HCl + SO_3 \qquad (5-10)$$

然而 Gullett 等[51]的研究却发现反应（5 - 10）只有当温度超过 750℃ 时才有明显的作用，认为硫元素抑制二噁英从头合成机制可以由下式解释：

$$SO_2 + CuO + 1/2O_2 \longrightarrow CuSO_4 \qquad (5-11)$$

在燃烧过程中，含硫物质燃烧后形成 SO_2 和 SO_3，之后与含铜物质形成催化二噁英活性最差的 $CuSO_4$，从而抑制二噁英的形成。然而 Ryan 等[52]的研究发现飞灰中的 CuO 或 Fe_2O_3 几乎不能和 SO_2 发生反应，然而其氯化物则可以与 SO_2 发生反应，如反应（5 - 12）所示：

$$SO_2 + CuCl_2 + H_2O + 1/2O_2 \longrightarrow CuSO_4 + 2HCl \qquad (5-12)$$

虽然含硫物质的抑制机制目前仍然不是十分清晰，然而其有效性是毋庸置疑的。典型的含硫物质包括 Na_2S、$Na_2S_2O_3$、氨基磺酸等无机硫和部分有机硫[53~55]。然而，含硫物质的引入会导致 SO_2 生成量增加，这是不利因素。

5.6.1.3　碱土金属抑制剂

除了氮硫抑制剂以外，碱土金属如 CaO、NaOH、Na_2CO_3、KOH 等，由于其具有与 HCl 反应的能力，同样对二噁英的生成有抑制作用[56]。研究表明，颗粒物酸性的降低会导致有机氯化物质排放量的降低[27]。一般而言，在烧结料中添加诸如石灰石等碱土金属是为了加强烧结矿的结构性质，从而增加高炉炼铁时的操作性能。不过，上述物质会在高炉中形成结痂，降低高炉传热性能。所以，添加碱土金属抑制烧结过程二噁英的形成可能并不是很好的选择。

5.6.2　烟气循环

烟气循环技术也可有效减少二噁英排放，即将二噁英浓度高的烟气返回烧结机二次利用，烟气经过烧结燃烧层时二噁英被热解，从而达到二噁英减排的目的。目前国内对烟气循环技术的研究刚刚起步，国外已工业化应用的有 EOS 工艺、LEEP 工艺、Eposint 工艺等。点火后，在烧结机首部三分之一的长度上，往料面上喷加热空气或热烟气，对烧结料上层进行辅助烧结，该工艺的机理在于利用烧结矿热空气或热烟气的物理热来替代部分固体燃料的燃烧热，使料层温度分布更加均匀，能够明显改善料层上部供热不足的状况，延长高温保持时间，促进铁酸钙的形成，提高成品率，并具有改善表层烧结矿强度的作用。热风循环烧结减少了固体燃料的用量，可以利用环冷机或者烧结机本身的中低温热烟气，是一项节能减排技术。如图 5 - 13 所示为西门子奥钢联开发的 Eposint 烧结烟气循环工艺，将中部 11~16 号风箱排出的烟气经过电除尘器 2 除尘后，返回烧结机循环使用，而其他风箱排出烟气则先经过电除尘器 1 除尘，再经烟气净化系统，从烟囱排放到大气中。

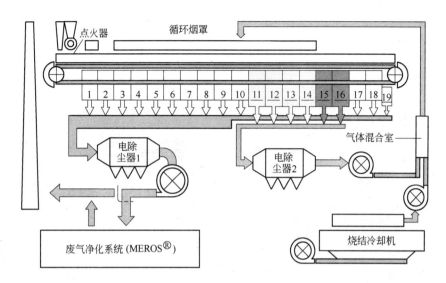

图 5 - 13　西门子奥钢联 Eposint 循环工艺

5.7　末端治理

目前已经工业运行的末端治理方法主要包括湿式净化法（例如 AIRFINE 和 WETFINE 系统）、静电除尘或布袋除尘、选择性催化还原（selective catalytic reduction，SCR）和活性炭吸附等。除 SCR 工艺可直接分解二噁英物质外，气体洗涤器和过滤装置主要实现了二噁英污染物的转移，需要进行二次处理。虽然上述方法都被证明对减少二噁英污染是有效的，但是运行费用均比较昂贵。

5.7.1　湿式净化法

事实上，未处理的烟气中排放的二噁英主要集中在粉尘颗粒中，可占到总二噁英排放量的60%以上。所以，对粉尘的高效捕集是消除二噁英污染的重点。直到 20 世纪 80 年代后期，烧结厂烟气除尘一直以干法处理工艺为主，而采用湿法除尘工艺，可最大限度地提高烟气中粉尘颗粒的捕集效果，在脱除酸性气体的同时，脱除二噁英。

烧结厂烟气有效除尘所遇到的最大难题是烟气中存在着主要由碱金属氯化物组成的亚微米颗粒，这些颗粒是含有少量碱金属和氯化物的原料在烧结过程中形成的。当碱性氯化物的含量对粉尘的比电阻产生不利影响时，会极大降低干式静电除尘器的除尘效率。奥钢联经过广泛研究开发出一种 AIRFINE 工艺，可有效过滤烧结厂烟气中的亚微米颗粒[57]。这种湿法烟气净化工艺于1993 年在奥钢联林茨钢厂烧结厂首次成功使用。采用该系统可同时除去粉尘和其他有害物质如 HCl、HF、NO_x、SO_2、重金属、PCDD/Fs 等，工艺流程如图 5 - 14 所示。

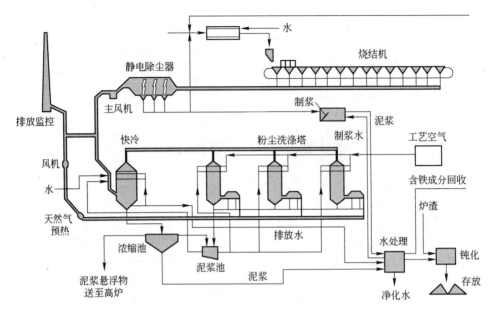

图5-14 奥钢联林茨钢厂的AIRFINE工艺流程[57]

（1）急冷：烟气冷却并达到饱和状态，大于10 μm的粗粒粉尘被除去。此过程通过单流喷嘴向烟气中反向喷入雾化循环水，向循环冷却水中加入苛性碱、氢氧化镁或氢氧化钙，可以同时实现脱硫。

（2）粉尘分离：AIRFINE工艺的核心是细粉尘洗涤塔系统。这里使用了专门开发的双流喷嘴将水和压缩空气以高压气雾形式喷入到冷却后的烟气流中，从而除去细微颗粒和有害气体成分（重金属和PCDD/Fs），其效率是使用传统系统所难以达到的。基于惯性力、扩散和局部过饱和效应，90%以上的粉尘和气溶胶可以被有效去除。通过向冷却水循环中喷入苛性碱从而实现脱硫。在荷兰钢铁联合企业CORUS公司艾默伊登厂安装了一套AIRFINE设备，用于处理该厂3套烧结设备所排放的烟气，工艺流程如图5-15所示。

（3）水处理：除尘后所排废水中的固体悬浮颗粒和重金属在水处理厂经以下3步去除：1）在沉淀池中分离出固体悬浮颗粒（主要为含铁物质），在箱式压滤机中进行脱水，然后再返回到带式烧结机中回收利用；2）在沉淀池中添加$Ca(OH)_2$、硫化钠和$FeCl_3$以去除重金属；3）净化后水的精过滤以及中和。分离出的固体颗粒经箱式压滤机脱水后放入容器中进行钝化，然后便可进行安全、低成本的处置。为此，可以将转炉渣添加到滤饼中帮助将重金属黏结成整块的不溶基体，可大大降低废物处置的成本。

二噁英具有相对高的蒸发温度，在AIRFINE工艺的急冷阶段，烧结烟气迅速冷却，这样不仅可使二噁英的形成量最少，而且可使产生的二噁英冷凝到粉尘

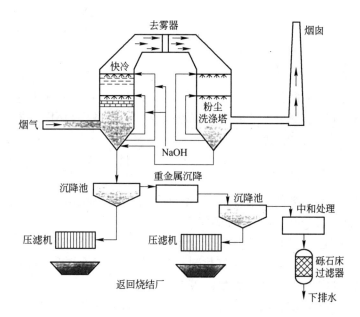

图5-15 荷兰 CORUS 公司艾默伊登厂 AIRFINE 工艺流程[57]

颗粒的表面。此外，双流喷嘴所产生的极细微水滴的巨大表面积也促进了气态二噁英的冷凝和吸收。图5-16为烟气中排放的粉尘浓度与二噁英浓度之间的关系，从图中可见，实现烟气中粉尘的高效捕集是减少二噁英排放的重点。AIR-FINE 工艺将黏附到细粉尘颗粒和水滴上的二噁英在洗涤塔内与烟气分离，具有极高二噁英净化效率。

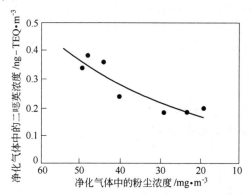

图5-16 净化气体中二噁英浓度和粉尘浓度之间的关系[57]

在重金属处理阶段，$FeCl_3$ 添加到 AIRFINE 工艺所排废水中产生大量的 $Fe(OH)_3$，有助于从水中除去并沉淀二噁英。经箱式压滤机处理后，1号脱水滤饼（含不溶固体）和2号脱水滤饼（主要是石膏和少量重金属）可以在带式烧结机中循环利用，大部分二噁英在烧结过程中被破坏。从沉淀池表面撇出的含油浮渣经去除多余水分后也可循环到烧结厂再利用。AIRFINE 技术对净化烧结烟气的有效性已得到充分证明，它可将烟气中粉尘和 PCDD/Fs 类物质的排放量降至政府部门所要求的环保标准以下。

随着研究开发的不断深入，奥钢联又开发出新的 WETFINE 工艺，可在进一步降低排放量的同时降低电力消耗。AIRFINE 和 WETFINE 两种工艺的主要区别是，AIRFINE 工艺洗涤塔中的除尘用双流喷嘴，而在 WETFINE 工艺中被湿式静电除尘器所取代，可降低能耗。

5.7.2 选择性催化还原法

SCR 技术是最著名的脱硝技术之一，主要应用在脱硝领域。SCR 催化剂目前已经十分成熟，负载在 TiO_2 上的 $V_2O_5 - WO_3$ 或者 $V_2O_5 - MoO_3$ 作为催化剂主体，堇青石或一些硅铝酸盐作为整体式催化剂的骨架。关于 SCR 催化剂以及脱硝机理详见第 4 章 4.5 节。利用 SCR 催化剂，在很低的温度下几乎可以有效地氧化分解所有种类的 PCDD/Fs，此结论已经被许多研究人员报道[58,59]。

在欧美、韩国以及我国台湾地区，SCR 技术在垃圾焚烧领域已经大量应用。为了能够达到有效控制 PCDD/Fs 的排放，韩国有一个研究小组对 53 个生活垃圾焚烧设施中所使用的烟气处理技术及其对 PCDD/Fs 排放量的影响进行了系统地研究。结果表明：SCR 技术可以有效地去除 PCDD/Fs。在 300℃ 的时候，二噁英的脱除效率高达 90% 以上。Gore 公司在 1998 年开发出了 Remedia 催化过滤袋去除 PCDD/Fs 的技术。这种技术是把 $V_2O_5 - WO_3/TiO_2$ 催化剂与聚四氟乙烯过滤袋复合在一起得到的。这种方法有以下几个特点：

(1) 气相中的 PCDD/Fs 会彻底地分解而不仅仅只是吸附在固体颗粒表面；

(2) 实施简单，不需要改造现有的机械设备；

(3) 不需要喷活性炭，可以降低运行成本；

(4) 减少 PCDD/Fs 的再合成；

(5) 系统具备除尘、过滤以及脱除 PCDD/Fs 的功能。

在实验室条件下去除 PCDD/Fs 和 PAHs 的效果高达 99.9% 以上。Parizek 等[60]的结果显示：该催化滤袋在使用 3 年之后，仍然可以保持高达 97% 的 PCDD/Fs 的去除效率。

台湾的一个研究小组经研究表明，SCR 可以有效地去除烟气中的 PCDD/Fs，把湿式净化法和 SCR 法相结合就可以把烟气中所含有的 99% 的 PCDD/Fs 去除。Goemans 等[59]报道 SCR 催化剂可以实现同时脱硝和脱 PCDD/Fs，他们可以做到高达 99% 的 PCDD/Fs 去除率以及 90% 的 NO_x 去除率，同时可以在该过程中去除 20% 的 CO。

事实上，许多研究者进行了关于烟气中催化分解二噁英的催化体系研究。主要报道的催化体系包括贵金属和过渡金属氧化物两大类。其中贵金属催化剂主要以铂或者钯作为活性组分[61~63]，而过渡金属氧化物催化剂主要以 V、Cr、Mn、Ce 以及 Cu 等作为单一活性组分或者多种活性组分互相之间混合而成[64,65]。经过多年的研究与工程实践，SCR 催化体系成为目前唯一商业化的体系并非偶然，而是有着深刻的原因。

5.7.2.1 极高的稳定性

一般而言，工业烟气中包括 SO_2、NO_x、HCl 等常规污染物以及氯苯、氯酚（二噁英前驱物）和二噁英等氯代有机污染物，并且 H_2O 通常作为烟气的非废污染成分广泛存在。催化体系在具有一定的催化活性的同时，必须在催化运行条件下具有稳定性。V_2O_5 - WO_3/TiO_2 催化体系具有良好的抗硫和氯中毒的能力，并且在 H_2O 存在的条件下依然可以保持自身结构的稳定性。这种特性几乎是任何其他活性组分所不能比拟的。

5.7.2.2 良好的选择性

在贵金属催化体系中，无论是以铂或者钯作为活性组分，在催化氧化氯苯时即可生成二噁英副产物。铜催化剂被认为是烟气中二噁英通过催化合成的罪魁祸首。而 SCR 催化剂不仅可以分解二噁英，同时对于氯苯、氯酚等二噁英前驱体物质也具有极高的催化氧化效率，使其分解为 CO_2、CO、H_2O 和 HCl 等，几乎不产生任何副产物。

使用 SCR 催化剂在脱硝的同时，控制二噁英的排放已经有工程实例[66]。例如，德国西门子公司把催化剂直接加在高温段的风箱后，如图 5 - 17 所示。在烧结过程中，点火器点燃烧结料表面层，并用抽风机从上向下抽入空气，使烧结料层内的焦粉燃烧，随台车向前移动。烧结自上而下地不断进行，烧结块在烧结机尾的台车上自动卸下。在烧结台车的正下方有一排风箱，连接排风主管道，把烧结料层中的空气和烟气抽走。在这一过程中，烧结料的温度随之变化，变化趋势如图 5 - 10 所示。根据二噁英从头合成原理，其形成的温度为 250~450℃。因此以 250℃ 为分界点，低于此温度的区域，基本不含二噁英，抽出的气体可以不经处理，直接进入主排风管道排出；高于此温度区域的烟气，在进入主排风管道前，需经过一个催化剂装置，催化分解其中的二噁英后，才可排入主排风管。该方法的缺点是对低温段产生的二噁英类物质不可控制，无法确保其排放符合标准。

西门子在上述方法的基础上作了进一步的改进，如图 5 - 18 所示。进入主抽风机前的排气管道分为两部分。为防止低温区域（低于 250℃）有少量二噁英生成，在排气管前安置了一个二噁英吸附装置，此装置内的吸收剂可以是活性炭和石灰，用于吸附少量二噁英。在高温区域（高于 250℃），在风箱排气管路出口处设置一个温度感应阀，当温度低于 250℃ 时，气体经过二噁英吸附装置排出；当温度高于 250℃ 时，气体则经过催化剂装置从管道排出。该方法用活性炭吸附剂来吸附低温段产生的少量二噁英，活性炭的用量少，可以降低成本。温度感应

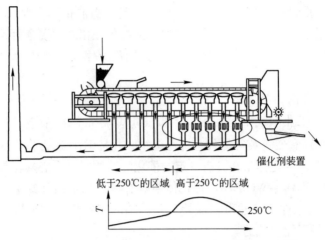

催化剂装置

低于250℃的区域   高于250℃的区域

250℃

图 5 - 17   德国西门子的烧结烟气二噁英处理工艺[66]

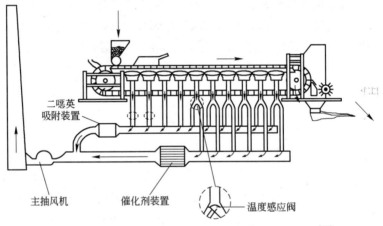

二噁英
吸附装置

主抽风机   催化剂装置   温度感应阀

图 5 - 18   德国西门子的烧结烟气二噁英处理工艺的改进[66]

阀的设置可以根据温度变化调节烟气流向，降低对催化剂的使用频率，减轻其负担。以上两种方法都是使高温段产生的大量二噁英烟气直接通过催化剂分解，由于此时气体温度都在250℃以上，能满足催化剂所需的较高温度，因此无需开发低温催化剂；但缺点是对催化剂的要求较高，因为烟气没经过任何处理，含有很多粉尘、重金属，会造成催化剂堵塞和中毒，影响催化剂的寿命。

日本某钢铁公司采用了一种 SCR 加烟气循环的方法，如图 5 - 19 所示。该方法是将烧结带的烟气分为低温区和高温区。高温区的烟气中二噁英含量很高，先循环至低温区，与低温区烟气混合后一起排出，然后依次通过除尘器、脱硫装置、调温器、催化剂塔（可同时控制二噁英和 NO_x 排放），最后进入烟囱排出。

该方法的优点是可以同时脱除二噁英、NO_x 和 SO_2，效率高。通过高温区烟气循环可以减少粉尘的排放量。烟气经过除尘和脱硫后，重金属和粉尘的含量大

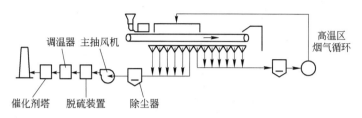

图5-19 日本某钢铁公司的烧结烟气二噁英处理工艺[66]

大减少,降低了催化剂中毒的可能性,延长了催化剂使用的寿命。但由于烟气温度在经过除尘和脱硫后会降低很多,需增加调温器,升高烟气温度,以满足催化剂对温度的要求,因此能源的消耗量大。

5.7.3 活性炭吸附法

利用二噁英可被多孔物质(如活性炭、活性焦、褐煤等)吸附的特性对其进行物理吸附,这种方法国外已广泛采用,装置一般有携流式、移动床式和固定床式。携流式是指在除尘器前向烟道中喷入吸附剂,吸附二噁英后的吸附剂被除尘器脱除而达到减排的目的。移动床是指吸附剂从吸附塔上部进入、下部排出,或者下部进入、上部排出,一般设在除尘器后。固定床中的吸附剂是不动的,烟气经过其表面时二噁英被脱除。用活性炭、褐煤作吸附剂可使烧结烟气中的二噁英排放量降低约80%,欧洲多家钢厂的实测减排效果为70%左右。物理吸附技术与高效过滤技术相结合,可大幅度提高净化效率。

我国太钢的两台450m²烧结机都采用了活性炭烟气净化工艺,实现了一体化脱硫、脱硝、脱二噁英、脱重金属及除尘的烟气集成深度净化[67]。活性炭移动层式烟气处理技术工艺流程如图5-20所示,设备由3部分构成,一是脱除有害物质的吸附反应塔,二是再生活性炭的再生塔,三是活性炭在吸附反应塔与再生塔之间循环移动使用的活性炭运输机系统。烧结烟气经电除尘设备除尘后,由增压风机加压,升压后的烧结烟气进入活性炭移动层,在活性炭移动层首先脱除SO_2,然后在喷氨的条件下脱除NO_x。在活性炭再生时分离的高浓度SO_2气体进入副产品回收工艺装置,回收硫酸等有价值的副产品。

二噁英的各种同系物由于氯元素含量不同,熔点与沸点也不同,在烟气中分别以气体、液体和固体形式存在。气体和液体形式的二噁英会被活性炭物理吸附;固体形式的二噁英是极小的颗粒,吸附性极强,吸附在烟气中粉尘颗粒上的可能性很大,通过活性炭移动层的集尘作用可被除去。使用活性炭吸附脱除二噁英并不是简单地通过吸附将二噁英分离出去或者除去氯基,而是将苯环间的氧基破坏,使之发生结构转变,其中活性炭也起到了催化分解作用。被活性炭吸附的二噁英的分解率是由分离塔中的分离温度和活性炭的滞留时间决定的。通过研究得出,随着滞留加热时间的延长和加热温度的升高,二噁英的分解率呈上升趋

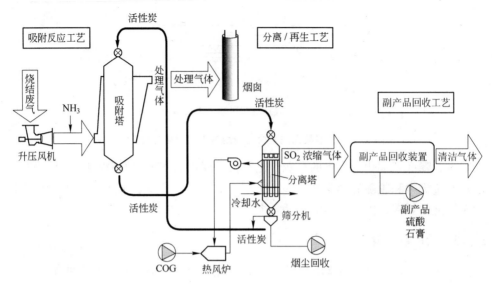

图 5-20 太钢 450m² 烧结机活性炭移动床工艺流程图

势，甚至可达到完全分解。

对 450m² 烧结机 A 线和 B 线进行 3 次二噁英类物质含量检测，其中 450m² 烧结机 B 线净化前后的 PCDDs 及 PCDFs 含量见表 5-7，三次检测二噁英脱除统计数据见表 5-8[66]。

表 5-7 太钢 450m² 烧结机烟气 B 线净化前后第二次二噁英测算浓度（标态）

二噁英	净化前			净化后		
	实测值 /ng·m⁻³	换算值 /ng·m⁻³	毒性当量 /(ng-TEQ)·m⁻³	实测值 /ng·m⁻³	换算值 /ng·m⁻³	毒性当量 /(ng-TEQ)·m⁻³
PCDDs 总量	5.9	1.3	0.30	0.40	0.85	0.0045
PCDFs 总量	44	95	2.30	0.91	1.9	0.026
二噁英类总量	50	96	2.60	1.31	2.75	0.0305

表 5-8 太钢 450m² 烧结机烟气二噁英毒性当量质量浓度（标态） （ng-TEQ/m³）

二噁英	A 线净化前	A 线净化后	B 线净化前	B 线净化后
第 1 次	0.40	0.85	3.5	0.062
第 2 次	0.91	1.9	2.6	0.030
第 3 次	1.31	2.75	1.7	0.027
平均	2.1	0.120	2.6	0.040

通过表 5-7 可知，B 线净化前烟气中 PCDFs 的排放量占有绝对优势，达到总含量的 88% 左右，净化后二者绝对数量均有大幅度减少，均达到 98% 以上。由表 5-8 可知，450m² 烧结机 A 线和 B 线的二噁英脱除效率分别达到 94.3% 和

98.5%，排放浓度（标态）分别为0.12ng – TEQ/m³ 和 0.04ng – TEQ/m³。

参 考 文 献

[1] McKay G. Dioxin characterisation, formation and minimisation during municipal solid waste (MSW) incineration: review [J]. Chemical Engineering Journal, 2002, 86(3): 343~368.

[2] 任娇, 王小萍, 龚平, 等. 持久性有机污染物气 – 土界面交换研究进展 [J]. 地理科学进展, 2013, 32(2): 288~297.

[3] Altarawneh M, Dlugogorski B Z, Kennedy E M, et al. Mechanisms for formation, chlorination, dechlorination and destruction of polychlorinated dibenzo – p – dioxins and dibenzofurans (PC-DD/Fs) [J]. Progress in Energy and Combustion Science, 2009, 35: 245~274.

[4] Evans C S, Dellinger B. Mechanisms of dioxin formation from the high – temperature oxidation of 2 – chlorophenol [J]. Environmental Science&Technology, 2005, 39: 122~127.

[5] Gullett B K, Bruce K R, Beach L O, et al. Mechanistic steps in the production of PCDD and PCDF during waste combustion [J]. Chemosphere, 1992, 25: 1387~1392.

[6] Dickson L C, Lenoir D, Hutzinger O, et al. Inhibition of chlorinated dibenzo – p – dioxin formation on municipal incinerator fly ash by using catalyst inhibitors [J]. Chemosphere, 1989, 19: 1435~1445.

[7] Qian Y, Zheng M, Liu W, et al. Influence of metal oxides on PCDD/Fs formation from pentachlorophenol [J]. Chemosphere, 2005, 60: 951~958.

[8] Iino F, Imagawa T, Takeuchi M, et al. De novo synthesis mechanism of polychlorinated dibenzofurans from polycyclic aromatic hydrocarbons and the characteristic isomers of polychlorinated naphthalenes [J]. Environmental Science & Technology, 1999, 33: 1038~1043.

[9] Takaoka M, Shiono A, Nishimura, et al. Dynamic change of copper in fly ash during de novo synthesis of dioxins [J]. Environmental Science & Technology, 2005, 39: 5878~5884.

[10] 苏国臣, 张金波, 苏晶林. 环境中的二噁英及其对人体的危害 [J]. 国外医学卫生学分册, 2003, 30(1): 13~16.

[11] 环保部. 2009 年中国环境状况公报.

[12] Ooi T C, Liu L M. Formation and mitigation of PCDD/Fs in iron ore sintering [J]. Chemosphere, 2011, 85: 291~299.

[13] Wang T, Anderson D R, Thompson D, et al. Studies into the formation of dioxins in the sintering process used in the iron and steel industry. 1. Characterization of isomer profiles in particulate and gaseous emissions [J]. Chemosphere, 2003, 51: 585~594.

[14] Hofstadler K, Friedacher A, Gebert W, et al. Dioxin at sinter plant and electric arc furnaces – emission profiles and removal efficiency [J]. Organohalogen Compd, 2000, 46: 66~69.

[15] Anderson D R, Fisher R, Johnston S, et al. Investigation into the effect of organic nitrogen compounds on the suppression of PCDD/Fs in iron ore sintering [J]. Organohalogen Compd, 2007, 69: 2470~2473.

[16] Guerriero E, Guarnieri A, Mosca S, et al. PCDD/Fs removal efficiency by electrostatic precipitator and wetfine scrubber in an iron ore sintering plant [J]. Journal of Hazardous Materials, 2009, 172: 1498~1504.

[17] Ooi T C, Aries E, Thompson D, et al. The study of sunflower seed husks as a fuel in the iron ore sintering process [J]. Minerals Engineering, 2008, 21: 167~177.

[18] Buenkens A, Stieglitz L, Hell K, et al. Dioxins from thermal and metallurgical processes: recent studies for the iron and steel industry [J]. Chemosphere, 2001, 42: 729~735.

[19] Fisher R, Fray T A T, Anderson D R. Investigation of the formation of dioxins in the sintering process [C] //ICSTI. Ironmaking Conference Proceedings, 1998: 1183~1193.

[20] Anderson D R, Fisher R, Roworth M C, et al. Formation and suppression of PCDD/Fs in iron-ore sintering [J]. Organohalogen Compd, 2001, 54: 100~114.

[21] Kasai E, Aono T, Tomita Y, et al. Macroscopic behaviors of dioxins in the iron ore sintering plants [J]. ISIJ International, 2001, 41(1): 86~92.

[22] Nakano M, Hosotani Y, Kasai E. Observation of behavior of dioxins and some relating elements in iron ore sintering bed by quenching pot test [J]. ISIJ International, 2005, 45(4): 609~617.

[23] Nakano M, Morii K, Sato T. Factors accelerating dioxin emission from iron ore sintering machines [J]. ISIJ International. 2009, 49: 729~734.

[24] Xhrouet C, Pauw E D. Formation of PCDD/Fs in the sintering process: influence of raw materials [J]. Environmental Science & Technology, 2004, 38: 4222~4226.

[25] Stieglitz L, Zwick G, Beck J, et al. Carbonaceous particles in fly ash a source for the de-novo-synthesis of organochlorocompounds [J]. Chemosphere, 1989, 19: 283~290.

[26] Jay K, Stieglitz L. On the mechanism of formation of polychlorinated aromatic compounds with copper (Ⅱ) chloride [J]. Chemosphere, 1991, 22: 987~996.

[27] Addink R, Paulus R, Olie K. Prevention of polychlorinated dibenzo-pdioxins/dibenzofurans formation on municipal waste incinerator fly ash using nitrogen and sulfur compounds [J]. Environmental Science Technology, 1996, 30: 2350~2354.

[28] Matsumura M, Kawaguchi T, Kasai E. Effects of promoting and suppressing materials on dioxin emissions in iron ore sintering process [C] //Proc. Asia Steel International Conference, 2006: 416~421.

[29] Brown P, Hassell D, Schroyens K, et al. Analysis and solution of dioxin problems in a manganese ore sintering plant [J]. Organohalogen Compd, 2003, 63: 236~239.

[30] Huang H, Buekens A. On the mechanism of dioxin formation in the combustion processes [J]. Chemosphere, 1995, 31: 4099~4117.

[31] Fisher R, Fray T A T, Anderson D R. Investigation of the formation of dioxinsin the sintering process [C] //ICSTI. Ironmaking Conference Proceedings, 1998: 1183~1193.

[32] Kim K, Koh D J, Kim B, et al. Dioxin emissions in the sintering process [J]. Organohalogen Compd. 2001, 50: 328~330.

[33] Xhrouet C, Dohmen C, Pirard C, et al. PCDD/Fs and sintering process: possible influence of

the coke morphology [J]. Organohalogen Compd, 2001, 50: 508~511.

[34] Kasai E, Hosotani Y, Kawaguchi T, et al. Effect of additives in the iron ore sintering process [J]. ISIJ International, 2001, 41(1): 93~97.

[35] Kawaguchi T, Matsumura M. Method of sinter pot test evaluation for dioxins formation on iron ore sintering [J]. Tetsu to Hagane, 2002, 88: 16~22.

[36] Huang H, Buekens A. On the mechanism of dioxin formation in the combustion processes [J]. Chemosphere, 1995, 31: 4099~4117.

[37] Huang H, Buekens A. Chemical kinetic modeling of de novo synthesis of PCDD/F in municipal waste incinerators [J]. Chemosphere, 2001, 44: 1505~1510.

[38] Gullet B K, Bruce K R, Beach L O. The effect of metal – catalysts on the formation of polychlorinated dibenzo – para – dioxins and polychlorinated dibenzofuran precursors [J]. Chemosphere, 1990, 20: 1945~1952.

[39] Gullett B K, Touati A, Lee C W. Formation of chlorinated dioxins and furans in a hazardous – waste – firing industrial boiler [J]. Environmental Science & Technology, 2000, 34: 2069~2074.

[40] Suzuki K, Kasai E, Aono T, et al. De novo formation characteristic of dioxins in the dry zone of an iron ore sintering bed [J]. Chemosphere, 2004, 54: 97~104.

[41] Altwicker E R, Kumar R, Konduri N V, et al. The role of precursors in formation of polychloro – dibenzo – dioxins and polychloro – dibenzofurans during heterogeneous combustion [J]. Chemosphere, 1990, 20: 1935~1944.

[42] Takacs L, McQueen A, Moilanen G L. Development of the ammonia injection technology (AIT) for the control of PCDD/F and acid gases from municipal waste incinerators [J]. Journal of Air & Waste Management Association, 1993, 43: 889~897.

[43] Tupperainen K, Halonen I, Ruokojarvi P, et al. Formation of PCDDs and PCDFs in municipal waste incineration and its inhibition mechanism: a review [J]. Chemosphere, 1998, 36: 1493~1511.

[44] Tupperainen K, Aatamila M, Ruokojarvi P, et al. Effect of liquid inhibitors of PCDD/F formation. Prediction of particle phase PCDD/F concentrations using PLS modelling with gas – phase chlorophenol concentrations as independent variables [J]. Chemosphere, 1999, 38: 2205~2217.

[45] Samaras P, Blumenstock M, Lenoir D, et al. PCDD/F prevention by novel inhibitors: addition of inorganic S – and N – compounds in the fuel before combustion [J]. Environmental Science Technology, 2000, 34: 5092~5096.

[46] Samaras P, Blumenstock M, Lenoir D, et al. PCDD/F inhibition by prior addition of urea to the solid fuel in laboratory experiments and results statistical evaluation [J]. Chemosphere, 2001, 42: 737~776.

[47] Anderson D R, Fisher R. Sources of dioxins in the United Kingdom: the steel industry and other sources [J]. Chemosphere, 2002, 46: 371~381.

[48] Boscolo M, Padoano E, Tommasi S. Identification of possible dioxin emission reduction strate-

gies in pre – existing iron ore sinter plants [J]. Ironmaking Steelmaking, 2008, 35: 146 ~ 152.

[49] Ooi T C, Aries E, Anderson D R, et al. Melamine as suppressant of PCDD/F formation in the sintering process [J]. Organohalogen Compd, 2008, 70: 58 ~ 61.

[50] Griffin R. A new theory of dioxin formation in municipal waste combustion [J]. Chemosphere, 1986, 15: 1987 ~ 1990.

[51] Gullett B K, Lemieux P M, Dunn J. Role of combustion and sorbent parameters in prevention of polychlorinated dibenzo – p – dioxin and polychlorinated dibenzofuran formation during waste combustion [J]. Environmental Science Technology, 1995, 28: 107 ~ 118.

[52] Ryan S P, Li X D, Gullett B K, et al. Experimental study on the effect of SO_2 on PCDD/Fs emissions: determination of the importance of gas – phase reactions in PCDD/Fs formation [J]. Environmental Science Technology, 2006, 40: 7040 ~ 7047.

[53] Stieglitz L, Vogg H. On the formation condition of PCDD/F in fly ash from municipal waste incinerators [J]. Chemosphere, 1987, 16: 1917 ~ 1922.

[54] Addink R, Paulus R, Olie K. Inhibition of PCDD/F formation during de novo synthesis on fly ash using N – and S – compounds [J]. Organohalogen Compd, 1993, 12: 27 ~ 30.

[55] Ogawa H, Orita N, Haraguchi M, et al. Dioxin reduction by sulphur components addition [J]. Chemosphere, 1996, 32: 151 ~ 157.

[56] Naikwadi K P, Karasek K W. Prevention of PCDD formation in the MSW incinerators by inhibition of catalytic activity of fly ash produced [J]. Chemosphere, 1989, 19: 299 ~ 304.

[57] Hofstadler K, Gerbert W, Lanzerstorfer C, et al. 去除烧结和电炉废气中二噁英的方案 [J]. 钢铁, 36(10): 69 ~ 74.

[58] Ide Y, Kashiwabara K, Okada S, et al. Catalytic decomposition of dioxin from MSW incinerator flue gas [J]. Chemosphere, 1996, 32(1): 189 ~ 198.

[59] Goemans M, Clarysse P, Joannès J, et al. Catalytic NO_x reduction with simultaneous dioxin and furan oxidation [J]. Chemosphere, 2004, 54: 1357 ~ 1365.

[60] Parizek T, Bebar L, Stehlik P. Persistent Pollutants emission abatement in waste – to – energy systems [J]. Clean Technologies and Environmental Policy Journal, 2008, 10(2): 147 ~ 153.

[61] Van den Brink R W, Louw R, Mulder P. Formation of polychlorinated benzenes during the catalytic combustion of chlorobenzene using a Pt/gama – Al_2O_3 catalyst [J]. Applied Catalysis B: Environmental, 1998, 16: 219 ~ 226.

[62] Van den Brink R W, Krzan M, Feijen – Jeurissen M M R, et al. The role of the support and dispersion in the catalytic combustion of chlorobenzene on noble metal based catalysts [J]. Applied Catalysis B: Environmental, 2000, 24: 255 ~ 264.

[63] Vincent D J, Mariusz K C, Walter A R, et al. A mechanistic study on the catalytic combustion of benzene and chlorobenzene [J]. Journal of Catalysis, 2002, 211: 355 ~ 365.

[64] Bertinchamps F, Grégoire C, Gaigneaux E M. Systematic investigation of supported transition metal oxide based formulations for the catalytic oxidative elimination of (chloro) – aromatics Part I: Identification of the optimal main active phases and supports [J]. Applied Catalysis

B: Environmental, 2006, 66: 1~9.

[65] Bertinchamps F, Grégoire C, Gaigneaux E M. Systematic investigation of supported transition metal oxide based formulations for the catalytic oxidative elimination of (chloro) – aromatics Part Ⅱ: Influence of the nature and addition protocol of secondary phases to VO_x/TiO_2 [J]. Applied Catalysis B: Environmental, 2006, 66: 10~22.

[66] 何晓蕾，李咸伟，俞勇梅. 烧结烟气减排二噁英技术的研究 [J]. 宝钢技术, 2008 (3): 25~28.

[67] 李强. 太钢烧结烟气二噁英减排技术应用及分析 [J]. 环境工程, 2013, 31 (4): 93~96.

6 烧结烟气重金属汞控制技术

6.1 汞的来源及排放

汞是室温下唯一的液体金属，熔点为 $-38.87℃$。汞在熔化时即开始蒸发，温度越高，蒸气越多，在 $20℃$ 时，汞蒸气压就达到 0.1733Pa，因此具有较大的挥发性。汞蒸气的重量是空气的 7 倍，并且表面张力很大，易形成小滴，多沉积在厂房和实验室下部，吸入汞蒸气会危害人体健康[1]。汞是比较稳定的金属，在室温下不被空气氧化，加热至沸腾才慢慢与氧作用形成氧化汞。汞在自然界以单质汞、无机汞和有机汞的形式存在。

汞环境污染主要源于天然释放和人为两方面，从局部污染来看，人为来源是主要的。环境中汞的人为来源主要是矿物燃料的燃烧、生产汞的厂矿、有色金属的冶炼以及使用汞的部门。大气中汞污染的重要来源是矿物燃料的燃烧、汞和有色金属的冶炼[2]。其中，煤的大量燃烧逸出的汞占人类活动所释放汞的较大部分。据统计，全球每年向大气中排放的汞总量约为 5000t，其中 4000t 是人为排放的结果[3]。以美国为例，每年汞的排放量占全世界向大气排放汞总量的 3%，大约为 158t，其中燃烧行业占 87%，制造工业占 10%；在燃烧行业中，燃煤汞排放所占比例最大，达到 33%，生活垃圾焚烧炉汞排放约占 19%，工业锅炉汞排放约占 18%，医疗垃圾焚烧汞排放约占 10%[4]。

汞是一种有毒的重金属，在环境的各个介质中都可能含有汞，形成汞的天然本底，在多数地区，汞的本底浓度并不构成对人体的危害，汞的环境污染多数是人类开发和使用汞造成的，我国第二松花江汞的污染就是一个典型的例子[5]。日本由于汞污染造成震惊世界的水俣病，这类病症是由于乙炔法生产氯乙烯和乙醛时使用汞盐作催化剂，汞盐随生产废水排出而累积在污泥中，被微生物作用转化为甲基汞，甲基汞随水生物食物链传递进入鱼体，人吃了含甲基汞的鱼和贝类造成汞中毒[6]。

烧结烟气中的汞主要来自两个方面：焦炭和矿石。汞的迁移主要分为燃烧过程和燃烧后烟气排放过程。燃烧过程可将有机态和不可溶性的汞燃烧成无机态的汞，并在烧结机床层内迁移。燃烧后烟气排放过程中迁移的汞主要是挥发性汞和吸附在细微飞灰上的汞，它们随烟气一同排出，部分被除尘器和脱硫系统捕集，其余的进入大气中。除尘器很难捕集粒径为 $0.1 \sim 1.0\mu m$ 的飞灰，而在此范围内的飞灰易于富集汞，因此除尘设备只能脱除部分飞灰中的汞。

烟气中汞的排放量与原料中汞的含量、烟气温度、灰分中颗粒碳的含量、烧结机使用的烟气污染物控制装置有关，还与汞在烟气中的形态分布有关。

烟气中的汞以单质汞（Hg^0）和二价汞的形式存在，后者又可分为气态二价汞（Hg^{2+}）和颗粒态二价汞（Hg^p）。中科院过程工程所实测了配套有不同脱硫及除尘设施的三家钢铁企业烧结机烟气中 Hg 的排放，结果表明原烟气排放以 Hg^{2+} 为主，约占总 Hg 浓度的 65% ~ 73%，而 Hg^p 含量则不到总汞浓度的 1%。单质汞是大气环境中汞的主要形式，也是最难控制的形态。许多二价汞的化合物易溶于水，例如氯化汞的水溶性大于 6.9×10^{10} ng/L，因此二价汞在大气中仅可停留几天或者更少时间，并在释放点附近沉积。

烟气污染治理对于烧结烟气汞排放控制具有重要作用。如果处理效果不好，汞会随烟气排放到周围环境中，然后凝结或沉降，造成大范围污染。通过烟气污染治理后收集下来的汞，如果处置不当，也容易再次发生浸出而造成点源性污染。

要有效地控制烧结烟气的汞排放，就需要明确烧结过程中汞的来源及迁移规律，并能够准确测定烟气中汞的排放总量及各形态汞的分布和含量，进而采用现有污染控制设施协同脱汞，或者采用专门的技术脱汞。

6.2 烧结过程汞的来源与归趋

图 6-1 为烧结过程及烧结矿后续输入工序高炉过程的涉汞燃料、原料、产品及副产物中汞的流向示意图。烧结过程中的输入原料主要包括：返矿、石灰、

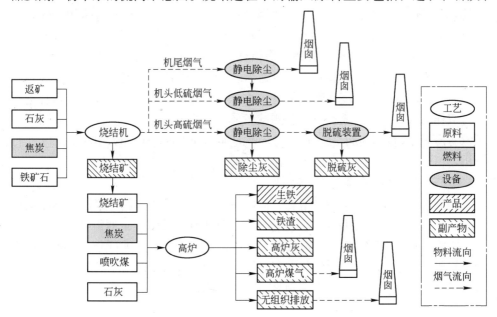

图 6-1 烧结及高炉过程汞流向示意图

焦炭和铁矿石。其中返矿和铁矿石作为含铁原料，石灰作为熔剂，焦炭作为燃料。输出的产品主要有：烧结矿、除尘灰、脱硫灰和烟气，除尘灰、脱硫灰和烟气是烧结的主要副产物。高炉生产过程中的输入原料主要包括：烧结矿、石灰、焦炭和喷吹煤。其中烧结矿作为含铁原料，焦炭作为燃料和还原剂，是主要能源。输出部分包括生铁、高炉灰、铁渣、高炉煤气和燃烧尾气等，其中高炉灰、铁渣、高炉煤气和燃烧尾气为副产物。

在烧结过程中，汞随着原料的加入而进入生产工序，部分汞进入到烟气当中，之后大部分又被捕集进入到除尘灰和脱硫灰中。在烧结工序中，铁矿石和焦炭作为汞输入的主要原料，其汞输入含量占到总输入量的90%以上；除尘灰、脱硫灰和烟气作为汞输出的主要产物，占汞输出总量的95%以上。在高炉工序中，烧结矿、喷吹煤和石灰作为汞输入的主要原料，其汞输入含量占到总输入量的95%以上；高炉灰、高炉煤气作为汞输出的主要产物，占输出总量的绝大部分。

6.3   汞监测方法

6.3.1   吸附管法（30B 法）

烟气中总汞的测量方法主要有美国 EPA（U. S Environmental Protection Agency，环境保护署）方法 101A、EPA 方法 30B[7]、MIT 固体吸附剂法等。其中 30B 法（即吸附管法）最适用于烧结烟气中气态总汞的测定。吸附管法使用经过卤素处理的活性炭作为吸附剂，来吸附烟气中的气态总汞，而后直接采用固体汞样分析仪测定。气态总汞包括元素汞（Hg^0）和氧化态汞（Hg^{2+}），测定浓度范围为 $0.1 \sim 50 \mu g/m^3$。该方法适合颗粒物相对含量较低的采样点（除尘装置后）。

利用装有吸附介质的吸附管，以适当的流量从烟道或管道中抽取一定体积的烟气。为保证测量的精度和数据的有效性，每次测量时必须使用两根吸附管进行平行双样的采集，并完成现场回收测试。采样后的吸附管中样品被回收，运用冷蒸汽原子吸收法（cold - vapour atomic absorption spectrometry，CVAAS）进行分析。

6.3.1.1   样品采集装置

样品采集系统主要包括吸附管、采样探头、除湿装置、真空泵、气体流量计（又称煤气表）、质量流量计、温度传感器、气压计和数据记录器组件。

吸附介质在吸附管中至少分成两段串联，且每段能独立进行分析。第一段作为分析段，用于吸附烟气中的气态汞；第二段作为备用段，用于吸附穿透的气态汞。每根吸附管应具有唯一的识别号，以便跟踪。吸附介质选择经过处理的活性炭或经化学处理的过滤器等。吸附管性能稳定，具有高效吸附能力，且处理均匀，空白值低。

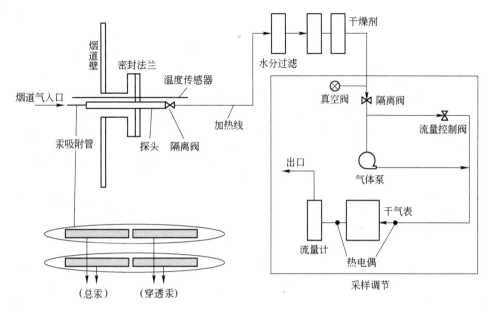

图 6-2　典型吸附管采样系统

6.3.1.2　样品采集

A　采样点选择

参考《固定污染源排气中颗粒物测定与气态污染物采样方法》（GB/T 16157—1996）的规定选取采样点。

B　采样前检漏

在已安装吸附管的条件下对采样系统进行检漏。对每一根采样管路抽真空，调节真空度至约 50kPa；利用气体流量计测定泄漏率，每根管路的泄漏率不超过采样流量的 4%。

C　烟气参数的测定

确定或测定烟气参数，如烟气温度、静压、流速、湿度等，以便确定其他辅助条件，如探头温度、初始采样流量等。

D　样品采集

样品采集过程为：

（1）移除吸附管末端的堵头，将堵头放入吸附管储存容器中。打开法兰孔盖，插入探头，密封探头与法兰孔的缝隙，保证无泄漏。

（2）记录原始数据，包括吸附管识别号、日期、运行起始时间。

（3）在开始采样之前，记录气体流量计初始读数、烟气温度等。

（4）开始采样，以现场回收测试的采样流量为目标采样流量。保证每次运行取样总体积大于 20L 以上。

（5）数据记录。

（6）采样结束时，记录流量计最终读数和所有其他基本参数的最终值。

（7）采样后检漏。采样完成后，关闭采样泵，从采样孔处取出带有吸附管的探头，小心密封每根吸附管的前端。调节真空度至采样周期内最大真空度，对每根采样管路再进行一次检漏，记录泄漏率和真空值。

（8）样品回收。从探头上取出已采样的吸附管且密封两端，回收每个已采样的吸附管。擦净吸附管外壁的沉积物。将吸附管放入适当的样品储存容器中，以适当方式保存。

E　样品保管

所有样品应建立样品保管档案，如 ID 编号、采样日期、时间、采样点和采样人员等。

6.3.1.3　样品分析

采用热解析技术，结合 CVAAS 法分析样品中气态汞的含量。

6.3.2　安大略法（OHM 法）

烟气中形态汞的测量方法主要有美国 EPA 法 29、Tris - buffer 法、安大略法[8]等。其中安大略法即 Ontario Hydro Method（OHM）方法，适用于测定钢铁烧结烟气中元素汞（Hg^0）、氧化态汞（Hg^{2+}）、颗粒态汞（Hg^p）及总汞（Hg^T）的浓度，测定浓度范围为 $0.5 \sim 100 \mu g/m^3$。

6.3.2.1　样品采集装置及试剂

样品采集过程为等速采样条件，烟气通过探头进入过滤器系统，将 Hg^p 吸附在过滤器上，过滤系统的温度保持在 120℃ 以上或高于烟气温度，以确保烟气在管路中不被冷凝。

采样系统主要由石英取样管及加热装置、过滤器（石英纤维滤纸和滤纸固定部分）、一组放在冰浴中的 8 个吸收瓶（冲击瓶）、流量计、真空计和抽气泵等组成。Hg^p 由石英纤维滤纸捕获，Hg^{2+} 由 3 个盛有 1mol/L KCl 溶液的吸收瓶收集，Hg^0 由 1 个装有 5% HNO_3 - 10% H_2O_2 和 3 个装有 4% $KMnO_4$ - 10% H_2SO_4 溶液的吸收瓶收集。取样结束后，进行样品恢复，并对灰样和各吸收液样品进行消解。最后用 CVAAS 分析测定样品中的汞。

A　采样试剂

a　氯化钾（KCl）吸收溶液（1mol/L）

称取 74.56g 氯化钾放入装有 500mL 水的烧杯中，溶解后转入 1000mL 容量瓶内，定容混匀。溶液需临用前现配。

b　硝酸 - 过氧化氢（HNO_3 - H_2O_2）吸收溶液（5%（体积分数）HNO_3 + 10%（体积分数）H_2O_2）

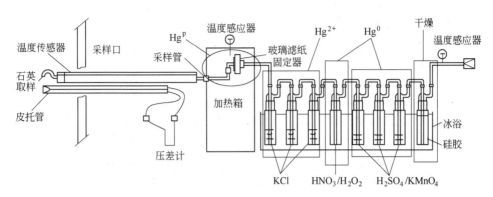

图6-3 典型安大略法采样系统

将50mL的浓硝酸（质量分数为69.2%）缓慢地加入装有约500mL水的1000mL容量瓶中，然后小心地加入33mL的30%（体积分数）过氧化氢，定容至刻度，混匀。溶液需临用前现配。

c 硫酸-高锰酸钾（$H_2SO_4 - KMnO_4$）吸收溶液（4%（质量体积浓度）$KMnO_4 + 10\%$（体积分数）H_2SO_4）

将100mL的浓硫酸（质量分数为98.3%）缓慢加入到约800mL的水中，小心混合。然后加水定容至1000mL，该溶液即为10%（体积分数）的H_2SO_4溶液。再将40g高锰酸钾溶解到10%（体积分数）的H_2SO_4溶液中，制备成1000mL硫酸-高锰酸钾溶液。为了防止高锰酸溶液的自催化分解，需用滤纸过滤一遍。溶液需临用前现配。

d 5%（质量体积浓度）高锰酸钾溶液

称取5g高锰酸钾溶于水中，稀释至100mL，混匀。

e 5%（质量体积浓度）重铬酸钾溶液

称取5g重铬酸钾溶于水中，稀释至100mL，混匀。

B 采样组件的清洗试剂

a 0.1mol/L硝酸溶液

可直接购买0.1mol/L的HNO_3溶液或自配。取12.5mL的浓硝酸加入到盛有约500mL水的2000mL容量瓶中，加水定容至刻度。

b 10%（质量体积浓度）硝酸溶液

取100mL浓硝酸加入到约800mL的水中，加水定容至1000mL。

c 1%（质量体积浓度）羟胺溶液

称取10g盐酸羟胺溶于约500mL水的烧杯中，转移至1000mL容量瓶中，定容至刻度，混匀。

C 分析试剂（氯化亚锡碱性溶液）

称取10g氢氧化钠溶于50mL水中。称取6g氯化亚锡溶于5~10mL水中。

将氯化亚锡悬浊液加入到氢氧化钠溶液中，同时不断搅拌。用 5~10mL 水冲洗烧杯，保证所有的氯化亚锡都转移到碱性溶液中。再加入 10g 氢氧化钠，搅拌均匀。完全冷却后，定容至 100mL 聚四氟材质的容量瓶中。

D 汞标准溶液

a 4%（质量百分浓度）重铬酸钾溶液

称取 4g 重铬酸钾于 100mL 棕色容量瓶中，加入 96mL 水，溶解，密封保存。

b 5%（体积分数）硝酸稀释液

将 50mL 浓硝酸加入到约 400mL 水中，冷却后转移至 1000mL 棕色容量瓶内，加入 5mL 4%（质量体积浓度）重铬酸钾溶液，定容至刻度。

6.3.2.2 样品采集

A 现场采样位置的确定

根据采样烟气参数，确定采样点数目、选取合适的采样探头。采样体积（标态）为 1~2.5m³，采样时间在 1h 以上。

B 采样前准备

采样前准备步骤为：（1）在 1~3 号冲击瓶中加入 100mL 氯化钾溶液，在 4 号冲击瓶中加入 100mL 硝酸-过氧化氢溶液，在 5~7 号冲击瓶中加入 100mL 硫酸-高锰酸钾溶液，在 8 号冲击瓶中加入 200~300g 硅胶。（2）称量各冲击瓶的重量，并准确记录。（3）用镊子将已恒重过的过滤器放入到过滤器支架上。

C 采样

采样步骤为：（1）安装系统，检漏。合格后将冰块放置在冲击瓶周围。（2）启动采样泵，保持等速采样，记录数据，每 5min 记录一次，定期检查压力计的水平位和零位。（3）采样结束，将探头拔出，关闭粗调阀门，关闭采样泵。取下探头和采样嘴，记录流量数据。检查冲击瓶中有无倒吸，若存在倒吸，需重新安装系统采样。

6.3.2.3 样品回收

A 容器 1（样品过滤器回收）的操作

小心将样品过滤器从支架上取下，将过滤器和颗粒物置于贴有标签的培养皿中，且密封。

B 容器 2 的操作

对样品过滤器之前部件上的颗粒物和任何冷凝物进行定量回收。使用非金属刷清除颗粒物，用 0.1mol/L 的硝酸冲洗前面的部件，将冲洗液放入容器 2 中。

C 1~8 号冲击瓶的操作

1~8 号冲击瓶外表面干燥，称量其重量，并记录数据。

D 容器 3（1~3 号冲击瓶溶液回收）的操作

向冲击瓶中缓慢加入 5%（质量体积浓度）高锰酸钾溶液，直到出现浅紫色，放置 15min 后检查紫色是否存在。将氯化钾吸收液转移至 1000mL 烧杯内，并依次用 0.1mol/L 硝酸、1% 盐酸羟胺和 10% 硝酸冲洗冲击瓶和玻璃连接部件，将冲洗液倒入烧杯内。若烧杯内溶液紫色消失，加入少量 5%（质量体积浓度）高锰酸钾溶液，直至出现淡紫色，若 90min 后紫色依然存在，则将溶液转移至 500mL 棕色容量瓶内，加入 3mL 5%（质量体积浓度）重铬酸钾溶液，定容至刻度，混匀。

E　容器 4（4 号冲击瓶溶液回收）的操作

将 4 号冲击瓶内溶液倒入 4 号 250mL 棕色容量瓶中，用 0.1mol/L 硝酸冲洗 4 号冲击瓶及玻璃连接部件，冲洗两遍。加入 3mL 5%（质量体积浓度）重铬酸钾溶液，定容至刻度，混匀。

F　容器 5（5~7 号冲击瓶溶液回收）的操作

将 3 个冲击瓶内的吸收液倒入 1000mL 烧杯内，分别用 0.1mol/L 硝酸、1% 盐酸羟胺清洗冲击瓶和玻璃连接部件。若溶液变澄清则加入少量 5%（质量体积浓度）溶液，直至出现浅紫色后，转移至 500mL 棕色容量瓶内。加入 3mL 5%（质量体积浓度）重铬酸钾溶液，定容至刻度，混匀。

6.3.2.4　样品分析

所有样品回收之后，必须在 45 天内进行分析。结合 CVAAS 法分析样品中气态汞的含量。

6.4　现有污染控制设施脱汞效果

常规污染物的控制技术能够不同程度除去烟气中的汞，不同污染物控制设备的脱汞效率相差较大。利用现有的烟气污染物控制装置来实现汞和 SO_2、NO_x 等污染物的联合控制，可以减少资金投入。脱硫装置（FGD）可以达到一定的除汞效率，烟气中的 Hg^{2+} 化合物（如 $HgCl_2$）是可溶于水的，湿法脱硫装置（WF-GD）可以将烟气中 80%~95% 的 Hg^{2+} 除去，但对于不溶于水的 Hg^0 的捕捉效果不显著。静电除尘器（ESP）和布袋除尘器（FF）能有效地捕获烟气中的颗粒物，从而去除颗粒汞（Hg^p）。Hg^p 大多存在于亚微米颗粒中，而电除尘器对这部分粒径范围的颗粒脱除效率很低，所以电除尘器的除汞能力有限。布袋除尘器在脱除微细粉尘方面有其独特的效果，而这部分微细粉尘上富集了大量的汞，所以布袋除尘器的除汞效果优于静电除尘器。SCR 装置在脱除 NO_x 的同时能够将 Hg^0 氧化成 Hg^{2+}，Hg^{2+} 相对更易被湿式喷淋装置脱除。因此，有必要充分利用现有烟气净化设备，最大限度地控制烟气中的汞向大气排放。

中科院过程工程所对配套有不同脱硫及除尘设施的三家钢铁企业烧结机烟气中 Hg 排放浓度进行了实测，结果见表 6-1。其中原烟气采用安大略法进行总汞及不同价态汞的测定，污控设施后及烟囱排放汞浓度采用吸附管法进行测定。结果可以看出，烧结机原烟气中 Hg 排放浓度为 5 ~ 19μg/m³，烧结原烟气排放以 Hg²⁺为主，约占 Hg 浓度的 65% ~ 73%，而 Hgᵖ 含量则不到总汞浓度的 1%。经过"旋转喷雾干燥法脱硫 + 布袋除尘"、"静电除尘 + 石灰石石膏法脱硫"、"静电除尘 + 氨法脱硫"等不同污染物控制设施的协同脱除后，烧结烟气烟囱排放的 Hg 浓度低于 3μg/m³。

表 6 - 1　三家钢铁企业烧结机烟气中 Hg 排放浓度实测结果　　（μg/m³）

企业	现有污控设施	烧结机规格/m²	原烟气				烟囱排放
			HgᵀHg^T	Hg⁰	Hg²⁺	Hgᵖ	
A	SDA 法脱硫 + 布袋除尘	328	5.083	1.326	3.733	0.025	0.97
B	静电除尘 + 石膏法脱硫	240	11.158	3.264	7.795	0.098	2.624
C	静电除尘 + 氨法脱硫	450	18.275	6.308	11.76	0.205	0.415

对比《火电厂大气污染物排放标准》（GB 13223—2011）中对火电厂排放烟气中汞浓度的排放限值 30μg/m³，可以看出目前钢铁行业烧结工序汞排放强度较低，减排压力较小。通过对部分烧结工序涉汞原料和产品的 Hg 含量进行实测，结果见表 6 - 2，分析烧结烟气汞排放浓度低的原因。主要是因为烧结工序输入的燃料以焦炭为主，而焦炭中 Hg 含量与煤炭相比有大幅度的降低，因此焦化工序涉及更多 Hg 的排放。烧结工序输入的原料石灰石、铁矿石中虽也有部分汞的存在，但与煤炭中 Hg 含量相比明显偏低，此外现有污染物控制设施，尽管种类有所不同，但均能对 Hg 起到一定程度的协同脱除效果。综合以上因素，使得烧结工序汞排放浓度较低。

表 6 - 2　部分烧结工序涉汞原料和产品的 Hg 含量实测结果　　（μg/g）

企业	煤粉	焦粉	铁矿石	石灰	烧结矿	除尘灰	脱硫灰
A	48	4	4.4	3.0	1.4	3.7	1856
B	44.3	7.5	3.3	1.6	0.2	1.9	1441

6.5　汞脱除技术

汞的脱除技术主要包括吸附法和氧化法，吸附法主要通过活性炭以及其他吸附剂的吸附作用来除去烟气中的汞[9~11]。常见的吸附剂包括活性炭、飞灰、钙基类物质、沸石、二氧化钛、贵重金属等。由于单质汞难溶于水，而氧化态则具有较好的水溶性，因此国内外研究人员逐渐关注于零价汞气相氧化结合液相吸收的汞脱除技术，包括零价汞气相直接氧化和催化氧化法。

6.5.1 吸附法

6.5.1.1 活性炭吸附法

活性炭吸附烟气中的汞有两种方式，一种在除尘装置前喷入粉末状活性炭（powdered activated carbon，PAC），另一种是将烟气通过活性炭吸附床（granular activated carbon，GAC）。PAC 即将活性炭直接喷入烟气中，活性炭颗粒吸附汞的过程结束后由其下游的除尘装置除去，如静电除尘器或布袋除尘器。GAC 一般安排在脱硫装置和除尘器的后面，作为烟气排入大气的最后一个清洁装置，在一定条件下它可以达到较好的除汞效果。

活性炭吸附汞是一个多元化过程，它包括吸附、凝结、扩散及化学反应等过程，与吸附剂的物理性质（颗粒粒径、孔径、表面积等）、烟气性质（温度、气体成分、汞浓度等）、反应条件（停留时间、碳汞质量比等）有关[12~15]。未经表面处理的活性炭对汞的吸附效果不是很好，一般只有 30% 左右。在 140℃ 的烟气中，当汞的浓度达到 110μg/m³ 时，普通活性炭对汞的吸附量约为 10μg/g[16]。这是因为汞在炭上的表面张力和接触角较大，不利于炭对汞的吸附，所以要求在炭表面引进活性位，普遍做法是将普通活性炭进行表面处理，常用的改性剂是含硫、氯、碘等元素的化合物或单质。Sina 和 Walker[17] 研究了注硫过程对活性炭除汞的影响，实验发现，150℃ 时注入硫之后，活性炭吸附汞的能力大大增强了。

汞在烟气中只是微量的，烟气中存在的其他气体对活性炭脱汞也有一定的影响。烟气中的酸性气体如 SO_2、NO_x 和 HCl 对汞在活性炭上的吸附有促进作用[18]，尤其是 HCl，对汞的脱除极为有利。烟气中有 10^{-4}% 级浓度的 HCl 存在条件下汞的脱除效率达到 100%[19]，说明 Cl 元素与汞反应的趋势要比其他元素更明显，这与反应的 Gibbs 自由能有很大关系。活性炭表面的化学性质也会极大地影响汞的脱除。活性炭表面主要的官能团是含氧和含氮官能团，而无机成分主要是硫、氯以及一些微量的金属元素。这些官能团一般来说对汞的吸附是有利的，不过目前具体的吸附机理并没有得到统一解释，硫、氯一般被认为是活性炭吸附汞的活性位。

6.5.1.2 钙基吸收剂吸附法

美国 EPA 采用钙基类物质（CaO、$Ca(OH)_2$、$CaCO_3$、$CaSO_4 \cdot 2H_2O$）研究汞的脱除，发现 $Ca(OH)_2$ 对 $HgCl_2$ 的吸附效率可达到 85%[20]，CaO 同样也可以很好地吸附 $HgCl_2$。研究石灰石、生石灰、熟石灰及其混合物对单质汞的吸附特性时发现烟气中 SO_2 的存在可以促进汞的吸附[21]。由于钙基类物质价廉易得，又是烟气脱硫剂，在钙基类物质脱硫的同时脱除汞将具有很大的意义。因而如何加强钙基类物质对单质汞的脱除能力，成为比较迫切需要解决的问题。目前主要从两方面进行尝试，一方面是增加钙基类物质捕捉单质汞的活性区域，另一方面是在钙基类物质中加入氧化性物质。Ghorishi 等人[22]采用第二种方法尝试改善 CaO 和硅酸钙（$CaSiO_3$）的吸附性能，结果发现改性后吸附效率有所增加。他们在研究 HCl 对钙基吸附剂的影响时发现，由于氯原子和 Hg 相互作用，带有结晶水的 $CaSO_4 \cdot 2H_2O$、$2CaSO_4 \cdot H_2O$ 对 Hg^0 的吸附作用大大增强了。

6.5.1.3　沸石吸附法

由于沸石具有独特的四面体结构，在吸附和催化过程中显示出很高的选择性，尤其在气体分离方面表现良好，因此人们希望利用沸石材料在汞的吸附方面有所突破。美国 PSI（Physical Science Inc.）发现沸石材料具有脱汞性能[23]。Morency[24]在烟气中加入已知含量的单质汞进行实验，结果表明沸石在高温和低温下都可以吸附 Hg^0 和 Hg^{2+}。目前对于沸石脱汞的研究主要集中在添加剂，希望经添加剂处理后的沸石能大幅度提高汞吸附能力。现在已有某种专利试剂初步研制成功，处理后的沸石吸附剂对各种形态的汞均有较好的去除能力，当吸附剂与 Hg 的质量比为 5000:1 时，其性能可以与活性炭相当。对这种新型吸附剂的研究仍在进行，但它已经显示出替代活性炭的潜力。

6.5.2　零价汞氧化法

6.5.2.1　气相氧化技术

目前对于零价汞气相直接氧化技术的研究多集中在氧化剂的开发上，重点关注的氧化剂有氯气、氯化氢、活性氯、溴和臭氧等。由于氯化汞有较高的热稳定性，因此大多选择含氯化合物作为主要的氧化物质。氯对汞的形态和分布有很大的影响，烟气中氯元素的含量越大，氯化汞作为稳定相的温度范围越宽。汞在低温时主要是以比较稳定的氯化物形式存在，高温时汞主要是以单质的形态出现。在氧化性气氛中，当温度低于 600~700K 时，汞主要以氯化汞的形式存在。所以，在低温烟气中选择吸收剂来控制汞的排放时，主要的研究就集中在对氯化汞的去除上。Agarwal 和 Stenger[25]研究发现，氯气对汞的氧化效率非常高，可以达到 70% 以上。但是 SO_2、NO、水蒸气等对反应有较大抑制作用，这主要是由于 SO_2、NO 会与氯气反应，消耗大量的氧化剂。此外在有灰存在时，气相氧化的效果会得到显著增强。但采用氯气或者氯化氢等作为氧化剂，汞的反应速率在 300℃ 以下比较慢[26]。近年来众多研究者对于如何加快氯化物的反应速率也进行了广泛的研究，Martinez 和 Deshpande[27]考察了利用 H_2O_2 来增强汞的氧化并取得了良好的效果，H_2O_2 能明显加速 $HgCl_2$ 的生成，从而加速汞的氧化。

6.5.2.2　催化氧化技术

目前对汞催化氧化技术的研究主要是对于催化剂的开发，催化剂可以分为三类：SCR 催化剂、以炭为载体负载金属的催化剂、金属及其氧化物。

目前常用的 SCR 催化剂主要是 TiO_2 负载 V_2O_5 和 WO_3 的催化剂，它们可同时脱硝脱汞，具有较大的应用前景。V_2O_5/TiO_2 催化剂表面的 V=O 以活性中心位的形式参与汞的氧化反应[28]，而增加催化剂的比表面积能够有效提升催化剂的催化效率。通过使 V_2O_5 在 TiO_2 表面呈单层分布，能够增加催化剂表面活性中心位的数量，提高汞的转化率。在 420℃，NH_3/NO_x 摩尔比为 1 时，V_2O_5/TiO_2 催化剂上 NO_x 脱除率大于 95%，同时汞的氧化效率高达 92.8%[29]。SCR 还原剂 NH_3 在催化剂表面跟 HCl、SO_2 等反应，造成催化剂表面吸附的 HCl、SO_2 减少，从而将会抑制 Hg^0 的氧化。Kamata 等[30]在 380℃条件下对 $V_2O_3 - WO_3/TiO_2$ 的脱汞性能进行了研究。在 HCl 浓度为 0.45mmol/m^3 时，随着 NH_3/NO_x 摩尔比增加，汞的氧化率从初始时（$NH_3/NO = 0$）的 67% 逐渐降低到 0（$NH_3/NO = 0.9$）。通常，钒基 SCR 催化剂上汞的氧化对烟气中的 HCl 具有较强的依赖性，汞的氧化效率随着 HCl 浓度的增加而增大。在 HCl 浓度为 4.5mmol/m^3，$NH_3/NO = 0$ 时，$V_2O_3 - WO_3/TiO_2$ 催化剂上汞的氧化效率能够达到 100%。

采用活性炭负载金属化合物作为催化剂，可使金属组分更好地分散在其表面，增加催化组分的活性表面及催化活性。Granite 借鉴了 SCR 对烟气中单质汞的催化氧化作用，报道了负载钯、铂等稀有贵金属可以提高活性炭对汞的吸附能力[31]；Lee 等研究经 $Cu_2Cl_2 \cdot 2H_2O$ 处理的活性炭对单质汞的脱除效果，发现改性后的活性炭对单质汞脱除效率可以达到 74% ~ 95%[32]。

贵金属催化剂对汞的选择性催化还原具有很高的活性，Meischen 等[33]发现在 70℃的低温条件下，金催化剂上汞的氧化率能够达到 95% 以上。Zhao 等[34]也发现在 Cl_2 存在时，金催化剂可以在低温条件下实现单质汞的催化氧化。

此外，有学者[35,36]利用 $SiO_2 - TiO_2$ 作为热催化剂和光催化剂进行汞氧化活性的实验以及直接利用紫外光进行氧化汞的研究[37]，并取得了较高的氧化效率，但是需要进一步研究。目前对催化剂的抗水、抗硫、抗尘性能方面还缺乏深入的研究，汞在催化剂上的氧化机理也有待进行深入研究。

6.6 烧结烟气氟化物的控制

6.6.1 氟化物的来源及生成

烧结烟气氟化物的排放主要取决于矿石中的氟含量，以及烧结矿进料的碱度。含磷丰富的矿石中含有大量的氟化物（0.19% ~ 0.24%）。氟化物的排放很大程度上取决于烧结矿给料的碱度，碱度的提高可使得氟化物的排放有所减少。氟化物的排放量为 1.3 ~ 3.2g（F）/t（烧结矿）或 0.6 ~ 1.5mg（F）/m^3（用 2100m^3/t（烧结矿）换算）。

烧结烟气中的氟主要为氟化氢、四氟化碳等气体。HF 对人体的危害比 SO_2 大 20 倍，对植物的危害比 SO_2 大 10 ~ 100 倍。HF 可在环境中积蓄，通过食物影响人体和动物，造成骨骼、牙齿病变，骨质疏松、变形。

6.6.2 氟化物的排放及控制现状

2007 年我国烧结烟气中氟化物的排放情况抽样调研结果见表 6-3，我国氟化物排放有地域特征，在高氟区烧结厂，包钢炼铁厂有 90m² 烧结机四台，180m² 烧结机两台，均在 1997 年以前投产。氟化物原始浓度为 200mg/m³，通过烟气洗涤净化系统后的出口排放浓度小于 45mg/m³，达到了当时的三级标准要求。首钢烧结机机头氟化物排放浓度为 1~5mg/m³，由于采用了低氟原料生产，没有治理措施，排放符合标准要求。

表 6-3 2007 年国内钢铁企业烧结（球团）氟化物排放情况（以 F 计）（mg/m³）

企业名称	样本数	排放浓度	企业名称	样本数	排放浓度
包钢	1	<45	首钢	1	1~5

2012 年颁布实施的新标准中规定烧结（球团）工序氟化物排放限值（以 F 计）为：现有企业为 6mg/m³，新建企业为 4mg/m³。对于原料高氟区烧结烟气的氟化物脱除，可利用烟气洗涤和脱硫设备进行协同控制。

2012~2013 年，中科院过程工程所调研了 8 台烧结机的氟化物排放量，测量点在脱硫装置出口，结果见表 6-4。8 台烧结机烟气氟化物排放浓度均小于 4mg/m³，全部满足排放标准，不再需要专门的除氟装置。

表 6-4 2012~2013 年国内不同地区的氟化物排放情况（以 F 计）

样本来源	烧结机数量/台	排放浓度/mg·m⁻³	样本来源	烧结机数量/台	排放浓度/mg·m⁻³
华北地区	3	0.5~1.5	华东地区	5	1.0~2.5

参 考 文 献

[1] 联合国环境规划署，世界卫生组织. 环境卫生基准（I）汞. 霍本兴译. 北京：中国环境科学出版社，1990.

[2] 李香兰，等. 环境中若干元素的自然背景值及其研究方法 [M]. 北京：科学出版社，1982.

[3] U. S. EPA Office of Air Quality Planning and Standards and Office of Research and Development. Mercury Study Report to Congress：EPA 452rR-97-003. Washington DC：U. S. Environmental Protection Agency, U. S. Government Printing Office, December, 1997.

[4] Thomas D Brown, Dennis N Smith, Riehard A Hargis, et al. Mercury easurement and its control：What We know, have learned, and need to furthur investigate [J]. Journal of the Air &

Waste Management Association, 1999, 6.

［5］王宏，徐智. 汞在环境中的污染和迁移转化［J］. 内蒙古环境保护, 2000, 12（1）: 46～47.

［6］陶铿编译. 化工生产中汞污染防治［M］. 北京: 石油化工工业出版社, 1978.

［7］EPA Draft Method 30B. Determination of total vapor phase mercury emissions from coal - fired combustion sources using carbon sorbent traps［S］. http: // www. epa. gov/ttn/emc.

［8］ASTM Method D6784 - 02. Standard test method for elemental, oxidized, particle - bound, and total mercury in flue gas generated from coal - fired stationary sources（Ontario Hydro Method）［S］. http: // www. epa. gov/ttn/emc.

［9］Change R, Offen G R. Mercury emission control technoloties: An EPRI synopsis［J］. Power Engineering, 1995（51）: 51～57.

［10］Otani Y, Kanaoka C, Usui C, et al. Adsorption of mercury - vapor on particles［J］. Environmental Science & Technology, 1986（20）: 735～738.

［11］Jozewiez W, Krishnan S V, Gullett B K. Bench - scale investigation of mechanism of elemental mercury capture by activated carbon［C］. Second International Conference: Managing Hazardous Air Pollutants. Washington DC, July, 1993.

［12］Felvang K, Gleiser R, Juip G, et al. Activated carbon injection in spray Dryer/ESP/FF for mercury and toxics control［C］. Proceedings of the Second International Conference on Managing Hazardous Air Pollutants. Washington DC, July, 1993.

［13］Marshall T. The use of activated carbon for flue gas treatment［C］. First International Symposium on Incineration and Flue Gas Treatment Technologies. Sheffield, UK, July, 1997.

［14］Karatza D, Lancia A, Musmarra D, et al. Adsorption of metallic mercury on activated carbon［C］. Twenty - sixth Symposium on Combustion. Pittsburgh, PA, July, 1996.

［15］Li Y H, Lee C W, Gullett B K. Importance of activated carbon's oxygen surface functional groups on elemental mercury adsorption［J］. Fuel, 2003, 82: 451～457.

［16］Control of gasifier mercury emmisions in a hot gas filter: The effect of temperature［J］. Fuel, 2001, 80: 623～634.

［17］Sina R K, Walker P L. Removal of mercury by sulfurized carbons［J］. Carbon, 1972（10）: 754～756.

［18］Liu W, Vidic R D. Impact of flue gas conditions on mercury uptake by sulfur - impregnated activated carbon［J］. Enviroment Science Technology, 1999, 34（1）: 154～159.

［19］Diamantopoulou I, Skodras G, Sakellaropoulos G P. Sorption of mercury by activated carbon in the presence of flue gas components［J］. Fuel Processing Technology, 2010, 91（2）: 158～163.

［20］Waugh E G, et al. Mercury control on coal - fired flue gas using dry carbon - based injection Pilot - scale demonstration［C］. The AMWA Annual Meeting. SanDiego, CA, 1998.

［21］任建莉. 燃煤过程中汞析出及模拟烟气中汞吸附脱除实验和机理研究［D］. 杭州: 浙江大学, 2003.

［22］Ghorishi S B, Singer C F, Sedman C. Preparation and evaluation of modified lime and silica -

lime sorbents for mercury vapor emission control [C] . EPRI – DOE – EPA Combined Utility Air Pollution Control Symposium. Atlanta, Georgia, 1999.

[23] Bekkum H V, Flanigan E M, Jansen J C. Introduction to zeolite science and practice [M]. Amsterdam: Stud. Surf. Sci. Catal. Elsevier, 1991.

[24] Morency J R, Panagiotou T. Control of mercury emissions in utility power plants [C] . EPRI – DOE – EPA Combined Utility Air Pollution Control Symposium. Atlanta, Georgia, 1999.

[25] Agarwal H, Stenger H G. Effects of H_2O, SO_2 and NO on homogeneous Hg oxidation by Cl_2 [J] . Energy&Fuels, 2006, 20(3): 1068 ~ 1075.

[26] Yan N Q, Liu S H, Chang S G, et al. Method for the study of gaseous oxidants for the oxidation of mercury gas [J] . Industrial and Engineering Chemistry Research, 2005, 44(15): 5567 ~ 5574.

[27] Martinez A I, Deshpande B K. Kinetic modeling of H_2O_2 – enhanced oxidation of flue gas elemental mercury [J] . Fuel Processing Technology, 2007, 88(10): 982 ~ 987.

[28] Hiroyuki K, Shun – ichiro U, Toshiyuki N. Mercury oxidation by hydrochloric acid over a VO_x/TiO_2 catalyst [J] . Catalysis Communication, 2008, 9(14): 2441 ~ 2444.

[29] 何胜, 周劲松, 朱燕群, 等. 钒系 SCR 催化剂对汞形态转化的影响 [J] . 浙江大学学报 (工学版), 2010, 44(9): 1773 ~ 1780.

[30] Kamata H, Ueno S I, Naito T, et al. Mercury oxidation over the V_2O_5 (WO_3) /TiO_2 commercial SCR catalyst [J] . Industrial & Engineering Chemistry Research, 2008, 47(21): 8136 ~ 8141.

[31] Granite E J, Myers C R, King W P, et al. Sorbents formercury capture from fuel gas with application to gasification system [J] . Ind. Eng. Chem. Res. , 2006, 45(13): 4844 ~ 4848.

[32] Lee S S, Lee J Y, Keener T C. Novel sorbents for mercury emissions control from coal – fired power plants [J] . Journal of the Chinese Institute of Chemical Engineers, 2008, 39(2): 137 ~ 142.

[33] Meischen S, Van Pelt V. Method to control mercury emissions from exhaust gases: U S, 6136281 [P] . 2000 – 10 – 24.

[34] Zhao Y X, Mann M D, Pavlish J H, et al. Application of gold catalyst for mercury oxidation by chlorine [J] . Environmental Science & Technology, 2006, 40(5): 1603 ~ 1608.

[35] Li Y, Murphy P, Wu C Y. Removal of elemental mercury from simulated coal cornbustion flue gas using a SiO_2 – TiO_2 nanocomposite [J] . Fuel Processing Technology, 2008, 89(6): 567 ~ 573.

[36] Li Y, Wu C Y. Role of Moisture in adsorption, photocatalytic oxidation and reemission of elemental mereury on a SiO_2 – TiO_2 nanocomposite [J] . Environmental Science & Technology, 2006, 40(20): 6444 ~ 6448.

[37] Granite E J, Pennline H W. Photochemical removal of mercury from flue gas [J] . Industrial & Engineering Chemistry Research, 2002, 41(2): 5470 ~ 5476.

7 烧结烟气多污染物协同控制技术

7.1 烧结烟气多污染物协同控制概述

烧结烟气除了含有 SO_2 外，还含有 NO_x、CO_x、HF、二噁英（PCDD/Fs）等多种有害污染物。针对我国严峻的大气污染形势，国家"十二五"规划提出"十二五"期间要将主要污染物 SO_2 总量减少 8%~10%，并新增 NO_x 减排 10% 的约束性指标。《钢铁烧结、球团工业大气污染物排放标准》（GB 28662—2012）提高了粉尘、SO_2 等污染物的排放标准，增加了 NO_x、二噁英类污染物排放标准，这就要求钢铁烧结烟气今后将必须同时进行粉尘、SO_x、NO_x 和二噁英等多种污染物的脱除。

我国以前一直在实施单一污染物控制的策略，以阶段性重点污染物控制为主要特征，建立了总量控制与浓度控制相结合的大气污染物管理制度，已经先后开发了一系列较成熟的单独的除尘、脱硫的技术。但是，目前国内普遍采用的针对单项污染物的分级治理模式，使得钢铁烧结烟气净化设备随着污染物控制种类的不断增加而增多。这不仅使得设备投资和运行费用增加，而且使整个末端污染物治理系统庞大复杂，治污设备占地大、能耗高、运行风险大，副产物二次污染问题十分突出。烟气污染物单独脱除技术没有考虑到烟气中多种大气污染物之间相互关联、相互影响的因素。

各种单独脱除技术除了能够有效脱除主要的对象污染物之外，还具备脱除其他类型污染物的潜力。单独脱除技术发展模式当中各项控制技术从设计、现场安装到运行均是分开实施，设备之间的不利因素没有得到克服，有利因素没有得到充分利用，技术经济性无法得到最大程度的优化。如何从整体系统的角度考虑烧结烟气所带来的运行和环境问题，掌握烧结烟气中各种污染物之间相互影响、相互关联的物理和化学过程，通过一项技术或多项技术组合，以及单元环节或单元环保设备链接、匹配耦合，达到对烧结烟气多种污染物综合控制的目标，从而有效降低钢铁烧结环境污染治理成本，是非常重要的问题。从国际技术发展来看，开发高效、经济的多种污染物协同控制技术已成为一个热点[1~4]。

针对烧结烟气多污染物协同控制，目前已工业化应用的技术主要是在烟气单一污染物控制的基础上，通过对原有的单一污染物脱除系统进行改进，如在常规的脱硫系统中加入添加剂，实现多种污染物的同时脱除。本章重点论述了在烧结烟气多污染物控制方面实现工业化应用的活性炭法、旋转喷雾法、MEROS法等代表性技术。

活性炭法多污染物协同控制技术是从活性焦干法烟气脱硫技术发展而来的一种资源化的污染物治理技术。普通的活性炭本身能够有效吸附烧结烟气中的SO_2和二噁英等污染物，但是对NO_x没有显著的吸附效果。为了达到同时脱硫脱硝的目的，必须以活性炭为载体添加适当的催化剂。目前活性炭法多污染物协同控制技术已在日本新日铁、中国太钢等企业的烧结烟气净化工程项目上得到应用。

传统的半干法烟气处理技术以$Ca(OH)_2$作为碱性吸收剂，通过酸碱中和作用将SO_2、HCl、HF等酸性物质转化为盐类物质从烟气中去除。基于传统的半干法烟气处理技术，在吸收塔中加入活性炭等吸附剂，通过吸附剂对烧结烟气中的二噁英等污染物进行吸附。基于这种思路，目前实现工程化应用的烧结烟气多污染物协同控制技术主要包括奥钢联公司MEROS技术、德国迪林根曳流吸收塔技术、中科院过程工程研究所开发的循环流化床多污染物协同控制技术等。

7.2　活性炭法脱硫脱硝技术

活性炭具有较好的孔隙结构、丰富的表面基团，具有较强的吸附能力，在适合的条件下，活性炭吸附法可同时脱除SO_2、NO_x、多环芳烃（PAHs）、重金属及其他一些毒性物质。1987年世界首套活性炭移动层式干法脱硫装置在新日铁名古屋工厂3号烧结机上使用，此后该技术迅速得到推广应用[5]。2000年日本政府提出执行二噁英排放浓度标准（$0.1ng-TEQ/m^3$）后，日本钢铁公司新建烧结烟气处理工艺全部采用活性炭/焦吸附工艺，在脱除SO_2的同时脱除二噁英。活性炭移动层工艺不仅具有同时处理NO_x和二噁英类等多种有害物质的一机多能功效，而且比布置多台单功能烟气处理装置具有节省占地的优势。

7.2.1　技术原理

活性炭吸附法[5~8]同时脱除多种污染物是物理作用和化学作用协同的结果，当烟气含有充分的H_2O与O_2时，首先发生物理吸附，然后在碳基表面发生一系列化学作用。

7.2.1.1　脱硫原理

采用活性炭脱除SO_2的一般原理是：SO_2在活性炭上吸附后，与O_2反应经催化氧化生成SO_3，SO_3再与烟气中的水蒸气作用生成H_2SO_4。具体步骤如下：

（1）烟气中SO_2被吸附到活性炭表面上并进入到微孔活性位上。

（2）SO_2与烟气中O_2和H_2O在微孔空间内经氧化、水合生成吸附态H_2SO_4。

可用如下反应式表述：

吸附：$\qquad SO_2(g) + \sigma_v \longrightarrow SO_2^*$

吸附：$\qquad H_2O(g) + \sigma_v \longrightarrow H_2O^*$

吸附：$\qquad O_2(g) + \sigma_v \longrightarrow 2O^*$

氧化：$\qquad 2SO_2^* + O_2(g) \longrightarrow 2SO_3^*$

氧化：$\qquad SO_2^* + O^* \longrightarrow SO_3^*$

氧化：$\qquad SO_2(g) + O^* \longrightarrow SO_3^*$

水合：$\qquad SO_3^* + H_2O^* \longrightarrow H_2SO_4^* + \sigma_v$

式中　σ_v——空活性位；

　　$*$——各组分在活性炭上的吸附态。

另外，为了维持活性炭的活性，在添加氨的情况下，进一步发生下述反应：

$$H_2SO_4^* + NH_3 \longrightarrow NH_4HSO_4^*$$

$$NH_4HSO_4^* + NH_3 \longrightarrow (NH_4)_2SO_4^*$$

最终产物是 $NH_4HSO_4^*$ 还是 $(NH_4)_2SO_4^*$，由所用的 NH_3 与 SO_2 之比决定。

7.2.1.2　脱硝原理

活性炭移动层脱硝法通过与 SCR 同样的催化剂反应和活性炭特有的脱硝反应进行脱硝。由于活性炭移动层脱硝法可以在烧结烟气的温度范围进行低温（120~160℃）脱硝，所以不需要焦炉煤气（coke oven gas，COG）等加热热源，从而节省运行费用。活性炭移动层脱硝法反应如下：

（1）SCR 反应，活性炭与常规钒钛系金属介质一样具有催化剂作用，将 NO 还原为 N_2，即 $4NO + 4NH_3 + O_2 \rightarrow 4N_2 + 6H_2O$。

（2）non – SCR 反应，液氨注入后，会与吸附在活性炭上的 SO_2 发生反应，生成 NH_4HSO_4 或 $(NH_4)_2SO_4$，活性炭再生时在细孔中残存—NH_n 基化合物，这种—NH_n 基物质被称为碱性化合物或还原性物质。活性炭循环到吸附反应塔中，—NH_n 基化合物与烟气中的 NO 直接发生氧化还原反应生成 N_2，这种反应是活性炭特有的脱硝反应，称为 non – SCR 反应，反应如下：

$$NO + C - Red \longrightarrow N_2$$

式中，C – Red——C – Reduction 的简写，称为活性炭表面的还原性物质。

7.2.1.3　吸附二噁英原理

二噁英在废气中分别以气体、液体或固体形式存在，其中气体与液体形式的二噁英类物质会被活性炭物理吸附。液体形式的二噁英类物质既有单独存在的情况，也有与废气中的尘粒冲撞吸附的情况。固体形式的二噁英物质是极微小的颗粒，吸附性很高，吸附在废气中的尘粒上的可能性很大。被废气中尘粒吸附的液体形式和固体形式的二噁英类物质称为粒子状二噁英，这种粒子状二噁英可以通过活性炭移动层的集尘作用（冲撞捕集与扩散捕集）而去除。总之，用活性炭移动层干法工艺去除二噁英类物质时，若废气温度高则以吸附作用为主；若废气温度低则以集尘作用为主。

7.2.1.4 吸附汞原理

吸附着硫黄或硫酸的活性炭可作为金属汞去除剂。尽管因烧结机的不同工况使烧结烟气的成分有所不同，但是根据日本住友重工的经验，烧结烟气中含有 $(100 \sim 300) \times 10^{-6}$ 的干态 SO_2，SO_2 以 H_2SO_4 形式被吸附到活性炭细孔内，因此高效脱除汞的环境已经具备。首先，通过物理吸附将汞捕捉到活性炭细孔表面；然后，汞与被吸附的 H_2SO_4 发生反应，以 $HgSO_4$ 形式固定下来。另外，与二噁英类物质相同，也有吸附在废气尘粒中的汞，在这种情况下将通过集尘作用来脱除汞。

7.2.2 工艺系统及设备

太钢活性炭移动层式烟气处理技术工艺流程如图 7-1 所示。设备由 3 部分构成：(1) 脱除有害物质的吸附反应塔；(2) 再生活性炭的再生塔；(3) 活性炭在吸附反应塔与再生塔之间循环移动使用的活性炭运输机系统。烧结烟气经电除尘设备除尘后，由增压风机加压，加压后的烧结烟气进入活性炭移动层，在活性炭移动层中首先脱除 SO_2，然后在喷氨的条件下脱除 NO_x。在活性炭再生时，分离出的高浓度 SO_2 气体进入副产品回收工艺装置，回收为硫酸或石膏等有价值的副产品。本工艺所用活性炭是直径 9mm、长 10～15mm 的圆柱状介质。

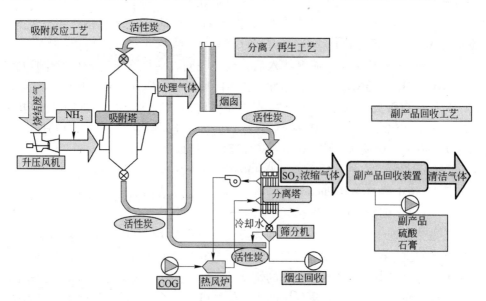

图 7-1 活性炭法脱硫脱硝工艺流程图

工艺系统由烟气系统、脱硫系统、脱硝系统以及相应的电气、仪控（含监测装置）等系统组成。烟气系统主要包括烟气系统和增压风机系统，脱硫烟气系统总阻力按8000Pa考虑，增压风机的参数为：

流量：$306 \times 10^4 \mathrm{m}^3/\mathrm{h}$（工况）　　　风机转速：$745\mathrm{r/min}$

全压：8000Pa　　　　　　　　　　额定电压：10kV

功率：8500kW

7.2.2.1 脱硫系统

脱硫系统包括：吸附系统、解吸系统、活性炭输送系统、活性炭补给系统、热风循环系统、冷风循环系统。

（1）吸附系统：主要由吸附塔、NH_3添加系统等组成。在吸附塔内设置了进出口多孔板，使烟气流速均匀，提高净化效率。另外还设置了三层活性炭移动层，便于高效脱硫。

（2）解吸系统：吸附了SO_2等多种污染物的活性炭，经过输送机送至解吸塔。在塔内活性炭从上往下运行，首先经过加热段，被加热到400℃以上，所吸附的物质被解吸出来，解吸出来的富SO_2气体排至后处理设施制备硫酸。解吸后的活性炭，在冷却段中冷却到150℃以下，然后经过输送机再次送至吸附塔，循环使用。

（3）活性炭输送系统：活性炭输送是通过两条链式输送机进行的，确保活性炭在吸附塔和解吸塔间循环使用，如图7-2所示。2号活性炭输送皮带位于吸附塔的下部，将吸附了烟气中SO_2的活性炭输送至解吸塔；而1号活性炭输送皮带位于解吸塔的下部，将解吸后干净的活性炭输送至吸附塔再次使用。

（4）活性炭补给系统：活性炭在脱硫过程中会出现破损，使得颗粒度降低，为保证脱硫效率，需将小颗粒的炭粉排出，这就需要不断地补充新的活性炭，活性炭的消耗量为400kg/h。在该系统中，外购活性炭通过皮带输送至活性炭储罐，储罐规格为$\phi 3.6\mathrm{m} \times 16.5\mathrm{m}$，容积为80t，相当于7天的用量。

（5）热风循环系统：主要提供解吸活性炭的热风。在此系统中，通过煤气发生器将空气加热至450℃，再通过循环风机送至加热段。

（6）冷风循环系统：将经过解吸的活性炭在冷却段中冷却到150℃以下。

7.2.2.2 脱硝系统

脱硝系统主要包括氨气供应系统，负责液氨的卸车、蒸发、调压及氨气与空气混合供应至吸收塔喷洒，若无氨气气源需新设置氨气供应系统。氨气供应系统包括液氨储罐，氨气蒸发器，压缩机，氨气稀释罐，氨气调压装置，氨气与空气混合装置，配套管道系统及控制装置。外购的液氨通过罐车运到用户区，用压缩机卸到液氨储罐，经蒸发器汽化后，通过调压装置调到设定压力后送至混合单元。混合单元设有控制阀门来调节用气量及压力，并设有火花捕集器防止爆炸与回火，氨气与加压后被加热到130℃的空气混合后供给工艺系统使用。

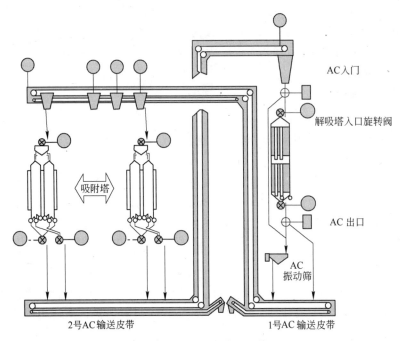

AC入门

解吸塔入口旋转阀

吸附塔

AC出口

AC振动筛

2号AC输送皮带   1号AC输送皮带

图 7-2 活性炭输送系统

7.2.2.3 系统主要设备

系统主要设备包括吸附塔、解吸塔、链斗式输送机、带式输送机、粉尘储罐、活性炭储罐、筛分活性炭储罐、活性炭储料仓辊式给料器、吸附塔辊式给料器、解析塔辊式给料器、振动筛等。

A 吸附塔

吸附塔主要由移动单元、连接板和框架、下部框架和下部漏斗、辊式给料器、旋转阀等组成。其中，移动单元由入口百叶窗、孔板、微孔板、隔板、型钢组成。吸附塔内有 120 个移动单元，按 10 层 12 列分成 6 组呈镜像布置，形成 6 个模块，每个模块内再分为前、中、后活性炭床。一个吸附塔模块由两个相互对称的面板组成，每一个面板都是由活性炭床的多个小格组成的，选择适当的吸收器模块及小格的数量，就能够处理一定的废气量。一个吸附器模块处理废气的标准能力为（标态）150000~250000m³/h。太钢 450m² 烧结机烟气脱硫脱硝工程中，吸附塔由 6 个相同的模块组成，塔体规格为：长 42m（7m×6），宽 9.28m，高 41.12m。

活性炭颗粒平均直径为 9mm，长度 10~15mm 的圆柱状颗粒。活性炭床是由入口、出口格栅及隔离板组成的，这些格栅是经过特殊设计的，以防止被大颗粒和炭粉塞满。活性炭床出口安装有辊式给料器，通过调整辊式给料器旋转速度来控制活性炭的下降速度，从而实现活性炭的最有效吸附效率。辊式卸料器的特点为：控制活性炭的下落速度，确保去除污染物（如 SO_x、NO_x、灰尘等）的性能达到最高；防止吸收塔的压力降升高。废气通过入口管道被分配到每一个吸收器模块中，气体经过左右两个活性炭床面板时得到净化。在吸附塔活性炭进出口安装有旋转阀，具有锁气功能，以防废气外泄。

B 解吸塔

解吸塔主要由加热器和冷却器组成，加热器和冷却器均为多管式热交换器。在加热器中活性炭被加热到 400℃ 以上，被活性炭吸附的物质经过解吸后排出，解吸后的活性炭在冷却段中冷却到 150℃ 以下。解吸塔排出的活性炭经振动筛筛分后，筛上料由活性炭链式输送机运回吸收塔使用。为了确保活性炭下落量的均衡，解吸塔的下部放置了一个辊式卸料器；另外为了保证有害气体不外泄，解吸塔的上部和下部均安装有双层旋转卸料阀。

7.2.2.4 活性炭移动层式烟气处理的技术特点

活性炭移动层式烟气处理技术有如下特点：

（1）脱硫效率高，一般在90%以上，并且可以脱除烟气中的烟尘、NO_x、二噁英、重金属等有害杂质。

（2）脱硫过程中不使用水，也不产生废水和废渣，不存在二次污染问题。

（3）脱硫剂可再生循环使用。吸附 SO_2 达到饱和的活性炭移至解吸再生系统加热再生，再生后的活性炭经筛选后，由脱硫剂输送系统送入吸附脱硫装置再次进行吸附，活性炭得到循环利用，也可根据需要补充适量的新鲜活性炭。破碎的活性炭既可经输送系统送入锅炉燃烧，也可用于工业废水净化。再生系统可根据具体情况选择蒸汽加热、电炉加热、热风炉加热等加热方式。

（4）脱硫副产物可综合利用。解吸再生的混合气体中 SO_2 含量为 20% ~ 40%，可送入制酸装置生产商品硫酸。

活性炭本身是易燃物质，特别是在最初3个月的使用期内，由于活性炭吸附是放热反应，活性炭温度将比烟气温度高大约 5℃，因此新的活性炭更容易被氧化。当烟气系统正常运行时，活性炭氧化的热量被烟气带走；然而，当烟气系统出现故障（例如增压风机故障），烟气无法将热量带走时，吸收塔中的活性炭温度将会持续增高。当活性炭温度超过 165℃ 时，入口和出口的切断阀需要关闭，将氮气喷入吸收塔内部以防止火灾的发生，此时活性炭继续下落输送到解吸塔中，解吸塔中充满的氮气可以灭火。为了确保活性炭不发生燃烧，活性炭必须经过一次"吸收塔—解吸塔—吸收塔"的循环过程，大约需要一周的时间。因此，在最初的3个月中，需要将烟气温度控制在 120℃ 左右。

7.2.3 太钢 450m² 烧结机烟气活性炭法脱硫脱硝工程

太钢炼铁厂 450m² 烧结机于 2006 年建成使用，烟气量 $1.4 \times 10^6 m^3/h$，烧结

烟气年排放 SO_2 量为 6821t，NO_x 量为 2774t。为严格控制烟气污染，太钢 $450m^2$ 烧结机要配套脱硫脱硝装置，经过对国内外同行业烧结烟气脱硫技术的跟踪、调研、对比，最终采用活性炭脱硫脱硝及制酸一体化装置，集脱硫、脱硝、脱二噁英、脱重金属、除尘五位一体，其副产品可制备浓硫酸。该装置于 2010 年 9 月建成投产，在国内烧结行业尚为首例。

太钢炼铁厂 $450m^2$ 烧结机采用了日本住友重工的活性炭移动层的干式脱硫脱硝装置，吸附塔的设计以及吸附塔的移动单元和解吸塔的制造由住友重工负责，太钢进行土建、电气、设备、工艺、自动化编程、能源介质、总图布置、建设与安装等整套工程的集成。太钢 $450m^2$ 烧结机烟气参数见表 7-1，其中烟气流量及含水量为工况参数，其他参数为干基烟气参数，烟气流量及烟气温度为风机之前参数，烟气压力为风机出口处的压力。

表 7-1　太钢 $450m^2$ 烧结机烟气脱硫脱硝系统烟气入口参数

参　数	单位	参数值	参　数	单位	参数值
烟气流量（湿态）	m^3/h	1.444×10^6	SO_3（干标）	mg/m^3	微量
烟气压力	Pa	500	NO_x（干标）	mg/m^3	317
烟气温度	℃	138	HCl（干标）	mg/m^3	约 40
灰尘（干标）	mg/m^3	100	HF（干标）	mg/m^3	约 2.5
O_2（体积分数，干基）	%	14.4	CO（体积分数，干基）	%	0.6
H_2O（体积分数，湿态）	%	12	PCDD/Fs（干标）	ng-TEQ/m^3	约 1.5
SO_2（干标）	mg/m^3	815	Hg（干标）	$\mu g/m^3$	微量

太钢烧结烟气活性炭法脱硫脱硝与制酸系统投运以来运行稳定，作业率达到 95% 以上。经太原市环境监测中心站检测，排放烟气 SO_2 浓度（标态）为 7.5mg/m^3，NO_x 浓度（标态）为 101mg/m^3，粉尘浓度（标态）为 17.1mg/m^3，脱硫效率达到 95% 以上，脱硝效率达到 40% 以上（见表 7-2），均已达到设计标准及污染物排放标准。此外，制酸系统年产副产品浓硫酸 9000t，全面用于太钢轧钢酸洗工序和焦化硫氨生产。

表 7-2　太钢 $450m^2$ 烧结机烟气活性炭法脱硫脱硝工程运行性能测试

项　目	单位	设计值	测试值
出口 SO_2 浓度（干标）	mg/m^3	≤41	7.5
脱硫效率	%	≥95	98
出口 NO_x 浓度（干标）	mg/m^3	≤213	101
脱硝效率	%	≥33	50

项 目	单 位	设计值	测试值
出口粉尘浓度（干标）	mg/m³	≤20	17.1
PCDD/Fs（干标）	ng-TEQ/m³	≤0.2	0.15
NH₃逃逸（干态）	%	≤39.5×10⁻⁴	0.3×10⁻⁴
制 酸	98%硫酸	一等品	一等品

投产后每年 SO_2 外排量由6820t减少到340t，减排 SO_2 量为6480t，脱硫效率为95%；每年外排 NO_x 由2774t减到1858t，减排 NO_x 量为916t，脱硝效率为33%；外排粉尘由1050t减到210t，减排粉尘840t，除尘效率为80%。太钢450m² 烧结机烟气脱硫脱硝工程，工程投资为3.35亿元，其中包含引进工程费约1.54亿元。太钢450m² 烧结机活性炭法脱硫脱硝工程运行过程的能源介质消耗见表7-3，其中压缩空气费用是指增压风机的电耗费用。

表7-3　太钢450m² 烧结机烟气活性炭法能源介质消耗

类 别	消耗量	日消耗量	日运行费用/万元	年运行费用/万元
活性炭颗粒	约0.287t/h	6.9t/d	3.795	1167.48
生活水	1.2t/h	28.8t/d	0.0072	2.592
工业水	2t/h	48t/d	0.0024	0.864
压缩空气	220m³/h（标态）	5280m³/d（标态）	0.0422	15.19
氮气	1100m³/h（标态）	26400m³/d（标态）	0.921	332.64
蒸汽	4t/h	96t/d	0.576	207.36
用电量	3950kW	94800kW·h	4.266	1535.76
焦炉煤气	1000m³/h（标态）	24000m³/d（标态）	1.488	535.68
活性炭粉	-0.333t/h	-8t/d	-0.08	-28.8
液氨	0.208t/h	5t/d	1.9	630
硫酸	-0.917t/h	-22t/d	-1.21	-435.6
人工			0.8823	300
维修			1.471	410
其他	运输/氨站维护		0.5882	200
运行成本			14.6523	4873.16
烧结成本	9.75元/吨（烧结矿）			

7.3 旋转喷雾法脱硫脱二噁英技术

7.3.1 技术原理

喷雾干燥烟气脱硫技术是利用喷雾干燥的原理，一般以石灰作为吸收剂，将消化好的熟石灰浆在吸收塔顶部经高速旋转的雾化器雾化成直径小于 $100\mu m$ 并具有很大表面积的雾粒，并将烟气通过气体分布器导入吸收室内，使两者接触混合后发生强烈的热交换和烟气脱硫的化学反应。烟气中的酸性成分马上被碱性液滴吸收，并迅速将大部分水分蒸发，浆滴被加热干燥成粉末，飞灰和反应产物的部分干燥物落入吸收室底排出，细小颗粒随处理后的烟气进入除尘器被收集，处理后的洁净烟气通过烟囱排放。SDA 法烟气净化工艺原理详见第 3 章。

7.3.2 工艺流程及系统

旋转喷雾干燥法（spray drying adsorption，SDA）烟气脱硫工艺流程如图7-3所示[9,10]。生石灰加水反应生成 $Ca(OH)_2$ 并配置成浆液贮存于石灰浆液罐，然后浆液被送入顶罐，自流进入雾化装置，由雾化装置喷入 SDA 脱硫塔。大量的小雾滴在塔内与烟气接触后发生的化学反应非常迅速，SO_2 被雾滴吸收，生成 $CaSO_4$，$CaSO_4$ 进入废渣处理系统进行终端处理。

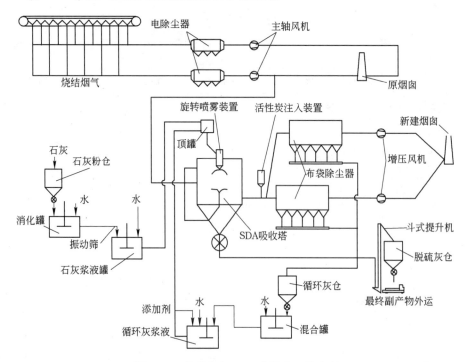

图7-3 烧结烟气 SDA 法脱硫工艺流程

烧结主抽风机后烟道引出的原烟气经挡板切换由烟道进入 SDA 脱硫塔，原烟气与塔内经雾化的脱硫剂在 SDA 脱硫塔内充分接触，同时进行蒸发干燥过程和吸收 SO_2 的反应过程，达到脱除 SO_2 的目的。脱除了 SO_2 且完成了蒸发干燥过程的含粉料烟气出吸收塔后进入布袋除尘器进行气固分离，实现脱硫灰收集及烟气出口排放的粉尘浓度达标。在布袋除尘器入口烟道上预设置活性炭喷吹装置提高脱除二噁英、Hg 等有害物的效率。经布袋除尘器处理的净烟气由增压风机增压，克服脱硫系统阻力，由新增钢制烟囱排入大气。

在脱硫处理过程中沉降在 SDA 脱硫塔底部的灰渣和由布袋除尘器收集的脱硫灰一起经斗式提升机提升至脱硫灰仓，脱硫灰循环使用，定期外排进行综合利用。脱硫灰仓下部设两路出灰通道，一路外排，一路供循环利用，同时还设有紧急排灰口。外排灰采用吸引压送罐车外运，脱硫灰仓下部设吸引压送罐车接口；而循环脱硫灰经计量提升送至循环灰混合罐混合制浆并在循环灰浆液罐贮存，然后送入顶罐供 SDA 脱硫塔使用。

沙钢 $360m^2$ 烧结机 SDA 脱硫系统有如下特点：

（1）可处理全部烟气。无论烟气浓度和温度的高低，通过所有风箱抽取全部烟气送往 SDA 装置加以净化处理，其优点是烧结机风箱及排气管不用变动，减少改造工程量。

（2）一炉一塔。1 台 $360m^2$ 烧结机采用 1 个 SDA 脱硫塔全量处理来自烧结机的两路烟气，其优点是节省占地面积和一次性投资，但要配备 2 套布袋除尘器及 2 套脱硫增压风机，即出脱硫塔的烟气分两路分别进入并列布置的布袋除尘器和脱硫增压风机。一塔配备双布袋除尘器和双脱硫增压风机的优点有：1）运行灵活，便于管理和检修；2）运行更经济，即当烟气量处于低位时，可停运一套增压风机，达到节能的目的；3）今后若采用选择性脱硫并分割风箱烟气，即选择高硫系烟气进行处理时，可停运 1 套布袋除尘器和 1 套增压风机，节省运行成本 40%。

（3）净烟气排放可降低运行阻力。脱硫后净烟气采用从新增的烟囱排放的方案，可降低脱硫系统的运行阻力，据估算可降低运行阻力约 500Pa。

（4）可进行二噁英处理。SDA 脱硫工艺对二噁英有 50% 的脱除效率，在布袋除尘器入口烟道前设有活性炭添加接口，投资成本低，使脱硫系统增加了脱除二噁英能力。

相对于其他脱硫方式，SDA 烟气脱硫方式的一次性投资相对较低，系统腐蚀性小，排放的烟气对周边环境几乎没有影响。

7.3.3 沙钢 $360m^2$ 烧结机脱硫脱二噁英工程

沙钢 4 号 $360m^2$ 烧结机全烟气脱硫项目[9]由鞍钢集团工程技术公司总承包并进行建设，该工程于 2009 年 7 月开始建设，2010 年 2 月建成投运，同年 3 月通过环保验收，目前系统运行稳定，其入口烟气参数及脱硫系统设计值见表7-4。

表7-4 沙钢360m² 烧结机烟气脱硫参数及设计值

入口烟气参数	单位	数值	脱硫设计值	单位	数值
烟气量(湿标)	m³/h	2.04×10^6	年运行时间	h	8000
烟气温度	℃	110~130	Ca/S	–	1.28
最高温度	℃	180	脱硫效率	%	≥90
SO_2 浓度(标态)	mg/m³	1330	出口 SO_2 浓度(标态)	mg/m³	≤100
粉尘浓度(标态)	mg/m³	≤250	出口粉尘浓度(标态)	mg/m³	≤30

系统的 Ca/S 为1.28，Ca/S 按照石灰中 CaO 纯度为85%进行计算。循环灰制浆系统使除尘器中的脱硫灰得以重新制浆并被循环利用，大大提高了石灰的使用效率，降低了脱硫系统的运行成本。系统运行过程中，脱硫效率达到95.2%，按进口烟气 SO_2 含量为1330mg/m³ 计，每小时可减排 SO_2 约1.96t，1台烧结机每年 SO_2 减排量为13776t；另外每小时还可减排粉尘约0.16t，每年减排粉尘约1280t。系统运行经济性分析见表7-5，其中单价参考第3章济钢烧结机烟气 SDA 脱硫工程，年运行时间为7920h，烧结机利用系数为1.32t/(m²·h)，运行费用不含系统折旧费。

表7-5 沙钢360m² 烧结机烟气脱硫系统运行经济性分析

项目名称	消耗量	单 价	年费用/万元
工程投资			7200
脱硫剂(生石灰)	1.87t/h	350 元/t	518.4
工业水	36.7t/h	0.24 元/t	7.0
电耗	2625kW	0.60 元/(kW·h)	1247.4
蒸汽	0.01t/h	120 元/t	0.9
人员(估算)	20 人	8 万元/人年	160
年运行总费用			1934
年产烧结矿	3.8×10^6 t		
脱硫成本	5.09 元/t(矿)		

2010年3月至8月，烧结烟气系统运行期间，采集了进出口的烟气量、SO_2 浓度和烟尘浓度的数据，可以发现：

（1）系统平均烟气量达到了 1.927×10^6 m³/h，最大烟气量为 2.038×10^6 m³/h，与设计值基本相当，系统负荷能够满足全烟气量运行。

（2）系统入口 SO_2 浓度平均值为1066mg/m³，最大值为1423mg/m³，SO_2 浓

度波动很大，但是出口 SO_2 浓度始终在 $100mg/m^3$ 以下，系统平均脱硫效率为95.2%。出口 SO_2 浓度不受入口 SO_2 浓度变化的影响，脱硫系统能够满足烧结烟气 SO_2 浓度波动大的特点。

（3）脱硫系统出口烟尘浓度在 $30mg/m^3$ 以下，主要因为入口处烟尘浓度较低，可能是因为该烧结出口电除尘器除尘的效果比较好。

（4）整个系统的压降主要来自脱硫塔、烟道系统、除尘器等，总压降为4000Pa，在净烟气出口设增压风机，增压风机的压力为4200Pa，能够充分补偿系统压降，保证系统处于负压状态，满足系统对压力的要求。

7.4 MEROS 技术

7.4.1 技术原理

西门子工业系统及技术服务集团下属的奥钢联公司开发的 MEROS 工艺[11~16]，全称为 Maximized emission reduction of sintering，意为"大幅度削减烧结排放"。该工艺经过一系列连续处理过程后，能够将烧结厂废气中含有的灰尘、有害金属和有机物成分去除，以达到较低的排放水平。

MEROS 法是将添加剂均匀、高速并逆流喷射到烧结烟气中，然后调节反应器中的高效双流（水和压缩空气）喷嘴加湿并冷却烧结烟气。离开调节反应器之后，含尘烟气通过脉冲袋滤器去除烟气中的粉尘颗粒。为了提高气体净化效率并降低添加剂费用，滤袋除尘器中的大多数分离粉尘循环到调节反应器之后的气流中，其中部分粉尘离开系统，被输送到中间存储筒仓。MEROS 法集脱硫、脱HCl 和 HF、脱二噁英类污染物于一身，并可以使 VOCs（挥发性有机化合物）的可冷凝部分几乎全部去除。

MEROS 脱硫工艺原理是利用熟石灰作为脱硫剂，与烧结废气中的所有酸性组分发生反应，生成反应产物。主要反应是：

$$Ca(OH)_2 + SO_2 = CaSO_3 \cdot 1/2H_2O + 1/2H_2O$$
$$CaSO_3 \cdot 1/2H_2O + 1/2O_2 + 3/2H_2O = CaSO_4 \cdot 2H_2O$$
$$Ca(OH)_2 + SO_3 = CaSO_4 \cdot H_2O$$
$$2Ca(OH)_2 + 2HCl = CaCl_2 \cdot Ca(OH)_2 \cdot 2H_2O$$
$$Ca(OH)_2 + 2HF = CaF_2 + 2H_2O$$

7.4.2 工艺流程及系统

MEROS 工艺主要由以下几个设备单元组成：添加剂逆流喷吹单元（烟气流设备）、气体调节反应器、脉冲喷射织物过滤器、灰尘再循环系统、增压风机和净化气体监控系统。MEROS 工艺流程如图 7-4 所示。

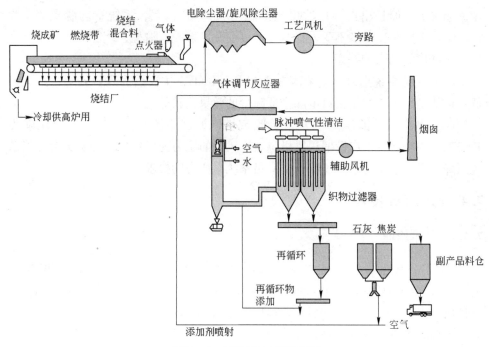

图 7 - 4　MEROS 工艺流程图

7.4.2.1　添加剂逆流喷射单元

在添加剂逆流喷射单元中，添加剂通过数根喷枪以超过 40m/s 的相对速度对废气流进行逆向喷吹。添加剂分布器安装在尾气管路周围，通过添加剂管路将吸附剂均匀分散地注入待处理的尾气中。

喷吹后，大约 50% 的反应是在逆气流中发生的，另外 50% 的反应是在过滤器中实现的。添加剂主要为碳基吸附剂和脱硫剂，其中添加碳基吸附剂的主要目的是利用吸附作用去除重金属、PCDD/Fs 和其他有毒挥发性有机物，主要采用焦炭、褐煤等。MEROS 工艺使用的主要脱硫剂有熟石灰和小苏打，其脱硫反应如下：

$$Ca(OH)_2 + SO_2 \longrightarrow CaSO_3 \cdot H_2O（脱硫剂是熟石灰）$$

$$2NaHCO_3 + SO_2 \longrightarrow Na_2SO_3 \cdot H_2O + 2CO_2（脱硫剂是小苏打）$$

两种脱硫剂性能对比见表 7 - 6，可以看出，小苏打对温度的波动适应性更强，对硫氧化物、重金属等都有更好的脱除效果，但价格相对较为昂贵。

表 7 - 6　MEROS 工艺熟石灰和小苏打脱硫剂对比

项　目	熟石灰	小苏打
硫氧化物脱除率	约 80%	> 90%
Ca(Na)/S	1.5 ~ 1.8	2.2 ~ 2.8

项 目	熟石灰	小苏打
烟气出口温度	90 ~ 100℃	烟气入口温度
重金属脱除率	90%（需加活性炭）	约100%
NO$_x$ 脱除率	60% ~ 70%	约100%
吸收剂成本	相对便宜	相对较贵

7.4.2.2　气体调节单元

气体调节单元是通过一套专门设计的双流（水和压缩空气）喷嘴喷枪系统实现的，它可以确保产生极其细微的液滴，而且这种液滴会充满反应器的整个空间。气体调节单元的主要作用是降低烟气温度以保护织物过滤器布袋；另外对气体进行调节以改善脱硫条件，尤其是在使用熟石灰脱除硫氧化物时，必须将温度降至90℃左右，同时提高气体湿度，以便加强化学反应，充分发挥添加剂的功效。

7.4.2.3　脉冲喷射式织物过滤器

含有灰尘的废气离开调节反应器后，流至高性能织物制成的脉冲喷射式布袋过滤器。废气流经过入口烟道和原料气体翻板进入过滤器的原料气体室，气流速度降低，气体充满室内，气流唯一的通路是流过过滤布袋后经由过滤器顶板离开原料气体室，到达净化气体室，再经过净化气体翻板到达净化气体烟道。为了避免细微粉尘和有机化合物（如油类）渗入织物材料，织物上覆有一层耐化学腐蚀和耐高温的薄膜，包括一次灰尘、添加剂和反应产物在内的灰尘颗粒沉降在薄膜表面，逐渐增大形成滤饼，而过滤器的压降随着滤饼厚度的增加而增大。因此，必须通过文氏管吹入强有力的空气脉冲来定期去除滤饼。空气喷射脉冲将织物张紧，使滤饼从织物表面脱落，掉入集灰斗中。第二步污染物去除就是在气流经过滤饼时，进行重金属、有机物和硫氧化物的脱除。

7.4.2.4　灰尘的再循环系统

烟尘再循环系统就是将除尘系统的一次灰尘、炭和焦炭、未反应的硫氧化物脱除剂及反应产物等大部分的灰尘返回到气体调节反应器之后的废气流中，没有完全反应的添加剂可以继续反应，进一步提高了添加剂的利用效率，节省了运行成本。同时，由于再循环系统烟尘浓度很高，这些烟尘可以在脉冲喷吹后很快在滤布上形成滤饼，有利于进行烟尘的二次吸收，提高除尘效率。

7.4.3　马钢300m² 烧结机 MEROS 法脱硫工程

马钢现有300m² 烧结机年产烧结矿340 万吨，利用系数 1.263t/（m² · h）、作业率90.4%。烧结机烟道是双系统,分别为脱硫系和非脱硫系,采用半烟气脱硫方式,其中脱硫系的烟气量(标态)为 $5.2 \times 10^5 m^3/h$,SO_2 浓度(标态)为 600~1050mg/m^3(最大 1500mg/m^3(标态))。马钢 300m^2 烧结机 MEROS 法脱硫装置于 2008 年 9 月开始建设,2009 年 5 月建成,同年 6 月份进行系统调试,9 月份开始试运行,2010 年 7 月通过验收。经过 MEROS 法脱硫处理,烟气中 SO_2 浓度(标态)降到 200mg/m^3 以下,年脱硫量为 3536t。

马钢 300m^2 烧结机 MEROS 法脱硫系统由脱硫剂制备投加系统、反应塔系统、粉尘循环系统、布袋除尘器除尘系统、增压风机、水系统、动力介质系统及烟道系统组成。其中,反应塔系统由反应塔和冷却水雾化器组成,在塔的上部安装了10 个雾化水喷嘴,下部结构为船型。

布袋除尘器除尘系统在脱硫塔后部,布袋是西门子奥钢联公司专门为干法(半干法)脱硫装置开发的高浓度粉尘专用布袋。布袋除尘器袋室分为两列,采用 MEROS UHE Type 滤料,布袋长为 8m,袋笼直径为 160mm。布袋除尘器下部灰斗中装有流化装置。

粉尘循环系统由两部分组成,一部分是从脱硫塔沉降下的物料,一部分是从除尘器下来的物料。两种物料汇合后进入 3 个储存灰仓,其中一个灰仓作为循环料仓,料仓中 95% 的物料可循环使用,另外两个灰仓作为脱硫副产物仓,废灰仓储灰由罐车外运,综合利用。

脱硫剂制备投加系统由脱硫剂计量系统和添加系统组成,其中增压风机功率为 1900kW、风量(标态)为 $6 \times 10^5 m^3/h$。水系统由工艺水和设备冷却水组成,工艺水来自企业生产的净化水,用于烟气的增湿和冷却;设备冷却水由原烧结循环水供应,用于增压风机等设备的冷却。动力介质系统由公司的管网供应,该系统需要压缩空气和氮气。

马钢 300m^2 烧结机 MEROS 工艺脱硫半烟气参数及脱硫设计值见表 7-7,主要经济指标和设计参数见表 7-8,系统每年的运行费用约 3000 万元。

表 7-7 马钢 300m^2 烧结机 MEROS 工艺半烟气参数及脱硫设计值

入口烟气参数	单 位	数 值	脱硫设计值	单 位	数 值
半烟气量(标态)	m^3/h	5.2×10^5	脱硫效率	%	>80
烟气温度	℃	130~150	SO_2 浓度(标态)	mg/m^3	≤200
SO_2 浓度(标态)	mg/m^3	600~1050	粉尘浓度(标态)	mg/m^3	<50
粉尘浓度(标态)	mg/m^3	67.4	年运行时间	h	8000
水含量	%	8~10	年脱硫量	t	3536
氧含量	%	15~16	年副产物量	t	14120

表7-8 马钢300m² 烧结机和奥钢联 MEROS 工艺脱硫主要经济指标和设计参数

主要参数	单 位	马钢 MEROS 法脱硫工程	奥钢联 MEROS 工业厂
设计烟气量	m^3/h	5.2×10^5	6.2×10^5
烟气温度	℃	120~180,平均140	120~160,平均130
系统压降	Pa	—	约2500
过滤布袋数量	个	4032	4760
过滤面积	m^2	约16400	约19000
冷却水流量	m^3/h	8~30	8~30
工艺水温度	℃	90~100	90~100
熟石灰喷吹量	kg/h	约1000	约330
褐煤喷吹量	kg/h	约30	约60
粉尘循环量	t/h	约13	约10

　　虽然马钢烧结机 MEROS 脱硫装置在运行过程中出现过脱硫副产物的处置、消石灰配料螺旋下料不稳、脱硫塔下部出现大量的积灰等问题,但总体运行是稳定的,基本达到了设计的要求。目前脱硫系统运行良好,外排的烟气中日平均 SO_2 浓度小于$200mg/m^3$,烟气含尘量小于$50mg/m^3$,脱硫副产物得到了有效处置,取得了较好的环境效益。此外,采用布袋除尘器,提高了 SO_2 和粉尘的去除率,也可以同时脱除二噁英。

　　西门子奥钢联以工艺总承包的方式为奥钢联钢铁公司建设了1座 MEROS 工业厂,2006年4月开始建设,2007年8月建成投运,工厂主要设计数据见表7-8。系统投运后运行顺利,现在已经能够处理多达$1 \times 10^6 m^3/h$ 烧结烟气。在 MEROS 工业厂投入运行后的前9个月（2007年8月~2008年5月）,系统总体作业率超过了99%,烧结烟气的净化效率完全达到了预期指标（见表7-9）。

表7-9 奥钢联钢铁公司 MEROS 工艺的烧结烟气净化效率

废气成分	灰尘	PCDD/Fs	汞	铅	HCl	HF	VOCs
去除率/%	约99	约99	约97	约99	约92	约92	约99

　　烟囱出口烟气的含尘浓度小于$5mg/m^3$,排放量减少了99%以上;二噁英和呋喃（PCDD/F）去除率达到99%以上,排放浓度下降至$0.1ng - TEQ/m^3$,达到世界先进排放水平;汞、铅、氯化氢、氟化氢和挥发性有机物的可冷凝部分的去除率分别达到97%、99%、92%、92%和99%;SO_2 排放也大大低于以前的水平。

7.5 曳流吸收塔技术

7.5.1 技术原理

　　曳流吸收塔（entrained flow absorber, EFA）工艺[17]是由 Paul Wurth（保尔

沃特,简称 PW)公司开发的,作为半干法脱硫工艺集成了布袋除尘器和反应物循环系统,可以同步脱除 SO_2、SO_3、HCl、HF、粉尘和二噁英等,使各项指标达到排放标准。EFA 工艺的脱硫原理为:烟气中的酸性化合物在特定温度范围内遇水时与 $Ca(OH)_2$ 进行反应,活性炭主要用于吸附烟气中的二噁英等有害成分,干态反应物在布袋除尘器内进行分离。用熟石灰去除烟气中 SO_2、SO_3、HCl、HF 等酸性成分的主要化学反应如下:

$$Ca(OH)_2 + SO_2 === CaSO_3 \cdot 1/2H_2O + 1/2H_2O$$
$$CaSO_3 \cdot 1/2H_2O + 1/2O_2 + 3/2H_2O === CaSO_4 \cdot 2H_2O$$
$$Ca(OH)_2 + SO_3 === CaSO_4 \cdot H_2O$$
$$2Ca(OH)_2 + 2HCl === CaCl_2 \cdot Ca(OH)_2 \cdot 2H_2O$$
$$Ca(OH)_2 + 2HF === CaF_2 + 2H_2O$$

最终的反应物为干态的 $CaSO_3$、$CaSO_4$、$CaCl_2$、CaF_2、$CaCO_3$ 和烧结粉尘的混合物。

7.5.2 工艺流程及系统

EFA 法的工艺流程如图 7-5 所示,系统主要由变速曳流式反应塔、布袋除尘器、物料循环系统和喷水系统组成。烧结烟气经过电除尘器进行初级除尘,再经过主抽风机,进入 EFA 吸收塔。在吸收塔下部喷口部位,烟气被加速,熟石灰 $Ca(OH)_2$ 和活性焦(或活性炭)组成的新鲜吸收剂在此加入;同时,来自布袋除尘器下部的物料也在此循环加入,这些物料包括烟尘、少量未反应的吸收剂、吸收剂与 SO_x、HCl、HF、重金属、二噁英等进行物理或化学反应后的产物,即脱硫灰或循环灰。在反应塔喉管内加速的烟气高速流动,使消石灰、活性炭、循环灰与烟气充分混合形成气固混合物,气固混合物通过反应塔的渐扩管后,速度降低。新鲜吸收剂和脱硫灰与烟气中的气态成分在反应塔内发生反应。

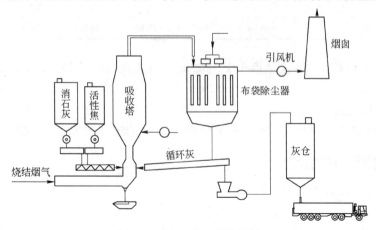

图 7-5 EFA 法工艺流程图

为调节塔内烟气的温度，喷淋水雾化后从扩散管的上端注入反应塔，水发生汽化并可加速 SO_2 等酸性成分的反应速度。系统内没有结灰现象，而且温度始终保持在露点以上。$Ca(OH)_2$ 的脱硫效率取决于系统内烟气温度、水分含量、吸收剂停留时间等因素。反应塔上端排出的气固混合物进入布袋除尘器进行净化处理，布袋除尘器下部灰斗内的脱硫灰经空气输送斜槽，以流化状态循环回到吸收塔，只有少量脱硫灰经卸灰泵排出系统进入灰仓，经排灰罐车外运。净化处理后的烟气经两台风机和新建的烟囱排入大气中。

EFA 工艺中的一个关键设备是 EFA 吸收塔。在吸收塔内，循环灰与吸收剂的混合物形成流化床，为喷入的水分汽化及去除污染物提供理想条件，使得90%以上的污染物是在 EFA 吸收塔中去除的，而在布袋除尘器中去除的不足10%。EFA 吸收塔结构简单，它由称为喷口的入口管（烟气在此加速）、扩散管和上部圆柱形直段组成，内部是空的，在扩散管上端设有一个旋流式喷嘴，把水喷向烟气和烟尘流的整个截面。由于流化床具有良好的混合效果，因此即使在喷水量较高的情况下，固体颗粒也保持干燥状态，但固体颗粒表面会带有薄层水汽，为强化吸收提供理想的反应气氛。

EFA 工艺的另一关键设备是袋式除尘器。最初，布袋除尘器只用于去除灰尘，被广泛用于发电厂和焚化场，近年来，由于在布袋除尘器中加入了活性焦（或活性炭）和熟石灰，使得布袋除尘器可用于去除二噁英和 SO_x。现代化的布袋过滤技术具有以下典型特征：（1）大量的布袋垂直悬挂于数个除尘箱体内；（2）加入活性焦（或活性炭）吸收二噁英和重金属；（3）加入熟石灰脱硫；（4）固体颗粒在系统内循环，在布袋表面形成灰层以提高除尘效率和吸收剂利用率。

整个工艺过程中，有三个重要的闭环控制回路：

（1）吸收塔内流化床的前后压差控制。在烟气流量变化的情况下，保持脱硫灰的循环量（最大可达 $1kg/m^3$（标态））。

（2）通过调节喷水量，控制吸收塔出口处的烟气温度。

（3）通过调节熟石灰的加入量，控制处理后烟气中的 SO_2 含量；活性焦（或活性炭）加入量与熟石灰加入量之间的关系不变。

7.5.3 ROGESA 钢铁公司 180m² 烧结机曳流吸收法工程

ROGESA 钢铁公司是德国迪林根钢铁公司和萨尔钢铁公司的合资企业，现有两台烧结机，2 号机为 180m²，3 号机为 258m²，总产能为 500 万吨/年。2 号机和 3 号机均采用混合煤气点火，烧结负压分别为 10kPa 和 14kPa，利用系数分别为 $1.208 \sim 1.333t/(m^2 \cdot t)$ 和 $1.500 \sim 1.708t/(m^2 \cdot t)$。由于烧结烟气排放标准变得越来越严格，ROGESA 公司采用了 Paul Wurth 公司的 EFA 曳流吸收塔工艺，同时去除灰尘、SO_2、HCl 和二噁英，使各项指标达到排放标准。由于 3 号烧结机进行了提高烧结矿产量的改造，烟气的产生量也相应增加，特别是在烧结机停用一段时间后再次启动时，烟气总量甚至大大超过 $7 \times 10^5 m^3/h$，在这种情况下，原本为 3 号烧结机建造的 EFA 烟气处理系统就显得能力不足，所以，ROGESA 钢铁公司将 2 号烧结机的烟气引入该系统，再另建 3 号机烟气处理系统。

2 号 $180 m^2$ 烧结机 EFA 工艺处理烟气基本参数见表 7 - 10，其中烟气量为湿态下测得，其他参数为干标态下测得。系统运行初期出现了一些问题，比如进入系统的烟气量超过设计值，除尘布袋的材质耐高温性能不够，自动化系统工作不正常使得闭环控制回路的参数调节不完善等。但这些问题很快得到了解决，系统达到了不错的运行效果，见表 7 - 10。

表 7 - 10   ROGESA 钢铁公司 $180 m^2$ 烧结机烟气参数、脱硫系统设计值及实际运行效果

参 数	单 位	烟气入口值	脱硫设计值	实际运行值
烟气流量(干标)	m^3/h	5.4×10^5	5.4×10^5	4.3×10^5
烟气流量(湿态)	m^3/h	6.0×10^5	6.0×10^5	4.8×10^5
烟气温度	℃	<190	120	110
含尘量(干标)	mg/m^3	95	<10	<5
SO_2 含量(干标)	mg/m^3	900	<500	<480
HCl 含量(干标)	mg/m^3	19	<10	<10
HF 含量(干标)	mg/m^3	3	<1	<1
PCDD/Fs 含量(干标)	$ng - TEQ/m^3$	3	<0.1	<0.1
SO_2 脱除率	%	—	45	47
Ca/S	mol/mol	—	1.6	1.1

吸收剂消耗量和脱硫灰生成量是评价工艺优劣的重要指标，它们对系统的运行成本有很大影响。EFA 工艺的主要优点之一是脱硫灰循环，这使得吸收剂的利用效率被大大优化，消耗量达到最小值。根据计算，在确保 SO_2 排放小于 $500 mg/m^3$（标态），PCDD/Fs 排放小于 $0.1 ng/m^3$（标态）的前提下，熟石灰中 $Ca(OH)_2$ 含量为 95%，比表面积大于 $18 m^2/g$，其中小于 $90 \mu m$ 粒级颗粒比例为 99%，石灰消耗量为 300kg/h；活性焦（或活性炭）的比表面积为 $300 m^2/g$，小于 $125 \mu m$ 粒级颗粒比例为 100%，小于 $32 \mu m$ 粒级的颗粒占 63%，$d_{50} = 24 \mu m$，活性焦（或活性炭）消耗量为 30kg/h；脱硫灰产量为 600kg/h。ROGESA 钢铁公司的脱硫灰目前只用于回填矿井，而新的脱硫灰处理方法正在研究中。

目前，系统的优化仍在进行，其运行结果已令人满意，特别是在吸收剂消耗方面。由于任何能减少吸收剂消耗量的措施都会进一步降低运行成本，因此 EFA 工艺的基本原理——脱硫灰循环，是提高吸收剂利用率、降低运行成本的重要环节。表 7 - 10 中所示的钙硫摩尔比（Ca/S）是系统优化成果的主要体现，该数值的下降带来两方面显著的效果：一方面是熟石灰消耗量减少；另一方面是需要

回填的脱硫灰减少。

7.6 IOCFB 多污染物协同控制技术

7.6.1 技术原理

　　IOCFB 多污染物协同控制技术是中科院过程工程所在内外双循环流化床半干法脱硫技术（inner and outer circulating fluidized bed，IOCFB）基础上发展而来的[18~20]。IOCFB 多污染物协同控制技术原理类似于 EFA 曳流吸收塔工艺，利用 $Ca(OH)_2$ 等碱性吸收剂吸收烟气中 SO_2 等酸性气体，利用活性炭或活性焦吸附剂吸附烟气中二噁英类污染物，通过吸收剂和吸附剂的多次再循环，延长吸收剂和吸附剂与烟气的接触时间，提高了吸收剂和吸附剂的利用率。该工艺能在较低的钙硫比（Ca/S < 1.3）情况下，脱硫效率稳定达到 90%。

　　IOCFB 多污染物协同控制技术以流态化原理为基础，基于流化床内吸收剂、水、烟气等气液固三相流动特性，采用循环流化床反应器内置扰流导流型管束复合构件、外置旋风分离器、可编程逻辑控制（PLC）等技术，解决了常规循环流化床烟气脱硫技术普遍存在的运行可靠性差及适应性差等问题，实现设备稳定可靠运行。在流化床内气液固三相共存条件下，利用熟石灰作为脱硫剂，与烧结烟气中的酸性组分发生反应，生成反应产物，主要反应有：

$$Ca(OH)_2 + SO_2 \rlap{=}= CaSO_3 \cdot 1/2H_2O + 1/2H_2O$$

$$CaSO_3 \cdot 1/2H_2O + 1/2O_2 + 3/2H_2O \rlap{=}= CaSO_4 \cdot 2H_2O$$

$$Ca(OH)_2 + SO_3 \rlap{=}= CaSO_4 \cdot H_2O$$

$$2Ca(OH)_2 + 2HCl \rlap{=}= CaCl_2 \cdot Ca(OH)_2 \cdot 2H_2O$$

$$Ca(OH)_2 + 2HF \rlap{=}= CaF_2 + 2H_2O$$

　　活性炭用于吸附二噁英、重金属等非常规污染物，在多种污染物同时存在条件下，活性炭优先吸附烟气中的二噁英，气氛中的 SO_2、NO 和水蒸气会减少活性炭上二噁英的吸附，尤其是有高浓度 SO_2（高于 0.1%）存在时，NO 几乎不再被活性炭吸附[21]，有机气体氯苯（二噁英模式物）在活性炭上吸附量降低了近 20%[22]，因而为增强活性炭对二噁英的捕集能力，活性炭适宜在低浓度 SO_2 区域喷入。

7.6.2 工艺流程及系统

　　IOCFB 多污染物协同控制系统主要由循环流化床反应塔、旋风分离器、物料循环系统和喷水系统等组成，如图 7 - 6 所示。烧结烟气被引入循环流化床反应器底部，与水、吸收剂、活性炭（或活性焦）和还具有反应活性的循环灰相混合，脱去 SO_2 等酸性气体和二噁英类污染物。$Ca(OH)_2$ 等碱性吸收剂和活性炭（或活性焦）通过输送系统，由喉口处进入循环流化床反应器，在反应器内同含

SO₂ 等酸性气体和二噁英类污染物的烟气充分接触，并且在烟气作用下同残留吸收剂、活性炭和飞灰固体物一起贯穿反应器，通过分离器收集实现循环，增加吸收剂的利用率。熟石灰 Ca(OH)₂ 与活性炭（或活性焦）在吸收塔内与烟气反应后一起进入旋风分离器，被分离器气固分离后，一部分灰导入灰斗排至灰场处理，另一部分经返料装置重新进入吸收塔，固体颗粒在吸收塔和分离器之间往复循环，总体停留时间可达 20min 以上，可有效提高吸收剂利用率。

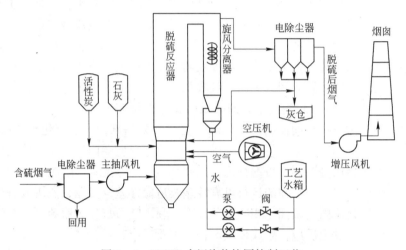

图 7-6 IOCFB 多污染物协同控制工艺

IOCFB 多污染物协同控制工艺系统包括：循环流化床反应器、旋风分离器、物料再循环箱、返料螺旋秤、水泵、雾化喷嘴、吸收剂仓及输送计量装置、PLC 控制系统等。循环流化床反应器是吸收系统的主体，整体可以分为三部分：进口段、提升段、出口段。进口段采用文丘里结构，在该段布置有进料口、返料口和喷水装置。喷水装置喷入雾化水，一方面是为了增湿颗粒表面，另一方面是为了使烟气温度降至高于烟气露点 15℃ 左右，以达到合适的反应温度。出口结构可以选择 L 型、T 型等不同形式。

IOCFB 多污染物协同控制工艺流程包括：

（1）烟气流程。烟气从反应塔底部的入口烟道喷入，在这里与水、吸收剂和还具有反应活性的循环灰相混合，形成流态化烟气。反应塔中烟气流速一般为 4~6m/s，烟气在反应塔停留时间不少于 3s，以满足 SO₂ 与脱硫剂反应的要求。烟气在反应塔内脱去 SO₂，然后通过烟道引入除尘器，除去灰尘和尘粒。净化后的烟气通过烟囱排入大气。

（2）脱硫剂流程。脱硫剂通过输送系统，由喉口处进入循环流化床反应器，在反应器内与 SO₂ 烟气充分接触，脱去烟气中的 SO₂，并且在烟气作用下同残留脱硫剂和飞灰固体物一起贯穿反应器，通过旋风分离器收集，部分收集物料进入螺旋返料机，重新返回反应器，实现循环，增加脱硫剂的利用率。

（3）副产物流程。反应器内生成的副产物随烟气一起进入旋风分离器，被分离器捕集后，一部分进入再循环箱，一部分导入灰斗排至灰场。

IOCFB 多污染物协同控制技术是一种新型半干法烟气净化工艺，采用循环流化床反应器，通过吸收剂的多次往复循环，有效延长吸收剂与烟气的接触时间，提高了吸收剂的利用率，该技术能在较低的钙硫摩尔比（Ca/S < 1.3）情况下，将脱硫效率稳定在 90% 以上。其主要技术特点如下：

（1）采用内、外循环相结合方式，提高了技术适应性。旋风分离器进行塔外循环，通过螺旋给料机控制外循环量。与其他脱硫方式相比，该方法可以同时对塔内和塔外双循环系统进行控制，因此可以调控的范围更大，克服了常规单循环操作弹性小，流形调控明显滞后的问题，适应负荷变化率从 50% ~ 110% 提高到了 30% ~ 150%，使该工艺的适应性大大增强，有利于提高脱硫效果，同时降低对吸收剂的质量要求。

（2）在反应塔内设置扰流导流型管束复合构件，增强内循环。通过构件对气体流场的有效引导，降低了床内压降无规则波动，通过对上下行颗粒群的有效扰动，增加了吸收剂在反应塔内的保有量，改善了气固传质效果，增强了气固反应概率，提高了脱硫效率，降低了吸收剂用量。

（3）采用外置旋风分离器与反应器本体相结合的一体化结构，将吸收塔出口的大部分脱硫产物和粉尘等颗粒分离，极大降低了反应器后除尘器入口的烟气颗粒浓度，与常规工艺相比，减轻除尘器负荷 95% 以上，避免了对原有除尘器的改造，同时可实现对反应器单元的单独调控。

（4）吸收剂采用干态进料，与传统浆态进料方式相比，避免了管路腐蚀、堵塞等问题，省去了包括制浆单元在内的多个子系统，投资和运行费用降低，同时工艺耗水量小。

（5）采用 PLC 技术实现脱硫系统独立控制，主要工艺参数（反应温度、压力、脱硫剂添加量等）采用单回路控制，抗干扰能力强，配置灵活，扩展性强，稳定性强，显著提高了技术整体运行的可靠性。

IOCFB 多污染物协同控制技术已完成江苏徐州成日钢铁 132m² 烧结机多污染物协同控制示范工程。目前，正在建设河北敬业钢铁集团 2 × 128m² 烧结机和云南呈钢钢铁集团 180m² 烧结机多污染物协同控制示范工程。

7.6.3　成日钢铁 132m² 烧结机多污染物协同脱除工程

徐州成日钢铁集团公司 132m² 烧结机的工况烟气量为 $9.0 \times 10^5 \text{m}^3/\text{h}$，采用了 IOCFB 多污染物协同控制技术进行示范应用，该工程 2013 年 11 月完成建设，开始调试运行。系统设计参数见表 7 - 11，系统设计压降约 4kPa，设计使用年限为 20 年，系统的可利用率大于 90%。

表 7-11　成日钢铁 132m² 烧结机 IOCFB 多污染物协同处理工程设计参数

入口烟气参数	单 位	数 值	工艺设计值	单 位	数 值
烟气量(工况)	m³/h	9.0×10^5	烟气出口温度	℃	<80
烟气量(标态)	m³/h	6.4×10^5	钙硫物质的量比		≤1.4
烟气温度	℃	130~150	脱硫效率	%	≥90
SO_2 浓度(标态)	mg/m³	1200	SO_2 浓度(标态)	mg/m³	<200
粉尘浓度(标态)	mg/m³	120~150	粉尘浓度(标态)	mg/m³	<30
			二噁英脱除率	%	≥70
			重金属脱除率	%	≥90

吸收剂采用外购成品粒状生石灰,其中 CaO 的纯度大于 85%,二噁英类、重金属等吸附剂采用商用椰壳活性炭。工艺中设置一座 IOCFB 反应塔,塔进口采用七个小文丘里结构,塔出口匹配两个旋风分离器,旋风分离器后采用布袋除尘器。脱硫系统漏风率不大于 1%,除尘器漏风率不大于 1%。净化系统单设一台增压风机,以克服 IOCFB 反应塔、布袋除尘器和烟道系统的阻力。系统统一采用 PLC 控制方式。

成日钢铁 132m² 烧结机 IOCFB 多污染物协同脱除工程主要经济指标见表 7-12。该工程的 SO_2 年减排量按照烟气入口 SO_2 浓度(标态)为 1200mg/m³、脱硫效率为 80% 的情况估算,烧结机利用系数为 1.32t/(m²·h),年运行时间 8000h,运行费用不含系统折旧费。

表 7-12　成日钢铁 132m² 烧结机 IOCFB 多污染物协同工程主要经济指标(设计值)

项目名称	耗 量	年消耗量	单 价	年费用/万元
生石灰	0.9t/h	7200t/a	200 元/t	144
活性炭	0.02t/h	160t/a	5000 元/t	80
工艺水	6~10t/h	6.4×10^4t/a	2 元/t	12.8
电耗	1650kW	1.32×10^7kW·h/a	0.55 元/(kW·h)	726
人员费用		8 人/年	5 万元/(人·年)	40
运行总费用				1002.8
脱硫副产物	1.45t/h	1.16×10^4t		
年产烧结矿		1.4×10^6t		
吨矿脱硫成本			7.16 元/t(矿)	

2014 年 3 月,该工程项目顺利通过徐州市环保局验收,SO_2 排放浓度达到国标要求,同时二噁英和重金属汞的脱除效率也达到了项目要求。徐州市环境监测中心对项目运行效果的检测表明,脱硫前 SO_2 浓度为 570mg/m³,脱硫后 SO_2 浓

度为 20mg/m³，脱硫效率达到 95% 以上。中科院生态环境研究中心对项目运行效果的检测表明，脱除前二噁英为 107.9pg TEQ/m³，脱除后为 22.2pg TEQ/m³，脱除效率 79%。中科院过程工程研究所对项目运行效果的检测表明，脱除前重金属汞为 20.3μg/m³，脱除后为 0.205μg/m³，脱除效率 99%。

根据该企业提供年运行 8000h 计算，预期年减排 SO_2 约 4000t，二噁英约 0.6g TEQ/m³，重金属约 140kg，仅 SO_2 一项就为企业年节省排污费 240 万元，而且该净化工艺没有废水产生。

参 考 文 献

[1] 高翔，吴祖良，杜振，等. 烟气中多种污染物协同脱除的研究 [J]. 环境污染与防治，2009，31(12)：84～90.

[2] Knobi, Auch K, Juntgen H, et al. Application of active coke in processes of SO_2 - removal and NO_x - removal from flue gases [J]. Fuel, 1981, 60(9)：832～838.

[3] 郭俊，马果骏，阎冬，等. 论燃煤烟气多污染物协同治理新模式 [J]. 电力科技与环保，2012，28(3)，13～16.

[4] A Fleischanderl, R Neuhold, G Meierhofer, et al. Improved dry - type gas - cleaning process for the treatment of sinter off gas [C]. Proceeding 5th European Oxygen Steelmaking Conference, German, 2006：36～40.

[5] 柴田宪司，山田森夫，森本启太. 活性炭移动层式烧结机烟气处理技术 [J]. 山东冶金，2010，32(3)：1～7.

[6] 赵德生. 太钢 450m² 烧结机烟气脱硫脱硝工艺实践 [C] //2011 年全国烧结烟气脱硫技术交流会文集，2011：8～15.

[7] 王国鹏. 太钢烧结烟气脱硫脱硝用热气再生系统实践 [J]. 中国冶金，2011，21(11)：19～21.

[8] 涂瑞，李强，葛帅华. 太钢烧结烟气脱硫富集 SO_2 烟气制酸装置的设计与运行 [J]. 硫酸工业，2012(2)：26～30.

[9] 张新，宫俊莹. 沙钢烧结烟气脱硫技术实践 [J]. 山东冶金，2008，30(专)：78～80.

[10] 顾兵，何申富，姜创业. SDA 脱硫工艺在烧结烟气脱硫中的应用 [J]. 环境工程，2013，31(2)：53～56.

[11] Wilhelm Fingerhut, Alexander Fleischanderl. MEROS - latest state of the art in dry sinter gas cleaning [C]. 中国钢铁年会，成都，2007：453～457.

[12] Alexander Fleischanderl, Christoph Aichinger, Erwin Zwittag. 环保型烧结生产新技术——Eposint and MEROS [J]. 中国冶金，2008，18(11)：41～46.

[13] 唐胜卫，丁希楼，赵凯. 马钢烧结烟气脱硫工艺技术研究 [J]. 金属世界，2008(6)：20～23.

[14] 翟玉友，梁君. 烧结烟气脱硫—净化处理的工艺 MEROS 及节能减排工艺 Eposint

　　　　［C］//烧结工序节能减排技术研讨会文集，2009：205～209.

［15］刘长青，吴朝刚，宋磊. MEROS 脱硫工艺在马钢 300m^2 烧结机的应用［J］. 安徽冶金，2011(2)：36～38.

［16］曹玉龙，汪为民. MEROS 脱硫技术在马钢烧结系统的成功运用［J］. 冶金动力，2012(6)：93～95.

［17］Walter Hartig, Dany Labar, Franz Reufer. 德国迪林根 ROGESA 钢铁公司 2 号烧结机 EFA(R) 烟气处理系统及其运转情况［J］. 烧结球团，2009，34(6)：20～24.

［18］朱廷钰. 烧结烟气净化技术［M］. 北京：化学工业出版社，2009.

［19］朱廷钰，叶猛，徐文青，等. 一种烧结烟气脱除二氧化硫和二噁英的装置及方法：中国，201110173596.1［P］. 2011 – 06 – 24.

［20］朱廷钰，叶猛，荆鹏飞，等. 一种用于烧结烟气脱除二氧化硫和二噁英的装置及方法：中国，201110329568.4［P］. 2011 – 10 – 26.

［21］Yangyang Guo, Yuran Li, Tingyu Zhu, Meng Ye. Effects of concentration and adsorption product on the adsorption of SO_2 and NO on activated carbon［J］. Energy & Fuels, 2012, 27(1)：360～366.

［22］Yangyang Guo, Yuran Li, Tingyu Zhu, Meng Ye, Xue Wang. Adsorption of SO_2 and chlorobenzene on activated carbon［J］. Adsorption. 2013, 19(6)：1109～1116.

延伸阅读
Extensive Reading

8 钢铁行业二氧化碳排放与减排

近年来，气候变化问题已经成为国际社会关注的焦点，温室气体排放数据是分配各国承担减排任务的基础。基于此，中国科学院于 2011 年正式启动了战略性先导科技专项"应对气候变化的碳收支认证及相关问题"，其中布局"能源消费与水泥生产的碳排放"项目，以期构建我国能源消耗与水泥生产碳排放数据库，为我国进行 CO_2 减排决策以及参加气候变化国际谈判提供有力的数据支持和理论依据。钢铁行业是仅次于火电和水泥行业之后的我国第三大工业 CO_2 排放源。以煤燃烧为代表引起的 CO_2 排放是整个钢铁行业面临的严重环境问题。由于我国钢铁生产中的铁钢比高、电炉钢比例低、以及钢铁产业集中度低和冶金装备容量偏小等原因，我国钢铁行业 CO_2 排放量占全球钢铁行业 CO_2 总排放量中的很大比重。

中国科学院过程工程研究所在该项目支持下，对不同规模、区域、工艺、产品的 21 家代表性钢铁企业的 190 个工序段，进行实地调研、取样和监测，现场获取样品超过 400 组，各类生产数据不少于 1000 组，建立了基于物质流分析的工序及企业层面碳排放计算方法，计算获得了工序和企业层次碳排放量，可为钢铁企业碳减排提供指导。

8.1 CO_2 排放概述

8.1.1 CO_2 的温室效应

全球正在经历以气候变暖为突出标志的气候变化，最近 100 年全球平均地表温度上升了 0.74℃[1]，这已给世界地表环境和自然生态带来了深刻影响，给社会和经济发展造成了严重威胁。全球升温加速了冰川及南北极区域的冰盖融化，致使海平面升高，危及全球沿海城市和岛国居民的栖息地；气候变化潜在影响水循环，引发了大范围冰雪天气、大规模持续干旱等极端气候现象，致使全球农业种植业和水产养殖业受损[2]。联合国政府间气候变化专门委员会（Intergovernmental Pannel on Climate Change，IPCC）评估报告指出大气二氧化碳（CO_2）浓度增速提高，1960～2005 年的大气 CO_2 浓度增长率为 0.00014%/年，而 1995～2005 年的增长率为 0.00019%/年，大气中 CO_2 的浓度已由工业革命前的 0.0280% 增加至 2005 年的 0.0379%[3]。如果不能有效控制温室气体排放，使全球平均气温增幅超过 2℃，将可能对人类产生灾难性的后果。

温室气体是指大气中由自然或人为产生的，能够吸收和释放地球表面、大气和云层所射出的长波辐射的气体成分。其中，由人类活动直接产生的温室气体包括二氧化碳（CO_2）、甲烷（CH_4）、氧化亚氮（N_2O）、臭氧（O_3）、氯氟碳化物（CFCs）、六氟化硫（SF_6）等，主要温室气体的增温效应和存留时间见表 8-1，这其中增温效应显著的温室气体为 CO_2、CH_4 和 CFCs 类，占总增温效应的 93%，其中 CO_2 贡献率为 63%[4]。IPCC 的大量研究表明人类活动排放的大量 CO_2，是造成气候变暖的主要原因[5]。

表 8-1 主要温室气体的增温效应及存留时间（以 2005 年为例）

温室气体种类	增温效应所占比例/%	存留时间/年
二氧化碳（CO_2）	63	数十年至上千年
甲烷（CH_4）	18	12
氧化亚氮（N_2O）	6	114
六氟化硫（SF_6）等	1	1.2 ~ 50000
氯氟碳化物（CFCs）等	12	0.7 ~ 1700

当今世界，应对气候变化已从全球环境与科学问题逐渐演变为世界主要政治和经济问题，而温室气体 CO_2 减排是其最核心内容。从 1992 年的《联合国气候变化框架公约》，到 1997 年的《京都议定书》，再到 2009 年的《哥本哈根协议》，世界各国已经就 CO_2 减排的责任分担、资金技术等问题进行了多轮谈判，展开对未来 CO_2 排放权的激烈争夺。目前，已初步形成了欧盟、"伞形集团"、"77 国集团 + 中国"、小岛国联盟、石油输出国组织、中欧国家集团、中美洲国家集团、非洲国家集团等利益集团主导的国际气候谈判格局[6]，其本质是各国保证自身可持续发展权的问题[7]。欧盟、美国、日本等发达国家及部分发展中国家已经开展了实质性的温室气体减排行动，正在不遗余力地推动 2℃ 阈值与 2050 年将大气 CO_2 浓度控制在 450ppm 的目标相挂钩。

8.1.2 CO_2 的来源及生成

近 150 年以来，全球因化石能源的使用而引起 CO_2 排放量持续增长，尤其在 1950 年后，CO_2 年排放量呈线性增长，如图 8-1(a) 所示。发达国家 CO_2 排放量急剧增长的阶段主要集中在 1950 年至 1970 年之间；而从 1970 年至今，其 CO_2 年排放量基本维持不变。发展中国家 CO_2 排放量急剧增长阶段主要始于 1950 年，在 2000 年后 CO_2 排放量迅速提高。如图 8-1(b) 所示为主要 CO_2 排放国家的 CO_2 年排放量数据，其中，美国 CO_2 排放量仍持续呈线性增长，日本 20 世纪 70 年代短期增加，德国、英国等发达国家 CO_2 排放量在 1990 年后开始出现下降，大部分发达国家 CO$_2$ 排放量自 20 世纪 70 年代开始趋于平稳；但中国、印度、巴西等发展中国家 CO$_2$ 排放量持续增长，尤其是中国，近年来 CO$_2$ 年排放量几乎呈指数曲线增长，2007 年 CO$_2$ 排放量已超过美国，成为全球第一大因化石能源燃烧排放 CO$_2$ 的国家[8]。2012 年全球化石能源 CO$_2$ 排放量为 316 亿吨，中国 CO$_2$ 排放量为 92 亿吨，占世界总排放量的 29%[9]，因此我国在未来较长时期内都将面临国内 CO$_2$ 减排的艰巨任务和严峻的国际压力。

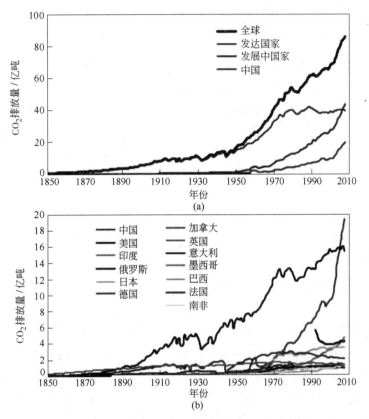

图 8-1　1850—2008 年化石燃料使用引起 CO$_2$ 排放量历年变化
（a）全球、发达国家、发展中国家以及中国；（b）G8 +5 国家（俄罗斯数据始于 1992 年）

8.1.3　CO$_2$ 的排放特征

钢铁工业是能源密集型行业，钢铁生产过程中需要消耗大量化石燃料，排放大量 CO$_2$。我国钢铁工业 CO$_2$ 排放量约占全国总排放量的 15%[10]，远高于全球的 5% ~6%。究其原因，主要有以下三点：（1）我国钢铁产量巨大，使得生产所排放的 CO$_2$ 量也很大，如图 8-2 所示，我国钢铁产量已连续 10 年大幅度上升，2012 年钢铁产量占世界总产量的 46%[11]。随着我国钢铁产量的不断升高，钢铁工业的能源消耗总量不断增大，由 2000 年 1.4 亿吨标准煤，升至 2005 年的 2.1 亿吨标准煤和 2009 年的 2.7 亿吨标准煤，其消耗量约占全国总消耗量的 8.7%。（2）我国钢铁生产以高炉—转炉工艺为主，其粗钢产量占我国总产量的 90%，高于世界 70% 的平均值，而高炉—转炉工艺吨粗钢 CO_2 排放量远高

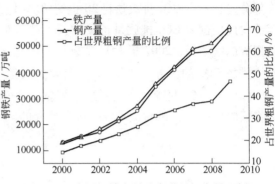

图 8-2 我国钢铁产量及占世界钢产量比例

于废钢—电炉炼钢工艺。（3）我国吨钢材能耗高，CO_2 排放量大。我国大中型钢铁企业吨钢可比能耗比先进产钢国高出约 17.2%[12]，随着钢铁节能技术的普及和落后产能的淘汰，我国吨钢材能耗和 CO_2 排放量会逐渐降低，并接近先进产钢国水平。由于在钢铁应用的大部分领域内尚无材料可与之替换，而我国正进行工业化和城镇化建设，因此钢铁产量仍将保持稳定增加，我国钢铁工业 CO_2 排放量仍将维持在一个相对较高的水平[13]。2009 年我国在哥本哈根气候变化会议上，承诺 2020 年单位 GDP CO_2 排放量比 2005 年下降 40% ~ 45%[14]，2011 年我国工业和信息化部印发的《钢铁工业“十二五”发展规划》要求钢铁工业单位工业增加值 CO_2 下降 18%，CO_2 减排已成为钢铁工业一个亟待解决的问题。

8.2 钢铁生产 CO_2 排放影响因素

8.2.1 工艺流程

现代钢铁生产主要工艺如图 8-3 所示，包括高炉—转炉、废钢—电炉、直接还原—电炉和熔融还原—转炉 4 类工艺[15]。

4 类钢铁生产流程，虽然在含铁物料、能源种类、生产工序和设备、粗钢产量等方面存在差异，但钢铁冶炼本质均为碳、氧、铁 3 种元素之间的氧化还原反应[5]，如图 8-4 所示。A→B 为炼铁过程，铁和氧的化合物在还原剂的作用下（主要为 CO），铁元素逐渐由氧化物形式转化为铁单质的形式，在此过程中氧元素同碳元素结合生成 CO 或 CO_2，冶炼温度由常温升至 1500℃左右；B→C 是炼钢过程，铁水中的溶碳（单质碳）在氧化剂（主要为氧气）的作用下转化为 CO 或 CO_2，随着炼钢过程进行，铁水中的溶碳量不断降低直至达到普通钢生产要求，冶炼温度维持在 1300~1700℃左右；C→D 是精炼过程，脱去钢水中残余氧及其他杂质，并添加合金等，使钢水满足特殊钢材的要求，其冶炼温度维持在 1600℃左右。钢铁生产属于高能耗过程，整个过程需要维持在高温条件下，而 CO_2 的排放贯穿于整个钢铁生产过程。

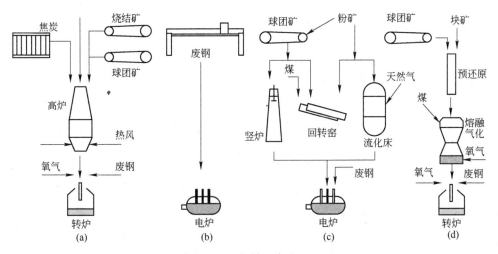

图 8-3 钢铁生产流程

（a）高炉—转炉工艺；（b）废钢—电炉工艺；（c）直接还原—电炉工艺；（d）熔融还原—转炉工艺

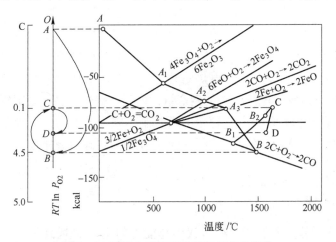

图 8-4 钢铁生产流程中碳与氧位的变化

  不同工艺因生产流程、冶炼使用的含铁料及能源类型的差异，在钢铁冶炼过程中的 CO_2 排放量不同[16]。高炉—转炉工艺由炼焦、烧结、造球、高炉炼铁和转炉炼钢工序组成，冶炼时以铁矿石为原料，采用焦炭作为还原剂，其吨钢的直接 CO_2 排放量为 1.46t。废钢—电炉工艺以废钢为原料，以电能为主要能源，其吨钢的直接 CO_2 排放量为 0.08t。直接还原—电炉工艺使用非焦煤和铁矿资源在直接还原反应器内进行固态还原，得到直接还原铁，因直接还原铁不是液态铁水，一般多替代废钢用于电炉冶炼，基于天然气气基法炼铁（按还原剂类型分为气基法和煤基法）的吨直接还原铁的直接 CO_2 排放量为 0.7t；但基于煤基法的隧道窑直接还原铁能耗高，其 CO_2 排放量高于气基法。

熔融还原炼铁工艺简称 COREX（coal reduction extreme），意为用煤（coal）直接还原（reduction）炼铁作为终极目标（extreme），该工艺使用非焦煤和铁矿资源在熔融还原反应器内进行反应，得到液态铁水，经转炉炼钢，通过能源计算，熔融还原铁吨钢的 CO_2 排放量为 1.212t 比高炉炼铁的 1.222t 略低[17]。COREX 工艺虽然不用资源稀缺的炼焦煤，并取消了烧结厂，因而比高炉炼铁的流程短、工序少、污染轻，但 COREX 对铁矿石的铁料品位要求高，需达到 65% 以上，高于高炉工艺，其铁矿石品位在 60% 以下。另外，COREX 本身生产效率低于高炉炼铁。根据近来宝钢 COREX 工艺流程运行效果显示，当前宝钢 COREX-3000 在产能和铁水成本上，与同产能规模的高炉相比，其生产能耗和成本均高于高炉炼铁工序，因此宝钢已计划将 COREX 迁至资源丰富的新疆地区。4 类炼钢工艺中，废钢—电炉工艺因无炼铁部分，吨钢 CO_2 排放量最低；其次是基于天然气的直接还原—电炉工艺，但该工艺对铁料及还原物质要求高，适合具有资源优势的地区[18]；熔融还原—转炉工艺和高炉—转炉工艺吨钢 CO_2 排放量相似。

我国炼钢工艺以高炉—转炉炼钢为主。2012 年，我国源自高炉—转炉炼钢工艺的粗钢产量为 66618 万吨，占全国粗钢产量的 90% 以上，源自废钢—电炉工艺的粗钢产量为 6477 万吨，源自直接还原—电炉及熔融还原—转炉工艺粗钢产量为 8.2 万吨[19]。由于废钢—电炉工艺相对于高炉—转炉工艺可有效降低 CO_2 排放量，应增大废钢—电炉工艺的钢产量，但我国缺少足够的废钢资源，钢铁制品的平均服役周期为 40 年[5]，随着旧钢铁制品服役期的结束，废钢—电炉钢工艺的钢产量会不断增加，但在废钢大规模产生前，可通过鼓励废钢回收和进口废钢铁来提高废钢量[20,21]。

8.2.2　能源结构

煤炭是我国的主要能源，约占我国总能源的 70%，远高于世界的 30%[22]，如图 8-5（a）所示。由于我国能源结构的特殊性，我国钢铁生产基本不用原油和天然气，而对煤炭的依赖度较大。不同种类能源的 CO_2 排放量差别很大，获得单位热量所需的燃煤引起的 CO_2 排放量比石油和天然气分别高出 36% 和 61%[23]。另外，钢铁生产消耗大量电力，而我国发电以煤电为主，占我国总电力的 80% 左右，远高于世界的 40%[24]，如图 8-5（b）所示，由于利用煤炭发电需排放大量 CO_2，因此钢铁生产因煤电消耗间接排放大量 CO_2。

为降低钢铁生产的 CO_2 排放量，钢铁企业在生产中应优先选择使用水电及核电等非化石能源所产生的电力；并在钢铁生产中增加非化石能源的使用，例如在高炉炼铁工序中，使用木炭等非化石能源替代焦炭和喷煤[25]，可有效地降低 CO_2 排放量，因为木炭来源于可再生能源木材，而树木生长可抵消排放的 CO_2。

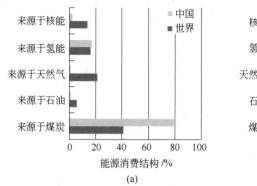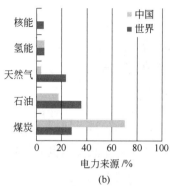

图 8-5 中国及世界的能源结构及电力来源

(a) 中国及世界的能源结构；(b) 中国及世界的电力来源

8.2.3 能源效率

钢铁生产过程产生大量的余热、余压和煤气等二次能源，充分利用二次能源，提高输入碳元素的利用率，可直接或间接降低钢铁生产的 CO$_2$ 排放量。吨钢产生的余热资源总量约占吨钢能耗的 37%，国外先进钢铁企业余热资源利用率达 80% 以上，而我国大中型钢铁企业余热资源的利用率为 30% ~ 50%[12]。钢铁生产过程中的余热回收利用技术主要包括：干熄焦回收红焦显热技术，平均熄 1t 红焦，可净发电约 60kW·h，减排 CO$_2$ 60kg 左右；回收烧结烟气及烧结矿显热，每吨烧结矿可回收电力 10kW·h 左右，减排 CO$_2$ 10kg 左右；转炉低压饱和蒸汽发电技术，吨钢发电 15kW·h，减排 CO$_2$ 15kg 左右。钢铁生产中的余压主要是高炉煤气余压，目前大型高炉顶压日益提高，按每吨铁可发电 20~40kW·h，则吨铁可减少 CO$_2$ 排放 20 ~ 40kg[26]。钢铁生产中煤气资源约占企业总能耗的 40%，在日本、德国等发达国家，钢铁厂副产煤气基本上全部回收利用；而我国钢铁企业存在煤气回收率低、放散等能源浪费现象，高炉煤气利用率约为 90%，焦炉煤气利用率约为 96%，转炉煤气回收量为 56m^3/t 钢[27]。

为了提高输入碳元素的利用率，降低 CO$_2$ 排放量，在钢铁冶炼过程中应加强能量管理，及时回收产生的各类二次能源，并且科学使用已回收的二次能源，避免煤气、蒸汽、压缩空气等不必要的放散。

8.2.4 生产设备

大型设备具有集中利用先进技术、产量高、单位成本低等优点，可降低钢铁生产的能源消耗和 CO$_2$ 排放。落后生产设备单位能耗比大型设备高出 10% ~ 15%，物料消耗高出 7% ~ 10%[28]。我国钢铁行业在生产设备大型化的数量和产量方面，呈现快速增长，如图 8-6 所示是 2007 ~ 2009 年我国重点大中型钢铁企业高炉、转炉和电炉在数量和产量方面的变化情况[19]。但是落后产能设备在我国钢铁工业中仍有一定规模，2009 年我国 26 孔焦炉及以下产能为 158 万吨，$34m^2$ 及以下烧结机的产能为 1970 万吨，$300m^3$ 及以下高炉产能为 422 万吨，10t 及以下电炉产能为 45 万吨。为降低 CO_2 排放，我国钢铁行业应加快落后产能设备的淘汰和设备大型化的进度。随着规模小、效率低、污染严重、无综合利用生产设备的落后产能不断被淘汰，大中型烧结机、高炉、转炉和电炉数量及产量的不断增加，我国钢铁行业小型生产设备所占比重逐渐降低，吨产品能源消耗和 CO_2 排放会逐渐降低并向世界先进水平靠近。

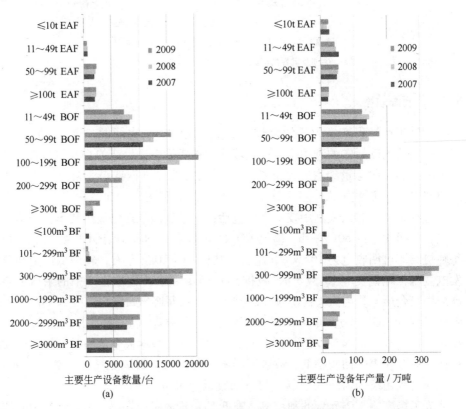

图 8-6 2007~2009 年中国重点大中型钢铁企业电炉、转炉和高炉的设备情况

(a) 主要生产设备数量；(b) 主要生产设备年产量

EAF—电炉；BOF—转炉；BF—高炉

8.2.5 原料质量

高炉炼铁是高炉—转炉工艺中 CO_2 排放量最大的工序，约占吨钢材总排放量的 65%。精料是炼铁节能的基础，为降低高炉冶炼过程中 CO_2 的排放，应优先选用品位高、有害杂质含量低及冶金还原性高的铁精料。炼铁理论和生产实践表

明，铁矿石品位上每提高 1% ，炼铁燃料比下降 1.5% ，吨铁渣量减少 30kg[28]。我国铁矿石品位约为 30% ，而巴西及澳大利亚等国的原矿石品位高达 60% ~ 68% 。近年来，我国进口铁矿石数量不断增加，使入炉铁矿石品位大幅度提高，但由于铁矿石价格的居高不下，推动了我国低品位铁矿石的开采和利用，但低品位提升需增加选矿等工段，将额外增加 CO_2 排放。铁矿石和焦炭灰分中含有 K、Na、Zn 和 S 等有害杂质，K 和 Na 含量过高会使高炉炉墙结垢，Zn 含量过高会使得风口区耐火砖上翘，严重影响高炉的使用寿命和正常生产[29]，另外要除去 S、P 等杂质需增加工段，会额外增加 CO_2 排放[30]。铁料的冶金还原性同样影响钢铁冶炼的能耗和 CO_2 排放，以褐铁矿烧结为例，褐铁矿具有结晶水含量高、粒度大、同化性强等特点，易造成烧结矿固结强度降低、成品率下降、生产率降低，使 CO_2 排放增大[31]。另外，若烧结矿和球团矿的冶金性能过低，则易在炉料下移时产生粉末，降低高炉炉料的透气性，不利于铁还原。综上所述，在 CO_2 减排方面，应从精料入手，保证入炉铁矿石、烧结矿、球团矿和焦炭的质量。

8.2.6 低碳生产技术

钢铁冶炼的热力学基础特征是碳与氧位的交替变化，其理论需碳量为 1t 铁水含 414kg 碳[5]，其中 80% 的碳元素用于冶炼过程的化学反应，这也是喷吹含碳辅助还原剂而不是增加发热用燃料的原因，而加入高炉中的绝大部分碳，均会在后续的工艺或煤气发电中不可避免地产生 CO_2 排放，因此单纯依靠提高能源利用率来降低 CO_2 有其局限性。目前美国、欧盟、日本、韩国等发达国家和地区为降低钢铁生产中的 CO_2 排放，已开始进行低碳钢铁生产技术的开发[32]。低碳技术按还原介质类别可分为两类：一类是基于碳冶金低碳技术，包括高炉炉顶煤气循环和采用碳捕集技术（carbon capture and storage，CCS）等。如图 8-7 所示，高炉炉顶煤气循环技术采用纯氧替代传统热风，炉顶生产的高炉煤气经脱除 CO_2 后，吹入高炉循环使用，进而替代部分焦炭，可减少 30% 的 CO_2 排放量，经 CCS 脱除的 CO_2 可减少 20% ~ 30% 的排放量，同时利用二者可降低传统钢铁生产 50% ~ 60% 的 CO_2 排放量[33]。另一类是基于非碳冶金低碳技术，主要包括重整焦炉煤气循环、不用碳的铁矿石碱液浸出法和热电解法。重整焦炉煤气循环是指将重整后含 H_2 量高的焦炉煤气喷入高炉，还原性的 H_2 替代部分焦炭，因此在反应中减少了 CO_2 的生成。同高炉炉顶煤气循环技术相比，重整焦炉煤气循环是用重整后的焦炉煤气部分或全部替代炉顶高炉煤

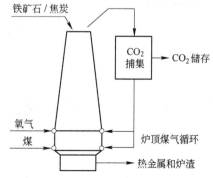

图 8-7 高炉炉顶煤气循环和碳捕集技术

气鼓入高炉，不用碳的铁矿石碱液浸出法、热电解法则依靠核能和利用可再生能源，降低 CO_2 排放。大规模应用低碳炼钢技术，尚需要一定的时间和条件：欧洲超低碳排放制钢计划 (ultra low CO_2 steelmaking, ULCOS) 预测 2050 年左右，在核能及可再生能源成为主流能源后，可进入非碳冶金的低碳时代。

8.3 钢铁生产 CO_2 排放与减排分析

8.3.1 排放界定

在 IPCC 提供的国家温室气体清单中，钢铁生产包括钢铁和冶金焦生产 2 个部分，其中，钢铁部分又包括烧结矿和球团矿生产、炼铁和炼钢 3 个子部分。其 CO_2 排放量为钢铁生产过程中的 CO_2 直接排放量。世界资源研究所 (World Resources Institute, WRI) 和世界可持续发展工商理事会 (World Business Council for Sustainable Development, WBCSD) 开发的钢铁企业生产中的 CO_2 排放量计算工具 (GHG emissions from iron and steel production. Version 2.0)，因计算方法参考 IPCC 方法，其计算范围同样为钢铁和冶金焦生产 2 个部分。国际钢铁协会推出了第 1 版、第 2 版两个 CO_2 排放量计算版本，第 1 版包括从所有原燃料开采、运输、钢厂内的产品生产过程产生的直接排放、间接排放和排放权抵扣；第 2 版除包括钢厂内的产品生产产生的直接排放、间接排放和排放权抵扣，还包括含部分能源（焦炭和油类）的上游生产产生的间接排放，但不包括原燃料运输产生的排放。这两个计算版本的 CO_2 排放量包括钢铁生产过程中的直接排放、间接排放和碳排放权抵扣，见表 8 - 2。另外，按照我国国民经济分类标准，将钢铁行业归为黑色金属冶炼及压延加工业，包括炼铁、炼钢、钢压延加工三个子行业，如表 8 - 3 所示。

表 8 - 2 国际钢铁协会两个版本的 CO_2 排放范围比较

第 1 版	第 2 版
包括从所有原料和燃料开采、运输、钢厂内的产品生产过程产生的直接排放、间接排放和排放权抵扣	包括钢铁生产过程中的直接排放、间接排放和碳排放权抵扣。还包含部分能源（焦炭和油类）的上游生产产生的间接排放，但不包括含原料和燃料运输产生的排放

表 8 - 3 黑色金属冶炼及压延加工业

子行业	行业描述
炼铁	用高炉法、直接还原法、熔融还原法等，将铁从矿石等含铁化合物中还原出来的生产过程
炼钢	利用不同来源的氧（如空气、氧气）来氧化炉料（主要是生铁）所含杂质的金属提纯过程，称为炼钢活动
钢压延加工	通过热轧、冷加工、锻压和挤压等塑性加工使连铸坯、钢锭产生塑性变形，制成具有一定形状尺寸的钢材产品的生产活动
铁合金冶炼	铁与其他一种或一种以上的金属或非金属元素组成合金的生产活动

本文中的钢铁生产范围,如图8-8所示,包括炼铁、炼钢和铸轧3个部分。其中,炼铁部分包括炼焦、烧结、造球、高炉炼铁、直接还原铁和熔融还原铁6个工序;炼钢部分包括转炉炼钢、电炉炼钢、平炉炼钢和精炼4个工序;铸轧部分包括铸造和轧钢2个工序。

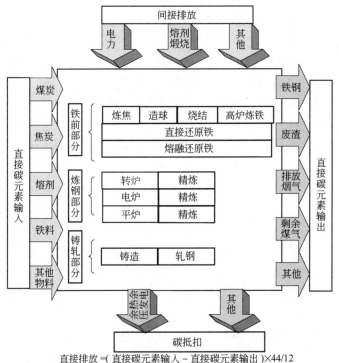

$$直接排放 = (直接碳元素输入 - 直接碳元素输出) \times 44/12$$

图8-8 钢铁生产及 CO_2 排放范围界定

钢铁生产 CO_2 排放包括直接排放、间接排放和碳抵扣3部分,因此 CO_2 排放总量可由下式计算:

$$CO_2 排放总量 = 直接排放 + 间接排放 - 碳抵扣$$

直接 CO_2 排放是指炼铁、炼钢和铸轧生产中,因能源使用(煤炭、焦炭、煤气、燃料油和天然气等)、熔剂分解(石灰石和白云石)及其他原料的使用,而在生产过程中排放的 CO_2,但不包括车辆运输排放的 CO_2。间接 CO_2 排放是指炼铁、炼钢和铸轧生产中,消耗电力和外购焦炭、烧结矿、球团矿、铁水、生石灰和轻烧白云石等熔剂煅烧排放的 CO_2。另外,还要将钢铁厂内部因石灰窑煅烧白云石和石灰石排放的 CO_2 归为间接排放。碳抵扣是指将高炉渣、转炉渣和电炉渣用作水泥建材材料,及余热余压利用发电等进行综合利用。钢铁厂剩余煤气用于燃烧发电而排放的 CO_2,不归为钢铁生产流程。

8.3.2 炼焦工序

炼焦是黏结性煤在隔绝空气的条件下，经高温干馏变换为焦炭、焦炉煤气和其他产物的转换过程。焦炭是炼焦工序最主要的产物，按用途分为冶金焦、电石用焦和气化焦等。其中，90% 以上的冶金焦用于高炉炼铁。焦炭生产过程一般可分为洗煤、配煤、炼焦和产品处理4个工段。洗煤工段一般在煤矿或单独洗煤企业完成，是指原煤在炼焦之前，先进行洗选，降低煤中所含的灰分并去除其他杂质。配煤工段是指将各种结焦性能不同的煤，按一定比例配合炼焦，在保证焦炭质量的前提下，扩大炼焦用煤的使用范围。炼焦工段是指将配合好的煤（炼焦煤）装入炼焦炉的炭化室，在隔绝空气的条件下通过燃烧室加热进行干馏，形成焦炭等其他产物。炼焦产品处理工段包括对炉内的红热焦炭进行熄火处理，分级获得不同粒度的焦炭产品，以及净化收集炼焦过程中产生的炼焦煤气及粗苯等化学产品。

根据炼焦工序生产流程，对含碳材料进行物质流分析。其中，碳元素源自炼焦煤和其他碳源；碳汇包括焦炭、焦粉或焦块（不合格焦炭）、煤焦油、粗苯、除尘灰、焦炉煤气和燃烧尾气7部分，其碳素流如图8-9所示。各炼焦工序碳素流如下：

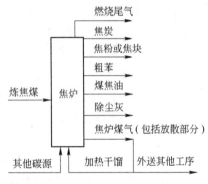

图 8-9 炼焦工序碳素流分析

（1）炼焦煤（coking coal）。由于焦煤资源的匮乏，为保证高炉冶炼对焦炭质量的要求，当前炼焦工序使用的炼焦煤为配煤，本文中炼焦煤是指配煤后的炼焦煤。

（2）焦炭（coke）。高炉冶炼对焦炭的粒度有要求，本文中的焦炭是指过筛后，粒度满足高炉要求的焦炭。

（3）焦粉或焦块（fine coke/lump coke）。高炉冶炼对焦炭的粒度有要求，本文中的焦粉或焦块是指过筛后，粒度未满足高炉要求的焦炭。

（4）煤焦油（coal tar），即经冷凝后进入焦油贮槽的煤焦油。

（5）粗苯（benzol），即经炼焦工段进入粗苯贮槽的粗苯。

（6）除尘灰（dust），包括沉淀池粉焦、经除尘设备捕捉的灰尘和未捕捉的飞灰。

（7）焦炉煤气（coke oven gas），按用途分为3部分，一是为干馏炼焦提供热量，在燃烧室内燃烧；二是因为煤气热值不合格、过剩或生产事故等放散出的焦炉煤气；三是外送其他工序或厂外的焦炉煤气。

（8）其他碳源（other carbon sources），即提供煤炭干馏的其他热源输入的碳元素，如高炉煤气、转炉煤气、天然气、油等能源。

（9）燃烧尾气（fuel gas），即提供干馏热量的燃料燃烧后，经处理后排空的烟气。

通过企业实地调研，可以获得企业炼焦工序中各含碳材料的年生产数据，结合材料碳含量数据，采用式（8-1），可获得各材料碳素流数值，其中，煤气类可采用式（8-2）计算，即：

$$Carbon\ Flow_i = P_i C_i \qquad (8-1)$$

式中　$Carbon\ Flow_i$——i 类材料的碳素流，kg(C)/t(焦炭)；

　　　　P_i——i 材料的消耗量或产量，kg/t(焦炭)；

　　　　C_i——投入或产出材料 i 的碳含量，kg(C)/kg(材料)。

$$Carbon\ Gas_i = Q_i / R_i \qquad (8-2)$$

式中　$Carbon\ Gas_i$——i 类煤气的碳素流，kg(C)/t(焦炭)；

　　　　Q_i——i 类煤气的消耗量或产量，GJ/t(焦炭)；

　　　　R_i——i 类煤气的碳含量，kg(C)/GJ(煤气)。

炼焦过程的 CO_2 排放包括直接 CO_2 排放、间接 CO_2 排放和碳抵扣 3 部分。直接 CO_2 排放源于炼焦过程中放散的焦炉煤气、粗苯、煤焦油等未回收能源和提供干馏热量消耗的能源而引起的 CO_2 排放。其中，提供干馏热量的能源，包括焦炉煤气、高炉煤气、天然气和液化气等。间接 CO_2 排放源自配煤、炼焦和产品处理 3 个工段中因动力、除尘等消耗电力引起的 CO_2 排放。碳抵扣主要是干熄焦余热回收抵扣的 CO_2 排放量。焦炉煤气用于蒸汽煤气联合循环等方式发电或用于钢铁生产外的用途而排放的 CO_2，不计入炼焦工序和钢铁生产的 CO_2 排放中。

炼焦过程直接 CO_2 排放通过碳素流分析，经碳元素守恒获得，即输入碳元素量减去以产品形式输出的碳元素量，减少的部分就是转化为 CO_2 的碳元素量，即：

$$E_{CO_2,\text{direct}} = \big[CC \cdot C_{CC} - CO \cdot C_{CO} - FC \cdot C_{FC} - Bz \cdot C_{Bz} - CT \cdot C_{CT} - \\ DS \cdot C_{DS} - COG_1 \cdot C_{COG_1} + \Sigma_a (PM_a \cdot C_a) \big] \times 44/12 \qquad (8-3)$$

式中　$E_{CO_2,\text{direct}}$——焦炭生产中的直接 CO_2 排放量，kg(CO_2)/t(焦炭)；

　　　　CC——炼焦工序所消耗的炼焦煤量，kg/t(焦炭)；

　　　　CO——炼焦工序中所得焦炭的数量，kg/t(焦炭)；

　　　　FC——炼焦工序中所得焦块或焦粉的数量，kg/t(焦炭)；

　　　　Bz——炼焦工序所得粗苯的数量，kg/t(焦炭)；

　　　　CT——炼焦工序中所得煤焦油的数量，kg/t(焦炭)；

　　　　DS——炼焦工序中所得除尘灰的数量，kg/t(焦炭)；

　　　　COG_1——焦炭生产外送其他工序的焦炉煤气量，kg/t(焦炭)；

　　　　PM_a——炼焦过程中干馏煤炭和加入焦炉的其他含碳材料的数量，包括高炉煤气、转炉煤气、油品和塑料等其他含碳材料，kg/t

（焦炭）；

C_x——投入或产出材料 x 的碳含量，kg(C)/kg(材料)。

间接 CO_2 排放计算通过消耗的二次能源量计算，经查阅获取消耗能源的间接 CO_2 排放量，本文中仅考虑电力消耗间接排放的 CO_2，见式（8-4）。

$$E_{CO_2,indirect} = \Sigma_i (M_i \cdot EF_{CO_2}) \qquad (8-4)$$

式中　$E_{CO_2,indirect}$——焦炭生产中的间接 CO_2 排放量，kg(CO_2)/t(焦炭)；

M_i——生产 1t 焦炭消耗的电力，kW·h/t(焦炭)；

EF_{CO_2}——1kW·h 电力生产过程中排放的 CO_2 量，$EF_{CO_2}=1.02$kg CO_2[34]。

碳抵扣通过产生的二次能源量或副产品量计算，经查阅获取对应的能源和产品生产中需排放的 CO_2 量，本文中仅考虑电力碳抵扣的 CO_2 排放量，如式（8-5)所示：

$$E_{CO_2,deduction} = \Sigma_i (P_i \cdot EF_{CO_2}) \qquad (8-5)$$

式中　$E_{CO_2,deduction}$——吨焦炭的 CO_2 抵扣量，kg(CO_2)/t(焦炭)；

P_i——生产 1t 焦炭产生的电力消耗量，kW·h/t(焦炭)；

EF_{CO_2}——生产 1kW·h 电力过程中排放的 CO_2 量，$EF_{CO_2}=1.02$kg CO_2。

以下为某企业吨焦炭碳素流计算实例：

企业 A 拥有 65 孔和 36 孔两类常规焦炉，获取 2009 年的生产数据，折算为吨焦炭对应的生产数据，进行吨焦炭碳素流计算，结果见表 8-4。

表 8-4　炼焦工序吨焦炭对应的碳素流

碳素流	65 孔焦炉		36 孔焦炉	
	数量	kg(碳元素)/t(焦炭)	数量	kg(碳元素)/t(焦炭)
炼焦煤/kg	1418.17	986.76	1415.45	984.87
焦炭/kg	1000.00	793.10	1000.00	798.10
焦块或焦粉/kg	61.5	51.40	61.5	51.40
粗苯/kg	10.47	9.66	10.34	9.54
煤焦油/kg	38.25	23.71	37.21	23.07
除尘灰/kg	28.00	21.53	28.00	21.53
焦炉煤气总量/m³①	436.07	87.06	430.69	85.99
焦炉煤气回炉量/m³	226.92	45.31	271.82	54.27
焦炉煤气放散量/m³	0	0	0	0
焦炉煤气外送量/m³	209.15	41.75	158.87	31.72
其他碳源/kg	0	0	0	0
碳元素守恒误差率/%	—	0.03	—	0.02

①企业 A 中焦炉煤气的热值为 16500kJ/m³。

炼焦的燃烧室和炭化室是碳素流相对独立的两部分，因炭化室数据较全面且不涉及燃烧尾气中所含的 CO_2，对炼焦炭化室内的碳元素守恒进行计算，见式（8−6），企业 A65 孔和 36 孔焦炉的输入和输出碳元素误差率分别为 0.03% 和 0.02%。其误差产生原因，一方面来自焦炉煤气核算假设，主要是因为焦炉煤气的发生过程为间歇过程，煤气的热值、碳含量不恒定影响了煤气热值和碳含量数值的选取，本文在计算过程中焦炉热值采用 16500kJ/m^3，碳含量均为 12.1kg(C)/GJ；另一方面，在焦炉装煤和开炉过程中存在粉尘的泄露，这部分归为除尘灰部分，但数据未在除尘灰碳素流中体现。

$$碳误差 = \frac{\sum C_{输出} - \sum C_{输入}}{\sum C_{输入}} \times 100\% \qquad (8-6)$$

式中　碳误差——某工序或工序中某工段的碳元素输入与输出误差；

$\quad\quad C_{输入}$——输入该工序中的碳元素量，kg/t(产品)；

$\quad\quad C_{输出}$——输出该工序的碳元素量，kg/t(产品)。

在碳素流方面，65 孔焦炉和 36 孔焦炉中各股碳素流数值相似。其吨焦炭对应炼焦煤碳素流，分别为 986.76kg 和 984.87kg；焦炭、焦块或焦粉、粗苯、煤焦油、除尘灰和焦炉煤气碳素流分别占碳汇总量的 80%、5%、1%、3%、2% 和 9%，如图 8−10 所示。焦炭是炼焦工序最主要的输出碳素流，其次为焦炉煤气，二者占炼焦工序总碳汇的 89%。

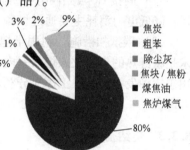

图 8−10　碳汇各碳素流所占比例

企业 A 中有 65 孔和 36 孔两类焦炉，其 2009 年吨焦炭 CO_2 排放量见表 8−5。

表 8−5　炼焦工序 CO_2 排放计算　　(kg(CO_2)/t(焦炭))

CO_2 排放量	65 孔焦炉	36 孔焦炉
直接排放	167.20	199.86
间接排放	80.75	83.64
碳抵扣量	56.29	61.64
总排放量	191.66	221.86

在 CO_2 排放方面，36 孔焦炉比 65 孔焦炉的吨焦炭 CO_2 排放量大约多 30kg，该差别体现在直接 CO_2 排放。其主要原因是 65 孔焦炉规格大，生产相同产量的焦炭，其生产中出炉次数少于 36 孔焦炉，可降低炭化室热量的散失。两焦炉碳素流的差异体现在煤气回炉使用率的差别上，即 65 孔焦炉和 36 孔焦炉的煤气回炉率分别为 57.6% 和 63.1%，吨焦炭煤气回炉使用量相差 45m^3。

炼焦工序是能量转换过程，吨焦炭生产过程中涉及近 1000kg 碳元素的转化，降低炼焦工序的 CO_2 排放量可从直接 CO_2 减排、间接 CO_2 减排和碳抵扣 3 方面进行，即：

（1）直接 CO_2 减排措施。加大炭化室容量可降低 CO_2 排放量，主要是因为加大炭化室容量可以极大地减少生产中的出炉次数，从而降低因开炉引发的炭化室的热量散失，减少了装煤和推焦的阵发性污染。另外，加大炭化室还可提高装炉煤密度，降低结焦速率，改善焦炭质量，提高了焦炭的合格率和产量[35,36]。

回收粗苯、煤焦油及焦炉煤气可降低直接 CO_2 排放量，虽然大型联合钢铁企业生产中不存在焦炉煤气放散，但我国仍然有部分焦化企业没有同步建设装煤和推焦除尘装置，没有完整的煤气净化车间。

利用煤调湿技术可降低燃烧室加热燃料消耗量，减少了炼焦产生的直接 CO_2 排放量。煤调湿技术是利用炼焦生产余热，与上升管气化冷却装置产生的蒸汽为主要热源，以烟道废气的显热为辅助热源，在入炉前将炼焦煤水分干燥至 5% ~ 6%，可有效降低直接 CO_2 排放[37]。

（2）间接 CO_2 减排措施。炼焦工序的间接 CO_2 排放主要来自企业的电力消耗，降低电力消耗主要通过设备保养和技术改进等方法实现。

（3）碳抵扣措施。利用干熄焦技术可减少炼焦工序的 CO_2 排放，干熄焦技术是将红热的焦炭放入熄焦室内，用惰性气体循环回收焦炭的物理热，回收热量用于锅炉发电。炼焦工序充分利用干熄焦技术，可基本达到自供应电力，无需外购电力。

8.3.3 烧结工序

烧结工序是指利用粉状和细粒状含铁物料，生产具有良好冶金性能的人造块矿。其过程是粉末颗粒在高温条件下，产生一定量的液相，将未熔化的粉料黏结成块，获得所需物理、力学性能的聚结体。目前生产上广泛采用的烧结设备为带式抽风烧结机，主要包括烧结料的准备，配料与混合，烧结和产品处理等工段[38]。

烧结料的准备是指将各类含铁物料、煤、焦粉，以及石灰石等熔剂从料场由输送机分别送至原料仓、燃料仓和熔剂仓。配料与混合是指将已准备好的含铁原料、含氧化钙和氧化镁的熔剂、焦粉及煤炭等，按照容积或质量配料法配料后，进行一次和二次混合。烧结是指在点火操作下引燃料层中焦粉等燃料，通过风机控制风量及真空度，使铁料在高温下发生熔融，随着冷空气通入，生成的熔融物冷却再结晶为网孔结构的烧结矿。产品处理是指烧结产物经破碎筛分后，合格烧结矿外送其他工序，而不合格烧结矿作为返矿循环利用。烧结烟气经除尘、脱硫等处理后排空。烧结点火用的燃料一般为气体燃料，以焦炉煤气、高炉煤气为主，天然气也可用作点火燃料。燃料由外部管道引入点火处，燃烧提供的温度和热量使得烧结料层中的煤炭或焦粉燃烧，以提供熔融所需的热量。在无气体燃料时，可采用重油或煤作为点火燃料。

根据烧结工序生产过程，对含碳材料进行物质流分析。其中，碳源包括固体燃料、点火燃料、铁料和熔剂 4 部分；碳汇包括除尘灰、烧结返矿和烧结烟气 3 部分，烧结工序各碳素流，如图 8-11 所示，各碳素流分析如下：

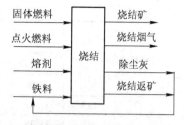

图 8-11 烧结工序碳素流分析

（1）固体燃料（solid fuel），通过燃烧提供烧结所需高温条件的固体燃料，包括焦粉、煤粉等。

（2）点火燃料（ignites gas），即引燃固体燃料的混合煤气，包括高炉煤气、焦炉煤气、转炉煤气等。

（3）铁料（iron material），提供烧结过程所需的铁元素，包括进口铁矿石、国产铁矿石、烧结返矿和除尘灰等。

（4）熔剂（fusing agent）。为降低高炉炼铁工序的焦比，将高炉所需添加的熔剂在烧结工序加入，包括石灰石、白云石和生石灰等。

（5）除尘灰（dust），即烧结烟气中经除尘设备捕捉的灰尘和未捕捉的飞灰。

（6）烧结返矿（sinter return），即烧结矿冷却破碎后筛分的不合格烧结矿，作为铁料循环用于下一次烧结。

（7）烧结烟气（fuel gas），即烧结后经脱硫脱硝等处理的烟气。

（8）其他碳源（other carbon sources），即进入烧结工序的其他含碳材料，包括提供烧结所需热量的其他热源，如油、天然气等能源，及高炉除尘灰或氧化铁皮等含铁材料。

以下为几家企业吨烧结矿碳素流计算实例：

通过企业实地调研，可以获得企业烧结工序各含碳材料的年生产数据，结合材料含碳量数据可计算获得各碳素流数值，可参考炼焦部分的式（8-1）及式（8-2）。将企业提供的年生产数据，折算为吨烧结矿对应的生产数据，进行吨烧结矿碳素流计算，见表 8-6。

表 8-6 烧结工序碳素流计算

烧结机规格/m²		碳源/kg(C)·t⁻¹(烧结矿)					碳汇/kg(C)·t⁻¹（烧结矿）
		固体燃料		点火燃料	熔剂	铁料	烧结矿
		焦粉	煤粉				
企业 A	265	23.24	21.95	9.57	15.98	1.02	0.65
	210	23.08	21.97	9.56	11.90	1.02	0.65
	180	22.86	20.62	9.55	11.80	1.02	0.65
企业 B	230	35.57	10.49	10.31	11.83	1.74	1.22
	132	33.69	10.78	10.20	14.88	1.65	1.22
	72	19.67	23.67	9.19	12.50	1.66	1.22

续表 8 - 6

烧结机规格/m²		碳源/kg(C)·t⁻¹(烧结矿)					碳汇/kg(C)·t⁻¹(烧结矿)
		固体燃料		点火燃料	熔剂	铁料	烧结矿
		焦粉	煤粉				
企业 C	132	37.41	0.15	15.68	10.62	1.00	4.94
	60	33.25	5.32	16.83	10.14	1.00	4.94
企业 D	192	39.91	—	26.81	7.19	0.92	1.05
	90	39.91	—	20.68	7.09	0.73	1.05
企业 E	112	41.38	0.04	9.15	12.84	1.21	1.17
企业 F	96	52.90		29.19	—	2.25	1.42

碳源包括固体燃料、点火燃料、熔剂和铁料，其中烧结工序中来自固体燃料（煤炭和焦粉）的碳元素为 38.57 ~ 52.90kg/t（烧结矿），作为固体燃料使用的煤粉量和焦粉量与企业焦粉的拥有量相关。焦粉主要来自搬运粉碎的焦炭或购买炼焦焦粉等，不同企业在焦粉和煤粉使用比例上有所差别。企业 A 中焦粉碳素流为 22.86 ~ 23.24kg/t（烧结矿），约占固体燃料的 50%，煤粉碳素流为 20.62 ~ 21.97kg/t（烧结矿），约占固体燃料的 50%；企业 C 中焦粉碳素流为 33.25 ~ 37.41kg/t（烧结矿），约占固体燃料的 85%，煤粉碳素流为 0.15 ~ 5.32kg/t（烧结矿），约占固体燃料的 15%。碳源中来自点火燃料（高炉煤气）的碳元素为 9.15 ~ 29.19kg/t（烧结矿），调研企业均使用高炉煤气点火，因烧结料层、高炉煤气热值及煤气热量利用率的差异，不同企业的点火煤气消耗量有较大差别。例如企业 F 的 96m² 烧结机使用点火燃料碳素流为 29.19kg/t（烧结矿）；企业 A 中 256m²、210m² 和 180m² 共 3 类不同规格的烧结机使用点火燃料碳素流约为 9.56kg/t（烧结矿），来自熔剂的碳元素为 7.09 ~ 15.98kg/t（烧结矿）。助熔剂包括石灰石、生石灰和白云石 3 类，不同企业根据高炉对烧结矿性能的要求，如果烧结矿要求的 Ca 含量高，则熔剂添加量大。如企业 A 的 265m² 烧结机使用熔剂碳素流为 15.98kg/t（烧结矿），企业 D 的 90m² 烧结机使用熔剂碳素流为 7.09kg/t（烧结矿）。碳源中来自铁料的碳元素约为 1kg/t（烧结矿）。烧结工序碳汇碳素流为烧结矿、烧结烟气、除尘灰和不合格烧结矿 4 类。其中，烧结除尘灰和不合格烧结矿作为含铁原料重新烧结，不计入碳汇中，因此未计算二者碳素流；烧结矿碳素流为 0.65 ~ 4.94kg/t（烧结矿）；烧结烟气碳素流因未检测其碳含量，无法通过式（8 - 3）计算得出。

企业规模和烧结机规格对烧结工序碳素流均存在影响，如图 8 - 12 所示。例如，企业 A 中 265m²、210m² 和 180m² 规格的 3 类烧结机中，煤炭、焦粉、点火燃料和熔剂 4 类碳素流数值分别在 22.86 ~ 23.24kg/t（烧结矿）、20.62 ~ 21.95kg/t（烧结矿）、9.55 ~ 9.57kg/t（烧结矿）和 11.80 ~ 15.98kg/t（烧结矿）。

不同企业间相似规格烧结机的各类碳素流有较大区别。例如企业 A 中 210m² 规格的烧结机，同企业 B 中 230m² 规格的烧结机，在烧结机规格上相似，但其碳素流却有较大区别：企业 A 中煤炭、焦粉、点火燃料及熔剂碳含量分别为 23.08kg（C）/t（烧结矿）、21.97kg（C）/t（烧结矿）、9.56kg（C）/t（烧结矿）和 11.90kg（C）/t（烧结矿）；企业 B 中煤炭、焦粉、点火燃料及熔剂碳含量分别为 35.57kg（C）/t（烧结矿）、10.49kg（C）/t（烧结矿）、10.31kg（C）/t（烧结矿）和 11.83kg（C）/t（烧结矿）。依据当前数据未发现碳素流数量同烧结机规格存在明显相关性，如图 8 - 12 所示。

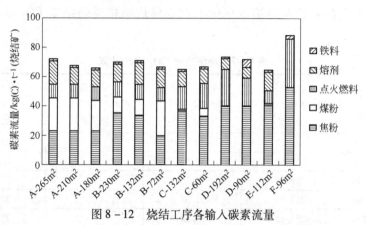

图 8 - 12　烧结工序各输入碳素流量

烧结过程的 CO_2 排放包括直接 CO_2 排放、间接 CO_2 排放和碳抵扣 3 部分。其中，直接 CO_2 排放源于烧结过程中因提供烧结所需热量而消耗的固体燃料、点火燃料以及熔剂热分解过程。间接 CO_2 排放来自动力、除尘等消耗电力引起的 CO_2 排放和生石灰、轻烧白云石等煅烧过程。碳抵扣部分主要来自烧结余热回收发电等。间接 CO_2 排放和碳抵扣计算参考炼焦工序部分的式（8 - 4）和式（8 - 5）。

烧结过程的直接 CO_2 排放计算通过碳素流分析，经元素守恒获得，即输入碳元素量减去以产品形式输出的碳元素量，减少的部分为转化为 CO_2 的碳元素量，即：

$$E_{CO_2,direct} = \left[\Sigma(SF \cdot C_{SF}) + \Sigma(IG \cdot C_{IG}) + \Sigma(FA \cdot C_{FA}) + \Sigma(IM \cdot C_{IM}) + \right.$$
$$\left. \Sigma(PM_a \cdot C_a) - SN \cdot C_{SN} - FA \cdot C_{FA} \right] \times 44/12 \qquad (8-7)$$

式中　$E_{CO_2,direct}$——烧结生产中直接 CO_2 排放量，kg（CO_2）/t（烧结矿）；

SF——烧结生产中消耗的固体燃料的数量，包括焦粉和煤粉，kg/t（烧结矿）；

IG——烧结生产中消耗的点火燃料数量，包括焦炉煤气、高炉煤气和转炉煤气，kg/t（烧结矿）；

FA——烧结生产中消耗的熔剂数量，包括石灰石、白云石、生石灰和轻烧白云石，kg/t（烧结矿）；

IM——烧结生产中消耗的含铁料的数量，包括铁矿石和烧结返矿，kg/t(烧结矿)；

PM_a——烧结生产中消耗其他材料 a 的数量，包括天然气和燃料油、高炉除尘灰、回收钢渣等，kg/t(烧结矿)；

SN——烧结矿从离场转移到钢铁生产设施或其他设施的数量，kg/t(烧结矿)；

FA——烧结生产中未捕捉飞灰的数量，kg/t(烧结矿)；

C_x——投入或产出材料 x 的碳含量，kg(C)/kg(材料)。

企业 A 至企业 F 在烧结工序中不同规格烧结机吨烧结矿 CO_2 排放量，见表 8-7。

表 8-7 烧结工序 CO_2 排放计算

烧结机规格 /m^2		直接排放 /$kg(CO_2) \cdot t^{-1}$ (烧结矿)	间接排放[①] /$kg(CO_2) \cdot t^{-1}$ (烧结矿)	碳抵扣 /$kg(CO_2) \cdot t^{-1}$ (烧结矿)	总排放量 /$kg(CO_2) \cdot t^{-1}$ (烧结矿)
企业 A	265	245.27	39.70	0	284.98
	210	235.68	39.69	0	275.36
	180	239.08	35.70	0	274.78
企业 B	230	252.01	53.38	0	305.39
	132	253.85	39.62	0	293.48
	72	240.09	55.79	0	295.88
企业 C	132	216.04	49.58	0	265.62
	60	222.23	43.71	0	265.94
企业 D	192	270.52	54.06	0	324.58
	90	247.00	53.04	0	300.04
企业 E	112	232.67	56.12	0	288.79
企业 F	96	304.06	70.08	0	374.13

①间接排放仅考虑因电力消耗引起的 CO_2 量。

烧结工序 CO_2 排放量为 265.62~374.13kg/t(烧结矿)，其中，来自直接 CO_2 排放量为 216.04~304.06kg/t(烧结矿)，间接 CO_2 排放量为 35.70~70.08kg/t(烧结矿)，调研企业中无碳抵扣量，见表 8-7。如图 8-13 所示，不同规格烧结机在同一企业内的 CO_2 排放量相似，而相似规格烧结机在不同企业内的 CO_2 排放量差异大。例如企业 A 中的 3 类烧结机，其直接 CO_2 排放量为 239.08~245.27kg(CO_2)/t(烧结矿)，间接 CO_2 排放量为 35.70~39.70kg(CO_2)/t(烧结矿)，企业 B、企业 C、企业 D 的烧结工序也有类似情况。而企业 B 和企业 C 中 132m^2 烧结机直接 CO_2 排放量分别为 253.85kg/t(烧结矿) 和 216.04kg/t(烧结矿)，间接 CO_2 排放分别为 39.62kg/t(烧结矿) 和 49.58kg/t(烧结矿)。企业 A

的210m² 规格烧结机，同企业 B 中230m² 规格的烧结机，在烧结机规格上相似，但其 CO_2 排放却有较大区别：企业 A 中直接 CO_2 排放量为235.68kg/t（烧结矿），间接 CO_2 排放量为39.69kg/t（烧结矿）；而企业 B 中直接 CO_2 排放量为252.01kg/t（烧结矿），间接 CO_2 排放量为53.38kg/t（烧结矿）。

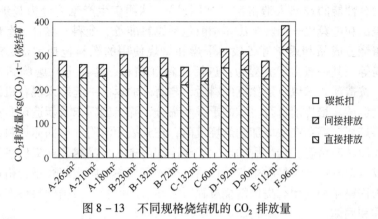

图 8-13 不同规格烧结机的 CO_2 排放量

降低烧结工序的 CO_2 排放量可从直接 CO_2 减排、间接 CO_2 减排和碳抵扣三方面进行，即：

（1）直接 CO_2 减排措施。直接 CO_2 排放是烧结工序 CO_2 排放的主要来源，约占总排放量的80%。烧结工序碳元素主要源于固体燃料、点火燃料和熔剂的使用，其减排措施主要通过降低固体燃料、点火燃料和熔剂使用量[39]。其中，降低固体燃料消耗可通过厚料层操作，增强烧结过程的自蓄热作用；改善固体燃料的粒度并合理选择燃料结构，减少固体燃料的不完全氧化；改善烧结过程的透气性，保证烧结矿的产量和质量。降低点火燃料消耗可通过点火炉烧嘴的应用开发和助燃空气的预热等措施实现。熔剂方面，使用煅烧后的熔剂，如煅烧后的生石灰和白云石材料等，但会增加煅烧熔剂的间接 CO_2 量。另外，规模越大的企业其 CO_2 排放量相对越低，因此在 CO_2 减排方面，应鼓励钢铁企业扩大生产规模。

（2）间接 CO_2 减排措施。烧结过程的间接 CO_2 排放源自电力消耗，约占总排放量的20%。降低电力消耗的措施，主要是通过设备保养和技术改进来实现。其中，抽风机电力消耗是烧结工序电力消耗的主要部分，减少漏风和实现低风量操作可有效降低电力消耗[40]。

（3）碳抵扣措施。烧结余热锅炉发电可产生碳抵扣量。烧结工序总能耗为钢铁企业总能耗的10%~20%，并且产生大量的余热。烧结余热回收包括烧结废气余热回收和烧结矿显热回收两部分，主要是将烧结机烟气和冷却机废气余热以蒸汽的形式回收。调研企业中目前无烧结余热锅炉发电技术，文献指出利用烧结余热锅炉发电技术，吨烧结矿可回收余热蒸汽80~100kg，可抵扣10kg的 CO_2 排放量[12]。

8.3.4 造球工序

造球是在细精粉中加入少量添加剂混合后，在造球机上加水，靠毛细管力和旋转运动的机械力，混合成一定粒径的生球，经干燥焙烧后，变为粒度均匀、具有良好冶金性能的球状人造富矿（球团矿）。球团矿生产工艺分为竖炉焙烧法、带式焙烧法和链箅机—回转窑法。一般包括原料准备、配料、混合、造球、生球干燥和焙烧、成品和返矿等工段。干燥和焙烧使用的燃料包括重油、煤气、煤粉、焦粉等。其一般生产流程为：进厂原料（精粉、膨润土）磨碎到生产要求的粒度，按造球要求以一定比例配料后，与磨碎的返矿一起装入混合机混合，经造球圆盘造球。焙烧前进行生球的干燥和筛分，筛出的粉末重新造球，如果使用固体燃料焙烧，需要在生球加到焙烧机前，在其表面滚附一层固体燃料，生球进入竖炉或回转窑焙烧，焙烧后的球团矿经冷却后送入成品料仓。提供热量的燃料燃烧后成为造球烟气，经除尘等处理后，排入空气中。除尘灰和不合格球团矿磨碎后作为铁料循环使用。提供焙烧过程所需热量的燃料，根据燃料形态可分为气体、液体和固体。

根据造球工序生产过程，对碳元素进行物质流分析。其中，碳元素源自加热燃料、铁料和添加剂 3 部分；碳汇包括球团矿、除尘灰、造球返矿和造球烟气 4 部分，其碳素流如图 8-14 所示，各碳素流分析如下：

（1）燃料（fuel）。提供造球所需热量的燃料，包括焦粉、煤粉等固体燃料，重油、燃料油等油品，高炉煤气、焦炉煤气、转炉煤气、天然气等气体燃料。

（2）铁料（iron material），即球团矿中铁元素的来源材料，包括进口铁矿石、国产铁矿石和造球返矿等。

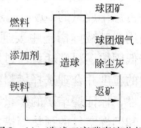

图 8-14 造球工序碳素流分析

（3）添加剂（additive），即为了强化造球和改善球团矿的质量而添加的材料，包括膨润土、消石灰、石灰石等黏结剂，以及白云石和生石灰等熔剂。

（4）除尘灰（dust），即造球烟气中经捕尘设备捕捉的灰尘和未捕捉的飞灰。

（5）球团返矿（pellet return），即筛分后不合格的球团矿，经粉碎后重新作为造球原料。

（6）造球烟气（fuel gas），即造球后经除尘等处理的烟气。

通过企业实地调研，可以获得企业造球工序各含碳材料的年生产数据，结合材料碳含量数据可计算获得各碳素流数值，参考炼焦部分的式（8-1）及式（8-2）进行计算。以下是某企业造球工序碳素流计算实例：

企业 C 拥有 $10m^3$ 规格的竖炉造球机，将企业提供的年生产数据，折算为吨球团矿对应的生产数据，进行吨球团矿碳素流计算，见表 8-8。

表 8-8 造球工序碳素流计算

10m³ 竖炉造球机	碳 源			碳汇球团矿
	燃料	添加剂	铁料	
数 量	205.40m³	—	1000kg	1000kg
碳素流/kg(C)·t⁻¹(球团矿)	50.90	—	1.75	2.45

造球过程 CO_2 排放包括直接 CO_2 排放、间接 CO_2 排放和碳抵扣 3 部分。其中,直接 CO_2 排放源于造球过程中因提供造球热量而消耗的燃料燃烧以及熔剂热分解产生。间接 CO_2 排放源于动力、除尘等消耗电力引起的 CO_2 排放量。碳抵扣部分主要源于造球余热回收等抵扣的 CO_2 量。间接 CO_2 排放和碳抵扣计算参考炼焦工序部分的公式 (8-4) 和式 (8-5)。

造球过程的直接 CO_2 排放计算通过碳素流分析,经碳元素守恒获得,即输入碳元素量减去以产品形式输出的碳元素量,减少的部分为转化为 CO_2 的碳元素,即:

$$E_{CO_2,direct} = \left[\Sigma(FL \cdot C_{FL}) + \Sigma(AD \cdot C_{AD}) + \Sigma(IM \cdot C_{IM}) - PL \cdot C_{PL} - FA \cdot C_{FA} \right] \times 44/12 \tag{8-8}$$

式中 $E_{CO_2,direct}$——造球生产的直接 CO_2 排放量,kg(CO_2)/t(球团矿);

FL——造球生产中消耗燃料的数量,包括固体气体及油品等燃料,kg/t(球团矿);

AD——造球生产中消耗添加剂的数量,包括黏合剂和熔剂等,kg/t(球团矿);

IM——造球生产中消耗含铁料的数量,包括铁矿石和其他含铁料,kg/t(球团矿);

PL——球团矿从离场转移到钢铁生产设施或其他设施的数量,kg/t(球团矿);

FA——球团生产中未捕捉飞灰的数量,kg/t(球团矿);

C_x——投入或产出材料 x 的碳含量,kg(C)/kg(材料)。

企业 C 造球工序的吨球团矿 CO_2 排放量,见表 8-9。

表 8-9 造球工序 CO_2 排放计算

竖炉造球机 规格/m³	直接排放 /kg(CO_2)·t⁻¹(球团矿)	间接排放 /kg(CO_2)·t⁻¹(球团矿)	碳抵扣 /kg(CO_2)·t⁻¹(球团矿)	总排放量 /kg(CO_2)·t⁻¹(球团矿)
10	184.06	31.73	0	215.80

企业 C 造球过程中使用的燃料为高炉煤气,在碳素流方面,主要为高炉煤气中的碳元素量 50.9kg(C)/t(球团矿),在 CO_2 排放方面,吨球团矿的 CO_2 排放

量为215.8kg，其中直接 CO_2 排放量为184.06kg，占 CO_2 总排放量的85%，无碳抵扣部分。

造球工序直接 CO_2 排放源自高炉煤气的消耗，其排放量为184.06kg/t（球团矿），占总排放量的85.3%。造球过程中水分蒸发带走的热量占总热量支出的17.56%，焙烧前经干燥，减少生球水分，可有效减少燃料消耗量，降低造球过程直接 CO_2 排放量[41]。造球工序间接 CO_2 排放源自电力消耗，因此提高设备利用系数，合理开启系统设备，可降低电力消耗，减少间接 CO_2 排放。另外，造球工序同烧结工序均为造块工序，具有类似性，可部分参考烧结工序减排措施。

8.3.5　高炉炼铁工序

高炉炼铁是高炉—转炉生产工艺流程中最重要的工序之一。高炉炼铁是高温下的还原过程，将铁矿石或含铁原料中的铁从矿物状态（氧化物为主）还原成含有硅、锰、硫、磷等杂质的铁水。

现代高炉炼铁是一个极其庞大的生产体系，包括原料供应系统、送气系统、煤气除尘系统、渣铁处理系统和喷吹燃料系统。原料供应系统是指将铁料和焦炭等原料，及时、准确、稳定地由原料仓运送到高炉炉顶。送气系统是指将足够温度的空气或富氧空气，连续、可靠地供给于高炉。煤气除尘系统是指回收高炉冶炼产生的高炉煤气，并捕捉煤气中携带的尘灰。渣铁处理系统是指处理产生的高炉渣和铁水，保证高炉生产的正常进行。喷吹燃料系统是指向高炉喷入燃料，以降低煤炭消耗。

首先，铁料、焦炭、熔剂等炉料，按一定料比配料，经上料机运送至炉顶装料设备，从炉顶装入炉内；经热风炉加热到1000~1300℃的热风，从风口鼓入高炉，同下落焦炭相互接触，热风中的氧气与焦炭发生燃烧反应，产生还原性气体，并释放大量热量；高炉喷入油、煤或天然气等燃料燃烧生成的CO，与来自焦炭转化的CO一起，在高温条件下将铁矿石中的氧夺取出来，得到铁水，并从出铁口流出，进入鱼雷罐或其他设备。铁矿石中的脉石、焦炭及喷吹物中的灰分和加入炉内的石灰石等熔剂结合生成炉渣，从出渣口分别排出。高炉煤气从炉顶导出，经除尘后，作为热风炉加热燃料或外送其他工序使用[42]。提供热风炉加热空气的燃料，一般为高炉冶炼生成的经除尘的高炉煤气。在实际生产中，剩余高炉煤气一般外送烧结或轧钢等工序作为生产燃料，或用于蒸汽煤气联合循环发电等，但由于生产故障或煤气柜煤气已满等原因，会存在不同程度的煤气放散现象。

根据高炉炼铁工序的生产流程，对含碳材料进行物质流分析。其中，输入碳元素的材料包括焦炭、高炉喷煤、铁料和其他碳源4部分；输出碳元素的材料包括除尘灰、高炉渣、铁水、高炉煤气和燃烧尾气5部分，其碳素流如图8-15所示。各碳素流分析如下：

（1）焦炭（coke）。焦炭在炼焦工序生产获得，由高炉炉顶加入，提供高炉炼铁所需热量及还原性气体。

（2）高炉喷煤（coal injection）。高炉喷煤是在高炉炼铁中降低焦炭使用量的有效途径，提供高炉炼铁所需热量及还原性气体。

（3）铁料（iron material），包括烧结矿、球团矿和铁矿石块等。

（4）铁水（molten iron）。铁水是高炉冶炼的主要产品，铁水中溶有饱和碳。

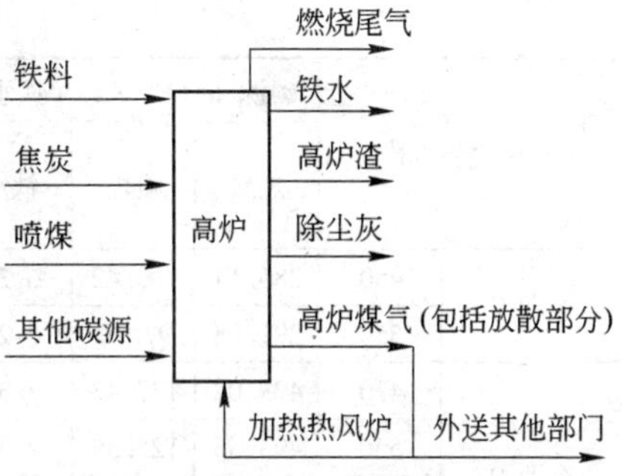

图 8-15　高炉炼铁工序碳素流分析

（5）除尘灰（dust），即高炉煤气中经捕尘设备捕捉的灰尘。

（6）高炉渣（slag），即高炉冶炼的废渣，主要以水渣形式存在。

（7）高炉煤气（blast furnace gas，BFG），即经除尘处理的高炉煤气。

（8）燃烧尾气（flue gas），即热风炉燃料燃烧后产生的尾气，一般经过净化处理后排空。

（9）其他碳源（other carbon sources），包括高炉中喷入的重油、天然气等化石能源；加热热风炉的燃料，包括焦炉煤气、转炉煤气和天然气等。

通过企业实地调研，可以获得企业高炉炼铁工序各含碳材料的年生产数据。结合材料碳含量数据可计算获得各碳素流数值，参考炼焦部分的公式（8-1）及式（8-2）。以下为部分企业吨铁水碳素流计算实例：

通过实地调研获取 6 家企业（A、B、C、D、E、F）的高炉工序生产数据，其中企业 A 包括 2000m³ 和 3200m³ 两种规格的高炉，企业 B 包括 450m³ 和 1780m³ 两种规格的高炉，企业 C 包括 450m³ 和 550m³ 两种规格的高炉，企业 D 包括 420m³、550m³、580m³ 和 1050m³ 规格的高炉，企业 E 为 600m³ 高炉，企业 F 包括 450m³ 和 600m³ 高炉。各高炉碳素流数值，见表 8-10。

表 8-10　高炉炼铁工序碳素流计算

高炉规格/m³		碳源/kg(C)·t⁻¹(铁水)			碳汇/kg(C)·t⁻¹(铁水)					碳误差/%
		焦炭	喷煤	铁料	铁水	除尘灰	高炉渣	高炉煤气		
								发生量	外送量	
企业 A	2000	279.77	118.25	1.03	40	5.30	0.21	367.83	216.13	-3.60
	2000	274.97	120.31	1.03	40	5.31	0.23	367.85	216.14	-4.30
	3200	277.67	119.49	1.03	40	5.30	0.20	367.84	216.13	-3.80
企业 B	450	331.45	88.42	2.64	40	4.13	0.27	395.06	170.31	-4.01
	1780	305.90	112.51	2.47	40	4.13	0.20	395.06	170.31	-4.40

高炉规格/m³		碳源/kg(C)·t⁻¹(铁水)			碳汇/kg(C)·t⁻¹(铁水)					碳误差/%
		焦炭	喷煤	铁料	铁水	除尘灰	高炉渣	高炉煤气		
								发生量	外送量	
企业 C	450	286.14	100.42	6.29	40	3.90	0.11	364.73	120.39	-4.00
	550	291.08	97.20	6.27	40	3.90	0.11	375.85	121.78	-6.40
企业 D	420	473.02	127.43	2.33	40	10.34	0.35	523.93	96.93	4.70
	550	493.56	125.59	2.36	40	11.11	0.35	523.91	96.92	7.40
	580	486.84	119.43	2.32	40	10.84	0.35	522.32	96.63	5.80
	1050	443.68	121.22	2.52	40	10.18	0.35	523.90	96.93	-1.20
企业 E	600	381.60	102.79	3.30	40	10.06	0.18	446.04	50.25	-1.76
企业 F	450	320.00	80.92	2.65	40	10.00	0.30	373.11	69.03	-2.16
	600	320.00	80.92	2.65	40	10.00	0.30	373.11	69.03	-2.16

高炉炼铁所得高炉煤气分为放散、加热鼓风炉使用和外送其他工序 3 部分。对于不同企业和不同高炉，其使用比例不同，具体使用情况见表 8 – 11。

表 8 – 11　不同企业高炉煤气高炉工序使用情况　　　　　（%）

企业	放散率	回炉利用率	外送率
企业 A	1	41.2	57.8
企业 B	12.89	44.0	43.11
企业 C	8	58.5	33.2
企业 D①	—	—	18.5
企业 E	37.2	44.3	18.5
企业 F①	—	—	18.5

①企业 D 和企业 F 企业未提供煤气的 3 部分比例，本文中假定煤气外送率为 18.5%。

高炉系统中高炉相对独立于鼓风炉等部分，高炉部分已获取全面碳素流，其中，高炉碳源包括焦炭、高炉喷煤和铁料，高炉碳汇包括铁水、除尘灰、高炉渣和高炉煤气发生量，对高炉涉及的碳元素通过元素守恒进行计算，参照式（8 – 6），结果见表 8 – 10。产生误差的可能原因为：由于高炉生产的不稳定性，因此高炉煤气热值及碳含量是不断波动的，且实际取样过程中未对高炉煤气进行碳含量检测，在高炉煤气碳素流计算过程中采用 IPCC 提供的参数 70.8kg(C)/GJ 替代。

高炉工序各碳素流来自焦炭的碳元素为 274.97 ~ 493.56kg/t（铁水），占总碳源的 70% ~ 80%；来自高炉喷煤的碳元素为 80.92 ~ 127.43kg/t（铁水），高炉喷煤占总碳源的 20% ~ 30%；来自铁料的碳元素为 1.03 ~ 6.29kg/t（铁水）。铁水输出碳元素为 40kg/t（铁水），约占总碳汇的 10%；除尘灰输出碳元素为 3.9 ~ 11.11kg/t（铁水）；高炉渣输出碳元素为 0.1 ~ 0.4kg/t（铁水）；高炉煤气输出碳元素为 367.84 ~ 523.93kg/t（铁水），约占总碳汇的 90%。用于加热鼓风炉的高炉煤气消耗量占高炉煤气发生量的比例，即高炉煤气的回炉利用率为 41.2% ~ 58.8%，回收高炉煤气时因高炉煤气柜容量已满或喷吹管道等而放散的高炉煤气占高炉煤气发生量的 1% ~ 27.2%。

在同一企业内不同规格高炉各碳源的碳素流差别不大，而不同企业间相似规格高炉各类碳素流则有较大区别，如图 8-16 所示。在企业 A 中，两类高炉焦炭碳素流约为 274.97 ~ 279.77kg/t（铁水），喷煤碳素流约为 118.25 ~ 120.31kg/t（铁水），高炉煤气碳素流约为 367.83 ~ 367.85kg/t（铁水），企业 B、企业 C、企业 D 及企业 F 有类似现象，即在同一企业内不同规格高炉各碳源碳素流差别不大。但同为 450m³ 规格的高炉，企业 B、企业 C、企业 F 对应焦炭碳素流分别为 331.45kg/t（铁水）、286.14kg/t（铁水）和 381.60kg/t（铁水），喷煤碳素流分别为 88.42kg/t（铁水）、100.42kg/t（铁水）和 81.92kg/t（铁水），高炉煤气碳素流分别为 395.06kg/t（铁水）、364.73kg/t（铁水）和 373.11kg/t（铁水），即同一规格高炉，在不同企业的高炉碳素流有较大差别。

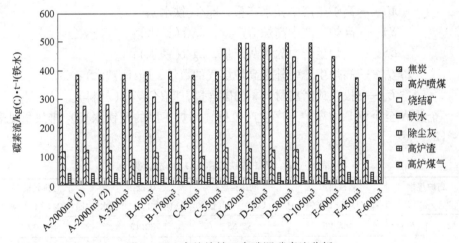

图 8-16 高炉炼铁工序碳源碳素流分析

高炉生产过程的 CO_2 排放包括直接 CO_2 排放、间接 CO_2 排放和碳抵扣三部分。其中，直接 CO_2 排放源于高炉冶炼过程中提供热风炉热量而消耗的能源，以及高炉煤气放散和除尘灰等未回收引起的 CO_2 排放。其中，提供热风炉热量的能源，主要为焦炉煤气、高炉煤气、转炉煤气和液化气等。间接 CO_2 排放源自原料供应系统、送气系统、煤气除尘系统、渣铁处理系统和喷吹燃料系统工段因动力、除尘等电力消耗。碳抵扣部分主要源自高炉炉顶煤气余压发电和高炉渣外送水泥厂作为生产原料等。间接 CO_2 排放和碳抵扣计算参考炼焦工序部分的式（8-4）和式（8-5）。高炉煤气用于蒸汽煤气联合循环等发电排放的 CO_2，在本文中不计入高炉工序和钢铁生产的 CO_2 排放量中。

　　高炉过程的直接 CO_2 排放量计算通过碳素流分析，经质量守恒获得，即输入碳元素量减去以产品形式输出的碳元素量，减少的部分为转化为 CO_2 的碳元素量，即：

$$E_{CO_2,\text{direct}} = \left[CO \cdot C_{CO} + \Sigma_b(IM \cdot C_{IM}) + CI \cdot C_{CI} + PM_a \cdot C_a + PM_b \cdot C_b - \right.$$
$$\left. MI \cdot C_{MI} - SA \cdot C_{SA} - DS \cdot C_{DS} - BFG_1 \cdot C_{BFG_1} \right] \times 44/12 \qquad (8-9)$$

式中　$E_{CO_2,\text{direct}}$——高炉生产直接 CO_2 排放量，kg(CO_2)/t(铁水)；

　　　　CO——高炉生产的焦炭碳含量，kg/t(铁水)；

　　　　IM——高炉生产中消耗的铁料数量，包括烧结矿、球团矿和铁矿石块，kg/t(铁水)；

　　　　CI——高炉生产中喷入高炉中的煤炭数量，kg/t(铁水)；

　　　　PM_a——高炉生产过程中其他含碳材料的数量，包括熔剂、其他喷入燃料、重油、轻油等，熔剂，kg/t(铁水)；

　　　　PM_b——高炉加热热风炉消耗的能源，包括焦炉煤气、转炉煤气和天然气等，kg/t(铁水)；

　　　　MI——高炉生产中铁水产量，kg/t(铁水)；

　　　　SA——高炉生产中高炉渣产量，kg/t(铁水)；

　　　　DS——高炉生产中除尘灰产量，kg/t(铁水)；

　　　　BFG_1——高炉生产中外送高炉煤气的数量，kg/t(铁水)；

　　　　C_x——投入或产出材料 x 的碳含量，kg(C)/kg(材料)。

　　企业 A 至企业 F 的高炉工序生产数据，高炉工序的吨铁水 CO_2 排放量见表 8-12。

表8-12　高炉炼铁工序 CO_2 排放计算

高炉规格 /m³		直接排放 /kg(CO_2)·t⁻¹(铁水)	间接排放 /kg(CO_2)·t⁻¹(铁水)	碳抵扣 /kg(CO_2)·t⁻¹(铁水)	总排放量 /kg(CO_2)·t⁻¹(铁水)
企业 A	2000	466.86	35.65	32.12	469.39
	2000	456.70	35.65	28.65	463.70
	3200	463.75	35.65	39.72	459.68
企业 B	450	761.90	135.54	19.65	877.79
	1780	756.21	77.60	37.28	796.53
企业 C	450	837.64	49.82	26.70	860.75
	550	838.77	49.57	34.05	861.64
企业 D[①]	420	1668.98	126.32	20.40	1795.31
	550	1734.78	100.79	20.40	1835.56
	580	1689.50	111.52	20.40	1801.02
	1050	1539.83	141.88	20.40	1681.71

高炉规格 /m³		直接排放 /kg(CO₂)·t⁻¹(铁水)	间接排放 /kg(CO₂)·t⁻¹(铁水)	碳抵扣 /kg(CO₂)·t⁻¹(铁水)	总排放量 /kg(CO₂)·t⁻¹(铁水)
企业 E	600	1301.10	147.76	18.27	1430.69
企业 F[①]	450	1045.19	168.87	20.40	1214.06
	600	1045.18	168.93	20.40	1214.11

①假设企业 D 和 F，炉顶余压发电量为 20kW·h/t(铁水)。

高炉炼铁工序的 CO₂ 排放情况，如图 8 – 17 所示，总 CO₂ 排放量为 459.68 ~ 1835.56kg/t(铁水)，直接 CO₂ 排放量为 456.70 ~ 1734.78kg/t(铁水)，间接 CO₂ 排放量为 35.65 ~ 168.87kg/t(铁水)，碳抵扣为 18.27 ~ 39.72kg/t(铁水)。其中，不同企业规模的碳排放差别明显，企业 A 为年产粗钢 600 万吨以上企业，排放量约为 460kg/t(铁水)；企业 B 年产粗钢 300 万 ~ 600 万吨，排放量约为 800kg/t(铁水)；年产粗钢 300 万吨以下的企业中，企业 C 约为 860kg/t(铁水)，企业 D 约为 1800kg/t(铁水)，企业 E 约为 1400kg/t(铁水)，企业 F 约为 1200kg/t(铁水)。不同规模钢铁企业 CO₂ 排放差异主要体现在直接 CO₂ 排放和间接 CO₂ 排放两方面。

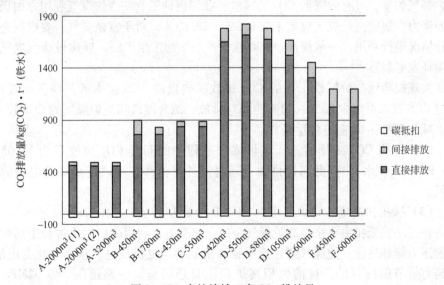

图 8 – 17 高炉炼铁工序 CO₂ 排放量

高炉工序 CO₂ 排放主要来自直接 CO₂ 排放。高炉工序 CO₂ 排放量大的钢铁企业，其输入焦炭、高炉喷煤的碳素流数值大，而外送高炉煤气的碳素流数值小。如表 8 – 10 所示，企业 A 焦炭的碳素流为 274.97 ~ 279.77kg/t(铁水)，高炉喷煤的碳素流为 118.25 ~ 120.31kg/t(铁水)；企业 B 焦炭的碳素流为 305.90 ~ 331.45kg/t(铁水)，高炉喷煤的碳素流为 88.42 ~ 112.51kg/t(铁水)；企业 E 焦炭的碳素流为 381.60kg/t（铁水），高炉喷煤的碳素流为 121.22kg/t（铁水）。影响外送高炉煤气碳素流的因素是高炉煤气的回炉使用量和放散量，企业 A 高炉煤气的回炉使用率为 41.2%，高炉煤气放散率为 1%；企业 B 高炉煤气的回炉使用率为 44.0%，高炉煤气放散率为 12.89%；企业 E 高炉煤气的回炉使用率为 44.3%，高炉煤气放散率为 37.2%。因此，降低焦炭、高炉喷煤、高炉煤气回炉使用和放散、增大外送其他工序的高炉煤气量，有利于降低直接 CO_2 排放。

高炉炼铁工序消耗大量煤焦能源，减排潜力巨大。降低高炉炼铁工序的 CO_2 排放量可从直接 CO_2 减排、间接 CO_2 减排和碳抵扣 3 方面进行，即：

（1）直接 CO_2 减排措施。高炉炼铁工序 99% 以上的碳元素源于焦炭和高炉喷煤等化石能源，来自焦炭的碳元素为 274.97~493.56kg/t（铁水），占总碳源的 70%~80%；来自高炉喷煤的碳元素为 80.92~127.43kg/t（铁水），占总碳源的 20%~30%。因此减少焦炭和高炉喷煤可有效地降低来自化石能源的 CO_2 排放。由于木炭是可再生能源，树木生长过程中吸收捕捉 CO_2，可以抵消木炭使用过程中排放的 CO_2 量，因此木炭可替代高炉喷煤喷入高炉[25]。

高炉煤气作为高炉炼铁工序最主要的碳汇，占总碳汇的 90% 左右。提高鼓风炉热效率降低高炉煤气的回炉使用量，降低高炉煤气的放散率，从而增大外送高炉煤气的量，可有效降低 CO_2 的排放。我国钢铁工业在高炉煤气利用方面仍有发展潜力，我国高炉煤气放散率为 8.8%~28.83%。对于富余煤气，要根据企业实际情况进行利用，一般规律是，新建设产品深加工生产线，或建设蒸汽煤气联合循环发电装置[43]。

大规模降低高炉炼铁工序的 CO_2 排放需要借助 CCS 技术或其他低碳技术。通过 CCS 技术可减少 25%~30% 的 CO_2 排放；结合纯氧和高炉煤气的 CCS 技术，可以减少 50%~60% 的 CO_2 排放。

（2）间接 CO_2 减排措施。高炉炼铁过程中的间接 CO_2 排放量为 35.65~168.93kg/t（铁水），降低间接排放可通过设备保养和技术改进来降低电力的消耗量。

（3）碳抵扣措施。高炉工序的 CO_2 抵扣量为 19.65~39.72kg/t（铁水），目前高炉工序碳抵扣主要来自高炉煤气余压余热发电。利用高炉冶炼过程中高炉煤气的压力能和热能，使煤气通过透平膨胀机驱动发电机发电，从而转化为电能，达到有效节能的目的。目前大型高炉顶压日趋提高，一座顶压为 0.02MPa 的 $4000m^3$ 级高炉，约可发电 1.2 万~1.4 万千瓦。炉顶煤气余压发电装置具有投资少、成本低、设备简单、不消耗煤气、无污染、噪声低、设备费用回收期短等优点，是回收压力能的有效措施。文献指出高炉渣携带的热量约占高炉总热耗的 16%，其出渣温度为 1450℃ 左右，若 400 万吨钢铁厂年产高炉渣 72 万吨，可回收热量约为 4.3 万吨标准煤，年 CO_2 排放量可减少 11 万吨。目前对高炉渣热量回收利用的研究取得了一些进展，并正式投入工厂进行规模化生产[44]。另外，高炉渣以水渣的形式处理后，可外送水泥或建材厂使用[45]。

8.3.6 转炉炼钢工序

转炉炼钢是以铁水为原料，以纯氧等作为氧化剂，依靠炉内氧化反应热提高钢水温度进行炼钢的方法。

转炉炼钢工序包括供氧系统、原料供应系统和煤气除尘系统。供氧系统是指分离空气制备氧气，供炼钢使用。原料供应系统是指将铁料等原料，按配比要求加入到转炉内。煤气除尘系统是指捕捉煤气中携带的灰尘，除尘后回收转炉煤气，作为燃料利用或经燃烧后直接排入大气中。

转炉炼钢的基本流程为：按照钢铁料要求配料，先把废钢等装入转炉内，然后倒入铁水；按照造渣料结构，加入适量的造渣材料，包括生石灰、白云石、萤石等；加入钢铁料和造渣料后，把氧气喷枪从炉顶插入炉内，吹入纯度大于99%的高压氧气流，氧气直接跟高温的铁水发生氧化反应，除去硅、锰、碳和磷等杂质。当钢水的成分和温度都达到要求时，即停止吹炼，提升喷枪，准备出钢（若转炉热量富余，可加入铁矿石等冷却剂）。出钢时使炉体倾斜，钢水从出钢口注入钢水包里，同时加入脱氧剂进行脱氧和成分调节。钢水合格后，可以浇成钢的铸件或钢锭，钢锭可经轧钢轧制成各种钢材。转炉烟气经除尘净化后，分离获得的氧化铁尘粒可以用来炼钢，含高浓度一氧化碳的净化氧气可作化工原料或燃料[46]。

根据转炉炼钢工序生产流程，对含碳材料进行物质流分析。其中，输入碳素流包括铁料、造渣剂、增碳剂和其他碳源四部分；输出碳素流包括除尘灰、转炉渣、钢水和转炉煤气四部分，其碳素流如图 8-18 所示。各碳素流分析如下：

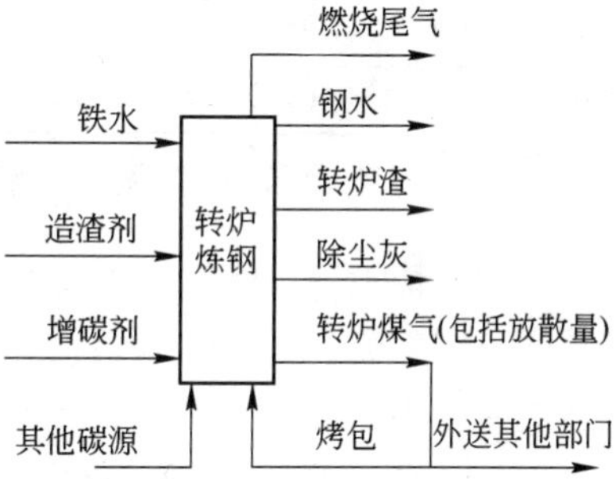

图 8-18 转炉炼钢工序碳素流分析

（1）铁料（iron material），即按料比装入转炉内的废钢、铁水、铁合金等。

（2）造渣料（fluxing material），即按料比装入转炉的石灰石、白云石、萤石等。

（3）增碳剂（carburant），即为了满足冶炼碳含量要求，添加的焦粉、石油焦等。

（4）除尘灰（dust），即转炉烟气中经除尘设备捕捉的灰尘。

（5）转炉渣（slag），即转炉冶炼产生的废渣。

（6）钢水（molten steel），即从出钢口注入钢包内的钢水。

（7）转炉煤气（Linz - Donawitz process gas，LDG），即经除尘处理的转炉烟气。

（8）燃烧尾气（flue gas），即烤包燃料燃烧后的尾气，净化后排空。

（9）其他碳源（other carbon sources），包括铁矿石、石灰石、废钢等冷却剂，以及烤包消耗的焦炉煤气、高炉煤气等。

通过企业实地调研，可以获得企业转炉炼钢工序各含碳材料的年生产数据，结合材料碳含量数据可计算获得各碳素流数值，参考炼焦部分的式（8-1）及式（8-2）。以下是部分企业转炉工序碳素流计算实例：

通过实地调研获取企业 A、企业 B、企业 C 的转炉炼钢工序生产数据，其中企业 A 包括 150t 和 55t 两种规格的高炉，企业 B 包括 80t 和 120t 两种规格的高炉，企业 C 包括 80t 和 100t 两种规格的高炉，各碳素流见表 8-13。

表 8-13　转炉工序碳素流计算

转炉规格/t		碳源/kg（C）·t⁻¹（钢水）			碳汇/kg（C）·t⁻¹（钢水）					碳误差/%
		铁料	造渣剂	含碳材料①	钢水	除尘灰	转炉渣	转炉煤气		
								发生量	外送量	
企业 A	55	41.30	2.70	0.60	10	0.257	0.086	32.74	30.01	2.1
	150	39.62	2.96	0.60	10	0.257	0.086	31.64	28.92	1.4
企业 B	80	43.34	1.72	—	10	0.647	0.037	29.26	23.06	11.4
	120	43.29	1.52	—	10	0.495	0.033	29.26	23.06	11.2
企业 C	80	39.85	1.35	0.04	10	0.178	0.036	30.83	21.21	0.4
	100	40.07	1.34	0.04	10	0.178	0.036	29.38	23.35	4.4

①含碳材料指烤包消耗的焦炉煤气碳含量。

转炉炼钢工序中转炉内冶炼相对对立于烤包等部分，转炉内冶炼部分已获取涉及的各碳素流，其输入碳素流包括铁料、造渣剂、其他含碳材料 3 部分，输出碳素流包括钢水、除尘灰、转炉渣和转炉煤气 4 部分。对转炉内碳元素进行输入输出守恒计算，参考式（8-6），各转炉对应误差见表 8-13。其误差原因是转炉煤气的发生过程为间歇过程，煤气的热值、碳含量不恒定，而实际计算过程采用 IPCC 提供的碳含量参数 49.6kg（C）/GJ，致使转炉煤气碳素流存在误差；另外，转炉煤气在回收时，对 CO 及 O_2 存在浓度要求，不符合要求的转炉煤气经处理后排空，未体现在转炉煤气碳素流中。

转炉炼钢工序的碳元素主要源自铁料，占转炉炼钢总碳源的 90% 以上；碳汇主要为冶炼所得钢水中的熔碳和转炉煤气中的含碳，二者分别约占转炉炼钢碳汇的 23% 和 75%。

转炉炼钢生产过程中的 CO_2 排放包括直接 CO_2 排放、间接 CO_2 排放和碳抵扣 3 部分。其中，直接 CO_2 排放源于转炉冶炼过程中提供烤包热量而消耗能源排放的 CO_2，以及转炉煤气放散和除尘灰等未回收引起的 CO_2 排放。其中，提供烤包热量消耗的主要能源为煤气，包括焦炉煤气、转炉煤气和天然气等。间接 CO_2 排放源自供氧设备、供料设备和废气处理及回收设备系统因动力、除尘等电力消耗。碳抵扣部分主要源自转炉余热蒸汽发电等。间接 CO_2 排放和碳抵扣计算参考炼焦工序部分的式（8-4）和式（8-5）。转炉煤气用于蒸汽煤气联合循环发电等排放的 CO_2，在本文中不计入转炉工序和钢铁生产的 CO_2 排放中。

转炉过程的直接 CO_2 排放计算通过碳素流分析，经质量守恒获得，即输入碳元素量减去以产品形式输出的碳元素量，减少的部分为转化为 CO_2 的碳元素量，如公式（8-10）所示。

$$E_{CO_2, direct} = \left[\Sigma(IM \cdot C_{IM}) + \Sigma(FM \cdot C_{FM}) + CB \cdot C_{CB} + \Sigma PM_a \cdot C_a - MS \cdot C_{MS} - BOS \cdot C_{BOS} - BOG_1 \cdot C_{BOG_1} \right] \times 44/12 \tag{8-10}$$

式中　$E_{CO_2, direct}$——转炉炼钢生产中直接 CO_2 排放量，$kg(CO_2)/t($钢水$)$；

　　　IM——转炉炼钢过程中消耗铁料的数量，包括铁水、废钢、铁矿石等，$kg/t($钢水$)$；

　　　FM——转炉炼钢过程中消耗造渣剂的数量，包括生石灰、轻烧白云石等，$kg/t($钢水$)$；

　　　CB——转炉炼钢过程中消耗增碳剂的数量，$kg/t($钢水$)$；

　　　MS——生产钢水的数量，$kg/t($钢水$)$；

　　　BOS——转炉炼钢生产中转炉渣产量，$kg/t($钢水$)$；

　　　PM_a——转炉炼钢生产中烤包消耗的燃料数量，包括高炉煤气、转炉煤气等，$kg/t($钢水$)$；

　　　BOG_1——转炉炼钢生产中外送转炉煤气的数量，$kg/t($钢水$)$；

　　　C_x——投入或产出材料 x 的碳含量，$kg(C)/kg($材料$)$。

企业 A、企业 B、企业 C 的转炉炼钢工序的 CO_2 排放见表 8-14。

表 8-14　转炉工序 CO_2 排放计算

转炉规格/t		直接排放 /kg(CO₂)·t⁻¹(钢水)	间接排放 /kg(CO₂)·t⁻¹(钢水)	碳抵扣 /kg(CO₂)·t⁻¹(钢水)	总排放量 /kg(CO₂)·t⁻¹(钢水)
企业 A	55	15.57	61.20	—	76.77
	150	14.34	64.86	—	79.20
企业 B	80	39.01	72.08	—	111.09
	120	41.12	72.18	—	113.3
企业 C	80	35.98	23.33	—	59.32
	100	28.82	16.87	—	45.69

由表 8-14 可知，在转炉炼钢工序中，吨钢水 CO_2 排放量为 45.69 ~ 113.3kg，其中企业 A 的 CO_2 排放量约为 76.77 ~ 79.20kg/t（钢水），其中 80% 的

排放源于电力消耗的间接排放，直接 CO_2 排放占总排放的 20%。企业 B 的 CO_2 排放量约为 111.09 ~ 113.3kg/t（钢水），其中 60% 的排放源于电力消耗的间接排放，直接 CO_2 排放占总排放的 40%。企业 C 的 CO_2 排放量约为 45.69 ~ 59.32kg/t（钢水），其中 60% 的排放源于电力消耗的间接排放，直接 CO_2 排放占总排放的 40%。企业的直接 CO_2 排放差别主要体现在转炉煤气的外送量上，企业 A 转炉煤气外送碳含量为 28.92 ~ 30.01kg/t（钢水），企业 B 为 23.06kg/t（钢水），企业 C 为 21.21 ~ 23.35kg/t（钢水）；间接 CO_2 排放差别体现在电力消耗量方面，转炉工序吨钢水需要消耗约 60m³ 氧气，氧气制备过程中需消耗大量电力，企业 A、企业 B 同企业 C 电力消耗的区别主要是因为企业 C 将氧气制备的电力消耗未归入转炉工序内，无法获取其制氧消耗的电力，致使其间接排放量偏小。

降低转炉炼钢工序的 CO_2 排放量可从直接 CO_2 减排、间接 CO_2 减排和碳抵扣三方面进行，即：

（1）直接 CO_2 减排措施。增加转炉煤气外送率有利于直接 CO_2 减排。提高转炉煤气外送量可通过加强高炉煤气的回收和钢包温度的控制来实现。转炉煤气的处理有燃烧法和未燃法两类，其中燃烧法虽然比较简单，但转炉煤气中 CO 含量高达 80% ~ 90%，此方法不仅增加了 CO_2 排放，还造成了能源的浪费[47]。

（2）间接 CO_2 减排措施。转炉炼钢工序间接排放占总排放的 40%，间接排放源自制氧的电力消耗。氧气是保证炼钢中杂质去除、熔池升温和造渣速度的关键操作，并且关系到钢水终点的碳含量。选择合适的氧压和枪位，降低氧气消耗量，可减少氧气消耗，从而降低间接 CO_2 排放[48]。

（3）碳抵扣措施。转炉炼钢过程中产生大量的余热，提高转炉余热蒸汽回收的数量和质量，回收蒸汽经处理后可用于蒸汽发电等[49]，增加碳抵扣。

8.3.7 电炉炼钢工序

电炉炼钢采用电能作为热源，以废钢、生铁块、直接还原铁和铁水等作为含铁原料。目前，电炉炼钢已成为仅次于氧气转炉的炼钢方法，已不再局限于冶炼生产高级合金钢，可大批量生产普通钢[50]。

电炉炼钢过程分为装料、冶炼和出钢 3 个工段。装料是指向炉内加入废钢、生铁块等含铁原料，并按配比加入造渣剂、还原剂、铁合金等材料。冶炼阶段可分为熔化、氧化及还原 3 个阶段。熔化阶段是指电炉通电起弧加热，吹氧和辅助燃料，迅速熔化铁料；氧化阶段是指熔池温度符合要求后，不断吹氧氧化除去碳、硅、锰、磷等杂质；还原阶段是指在氧化阶段结束后，添加脱碳剂及合金材料，对钢水进行脱硫、脱氧处理。随着炉外精炼的发展和普及，还原期被缩短或省略。冶炼结束后进行取样分析，当钢液成分和温度符合要求时，即可出钢。冶炼过程中生成的电炉烟气经除尘后排空。

根据电炉炼钢生产过程，对含碳材料进行物质流分析。其中，碳源包括铁料、造渣剂、电极、配碳剂、氧化剂、脱碳剂及合金材料、增碳剂和辅助燃料 8 部分；碳汇包括电炉烟气、除尘灰、钢水、电炉渣 4 部分，其碳素流如图 8-19 所示。电炉炼钢中各碳素流如下：

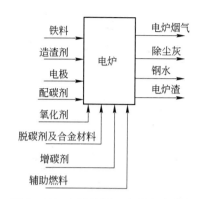

图 8-19　电炉炼钢工序碳素流分析

（1）铁料（iron and steel material）是电炉炼钢中铁元素的来源，主要包括废钢、冷生铁块、直接还原铁、热装铁水、脱碳粒铁、碳化铁和复合金属料等。

（2）造渣剂（fluxing medium），包括碱性造渣材料和酸性造渣剂 2 类。其中，碱性造渣材料石灰石、石灰等含有一定量的碳元素。

（3）电极（electrode）是将电流能源输送到炉内的主要设备，分为碳素电极、石墨电极、抗氧化电极、高功率或超高功率电极 4 类。

（4）配碳剂（carbon agent），即在装料过程中，补充废钢中碳含量不足而添加的材料，主要为天然石墨、电极块、焦炭等材料。

（5）氧化剂（oxidant）。为搅动熔池去除钢中的气体及磷等杂质的材料，常用的氧化剂为铁矿石、氧化铁皮和氧气等。

（6）脱氧剂及合金材料（deoxidant and alloy material）。为使钢具有特定的力学性能或使用性能，向钢液中加入所需元素的合金。

（7）增碳剂（carburant），即在冶炼过程中，钢中碳含量未达到预设要求，添加的含碳材料，主要有增碳生铁、电极粉、木炭粉和焦炭粉等。

（8）辅助燃料（auxiliary fuel），即喷入电炉中的燃料，可加快电炉中废钢的熔化过程。

（9）钢水（molten steel），即满足冶炼要求后出炉的钢水。

（10）钢渣（slag），即冶炼过程除去的钢渣，包括氧化渣和还原渣。

（11）除尘灰（dust），即电炉烟气经除尘收集的飞灰等。

（12）电炉烟气（exhaust gas），即电炉烟气经除尘处理后的烟气。

通过企业实地调研，可以获得企业电炉炼钢工序生产中各含碳材料的年生产数据，结合材料碳含量数据，参考炼焦工序计算公式，可计算获得各碳素流数值。以下为某企业电炉炼钢碳素流计算实例：

根据企业 G 提供的生产数据，结合实地采样及检测所得碳含量数据，采用式（8-1）和式（8-2）计算获得碳素流，见表 8-15。

表 8-15 电炉炼钢碳素流计算

输入碳素流	数量/kg(C)·t⁻¹(钢水)	输出碳素流	数量/kg(C)·t⁻¹(钢水)
废钢	10	钢水	10.00
生石灰	3.95	电炉渣	0.31
石墨电极	3.76	除尘灰	0.05
电极块	2.97		
焦粉	0.43		

进入企业 G 电炉炼钢工序的碳素流共为 21.11kg/t(钢水)。其中，废钢（铁料）碳含量占总碳源的 47%；生石灰（造渣剂）碳含量占总碳源的 19%；石墨电极所含碳元素占总碳源的 18%；电极块（增碳剂）占总碳源的 14%；焦粉（辅助燃料），其碳含量为 0.43kg/t(钢水)，占总碳源的 2%。碳汇方面为钢水、电炉渣、除尘灰和电炉烟气 4 部分，通过已有碳素流分析，流向钢水和电炉烟气的碳素流占 98%。

电炉炼钢生产过程中的 CO_2 排放包括直接 CO_2 排放、间接 CO_2 排放和碳抵扣三部分。其中，直接 CO_2 排放源于电炉冶炼过程中排放的电炉烟气。间接 CO_2 排放源自供氧设备、供料设备和废气处理及回收设备因动力、除尘等消耗电力引起的 CO_2 排放。碳抵扣部分主要源自电炉烟气产生的回收蒸汽外送或发电等。间接排放和碳抵扣可参考炼焦工序的计算公式，直接 CO_2 的计算，通过碳素流分析，经质量守恒获得，即：

$$E_{CO_2,direct} = [IS \cdot C_{IS} + FM \cdot C_{FM} + EI \cdot C_{EI} + CA \cdot C_{CA} + OX \cdot C_{OX} + DA \cdot C_{DA} + CAR \cdot C_{CAR} + AF \cdot C_{AF} - S \cdot C_S - SI \cdot C_{SI} - D \cdot C_D] \times 44/12 \quad (8-11)$$

式中　$E_{CO_2,direct}$——源自电炉炼钢生产直接排放的 CO_2 排放量，kg/t(钢水)；

IS——炼钢过程消耗铁料的数量，包括废钢、冷生铁块、直接还原铁、热装铁水、脱碳粒铁、碳化铁和复合金属料等，kg/t(钢水)；

FM——炼钢过程消耗造渣剂的数量，包括石灰石、生石灰等，kg/t(钢水)；

EI——炼钢过程消耗电极的数量，包括碳素、石墨等电极，kg/t(钢水)；

CA——炼钢过程消耗配碳剂的数量，天然石墨、电极块、焦炭等，kg/t(钢水)；

OX——炼钢过程消耗氧化剂的数量，包括铁矿石、氧化铁皮等，kg/t(钢水)；

DA——炼钢过程消耗脱氧剂及合金材料的数量，kg/t(钢水)；

CAR——炼钢过程消耗增碳剂的数量，kg/t（钢水）；

AF——炼钢过程消耗辅助燃料的数量，kg/t（钢水）；

S——生产粗钢的数量，kg/t（钢水）；

SI——生产钢渣的数量，kg/t（钢水）；

D——生产除尘灰的数量，kg/t（钢水）；

C_x——投入或产出材料 x 的碳含量，kg（碳）/kg（材料）。

根据企业 G 提供的生产数据，结合实地采样及检测所得碳含量数据，采用式（8-4）及式（8-5）计算获得 CO_2 排放量，见表 8-16。

表 8-16　电炉炼钢工序 CO_2 排放量计算

CO_2 排放	电炉炼钢工序 CO_2 排放量/kg（CO_2）·t^{-1}（产品）	CO_2 排放	电炉炼钢工序 CO_2 排放量/kg（CO_2）·t^{-1}（产品）
直接排放	39.42	碳抵扣量	0
间接排放	510.00	总碳排放	549.42

电炉炼钢工序中，吨钢水 CO_2 排放量为 549.42kg，其中 92.8% 的排放源于电力消耗的间接排放，其原因是电炉工序消耗的能量主要为电能，而我国电力行业以火力发电为主，其在发电过程中排放大量的 CO_2。直接 CO_2 排放占总排放的7.2%。企业 G 中电炉工序无碳抵扣量。

降低电炉工序的 CO_2 排放量可从直接 CO_2 减排、间接 CO_2 减排和碳抵扣三方面进行，即：

（1）直接 CO_2 减排措施。电极、增碳剂和辅助燃料分别占输入总碳源的18%、14% 和 2%，见表 8-15。减少电炉炼钢生产过程的直接 CO_2 排放，可通过降低电炉炼钢中电极、增碳剂和辅助燃料的消耗量实现，具体方法为：采用涂层和镀铝等方式减少表面氧化，使用可再生能源替代化石能源作为增碳剂或辅助燃料。另外，电炉烟气温度高达 1000℃，利用电炉烟气余热加热废钢，节省熔化期间能源的消耗，可降低 CO_2 排放[51]。

（2）间接 CO_2 减排措施。电力是电炉主要能源来源，其间接排放 CO_2 量占总排放量的 92.8%，降低电炉生产中的电力消耗可以有效地降低电炉工序的 CO_2 排放，具体方法有：提高电炉规格可有效提高熔化期的热效率；使用高功率电炉，可实现大电流、短电弧，使得电弧稳定且热量集中；熔化期间喷入煤氧助熔，因为煤氧在炉内的热效率高于发电效率乘电效率之积，虽然直接 CO_2 排放有所升高，但总能耗和总 CO_2 排放量同步降低；废钢熔化时保持钢液中有一定过剩碳含量，可利用后期碳氧反应提高热能利用率，降低电力消耗[52,53]。

（3）碳抵扣措施。增加电炉炼钢工序碳抵扣量可以通过利用余热蒸汽和将废渣用作建材材料等[54,55]。电炉及精炼过程中产生大量高温烟气，其携带的热量约为输入总能量的 15%，利用余热回收技术，回收低压蒸汽外送利用。电炉渣可用于生产钢渣水泥和白水泥等建材材料，以替代建材材料原料的制备。在钢渣中加入一定量的其他掺和料和适量石膏，经磨细而制成的水硬性胶凝材料，即为钢渣水泥；以电炉钢渣中还原渣为主，加入适量的煅烧石膏等原料，充分磨细制成的一种白色水硬性胶凝材料，即为白水泥。电炉钢渣中含有硅、钙、铁、锰、磷等大量对农作物有益的营养元素，可以用于土壤改良、农作物营养供给等方面，主要包括磷含量高的钢渣制钙镁磷肥、钢渣磷肥，含有较高的钙、镁可替代石灰，作为酸性土壤改良剂。

8.3.8 精炼工序

为满足对钢材更高质量和先进新钢种的要求，电炉或转炉中所得钢水需经过后续处理，即炉外精炼。炉外精炼可有效提高钢水的质量，包括调整合金元素、深脱硫、深脱碳、深脱磷、去除其他杂质元素及控制钢的固态结构等。

根据精炼生产过程，对含碳材料进行物质流分析。其中，碳源包括钢水、脱氧剂、脱碳剂及合金材料、脱硫剂和其他材料 5 部分；碳汇包括合金钢水、炉渣、除尘灰和精炼烟气 4 部分，其碳素流如图 8 - 20 所示。电炉炼钢中各碳素流如下：

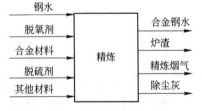

图 8 - 20 精炼工序碳素流分析

（1）钢水（molten steel），即转炉或电炉冶炼获得的需进一步精炼的钢水。

（2）脱氧剂（deoxidant），即加入精炼炉，降低钢水中氧含量的材料。

（3）合金材料（alloy material），即为使钢具有特定的力学性能或使用性能，向钢液中加入所需元素的合金材料。

（4）脱硫剂（carburant），即加入精炼炉，降低钢水中硫含量的材料。

（5）合金钢水（molten steel），即为满足冶炼要求后出炉的精炼钢水。

（6）炉渣（slag），即冶炼过程中除去的钢渣，包括氧化渣和还原渣。

（7）除尘灰（dust），即精炼烟气经除尘收集的飞灰等。

（8）精炼烟气（exhanst gas），即精炼烟气经除尘处理后的烟气。

（9）其他材料（other material），即添加到精炼炉的其他含碳材料。

通过企业实地调研，可以获得企业精炼工序生产中各含碳材料的年生产数据，结合材料碳含量数据，参考炼焦工序计算公式，可计算获得各碳素流数值。以下为某企业精炼工序碳素流计算实例：

根据企业 G 提供的生产数据，结合实地采样及检测所得碳含量数据，采用式（8-1）及式（8-2）计算获得碳素流，见表 8-17。

表 8 -17 精炼碳素流计算

输入碳素流	数量/kg(C)·t^{-1}(钢水)	输出碳素流	数量/kg(C)·t^{-1}(钢水)
钢水	9.80	产品钢水	5.00
硅铁粉	1.00	精炼渣	0.11
生石灰	3.13	除尘灰	0.05
硅锰合金	0.19		
高碳铬铁	0.69		

进入精炼工序的主要碳素流为 14.81kg/t(钢水),其中,钢水碳含量占精炼总碳源的 66%,生石灰占 21%,硅铁粉占 7%,硅锰合金占 5%,高碳铬铁占 1%;碳汇方面为产品钢水、精炼渣、除尘灰和精炼烟气 4 部分,通过已有碳素流分析,流向钢水和电炉烟气的碳素流占 99%。

精炼工序生产过程中的 CO_2 排放包括直接 CO_2 排放、间接 CO_2 排放和碳抵扣三部分。其中,直接 CO_2 排放源于精炼冶炼过程中消耗的含碳材料。间接 CO_2 排放源自供氧设备、供料设备和废气处理及回收设备系统因动力、除尘等电力消耗。碳抵扣部分主要源自精炼烟气回收蒸汽外送或发电等。间接排放和碳抵扣可参考炼焦工序的计算公式,直接 CO_2 的计算,通过碳素流分析,经质量守恒获得,即:

$$E_{CO_2,direct} = [MS \cdot C_{MS} + DO \cdot C_{DO} + AM \cdot C_{AM} + DF \cdot C_{DF} + \\ OC \cdot C_{OC} - AS \cdot C_{AS} - SI \cdot C_{SI} - D \cdot C_D] \times 44/12 \qquad (8-12)$$

式中　$E_{CO_2,direct}$——源自电炉炼钢生产直接排放的 CO_2 排放量,kg/t(钢水);

MS——精炼过程原料钢水的数量,转炉或电炉冶炼获得的需进一步精炼的钢水,kg/t(合金钢水);

DO——精炼过程消耗脱氧剂的数量,kg/t(合金钢水);

AM——精炼过程消耗合金材料的数量,kg/t(合金钢水);

DF——精炼过程消耗脱硫剂的数量,kg/t(合金钢水);

OC——炼钢过程消耗其他含碳材料的数量,kg/t(合金钢水);

AS——生产合金钢的数量,kg/t(合金钢水);

SI——生产钢渣的数量,kg/t(合金钢水);

D——生产除尘灰的数量,kg/t(合金钢水);

C_x——投入或产出材料 x 的碳含量,kg(碳)/kg(材料)。

根据企业 G 提供的生产数据,结合实地采样及检测所得碳含量数据,采用式 (8-4) 及式 (8-5) 计算获得 CO_2 排放量,见表 8-18。

表 8 – 18 CO₂ 排放量计算

CO₂ 排放	精炼工序/kg(CO₂)·t⁻¹(产品)	CO₂ 排放	精炼工序/kg(CO₂)·t⁻¹(产品)
直接排放	35.38	碳抵扣量	0
间接排放	112.2	总碳排放	147.58

精炼工序中，CO_2 排放量为 147.58kg/t(钢水)，其中76%的排放源于电力消耗的间接排放，其原因是我国电力行业以火力发电为主，在发电过程中排放大量的 CO_2。直接 CO_2 排放占总排放的24%。企业 G 中精炼工序无碳抵扣量。

降低精炼工序的 CO_2 排放量可从直接 CO_2 减排、间接 CO_2 减排和碳抵扣3方面进行。因精炼工序为钢铁冶炼最后的工序之一，提高成材率，可降低精炼前各工序的 CO_2 排放量。间接排放是精炼工序主要的 CO_2 来源，其间接排放 CO_2 量占总排放量的76%，降低精炼生产中的电力消耗可以有效地降低电炉工序的 CO_2 排放。增加电炉炼钢工序碳抵扣量可以通过利用余热蒸汽和将废渣用作建材材料等。

8.3.9 铸造与轧钢工序

转炉或电炉生产出来的钢水经过炉外精炼后，需将钢水铸造成不同类型、不同规格的钢坯，再按照用户所需的形状、尺寸和使用性能，由轧钢工序将铸造所得的板坯、方坯和钢锭进一步进行有效成型和处理。

铸造方法有两类，一类是将钢水浇铸到钢锭模内，凝固铸成钢锭，后经加工成为要求的钢坯尺寸；另一类是连铸铸成接近最终产品尺寸钢坯的方法。世界范围内，采用连铸生产的钢产量已占总钢产量的90%，我国连铸生产和技术发展迅速，钢铁生产基本实现全连铸比，连铸比已达97.69%。连铸按坯体形状可分为板坯、方坯、圆坯等类，其主要设备包括回转台、中间包、结晶器、拉矫机等。生产流程为：将装有精炼好的钢水的钢包运至回转台，回转台转动到浇铸位置后，将钢水注入中间包，中间包将钢水分配到各个结晶器中去，拉矫机与结晶振动装置共同作用，将结晶器内的铸件拉出，经冷却、电磁搅拌后，切割成一定长度的连铸坯。钢锭或连铸坯不能直接用于社会消费，这不是钢铁生产的最终目的，需通过轧钢工序对其做进一步的塑性加工，生产各种形状并满足各种用途的钢制品。轧制钢材一般可分为板、管、型、线、丝等类。轧钢生产工艺流程一般由坯料准备、加热和轧制3个工段组成，其基本流程为：对预轧钢坯料进行称量、表面处理等；将配料加热，达到轧制温度要求后，在轧机上轧制，完成坯料的变形，生产出质量合格的钢材产品。

连铸和轧钢工序碳素流主要来自保持铸造中钢包所需温度及轧钢加热炉燃烧使用的燃料和产品切割使用的燃料两部分；碳汇是燃料燃烧后的尾气，如图

8-21所示，各碳素流如下：

（1）加热燃料，即供钢包烘烤或加热炉加热所消耗的燃料，包括焦炉煤气、高炉煤气、转炉煤气、煤焦和油类等燃料。

图 8-21　铸轧工序碳素流分析

（2）切割燃料，即用于切割连铸坯料或轧钢产品消耗的燃料，包括乙炔、丙烷、丙烯、液化石油气等[56]。

（3）燃烧尾气，即加热燃料和切割燃料燃烧后的尾气。

（4）飞灰，即使用煤焦作为加热燃料时，燃烧过程中未完全氧化的煤焦类颗粒。

各碳素流计算可参考焦炉工序碳素流的计算公式。

以下是部分企业铸轧工序碳素流计算实例：

根据企业 A 和企业 C 提供的铸轧工序生产数据，采用相应公式，计算获得铸造和轧钢工序的碳素流，见表 8-19 和表 8-20。

表 8-19　连铸工序碳素流分析

| 连　铸 | | 加热燃料/kg(C)·t⁻¹(坯料) | | |
		焦炉煤气	转炉煤气	高炉煤气
企业 A	板坯	3.66	1.15	0.12
	方坯	3.60	1.13	0.12
企业 C	板坯	0.33	11.54	0
	方坯	0.23	6.48	0

表 8-20　轧钢工序碳素流分析

| 轧　钢 | | 加热燃料/kg(C)·t⁻¹(坯料) | | |
		焦炉煤气	转炉煤气	高炉煤气
企业 A	棒材	13.68	4.29	0.46
	线材：线材	17.76	7.43	0.60
	线材：中型轧线	0	0	100.72
	板材：1700 轧机	0	0	64.09
	板材：1810 轧机	16.39	7.47	0
企业 C	板材：1580 轧机	2.44	0	151.39
	板材：650 轧机	0	10.61	68.74

铸轧工序 CO₂ 排放包括直接排放、间接排放和碳抵扣 3 部分。间接排放和碳抵扣量可参考 3.2 节中焦炉工序的计算公式，直接排放的计算，通过碳素流分析，经质量守恒获得，即：

$$E_{CO_2,direct} = \left[\Sigma(PM_a \cdot C_a) + \Sigma(PM_b \cdot C_b) - \Sigma(FA_i \cdot C_{FA}) \right] \times 44/12 \quad (8-13)$$

式中 $E_{CO_2,direct}$——源自铸造或轧钢生产直接排放的 CO_2 排放量，kg（CO_2）/t（坯料（钢材））；

PM_a——铸造或轧钢过程消耗加热燃料 a 的数量，kg/t（坯料（钢材））；

PM_b——铸造或轧钢过程消耗切割燃料 b 的数量，kg/t（坯料（钢材））；

FA_i——铸造或轧钢过程使用煤焦作为燃料，产生的未完全氧化的煤焦等颗粒物的数量，kg/t（坯料（钢材））；

C_x——材料 x 的碳含量，kg（碳）/kg（材料）。

根据企业 A 和企业 C 提供的铸轧工序生产数据，计算获得铸造和轧钢工序的 CO_2 排放量，见表 8-21 和表 8-22。

表 8-21 连铸工序 CO_2 排放量

连 铸		直接排放 /kg（CO_2）·t^{-1}（坯料）	间接排放 /kg（CO_2）·t^{-1}（坯料）	碳抵扣 /kg（CO_2）·t^{-1}（坯料）	总排放 /kg（CO_2）·t^{-1}（坯料）
企业 A	板坯	24.53	38.54	0	63.06
	方坯	18.02	17.83	0	35.86
企业 C	板坯	43.54	18.89	0	62.43
	方坯	23.75	3.81	0	27.64

表 8-22 轧钢工序 CO_2 排放量

轧 钢		直接排放 /kg（CO_2）·t^{-1}（钢材）	间接排放 /kg（CO_2）·t^{-1}（钢材）	碳抵扣 /kg（CO_2）·t^{-1}（钢材）	总排放 /kg（CO_2）·t^{-1}（钢材）
企业 A	棒材	67.43	61.32	0	128.92
	线材：线材	94.53	105.23	0	199.77
	线材：中型轧线	369.31	54.27	0	423.58
	板材：1700	234.99	70.19	0	305.17
	板材：1810	87.47	60.52	0	147.99
企业 C	板材：1580	564.04	156.38	0	720.42
	板材：650	290.94	154.36	0	445.29

连铸工序板坯 CO_2 排放量约为 62.43~63.06kg/t（板坯产品），方坯 CO_2 排放量约为 27.64~35.86kg/t（方坯产品）。轧钢工序吨产品 CO_2 排放量较大，其中，企业 A 棒材产品 CO_2 排放量约为 128.92kg/t（棒材产品），而企业 C 中 1580

轧机板材产品 CO_2 排放量约为 $720kg/t$（板材产品）。连铸和轧钢产品 CO_2 排放有差别，主要有两方面原因：一方面由于使用煤气种类不同，因而碳含量有差别；另一方面由于不同产品加工复杂程度不一样，因此能耗存在差别。

铸造和轧钢工序直接 CO_2 排放量与使用煤气碳含量成正相关，与热值成负相关。从表 8-20 和表 8-21 可以看出，企业 A 中 1700 轧机使用的燃料为高炉煤气，而 1810 轧机使用的燃料为焦炉和转炉煤气，高炉煤气同焦炉煤气和转炉煤气相比，碳含量大，而热值却低，其单位热值碳含量分别为二者的 5.8 倍和 1.5 倍，企业 C 中 1580 轧机和 650 轧机的 CO_2 排放也表明了该情况。从 CO_2 减排方面考虑，应合理配比低热值高炉煤气及高热值的高炉煤气的使用量，尽量使用碳含量低，而热值高的燃料提供热量。铸造和轧钢工序间接 CO_2 排放差别体现在电力消耗的不同，因企业未详细提供电力消耗的数据，所以无法对其进行分析。

铸造和轧钢工序的 CO_2 排放量与产品的加工复杂程度成正相关。如表 8-20 和表 8-21 所示，企业 A 中型轧线和 1700 轧机使用的燃料均为高炉煤气，但中型轧线吨产品的 CO_2 排放量比 1700 轧机高 100kg。企业 A 和企业 C 连铸工序中吨板坯产品的 CO_2 排放量比方坯大约高 30kg。加工复杂程度高的钢铁产品不利于钢铁生产 CO_2 减排。

降低铸造和轧钢工序的 CO_2 排放量可从直接 CO_2 减排、间接 CO_2 减排和碳抵扣 3 方面进行，即：

（1）直接 CO_2 减排措施。连铸和轧钢工序的直接 CO_2 排放来自加热燃料的消耗。降低直接 CO_2 排放的方法是减少烤包和加热炉煤气等燃料的消耗量，具体措施有：改进加热炉结构，包括绝热保温、炉底水管结构、管底比及绝热包扎等；选择先进的燃烧器，提高燃料的热效率；采用热送热装技术；采用助燃空气和煤气的预热技术[57]。

（2）间接 CO_2 减排措施。降低间接 CO_2 排放可通过降低铸造和轧钢生产的电力消耗来实现。造成铸轧工序电力消耗高的原因包括生产效率低、空转率较高和供电设备和用电设备不匹配等，因此减少电力消耗的方法包括加强管理、提高设备负荷率、合理选择电机容量、淘汰能耗大的电器设备等[58]。

（3）碳抵扣措施。连铸和轧钢工序过程中产生大量的余热，提高燃烧余热蒸汽回收的数量和质量，经处理后用于蒸汽发电等。

8.3.10 企业钢铁生产过程碳素流分析

综合各工序碳素流，可以得到各企业钢铁生产过程中碳素流的定量分析图，可为企业碳排放量的统计及碳减排措施的制定提供数据基础。以企业 A 为例，分析结果如图 8-22 所示。

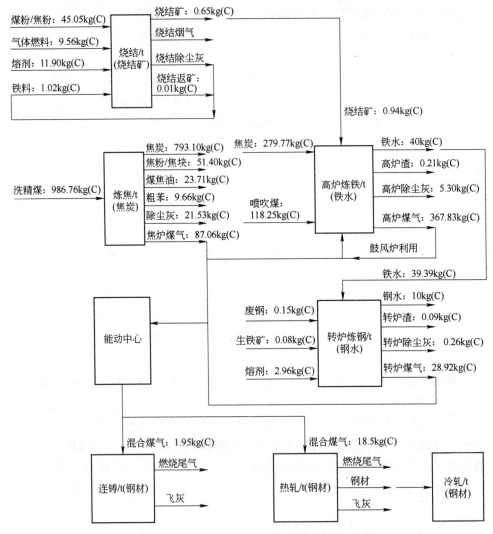

图 8-22 企业 A 钢铁生产过程碳素流分析图

8.4 现行工艺设备 CO₂ 减排技术现状

8.4.1 高炉煤气余压透平发电

高炉煤气余压透平发电装置（blast furnace top gas pressure recovery turbine，TRT）的原理是使高炉煤气经过透平膨胀机做功，将高炉煤气自身的压力能和热能转化为机械能，从而带动发电机组发电。高炉煤气余压透平发电装置投资少、成本低、设备简单、不消耗煤气、无污染、噪声低、设备费用回收期短，是回收煤气压力能的有效措施。目前世界上使用高炉煤气余压透平发电装置的国家中，发展最快、水平最高、数量最多的是日本，近年来，随着我国高炉大型化和节能工作的深入开展，TRT 技术也得到了前所未有的发展和应用。截至 2010 年底，我国共有超过 600 座高炉配备了 597 套 TRT 设备，大于 2000m³ 的高炉已经全部配备了 TRT 装置，大于 1000m³ 高炉的 TRT 普及率达到 98%[26]。其中，重点钢铁企业 TRT 的发电量已经达到 30～50kW·h/t(铁)，但不同容积高炉 TRT 的发电效率和效果仍然有较大的差距。

8.4.2 烧结余热发电

烧结余热发电的技术原理为：烧结矿在带冷机或环冷机上通过鼓风进行冷却，由底部鼓入的冷风在穿过热烧结矿层时被加热，成为高温废气。将这些高温废气通过引风机引入锅炉，加热锅炉内的水产生蒸汽，由蒸汽推动汽轮机转动，从而带动发电机发电。日本在烧结余热回收利用方面始终处于世界的先进水平，在 20 世纪 80 年代中期，日本烧结厂的余热回收发电技术就已经得到了广泛应用，其冷却机废气余热利用的普及率达到 57%，而烧结机主烟道烟气余热利用的普及率也达到了 26%。近年来，发电系统装备水平和烧结生产技术、操作水平的不断提高，为烧结余热回收发电创造了更加有利的条件。目前我国的国产设备完全可以满足低温余热发电技术的运行要求，而且完全可以在更大范围内（如有色冶金等相关行业）推广应用。

8.4.3 转炉低压饱和蒸汽发电

转炉低压饱和蒸汽发电技术是采用特殊设计的低压饱和汽轮发电机组，利用加热炉、转炉汽水冷却装置等余热回收装置产生的低压饱和蒸汽进行发电的技术。该技术能充分回收转炉烟气余热，利用其产生的低压饱和蒸汽发电，可以提高钢铁企业的自发电量，减少企业的外购电成本。工业企业中，低压饱和蒸汽广泛存在，大致有两种来源：一是工业企业热电站所产生，工艺用高参数蒸汽经过梯级利用后的输出蒸汽，如热电厂抽汽式汽轮发电机组、减温减压站等输出的蒸汽；二是以节能降耗为目的利用工艺介质余热而设置的废热锅炉、蒸汽发生器产出的蒸汽。但是由于低压饱和蒸汽压力温度低，湿度大，长距离输送流动阻力损失大，对管道和设备冲蚀严重，因此能源的有效利用难度较高。

8.4.4 干法熄焦

目前我国大多数企业都采用传统的湿法熄焦技术，湿法熄焦无法回收红焦的热量，造成能源的浪费，而且在熄焦过程中会产生大量的烟粉尘和化学污染物，严重污染大气。干法熄焦是在封闭的设备中，以冷氮气作为载体，通入干熄炉内冷却红焦炭，循环的热氮气的热量经过回收产生蒸汽用于发电。干法熄焦生产出来的焦炭质量高，在回收利用红焦显热的同时也降低了对环境的污染。我国干熄焦技术的应用始于 20 世纪 80 年代，宝钢最先从日本引进了干熄焦装置，其焦炭处理规模为 75t/h。随着我国钢铁工业的迅速发展，截至 2009 年底，我国投产和在建的干熄焦装置共计 123 套，相应的干熄焦年产能达 $1.2 \times 10^4 t/a$。

8.5 CO_2 减排技术发展趋势

8.5.1 高炉炉顶煤气循环

如图 8 - 7 所示，高炉炉顶煤气循环技术采用纯氧替代传统热风，炉顶生产的高炉煤气经脱除 CO_2 后，吹入高炉循环使用，进而替代部分焦炭，可减少 30% 的 CO_2 排放量，经 CCS 脱除的 CO_2 可减少 20% ~ 30% 的 CO_2 排放量，利用二者可降低传统钢铁生产 50% ~ 60% 的 CO_2 排放量。另外还可采用基于非碳冶金低碳技术，主要包括重整焦炉煤气循环技术、不用碳的铁矿石碱液浸出法和热电解法。

8.5.2 焦炉煤气重整后喷吹

日本低碳制钢的工艺技术为焦炉煤气重整后喷吹，如图 8 - 23 所示。与欧盟

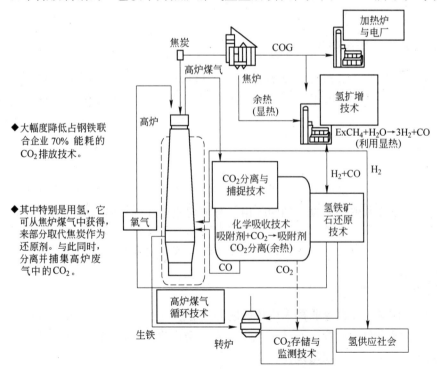

图 8 - 23 日本低 CO_2 排放制钢工艺技术

国家不同的是，日本在利用高炉炉顶气中 CO 喷吹回炉身的同时，还将重整后的高 H$_2$ 含量焦炉煤气一起喷入，这些还原性气体（特别是其中的 H$_2$）取代了部分焦炭，从而即使没有 CCS 也能显著减少碳的排放。关于高炉排出的 CO$_2$ 分离及捕集技术，日本过去专注于能量的回收，并开发了化学吸收法回收热量，而欧洲已经开始用循环高炉气来改进现有工艺，这一技术走在了日本的前头。

8.5.3　H$_2$/CO 气体熔融还原

熔融还原是指含碳铁水在高温熔融状态下与含铁的熔渣即熔化的铁矿石产生反应。传统的高炉炼铁工艺必须使用焦炭，工艺流程长、投资大，而熔融还原技术不需要焦化设施，用块矿时也不需要烧结、球团设施，可以节约成本，减少污染源。目前国际上具有代表性的熔融还原技术有奥钢联开发的 COREX 法、韩国浦项钢铁公司和奥钢联共同开发的 FINEX 法和澳大利亚的 HIsmelt 法等，其技术对比见表 8－23。

表 8－23　不同熔融还原技术对比

技术类别	COREX	FINEX	HIsmelt
技术成熟度及风险	较成熟、风险较小	较成熟，有嫁接的接口问题，有一定风险	不太成熟，风险较大
原料、燃料要求	块矿、块煤、球团、少量粉矿和焦炭	粉矿、块煤、少量焦炭	粉矿、粉煤
投资成本	较高	最高	较低
生产成本	较高	较低	最低
产品	铁水、煤气	铁水、煤气	铁水
环保排放	良好	良好	良好

8.5.4　CO$_2$ 捕集与封存

碳捕集与封存（carbon capture and storage，CCS）是指将 CO$_2$ 从排放燃烧源收集捕获并分离出来，输送到油气田、海洋等地点进行封存，从而阻止或显著减少 CO$_2$ 的排放。CO$_2$ 捕集技术按照燃烧工艺划分可以分为燃烧前捕集、富氧燃烧和燃烧后捕集 3 个主要发展方向。CO$_2$ 封存技术主要有陆上咸水层封存、海底咸水层封存、CO$_2$ 驱油、CO$_2$ 驱煤层气、枯竭气田注入、天然气生产酸气回注等 6 个方向。根据 IPCC 的调查，CCS 技术的应用，能将全球 CO$_2$ 排放量减少 20% ~ 40%，将对减缓气候变化产生积极的影响。世界上开展较早、较有代表性的 CCS 项目有挪威国家石油公司在北海的 Sleipner 项目、阿尔及利亚的 In Salah 项目和加拿大的 Weyburn 项目等。与国际较为先进的 CCS 技术相比，中国的 CCS 技术还处于起步阶段，而且大都采用燃烧后捕集方式，工业上的应用也主要是提高石油采收率。目前我国只是在 CO_2 浓度高、比较容易捕集的炼油、合成氨、制氢、天然气净化等工业过程中应用 CO_2 捕集技术，而钢铁厂和电厂排放的烟道气流量很大，占 CO_2 排放量的 40% ~ 50%，但 CO_2 浓度仅为 15% 左右，体系复杂，因而分离设备体系庞大，能耗高。

参 考 文 献

[1] 政府间气候变化专门委员会. 气候变化 2007 综合报告 [R]. 政府间气候变化专门委员会，2008：2~4.

[2] 蒋洪强，周颖，师华定，等. 温室气体排放统计核算技术方法 [M]. 北京：中国环境科学出版社，2009：1~2.

[3] Richard Alley, Terje Berntsen, Nathaniel L, et al. Climate change 2007: the physical science basis summary for policymakers [R]. The 10th Session of Working Group I of the IPCC, Paris.

[4] 徐匡迪. 低碳经济与钢铁工业 [J]. 钢铁，2010(3)：1~12.

[5] David J Griggs, M. Noguer. Climate change 2001: the scientific basis [R]. Contribution of Working Group I to the Third Assessment Report of the Intergovernmental Panel on Climate Change. Weather, 2002, 57(08): 267~269.

[6] 李强. 国际气候谈判中欧美分歧探析 [J]. 生态经济，2011，9：80~84.

[7] 郁琳琳，唐为中. 国际气候谈判的博弈论分析 [J]. 中共桂林市委党校学报，2007，7(3)：38~42.

[8] 朱江玲，岳超，王少鹏，等. 1850—2008 年中国及世界主要国家的碳排放——碳排放与社会发展 I [J]. 北京大学学报（自然科学版），2010 (04)：497~504.

[9] IEA. CO_2 Emissions from fuel combustion 2013 [M]. http://www.iea.org/publications/free_new_ Desc.asp? PUBS_ ID = 1825.

[10] Kim Y, Worrell E. International comparison of CO_2 emission trends in the iron and steel industry [J]. Energy Policy, 2002, 30(10): 827~838.

[11] 国际钢铁协会. 世界钢铁统计数据 [M]. 国际钢铁协会，2013.

[12] 蔡九菊. 中国钢铁工业能源资源节约技术及其发展趋势 [J]. 世界钢铁，2009(04)：1~13.

[13] 王克，王灿，吕学都，等. 基于 LEAP 的中国钢铁行业 CO_2 减排潜力分析 [J]. 清华大学学报（自然科学版），2006(12)：1982~1986.

[14] 王金南，蔡博峰，严刚，等. 排放强度承诺下的 CO_2 排放总量控制研究 [J]. 中国环境科学，2010(11)：1568~1572.

[15] 储满生. 钢铁冶金原燃料及辅助材料 [M]. 北京：冶金工业出版社，2010：5.

[16] Eggelston S, B. L, Miwa K, et al. 2006 IPCC Guidelines for National Greenhouse Gas Inventories [M]. IGES, 2006.

[17] Hu C, Han X, Li Z, et al. Comparison of CO_2 emission between COREX and blast furnace iron –

making system［J］. Journal of Environmental Sciences, 2009, 21（Supplement 1）：116～120.

［18］魏国, 赵庆杰, 董文献, 等. 直接还原铁生产概况及发展［J］. 中国冶金, 2004（09）：18～22.

［19］中国钢铁工业年鉴编辑部. 中国钢铁工业年鉴［M］. 北京：中国钢铁协会, 2013.

［20］李凯, 曾宪章, 韩爽. 基于废钢指数的美、日、中废钢资源分析及启示［J］. 东北大学学报（社会科学版）, 2006（01）：24～26, 30.

［21］陆钟武. 论钢铁工业的废钢资源［J］. 钢铁, 2002（04）：6, 66～70.

［22］江泽民. 对中国能源问题的思考［J］. 上海交通大学学报, 2008（03）：345～359.

［23］庄贵阳. 节能减排与中国经济的低碳发展［J］. 气候变化研究进展, 2008（05）：303～308.

［24］国家统计局能源统计司. 中国能源统计年鉴［M］. 北京：中国统计出版社, 2010.

［25］Gielen D, Moriguchi Y. CO_2 in the iron and steel industry: an analysis of Japanese emission reduction potentials［J］. Energy Policy, 2002, 30（10）：849～863.

［26］上官方钦, 郦秀萍, 张春霞. 钢铁生产主要节能措施及其 CO_2 减排潜力分析［J］. 冶金能源, 2009（01）：3～7.

［27］张琦, 蔡九菊, 王建军, 等. 钢铁厂煤气资源的回收与利用［J］. 钢铁, 2009（12）：95～99.

［28］冯聚和, 王占国, 朱新华. 我国钢铁工业环境污染状况分析与应对措施［J］. 河北理工大学学报（自然科学版）, 2008（01）：137～140.

［29］王维兴. 科学购买铁矿石促进节能减排［J］. 中国钢铁业, 2010（01）：19～20, 31.

［30］冯伟, 孙燕, 熊发挥. 浅析我国铁矿石资源可持续发展战略［J］. 四川地质学报, 2010（01）：1～3, 12.

［31］王跃飞, 吴胜利, 韩宏亮. 高褐铁矿配比下提高烧结矿产质量指标［J］. 北京科技大学学报, 2010（03）：292～297.

［32］World Steel Association. Breaking through the technology barriers, 2010. http://www. worldsteel. org/publications/fact – sheets. html.

［33］Xu C, Cang D. A brief overview of low CO_2 emission technologies for iron and steel making［J］. Journal of Iron and Steel Research（International）2010, 17（3）：1～7.

［34］汪刚, 冯霄. 基于能量集成的 CO_2 减排量的确定［J］. 化工进展, 2006（12）：1467～1470.

［35］E Buss W, 孙可. 欧洲炼焦工业的发展趋势及方向［J］. 燃料与化工, 2004（05）：49～53.

［36］刘耀东. 我国焦炭工业现状、问题及其调整建议［J］. 中国能源, 2009（01）：7～13.

［37］郑文华, 史正岩. 焦化企业的主要节能减排措施［J］. 山东冶金, 2008（06）：17～21.

［38］储满生. 钢铁冶金原燃料及辅助材料［M］. 北京：冶金工业出版社, 2010：112～113.

［39］金永龙, 张军红, 徐南平, 等. 烧结工艺综合节能与环保的现状与意义［J］. 冶金能源, 2002（04）：12～16.

［40］梁雪梅, 朱德庆, 姜涛, 等. 烧结节能技术现状与发展［J］. 烧结球团, 2000（04）：1～4.

[41] 包鹏程. 降低球团能耗的生产实践 [J]. 鞍钢技术, 2010 (05): 36~39.

[42] 李慧. 钢铁冶金概论 [M]. 北京: 冶金工业出版社, 2001: 53~88.

[43] 尹振江, 朱荣, 刘纲, 等. 基于能源结构尺度的中国钢铁工业节能研究 [J]. 矿冶, 2009 (01): 49~52.

[44] 佐祥均, 陈登福, 温良英, 等. 液态高炉渣热量的回收利用途径和问题 [J]. 过程工程学报, 2006 (S1): 113~117.

[45] 李慧. 钢铁冶金概论 [M]. 北京: 冶金工业出版社, 2001: 87.

[46] R D Pehlke. 氧气顶吹转炉炼钢 [M]. 北京: 冶金工业出版社, 1974: 7~10.

[47] 张利军, 王竞晓. 合理利用转炉煤气, 提高资源利用价值 [J]. 冶金动力, 2003 (05): 11~12.

[48] 简红勇, 陈红伟, 张盛昌, 等. 安钢20t转炉节能降耗的探讨 [J]. 冶金丛刊, 2004 (06): 7~10.

[49] 付伟, 王铁刚, 周获秋. 鞍钢180t转炉节能减排技术的研究与应用 [J]. 重型机械, 2010 (04): 33~37.

[50] 德国钢铁协会. 钢铁生产概览 [M]. 北京: 冶金工业出版社, 2011: 88~97.

[51] 宋嘉鹏, 姜桂连. 降低电炉电极消耗的技术与实践 [J]. 炼钢, 1997 (10): 9~11.

[52] 孙宽, 宋春婴. 电炉煤氧喷吹的技术改造及工艺改进 [J]. 河北冶金, 1996 (02): 19~21, 27.

[53] 郭廷杰. 大力开发节能型电炉, 促进电炉钢健康发展 [J]. 工业加热, 2000 (04): 1~4.

[54] 刘改娟, 李佩泉, 孙群利, 等. 100t电炉烟气余热回收实践 [J]. 冶金动力, 2008 (05): 36~39.

[55] 黄亚鹤, 刘承军. 电炉渣的综合利用分析 [J]. 工业加热, 2008 (05): 4~7.

[56] 徐志兵, 孔学军. 新型切割用燃气的工业应用概况 [J]. 节能技术, 2006 (02): 147~149.

[57] 臧锦, 陈瑛. 轧钢节能技术综述 [J]. 冶金能源, 2000 (05): 14~17, 46.

[58] 戴铁军, 陈连生. 轧钢系统能耗分析与节能对策 [J]. 河北理工学院学报, 2001 (04): 25~28, 42.

附 录

钢铁烧结、球团工业大气污染物排放标准[①]

Emission standard of air pollutants for sintering and pelletizing of iron and steel industry

（发布稿）

本电子稿为发布稿。请以中国环境科学出版社出版的正式标准文本为准。

---

① 引自《钢铁烧结、球团工业大气污染物排放标准》（GB 28662—2012），已由环境保护部，国家质量监督检验检疫总局于 2012 年 6 月 27 日发布，2012 年 10 月 1 日起实施。

前　言

为贯彻《中华人民共和国环境保护法》、《中华人民共和国大气污染防治法》,《国务院关于落实科学发展观 加强环境保护的决定》等法律、法规和《国务院关于编制全国主体功能区规划的意见》,保护环境,防治污染,促进钢铁烧结及球团工业生产工艺和污染治理技术的进步,制定本标准。

本标准规定了钢铁烧结及球团生产企业大气污染物排放限值、监测和监控要求。为促进地区经济与环境协调发展,推动经济结构的调整和经济增长方式的转变,引导钢铁烧结及球团生产工艺和污染治理技术的发展方向,本标准规定了大气污染物特别排放限值。

钢铁烧结及球团生产企业排放水污染物、恶臭污染物和环境噪声适用相应的国家污染物排放标准,产生固体废物的鉴别、处理和处置适用国家固体废物污染控制标准。

本标准为首次发布。

自本标准实施之日起,钢铁烧结及球团生产企业大气污染物排放控制执行本标准的规定,不再执行《大气污染物综合排放标准》(GB 16297—1996)和《工业炉窑大气污染物排放标准》(GB 9078—1996)中的相关规定。

地方省级人民政府对本标准未作规定的污染物项目,可以制定地方污染物排放标准;对本标准已作规定的污染物项目,可以制定严于本标准的地方污染物排放标准。

本标准由环境保护部科技标准司组织制订。

本标准主要起草单位:鞍钢集团设计研究院、环境保护部环境标准研究所。

本标准环境保护部 2012 年 6 月 15 日批准。

本标准自 2012 年 10 月 1 日起实施。

本标准由环境保护部解释。

钢铁烧结、球团工业大气污染物排放标准

1 适用范围

本标准规定了钢铁烧结及球团生产企业或生产设施的大气污染物排放限值、监测和监控要求，以及标准的实施与监督等相关规定。

本标准适用于现有钢铁烧结及球团生产企业或生产设施的大气污染物排放管理，以及钢铁烧结及球团工业建设项目的环境影响评价、环境保护设施设计、竣工环境保护验收及其投产后的大气污染物排放管理。

本标准适用于法律允许的污染物排放行为。新设立污染源的选址和特殊保护区域内现有污染源的管理，按照《中华人民共和国大气污染防治法》、《中华人民共和国水污染防治法》、《中华人民共和国海洋环境保护法》、《中华人民共和国固体废物污染环境防治法》、《中华人民共和国环境影响评价法》等法律、法规、规章的相关规定执行。

2 规范性引用文件

本标准内容引用了下列文件中的条款。

GB/T 15432—1995 　　环境空气　总悬浮颗粒物的测定　重量法

GB/T 16157—1996 　　固定污染源排气中颗粒物测定与气态污染物采样方法

HJ/T 42—1999 　　固定污染源排气中氮氧化物的测定　紫外分光光度法

HJ/T 43—1999 　　固定污染源排气中氮氧化物的测定　盐酸萘乙二胺分光光度法

HJ/T 56—2000 　　固定污染源排气中二氧化硫的测定　碘量法

HJ/T 57—2000 　　固定污染源排气中二氧化硫的测定　定电位电解法

HJ/T 67—2001 　　大气固定污染源　氟化物的测定　离子选择电极法

HJ/T 77.2——2008 　　环境空气和废气　二噁英类的测定　同位素稀释高分辨气相色谱 – 高分辨质谱法

HJ/T 397—2007 　　固定源废气监测技术规范

《污染源自动监控管理办法》（国家环境保护总局令第 28 号）

《环境监控管理办法》（国家环境保护总局令第 39 号）

3　术语和定义

下列术语和定义适用于本标准。

3.1　烧结

铁粉矿等含铁原料加入熔剂和固体燃料，按要求的比例配合，加水混合制粒后，平铺在烧结机台车上，经点火抽风，使其燃料燃烧，烧结料部分熔化黏结成块状的过程。

3.2　球团

铁精矿等原料与适量的膨润土均匀混合后，通过造球机造出生球，然后高温焙烧，使球团氧化固结的过程。

3.3　现有企业

指在本标准实施之日前建成投产或环境影响评价文件已通过审批的烧结及球团生产企业或生产设施。

3.4　新建企业

指本标准实施之日起环境影响评价文件通过审批的新建、改建和扩建的烧结及球团工业建设项目。

3.5　标准状态

温度为273.15K，压力为101325Pa时的状态。本标准规定的大气污染物排放浓度均以标准状态下的干气体为基准。

3.6　烧结（球团）设备

生产烧结矿（球团矿）的烧结机，包括竖炉、带式焙烧机和链算机－回转窑等设备。

3.7　其他生产设备

除烧结（球团）设备以外的所有生产设备。

3.8　颗粒物

生产过程中排放的炉窑烟尘和生产性粉尘的总称。

3.9　二噁英类

多氯代二苯并－对－二噁英（PCDDs）和多氯代二苯并呋喃（PCDFs）的统称。

3.10　毒性当量因子（TEF）

二噁英类同类物与2，3，7，8－四氯代二苯并－对－二噁英对Ah受体的亲和性能之比。

3.11　毒性当量（TEQ）

各二噁英类同类物浓度折算为相当于2，3，7，8－四氯代二苯并－对－二噁英毒性的等价浓度，毒性当量浓度为实测浓度与该异构体的毒性当量因子的乘积。

4 大气污染物排放控制要求

4.1 自 2012 年 10 月 1 日起至 2014 年 12 月 31 日止，现有企业执行表 1 规定的大气污染物排放限值。

表 1 现有企业大气污染物排放浓度限值

单位：mg/m³（二噁英类除外）

生产工序或设施	污染物项目	限值	污染物排放监控位置
烧结机 球团焙烧设备	颗粒物	80	车间或生产设施排气筒
	二氧化硫	600	
	氮氧化物（以 NO_2 计）	500	
	氟化物（以 F 计）	6.0	
	二噁英类（ng－TEQ/m³）	1.0	
烧结机机尾 带式焙烧机机尾 其他生产设备	颗粒物	50	

4.2 自 2015 年 1 月 1 日起，现有企业执行表 2 规定的大气污染物排放限值。

4.3 自 2012 年 10 月 1 日起，新建企业执行表 2 规定的大气污染物排放限值。

表 2 新建企业大气污染物排放浓度限值

单位：mg/m³（二噁英类除外）

生产工序或设施	污染物项目	限值	污染物排放监控位置
烧结机 球团焙烧设备	颗粒物	50	车间或生产设施排气筒
	二氧化硫	200	
	氮氧化物（以 NO_2 计）	300	
	氟化物（以 F 计）	4.0	
	二噁英类（ng－TEQ/m³）	0.5	
烧结机机尾 带式焙烧机机尾 其他生产设备	颗粒物	30	

4.4 根据环境保护工作的要求，在国土开发密度已经较高、环境承载能力开始减弱，或环境容量较小、生态环境脆弱，容易发生严重环境污染问题而需要采取特别保护措施的地区，应严格控制企业的污染物排放行为，在上述地区的企

业执行表3规定的大气污染物特别排放限值。

执行大气污染物特别排放限值的地域范围、时间，由国务院环境保护行政主管部门或省级人民政府规定。

表3　大气污染物特别排放限值

单位：mg/m³（二噁英类除外）

生产工序或设施	污染物项目	限值	污染物排放监控位置
烧结机 球团焙烧设备	颗粒物	40	车间或生产设施排气筒
	二氧化硫	180	
	氮氧化物（以 NO_2 计）	300	
	氟化物（以 F 计）	4.0	
	二噁英类（ng - TEQ/m³）	0.5	
烧结机机尾 带式焙烧机机尾 其他生产设备	颗粒物	20	

4.5　企业颗粒物无组织排放执行表4规定的限值。

表4　现有和新建企业颗粒物无组织排放浓度限值　单位：mg/m³

序号	无组织排放源	限值	序号	无组织排放源	限值
1	有厂房生产车间	8.0	2	无完整厂房车间	5.0

4.6　在现有企业生产、建设项目竣工环保验收及其后的生产过程中，负责监管的环境保护行政主管部门，应对周围居住、教学、医疗等用途的敏感区域环境空气质量进行监测。建设项目的具体监控范围为环境影响评价确定的周围敏感区域；未进行过环境影响评价的现有企业，监控范围由负责监管的环境保护行政主管部门，根据企业排污的特点和规律及当地的自然、气象条件等因素，参照相关环境影响评价技术导则确定。地方政府应对本辖区环境质量负责，采取措施确保环境状况符合环境质量标准要求。

4.7　产生大气污染物的生产工艺装置必须设立局部气体收集系统和集中净化处理装置，达标排放。所有排气筒高度应不低于15m。排气筒周围半径200m范围内有建筑物时，排气筒高度还应高出最高建筑物3m以上。

4.8　在国家未规定生产单位产品基准排气量之前，以实测浓度作为判定大气污染物排放是否达标的依据。

5　大气污染物监测要求

5.1　对企业排放废气的采样应根据监测污染物的种类，在规定的污染物排放监控位置进行，有废气处理设施的，应在该设施后监控。在污染物排放监控位置须设置永久性排污口标志。

5.2 新建企业和现有企业安装污染物排放自动监控设备的要求，按有关法律和《污染源自动监控管理办法》的规定执行。

5.3 对企业污染物排放情况进行监测的频次、采样时间等要求，按国家有关污染源监测技术规范的规定执行。二噁英类指标每年监测一次。

5.4 排气筒中大气污染物的监测采样按 GB/T 16157、HJ/T 397 规定执行。

5.5 大气污染物无组织排放的采样点设在生产厂房门窗、屋顶、气楼等排放口处，并选浓度最大值。若无组织排放源是露天或有顶无围墙，监测点应选在距烟（粉）尘排放源 5m，最低高度 1.5m 处任意点，并选浓度最大值。无组织排放监控点的采样，采用任何连续 1h 的采样计平均值，或在任何 1h 内，以等时间间隔采集 4 个样品计平均值。

5.6 企业应按照有关法律和《环境监测管理办法》的规定，对排污状况进行监测，并保存原始监测记录。

5.7 对大气污染物排放浓度的测定采用表 5 所列的方法标准。

表 5 大气污染物浓度测定方法标准

序号	污染物项目	方法标准名称	标准编号
1	颗粒物	固定污染源排气中颗粒物测定与气态污染物采样方法	GB/T 16157—1996
		环境空气 总悬浮颗粒物的测定 重量法	GB/T 15432—1995
2	二氧化硫	固定污染源排气中二氧化硫的测定 碘量法	HJ/T 56—2000
		固定污染源排气中二氧化硫的测定 定电位电解法	HJ/T 57—2000
3	氮氧化物	固定污染源排气中氮氧化物的测定 紫外分光光度法	HJ/T 42—1999
		固定污染源排气中氮氧化物的测定 盐酸萘乙二胺分光光度法	HJ/T 43—1999
4	氟化物	大气固定污染源 氟化物的测定 离子选择电极法	HJ/T 67—2001
5	二噁英类	环境空气和废气 二噁英类的测定 同位素稀释高分辨气相色谱－高分辨质谱法	HJ/T 77.2—2008

6 实施与监督

6.1 本标准由县级以上人民政府环境保护行政主管部门负责监督实施。

6.2 在任何情况下，企业均应遵守本标准的大气污染物排放控制要求，采取必要措施保证污染防治设施正常运行。各级环保部门在对企业进行监督性检查时，可以现场即时采样或监测的结果，作为判定排污行为是否符合排放标准以及实施相关环境保护管理措施的依据。

索　引

冶金工业出版社部分图书推荐

书　名	定价(元)
冶金工业节能减排技术	69.00
烧结球团生产技术手册	280.00
钢铁冶金的环保与节能（第2版）	56.00
钢铁产业节能减排技术路线图	32.00
冶金工业节能与余热利用技术指南	58.00
冶金工业节水减排与废水回用技术指南	79.00
钢铁工业烟尘减排与回收利用技术指南	58.00
冶金工业节能与环保丛书	
铁矿石烧结过程二噁英类排放机制及其控制技术	35.00
转炉烟气净化与回收工艺	46.00
冶金过程污染控制与资源化丛书	
绿色冶金与清洁生产	49.00
冶金过程固体废物处理与资源化	39.00
冶金过程废水处理与利用	30.00
冶金过程废气污染控制与资源化	40.00
冶金企业污染土壤和地下水整治与修复	29.00
冶金企业废弃生产设备设施处理与利用	36.00
矿山固体废物处理与资源化	26.00
工业企业节能减排技术丛书	
大型循环流化床锅炉及其化石燃料燃烧	29.00
燃煤汞污染及其控制	19.00
冶金资源高效利用	56.00
电炉炼钢除尘与节能技术问答	29.00
钢铁工业废水资源回用技术与应用	68.00
电子废弃物的处理处置与资源化	29.00
工业固体废物处理与资源	39.00
中国钢铁工业节能减排技术与设备概览	220.00
生活垃圾处理与资源化技术手册	180.00
环保设备材料手册（第2版）	178.00